图1　天津市纪庄子污水处理厂鸟瞰（文见137页）

图2　斜坡式反应池（文见192页）

图3　沈阳市北部污水处理厂（设计方案之一）

图4　有除浮渣功能的曝气沉砂池(文见114页)

图5　消化池(5×28.8m)

图6　曝气池(6m×64m，水深5.2m)

图7　大型污水处理厂沼气发电机房

图8　大型污水处理厂沼气锅炉房

实用水处理技术丛书

城市中小型污水处理厂的建设与管理

冯生华　编著

化学工业出版社
·北京·

内容提要

本书为《实用水处理技术丛书》之一。围绕城市中小型污水处理厂建设与管理的全过程，介绍了城市排水规划，城市污水的性质、收集和处理方法等基础内容；城市中小型污水处理厂建设的各阶段工作内容和具体方法；重点阐述了城市中小型污水处理厂的设计与施工的具体过程及其管理，包括工艺方案的选择、技术装备、施工图设计、施工管理与监理等详细内容；另外还介绍了污水处理厂的运行与管理。附录部分收录了大量关于污水处理厂建设和管理的技术性和法规性文件等实用内容。

本书在总结国际污水处理工程先进技术和管理方法的基础上，结合我国污水处理厂建设的实践经验，以工程应用为目标，理论与应用相结合，列举了大量工程实例。适用于城市污水处理工程的规划、设计、施工、监理等技术人员，以及城市规划、环境保护和污水处理厂的决策、管理人员。从事城市给排水工程人员、大专院校相关专业的师生也可参阅。

图书在版编目(CIP)数据

城市中小型污水处理厂的建设与管理/冯生华编著.
北京：化学工业出版社，2001.1（2025.8 重印）
（实用水处理技术丛书）
ISBN 978-7-5025-2827-0

Ⅰ.城… Ⅱ.冯… Ⅲ.①城市污水-污水处理厂-建设②城市污水-污水处理厂-管理 Ⅳ.X505

中国版本图书馆 CIP 数据核字（2000）第 82811 号

责任编辑：郎红旗　刘　婧　　　装帧设计：于　兵
责任校对：蒋　宇

出版发行：化学工业出版社
（北京市东城区青年湖南街 13 号　邮政编码 100011）
印　　装：北京科印技术咨询服务有限公司数码印刷分部
850mm×1168mm　1/32　印张 14¾　插页 2　字数 408 千字
2025 年 8 月北京第 1 版第 3 次印刷

购书咨询：010-64518888　　　售后服务：010-64518899
网　　址：http://www.cip.com.cn
凡购买本书，如有缺损质量问题，本社销售中心负责调换。

定　　价：86.00 元　

序

民以食为天，食以水为先。水环境的保护已是我国当务之急。

冯生华总工程师 50 年代就从事给水工程设计。原城市建设部北京给水排水设计院所编快滤池标准设计就出自他手，并负责了我国第一套《给水排水设计手册》（建筑工程出版社，1958 年）滤池部分的撰写。冯总在北京给水排水设计院工作期间，还完成了包头钢铁公司给水工程中直径 100 米的沉淀池和排泥泵房的设计，这是在原苏联专家撤离后的困难情况下完成的，冯总尽心尽责、刻苦工作的作风可见一斑。

60 年代冯总奉调至天津工作，参加城市地道桥顶入法的研究，设计完成了我国第一座三孔式地道桥——天津新开路地道桥，所发明的地道桥一次顶入法获全国科学大会奖。他主持撰写了《城市地道桥设计与施工》和《城市地道桥顶入法施工》两本专著。《铁道建筑》编辑部誉他为我国经验丰富、学术有造诣的地道桥专家。

70 年代，冯总在天津市北安桥抢修、芦台桥震后重建等工程中屡屡立功，获天津市劳动模范称号。

80 年代他完成了天津纪庄子污水处理厂曝气系统改造工程设计，为我国首次引进微孔曝气技术，节省大量电力。此后，在担任天津市政工程设计研究院总工程师期间，他指挥完成了 40 万吨级的天津东郊污水处理厂、沈阳北部污水处理厂和郑州王新庄污水处理厂的工程设计，还有 10 万吨级的昆明第二污水处理厂和天津开发区污水处理厂工程设计。1990 年作为天津设计院代表，他曾只身赴非洲参加非洲发展银行国际竞标项目——毛里塔尼亚供排水工程的设计投标工作，在与国际著名公司的激烈竞争中，脱颖而出，连中两标，夺得毛里塔尼亚首都努瓦克肖特给水厂和污水处理厂的设计权。1991 年冯总经国务院批准首批享受政府特殊津贴。1992 年天津市政府授予他

“给水排水工程专家”的称号。

2000年，冯总受天津市政工程设计研究院委派，到我公司担任总工程师。在工作之余，冯总积几十年工作实践的经验，撰写了《城市中小型污水处理厂的建设与管理》一书，必将对我公司乃至我国的城市污水处理事业提供有力的支持。在本书出版之际，我们共同祝愿我国的城市污水处理事业得到迅猛的发展，我国的水环境早日得到根本性改善。

是以为序。

深圳市中兴环境工程技术有限公司

董事长　魏兴民

2000年9月19日

前　　言

我国地域辽阔，资源总量大，是资源大国；但人均拥有的资源量却很少，在这个意义上我们只是“资源小国”。我国淡水资源人均占有量为世界人均水平的1/4。水资源业已成为制约我国经济发展最重要的瓶颈。多年的监测和统计数据表明，在水资源短缺的同时，我国城市普遍存在着水污染问题。1996年《中国环境状况公报》指出，在统计的138个城市河段中，133个受到不同程度的污染。70％以上的城市河段不宜作饮用水源，50％的城市地下水受到污染。长江、黄河、珠江、淮河、松花江、辽河、海河等七大水系的水质状况不断恶化，水污染程度在加剧，范围在扩大。湖泊水库普遍受磷、氮和有机物污染，个别湖泊水出现重金属污染。近年来，我国沿海水体富营养化日益严重，赤潮发生的频率逐年增高，范围逐年扩大。据海洋研究所的报告，从1993年至1997年我国已观察到的赤潮中，东海共发生132次，黄渤海共发生72次，南海为61次。1999年7月，渤海在不到10天内连续发生两次大面积赤潮。

我国的水污染如此严重，这是长期以来城市排水工程欠账太多之故，每年有近300亿立方米污水未经处理而直接排放，使水环境的污染量大大超过了自净能力所能承受的程度，从而破坏了水的良性循环，导致水资源危机的加剧，进而影响城市的可持续发展。水资源的短缺和水污染的加重，使人们已警觉到污水再生处理已直接关系到人民的健康安全和社会、经济的可持续发展，关系到子孙后代的可持续生存。

由于我国水环境污染和生态破坏相当严重，并呈发展趋势，1996年的全国第四次环境保护会议强调保护环境是实施我国可持续发展的关键，并将防治水污染作为全国性重点。根据预测，从2000年至2020年，我国每年新建的城市污水处理厂其处理能力将达300～400

万 m^3/d，而中小型污水处理厂则是城市污水处理事业的主力军。所以，如何建设好、管理好城市中小型污水处理厂是城市可持续发展的重要问题。希望本书的出版，能对我国的水污染防治有所贡献。

由于作者水平有限，不足之处在所难免，恳请读者批评指正。

编　者

2000 年 6 月

目　　录

第一章　概　　述

城市污水处理厂是城市排水工程系统的重要组成部分。城市排水工程系统是用来收集、输送、处理、利用和排放城市污水及雨水的城市基础设施。其主要任务为：选择城市污水和雨水的出路；收集并输送城市污水和雨水至适当地点；将污水进行处理后排放或再生回用；保护城市水环境免受污染，保持城市水的良性循环。城市污水处理厂实际上就是污水再生厂，是水环境保护的重要设施，也是城市现代文明的象征。

第一节　城市排水规划

一、城市排水工程规划的内容

（一）城市排水工程总体规划的主要内容和成果

1. 城市排水工程总体规划的主要内容

① 确定城市排水体制。

② 排污方案的区域性环境分析和污水综合利用措施的制定。

③ 确定不同地区的雨水、污水排放标准。

④ 划分排水区域，估算雨水、污水总量，预测污染负荷。

⑤ 进行城市排水系统布局，选择主要泵站的位置，确定排水干管渠走向、位置和出水口位置。

⑥ 确定污水处理厂位置、规模、处理等级和用地范围，选择处理工艺。

城市排水工程总体规划比较重要的是确定一些原则性的问题，为保证城市良好的水环境建立框架。要求考察城市、流域甚至区域的水环境状况，对排水体制、污水处理利用方式、污水厂的布置、城市排污条件对城市功能布局的影响、雨污水排放标准和治理目标、雨水排放方式、主干管渠的分布等进行分析、确定，从而为下一层次的规划提供有力的依据。这一层次要把握给水排水的统一性，从更广阔的区域、更长远的时间进行规划，结合城市水资源规划、水污染控制规划、城市节水规划、防洪排涝规划、城市给水工程规划等进行工作，要注重不同方案的经济技术比较。

2. 城市排水工程总体规划的成果

(1) 规划文本和说明书

阐述规划依据、规划原则；明确各类污水排放量指标和城市污水总排放量；确定城市近、远期排水体制，划分排水分区，划定城市污水处理与利用措施；明确污水处理厂数量、规模、分布、用地范围、处理等级与方式；布置城市雨水、污水干管渠；明确主要雨水、污水泵站的位置和数量。

(2) 图纸

① 城市排水工程现状图。表示现状城市排水工程系统的布置和主要设施情况。

② 城市排水工程规划图。表示规划期末城市主要排水设施和位置、用地范围，雨水、污水干管的走向、平面位置、排放口位置。

③ 必要的附图。

(二) 城市排水工程分区规划的主要内容和成果

1. 城市排水工程分区规划的主要内容

① 确定分区的排水体制。

② 确定分区不同用地的污水排放标准和不同地块的排水面积比流量，估算分区的雨水、污水排放量。

③ 进行分区内排水系统布局。

④ 明确分区内主要排水设施的位置、规模、用地范围。

⑤ 调整和确定分区内排水管渠的位置、走向、服务范围，计算干管渠的管径。

城市排水工程分区规划应以排水工程总体规划为依据，对排水设施作进一步规划安排，为详细规划和规划管理提供依据。必要时，根据实际情况对排水工程总体规划进行修正补充。

2. 城市排水工程分区规划的成果

（1）规划文本和说明书

阐述分区排水工程规划的依据和原则；确定本区内污水排水指标，计算并确定各街区和本区的污水量；明确本区内污水处理厂的位置、规模、用地范围、处理等级与方式，雨水、污水泵站及水闸的数量、位置、排水干管渠的走向，计算并确定排水管渠的控制管径；提出本区污水处理和利用措施。

（2）图纸

① 分区排水工程现状图。图中表示分区范围内现状排水系统布置，雨水、污水管渠的平面位置、管径，泵站、水闸等排水设施的位置和规模。

② 分区排水工程规划图。图中表示规划期末分区内主要排水设施的位置、规模、用地范围，雨水、污水干管渠的平面位置、走向、控制管径，以及雨污水排放口位置。

③ 必要的附图。

（三）城市排水工程详细规划的主要内容和成果

1．城市排水工程详细规划的主要内容

① 确定详细规划范围内的雨水、污水排水工程设计标准、规划原则。

② 计算详细规划范围内的雨水量和污水量。

③ 进行详细规划范围内的雨水、污水管网布局，计算并确定管道的管径及主要控制点标高，选择管材。

④ 确定范围内污水处理厂、雨水、污水泵站、水闸等设施的位置、规模、用地界线。

⑤ 进行排水工程技术经济分析。

城市排水工程详细规划是城市排水分区规划的深化，也是排水工程设计的依据。城市排水工程详细规划采用与分区规划规定的排水标准相适应的指标。控制区详细规划根据不同性质地块的排水量标准，估算总水量。修建性详细规划根据每幢建筑物的用水量，计算污水排放量。

2．城市排水工程详细规划的成果

（1）规划文本和说明书

确定规划范围内污水排放指标、采用的暴雨公式、设计标准、排水体制；计算并确定雨水、污水排放总量；阐述排水管网布置；明确污水处理厂、泵站、水闸等设施的数量、位置、规模、用地范围；明确雨水、污水管道走向、敷设方式、管径、长度及埋深，提出污水处理利用建议。

（2）图纸

① 排水工程详细规划图。图中表示规划范围内各类排水设施的位置、规模、用地范围；排水管渠走向、平面位置、管径、长度、控制点标高、排放口位置。

② 必要的附图。

城市给水排水工程规划图纸的比例一般与各层次城市规划的图纸比例相同，通常给水工程规划、排水工程规划分别出图；若规划内容少，可将给水、排水工程规划合在同一张图纸上表示。给水、排水工程现状可分别出图表示，也可合在同一张图上表示。若现状内容少，还可与其他工程管线在同一张图上表示现状。

二、城市排水工程规划的基础资料

掌握丰富可靠的基础资料是成功有效地进行城市排水工程规划的前提。明确任务后，要开始收集有关基础资料，并要到现场踏勘，进一步收集、分析、核实、补充必需的基础资料。只有在调查研究、收集大量现状资料的基础上进行全面分析，才能抓住存在的主要矛盾，因地制宜地提出合理方案，从而减少工程造价，提高规划质量和社会环境效益。进行排水工程规划时，通常需要有以下几方面的基础资料。

1. 气象资料

① 气温（平均气温，极端最高气温，最低气温）。

② 湿度，蒸发量，气压。

③ 风向和风速（常年风向，风向玫瑰图，平均风速，最大风速）。

④ 降水量（年平均降水量，丰、枯年降水资料，历年暴水量资料，当地的暴雨强度公式）。

⑤ 最大冻土深度，日照情况。

2. 水文地质资料

① 地面水系分布、源流、走向，水源水质变化，水源防护情况。

② 河道径流变化，包括以下主要数据：

a. 流量　平均流量，最大洪水流量，最小枯水流量及相应持续时间；

b. 水位　平均水位，最高、最低水位，潮汐河流的潮位变化及潮差；

c. 流速　平均流速，汛期最大流速，枯水期最小流速；

d. 水温、波浪情况。

③ 河道泥沙运动、河床演变、冰冻、漂浮物情况。

④ 地下水种类、分布、储量、水位、流程、流速、流向。

⑤ 地下水物理化学性质、含水层渗透情况、补给条件、影响半径。

3. 工程地质资料

① 地质构造与特性，如流砂、断裂、滑坡等情况，岸坡稳定性。

② 土壤的物理化学性质，如土壤承载力、腐蚀性等。

③ 地震资料，包括地震等级、地震裂度、地震断裂带。

④ 地面沉降情况。

4. 地形资料

各种比例的地形图、水系流域图、河道断面图、地貌与植被分布。

5. 现状排水资料

① 现状排水体制，排水流域分布，排水设施的规模、分布、形式及运行情况，排水口位置。

② 排水管网的分布、管径、长度等。

③ 现状污水量，历年污水量变化，生活污水、工业废水和雨水的处理利用情况。

④ 防洪设施的规模、分布及排洪能力。

⑤ 现状城市水体污染情况，历年水质变化情况，污染源生活污水和工业废水水质和排放情况，区域水环境状况，水体功能划分。

⑥ 地方水质和排放的有关标准、规定，地方环保部门对该地区的环境保护要求等。

6. 城市现状基本概况

除了掌握现状城市人口规模、用地面积、城市布局、社会经济发展情况以外，重点应了解以下资料：

① 现状道路、供电、防灾、消防、通信、燃气、供热等设施的建设情况，各类地下管线的敷设情况。

② 农业、航运、水利、渔业、卫生、海洋、人防等部门对水体利用的情况。

③ 本地区管材制备和安装情况，经济定额与指标。

7. 城市规划资料

① 有关城市总体规划的文本、说明书、图纸及相关资料。

② 城市道路、铁路、电力、供热、燃气、防灾、通信、环境保护等专业规划与计划。

③ 农业、航运、水利、渔业等部门的设想、计划、规划等。

④ 上一级有关排水工程的规划，区域（流域）水资源规划，区域（流域）水污染控制规划。

城市排水工程规划的基础资料量大面广，应根据规划的内容和要求合理选择。其中相当一部分资料与城市总体规划和其他专项工程规划有重叠，进行规划时，可以一并收集。一些必要的资料，要保证真实性和完整性。规划人员到现场进行实地调查、踏勘的同时，应到提供资料的气象、水文、勘测、自来水公司、节水办公室、排水处等部门咨询核查。

三、城市排水工程的排水制度

排水制度（分流制或合流制）的选择，应根据城镇和工业企业规划、当地降雨情况和污水排放标准、原有排水设施、污水处理和利用情况、地形和水体等条件综合考虑确定。不从实际情况出发，盲目采用分流制，显然是错误的。许多地区雨水、污水分流失败，造成雨水中出现大量污水，污水中掺有大量雨水，反而进一步破坏了水环境，教训是十分深刻的。

合流制排水系统有一定优点，例如对用户排水接口管理可简化，市政排水管道只要一根。对降水量较少的干旱地区和汇水面积较小的村镇的排水系统尤其适用。关键是注意解决污水输送过程中的沉积问题。故对现有合流制不一定需要改建成分流制。为了提高环境效益，应采用有一定截流倍数的污水截流设施，截流大部分初期雨水至城市污水厂处理。对环境保护要求高的地区，建议增建雨水贮存池，待高峰合流水量过后，再将贮存的雨水陆续纳入污水处理构筑物处理，提高受纳水体的水质。

合流制是用同一管渠同时收集和输送各种污水和雨水的排水制度，因此它对污水收集比分流制的严格要求要简单。但是由于合流管渠平时输送的旱季污水量和雨季输送的合流污水量相差悬殊，因此合流管渠内容易发生沉积物，合流管渠设计必须注意解决污水输送过程出现的问题。根据有关资料介绍，管渠中流速为 0.22m/s 时，已不致造成中等粒度悬浮物沉淀；流速达到 0.5m/s 时，$10cm^3$ 大小的片砾即可冲动。因此合流管渠设计应保证在设计旱季污水量时，最小设计流速为 0.3～0.4m/s；在设计雨季合流水量时，最小设计流速为 0.75m/s。以使小流量时可能发生的沉积物在高峰流量时可被冲走。

分流制是用各种管渠分别收集和输送污水和雨水的排水制度。对城市而言，即用污水管和雨水管两种管渠分别收集和输送污水和雨水。对工厂而言，可能有多种性质的生产污水存在，则应根据处理和利用需要，用多条生产污水管分别收集和输送各种生产污水，另设雨水管收集、输送雨水和生产废水。分流制可为系统终端的分质处理或处置提供较理想的条件，因此是较理想的排水制度。

采用分流制在排水收集环节一点不能含糊：是污水必须收集入各种污水管，绝不能收集入雨水管；是雨水必须收集入雨水管，绝不能收集入污水管。但在实践中分流制排水系统往往未做到这一关键点。大多数地区的分流制排水系统存在雨水、污水混流现象，造成污水处理厂平时收集不到足够的污水量，雨季时有大量雨水流入；而雨水受纳水体仍有污水排入，造成水环境污染。未能充分体现分流制的优越性。

为此，在采用分流制的地区必须加强排水管理，严禁错接乱接管线。建议采取如下措施：

① 污水系统和雨水系统均应有明显的识别标志，避免无意错接；

② 用户支管接入市政排水系统必须经市政主管部门审查批准，除审查污水水质应符合有关标准外，尚应检查用户内部排水系统是否有污水、废水、雨水三者混接或错接的情况，并由专门组织办理管道接驳工作。

对于新建城区采用分流制，还可先修建污水管收集污水，在城区发展至一定规模后再修建雨水管，以解决城区开发初期资金短缺的困难。

正常的分流制排水系统或合流制排水系统的终端都应设置污水处理设施，配套运行，以保证水环境不受污染。分流制污水处理厂处理污染最严重、水质水量较稳定的生活污水，所以能最经济、有效、稳定地处理污水，达到预期的排放标准，管理较简单。合流制污水处理厂平时处理旱季污水，雨季时处理合流污水，二者水量、水质都相差很大，处理厂工艺设计和管理必须适应各种变化情况，保证处理污水达到预期的排放标准。

必须指出，目前新建地区的排水系统普遍都采用分流制是极不正常的，尤其在雨量较少的干旱地区，新建的雨水管全年绝大部分时间收集不到雨水，而排水工程的投资却为此增加很多。因此，在这些地区，采用截流式排水系统则较为适宜。

截流式合流制排水系统参见图 1-1。它是在直排式合流制排水系统的基础上，临河岸边建造一条截流干管，同时，在截流干管处设溢流井，并设污水厂。晴天和初雨时，所有污水都排送至污水厂，经处理后排入水体。当雨量增加，混合污水的流量超过截流干管的输水能力后，将有部分混合污水经溢流井溢出直接排入水体。这种排水系统比直排式有了较大改进。但在雨天，仍有部分混合污水不经处理直接排入水体，对水体污染较严重。为了进一步改善和解决污水厂晴天、雨天水量变化较大引起的管理问题，可在溢流井后设贮水库，待雨停之后，把积蓄的混合污水送污水厂进行处理，但投资很大。截流式合流制多用于老城改建。

在分流制排水系统中，为处理污染较重的初期雨水，也可采用截流的办法，将雨水截流至污水处理厂。这种排水系统可称为初期雨水截流式分流制，既有污水排水系统，又有雨水排水系统。也称为半分流制排水系统，见图 1-2。与完全分流制的不同之处在于，它具有把初期雨水引入污水管道的特殊设施，称雨水跳越井。在小雨时，雨水经初期雨水截流干管与污水一起进入污水处理厂处理；大雨时，雨水跳越截流干管经雨水出流干管排入水体。这种排水系统卫生条件好，但投资大，在经济条件好、生活水平高、对环境卫生有特殊要求的地区可采用。

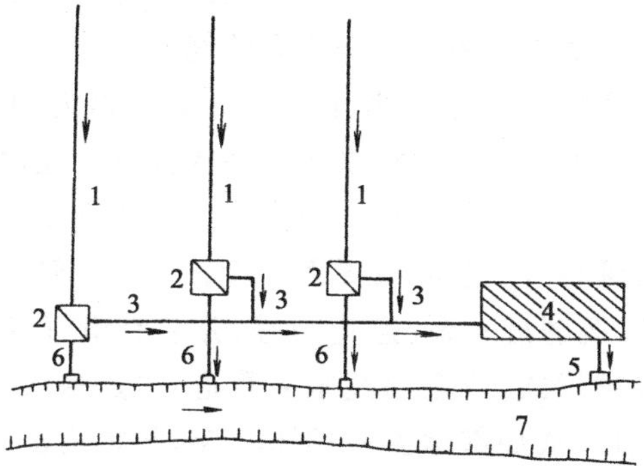

图 1-1　截流式合流制排水系统

1—合流干管；2—溢流井；3—截流主干管；4—污水厂；5—出水口；6—溢流干管；7—河流

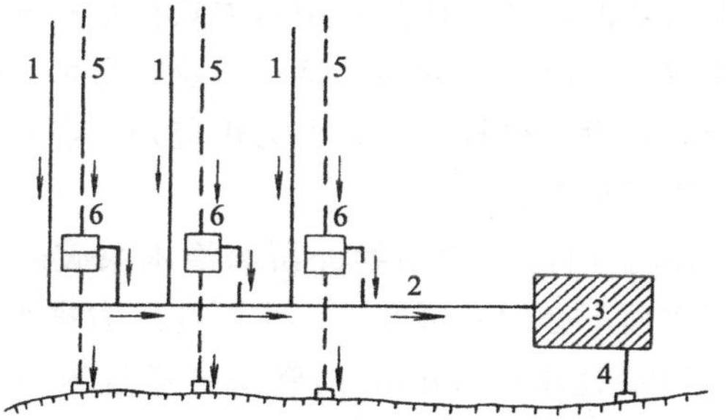

图 1-2　半分流制排水系统

1—污水干管；2—截流干管；3—污水厂；4—出水口；5—雨水干管；6—跳越井；7—河流

四、压力式排水系统和真空式排水系统

传统的排水系统一般采用重力流排水方式。这种方式需要较大的管径和必要的坡度，管道埋设较深，开挖面积大，工程费用较高，尤其对地域广阔、人口密度较低、地形地质条件受限的地区很不适应。对此，人们开发了压力式和真空式排水系统。欧美和日本近十几年来成功地建设了一大批压力式和真空式排水系统，成效明显。现在对这两种排水系统的研究和开发方兴未艾。近年来，我国一些城市的雨水、污水工程中也采用了大流量、长距离的压力排水系统，体现了工程量小、占地少、施工方便、经济合理的优点。

压力式排水系统是通过压力作用，把建筑物内的污水引至集水池，利用池内配有破碎机构的污水泵将污水抽升，经由小管径的压力排水支管、干管压送至污水处理设施内，或排送到重力流的排水管渠中。系统主要由研磨潜水泵井、压力支管、压力干管组成。研磨潜水泵井内有集水池、研磨潜水泵、逆止阀等，并装有电气和自控设备。压力管道系统有多种形式，或全部经压力管道，通过多级压送系统，将污水送至污水处理厂；或局部地区采用压力流，与重力流相结合；或只在中途设加压泵站提升污水。压力式排水系统主要吸收给水压力工程的技术，但排水工程在水质、运行、维护等方面又有自己的特点，应注意分析。

压力式排水系统最初是作为把合流制下水道改造为分流制下水道的一种方法被提出来的。当时认为采用压力式排水系统排除污水，无需重复开挖道路就可以改造。的确，这一系统的污水量相对稳定，且排污水泵性能较高，设备也较完善，电力供应好。经过使用，发觉压力式排水系统有以下优点。

① 建设费用低。因污水中杂物经研磨潜水泵破碎，可使用口径小的管道输送污水而不必担心堵塞，污水泵与压力排水干管之间的排水连接支管可使用口径小于 50mm 的管道；通过压力输送，管道不受道路坡度所限，埋设深度浅，开挖面积小，建设费用与重力流管道相比相当低廉。

② 由于埋深浅、管径小，管沟开挖宽度小，容易施工，可大大缩短工期。

③ 由于是压力输送，管道不必在地势低处选线；污水处理场地的位置也不必选在区域内的最低处，可以自由选定。

④ 施工时可以避免破坏自然环境，有利于保护良好的自然和人文景观。

⑤ 重力流排水系统不能防止地下水的渗入，压力流系统则可以避免地下水的渗入，减少污水处理设施的负荷。

⑥ 在合流制改分流制过程中，根据资金情况便于分期实施。

压力式排水系统与重力流排水系统相比，要求条件较高，也存在一些缺点。如通常压力式排水系统是单排管路，一旦发生故障，不仅造成全线停水，还会污染环境，所以管道要沿道路敷设，且泵站选址尽量靠近河渠，便于发生事故时排放；压力流每户或数户需设一套污水泵机组，其维护保养条件较高；管材要求比重力流高，另外对管件连接、伸缩性、抗震性也有一定要求。尽管如此，压力式排水系统还是具有重力流排水系统所不具备的许多优点，可以在一定场合下使用。

真空式排水系统是以真空吸力同时输送污水与空气的污水收集系统，主要由真空阀井、中继真空泵站、真空管道组成。各个家庭排出的污水靠重力流进入真空阀井中的集水井，当污水在集水井内上升到某一高度后，真空阀打开，在真空状态下，污水与空气按一定比例混合沿真空管路被吸引到中继真空泵站，从而被压送到重力流干管或污水处理厂。真空管道中的固体污物通过和空气混合，与下水管道冲撞，逐渐破碎。真空排水管道形成由许多水平管段和很短的上升管段所构成的齿状纵断结构。水平管段以大于0.2%的坡度顺水流方向敷设。

真空式排水系统的特点与压力式排水系统相似，如管道口径小、埋设深度浅、开挖面积小、建设费用比重力流低，以及建设周期短、地下水渗入少等。其缺点也是维护、管理费用高。真空式与压力式排水系统相比，有如下不同点。

① 真空式排水系统易于集中化管理。真空式下水道中，污水的输送靠真空泵，真空式水道只需在中继真空泵站处提供电源；而压力式水道要求每个研磨井处都有动力电源。

② 真空式下水道的污水靠真空输送，污水不会漏泄到管道外，

可以避免对周围的污染。

③ 由于受真空高度限制，真空式下水道适于地形较平坦、起伏较小的地区，而压力式下水道可适于任何坡度。一般真空式下水道的扬程为 4m 左右，而压力式下水道扬程在 20m 左右。

④ 真空式下水道气密性要求高，管材条件要好，并要严格施工质量，不能发生真空漏气。

⑤ 真空式下水道由于污水与空气一起输入管道，污水呈好气性，而压力式管道中污水呈厌气状态，易产生 H_2S 等。

第二节　城市污水的收集

城市的建设与发展，无不是以其基础设施的建设为起点的。现代城市的基础设施内容很多，但最主要的是道路工程、桥梁工程、给水工程、排水工程、电力工程和通讯工程。城市基础设施的建设规划以道路为龙头，而排水工程中的污水收集系统则是重要的组成部分，因为污水管线的走向和埋深往往控制了地下管线的综合设计，而地下管线综合设计又极大地影响着基础设施的整体效益。因此，可以说城市污水收集系统是城市极为重要的基础设施之一。

一、城市污水量预测和计算

正确地确定城市污水量是合理地进行城市排水系统规划的前提，也是进行设计的关键。不同的规划阶段对城市污水量的计算精度的要求不同。在总体规划阶段，要求估算出排水区域内主干管和干管的污水流量，从而确定大致管径、泵站的规模、污水处理厂规模，考虑城市污水再利用的可能性等；在详细规划阶段，要求较精确地计算出污水设计流量，从而为确定管径、布置敷设管道、确定泵站的位置规模、进行投资造价估算及专业设计作准备；在分区规划阶段，对污水量的计算要求介于总体规划和详细规划之间。

城市污水量包括城市生活污水量和部分工业废水量，与城市性质、发展规模、经济生活水平、规划年限等有关。城市生活污水量由居住区生活污水量、公共建筑污水量和工业企业生活污水量等组成。生活污水量的大小直接取决于生活用水量。通常生活污水量占用水量的 70%～90%。

（一）总体规划阶段的污水量估算

污水量与用水量密切相关，通常根据用水量乘以污水排放系数［也称排供比，指一定时段内污水排放量与取（供）水量之比］即可得污水量。总体规划阶段的污水量可以根据用水量的预测结果进行估算。

工业废水量的计算常以万元产值排污量和单位产品排污量为依据。目前我国万元产值污水量总平均为 270m^3 左右。另外也可使用数学模型预测，如龚珀兹生长曲线模型等。在我国城市污水量中，工业废水占 50%～70%。

另外，还可根据人口数和人均用地面积指标或容积率与人均建筑面积指标，推算单位用地面积上的污水量，并用汇水面积计算污水总量，或由总建筑面积推算污水量。城市单位面积上每日排出的污水量称为面积比流量。面积比流量是根据人口密度、卫生设备、用地功能、生活习惯与水平等条件制定的一个综合性污水量指标。北方缺水地区，如北京、天津等按 1L/（hm^2·s）计算城市污水量；南方部分地区所取值较大，如上海部分高新技术产业开发区及上海浦东新区采用的计算标准为 1.2～1.5 万 $m^3/(km^2 \cdot d)$。

（二）详细规划阶段的污水量计算

污水管道的设计流量是污水管道及其附属构筑物能保证通过的污水最大流量，通常采用规划期末的最大日最大时的污水流量。详细规划阶段应尽量计算出污水的设计流量。详细规划阶段的污水量计算可以用水量的计算结果为依据，也可以直接利用有关污水指标计算污水量。

（三）城市污水设计总流量计算

计算城市污水量的方法常用的有累计流量法、综合流量法。在规划设计中，应根据所规划的项目对污水量准确程度的要求选择计算方法。

1. 累计流量法

这种计算法不考虑各种生活污水及各种工业废水高峰流量发生的

时间，而假定各种污水都在同一时间出现最高流量，并采用简单的累加法计算城市污水流量。这样计算所得的流量数值与实际情况相比是偏高的。但是，由于它比较简便，所需资料容易搜集到，所以，在城市污水管道规划设计中经常应用。

2. 综合流量法

城市生活污水和工业废水的流量时刻都在变化，其高峰流量出现的时间一般也不相同。按累计法计算流量使计算值偏大，不经济。综合流量法是根据各种污水流量的变化规律，考虑各种污水最高流量出现的时刻，由一日之中各种污水每小时流量资料，将同一时刻的各种污水流量相加，即可得一日中城市污水各小时流量，其中最大值即为综合求得的最高日最高时污水流量。通常按这个流量规划和设计城市污水处理厂、排水泵站。

污水管道中除了生活污水、工业废水外，还常含有渗入的地下清水。因为受当地土质、地下水位、管道及接口材料和施工质量等因素影响，一般均存在地下水渗入现象，特别是在地下水位较高的地区。过量的地下清水渗入污水管道会导致处理厂水力超负荷，使得未经处理的污水由旁流或溢流进入受纳水体，因此应尽量避免。计算渗入水量时，可以以单位管道延长或单位服务面积计算。如海口市的地下水位在 0.7～1.6m，具有很大的渗透可能性，规划时取渗透系数 0.1L/(hm^2·s) 计算。也可相对于污水量取用一定比例，如日本采用每人每日最大污水量的 10%～20%计算。

二、城市污水管道系统平面布置

在进行城市污水管道的规划设计时，先要在城市总平面图上进行管道系统平面布置，也称定线。主要内容有：确定排水区界，划分排水流域；选择污水厂和出水口的位置；拟定污水干管及主干管的路线；确定需要抽升的排水区域和设置泵站的位置等。平面布置得正确合理，可为设计阶段奠定良好基础，并使整个排水系统的投资节省。

污水管道的平面布置，一般按先确定主干管、再定干管、最后定支管的顺序进行。在总体规划中，只决定污水主干管、干管的走向与平面位置。在详细规划中，还要决定污水支管的走向及位置。在具体规划布置时，要考虑以下的一些原则。

① 尽可能在管线较短和埋深较小的情况下，让最大区域上的污水自流排出。

② 地形是影响管道定线的主要因素。定线时应充分利用地形，在整个排水区域较低的地方（如集水线或河岸低处）敷设主干管及干管，便于支管的污水自流接入。地形较复杂时，宜布置成几个独立的排水系统，如由于地表中间隆起而布置成两个排水系统。若地势起伏较大，宜布置成高、低区排水系统，高区不宜随便跌水，利用重力排入污水厂，并减少管道埋深；个别低洼地区应局部提升。

③ 污水主干管的走向与数目取决于污水厂和出水口的位置与数目。如大城市或地形平坦的城市，可能要建几个污水厂分别处理与利用污水，就需设几个主干管。小城市或地形倾向一方的城市，通常只设一个污水厂，则只需敷设一条主干管。若区域内几个城镇合建污水厂，则需建造相应的区域污水管道系统。

④ 污水管道尽量采用重力流形式，避免提升。由于污水在管道中靠重力流动，因此管道必须有坡度。在地形平坦地区，管线虽不长，埋深亦会增加很快，当埋深超过最大埋深深度时，需设中途泵站抽升污水——这样会增加基建投资和常年运行管理费用；但不建泵站而增加管道埋深，会使施工困难大且造价增高。所以需作方案比较，选择最适当的定线位置，尽量节省埋深，又可少建泵站。

⑤ 管道定线尽量减少与河道、山谷、铁路及各种地下构筑物交叉，并充分考虑地质条件的影响。污水管特别是主干管，应尽量布置在坚硬密实的土壤中。如通到劣质土壤（松软土、回填土、土质不均匀等）或地下水位高的地段时，污水管道可考虑绕道、建泵站、压力输送及采用其他施工措施加以解决。

⑥ 污水干管一般沿城市道路布置。不宜设在交通繁忙的快车道下和狭窄的街道下，也不宜设在无道路的空地上，而通常设在污水量较大或地下管线较少一侧的人行道、绿化带或慢车道下。道路宽度超过 40m 时，可考虑在道路两侧各设一条污水管，以减少连接支管的数目及与其他管道的交叉，并便于施工、检修和维护管理。污水干管

最好以排放大量工业废水的工厂或污水量大的公共建筑为起端，除了能较快发挥效用外，还能保证良好的水力条件。

⑦ 管线布置应简捷顺直，不要绕弯，注意节约大管道的长度，避免在平坦地段布置流量小而长度大的管道，否则因流量小和保证自净流速所需的坡度较大，而使埋深增加。

⑧ 管线布置考虑城市的远、近期规划及分期建设的安排，与规划年限相一致。应使管线的布置与敷设满足近期建设的要求，同时考虑远期有扩建的可能。规划时对不同重要性的管道，其设计年限应有差异。一般城市主干管设计年限要长，基本应考虑一次建成后相当长时间不再扩建；而次干管、支管、接户管等年限可依次降低，并考虑扩建的可能。

三、城市污水管道敷设

1. 污水管道与其他管线、建（构）筑物的间距

在现代化的城市道路下，常有各种管线和地下设施。这些管道和地下设施相互之间应当很好地配合。由于污水管道主要是重力流管道，管道（尤其是干管）的埋设深度较其他种类的管道大，且有很多连接支管，若位置安排不当造成和其他管道交叉，会增加排管上的困难，所以在管线综合时，往往首先考虑污水管道在平面和垂直方向上的位置。

由于污水管道渗漏的污水会对其他管线产生影响，所以须满足在污水管道损坏时，不应影响附近建筑物、构筑物的基础或污染生活饮用水。为避免污水管道渗漏的影响及保证敷设和检修时各管线互不影响，规定了污水管道与其他管线（构筑物）的最小净距，见表 1-1。当其他管线与排水管道有少许相碰时，管道顶部允许作适当压缩以便各自按原坡度通过。

表 1-1　排水管道与其他管线（构筑物）的最小净距

名　　称	水平净距/m	垂直净距/m
建筑物	见注 3	
给水管	见注 4	0.15
排水管	1.5	0.15

续表

名　　称		水平净距/m	垂直净距/m
煤气管道	低　压	1.0	0.15
	中　压	1.5	
	高　压	2.0	
	特高压	5.0	
热力管沟		1.5	0.15
电力电缆		1.0	0.5
通讯电缆		1.0	直接埋 0.5；穿管 0.15
乔　木		见注 5	
地上桩杆（中心）		1.5	
道路侧石边缘		1.5	
铁　路		见注 6	轨底 1.2
电车路轨		2.0	1.0
架空管架基础		2.0	
油　管		1.5	0.25
压缩空气管		1.5	0.15
氧气管		1.5	0.25
乙炔管		1.5	0.25
电车电缆			0.5
明渠渠底			0.5
涵洞基础底			0.15

注：1. 表列数字除注明者外，水平净距均指外壁净距，垂直净距系指下面管道的外顶与上面管道基础间净距。

2. 采取充分措施（如结构措施）后，表列数字可以减小。

3. 与建筑物水平净距：管道基础浅于建筑物基础时，一般不小于 2.5m（压力管不小于 5.0m）；管道基础深于建筑物基础时，按计算确定，但不小于 3.0m。

4. 与给水管水平净距：给水管管径小于或等于 200mm 时，不小于 1.5m；给水管管径大于 200mm 时，不小于 3.0m。与生活给水管道交叉时，污水管道、合流管道在生活给水管道下面的垂直净距不应小于 0.4m。当不能避免在生活给水管道上面穿越时，必须予以加固。加固长度不应小于生活给水管道外径加 4m。

5. 与乔木中心距离不小于 1.5m；如遇现状高大乔木时，则不小于 2.0m。

6. 穿越铁路时应尽量垂直通过。沿单行铁路敷设时应距路堤坡脚或路堑坡顶不小于 5m。

2. 污水管道的埋深与覆土厚度

管道的埋设深度是指管底内壁到地面的距离（图 1-3）。管道的埋设深度对整个管道系统的造价和施工影响很大。管道埋深越大，造价越高，施工期越长。有的管道埋深增加 2～3m，成本将增加 1 倍以上。管道的埋深有一个最大限值，称为最大埋深，一般应据技术经济指标及施工方法决定。在干燥土壤中，最大埋深一般不超过 7～8m，在多水、流砂、石灰岩地层中不超过 5m。

图 1-3　管道的埋深与覆土厚度

管道的覆土厚度指管道外壁顶部到地面的距离。尽管管道埋深越小越好，但管道的覆土厚度有一个最小限值，叫最小覆土厚度，其值取决于以下三个因素。

① 在寒冷地区，必须防止管内污水冰冻和因土壤冰冻膨胀而损坏管道。污水在管道中冰冻的可能性与土壤的冰冻深度、污水水温、流量及管道坡度等因素有关。因污水水温冬季也在 4℃以上，所以没有必要把各个管道埋在冰冻线下，没有保温措施的生活污水管道或水温与生活污水接近的工业废水管道，管底可埋在冰冻线以上 0.15m。近年来的实践证明，设计时加大一到二号管径，并适当放大坡度，污水管道还可以提高埋深 0.6～0.8m。有保温措施或水温较高的污水管，其管底标高还可加大。

② 为防止管壁被地面荷载压坏，管顶需一定的覆土厚度，取决于管的强度、荷载的大小及覆土的密实程度等。如规定车行道下最小覆土厚度不小于 0.7m。在保证管道不受外部重压损坏时，覆土厚度可适当减小。

③ 必须满足管道之间的衔接要求。在气候温暖的平坦地区，管道的最小覆土厚度往往决定于房屋排出管在衔接上的要求。房屋污水出户管的最小埋深通常在 0.50～0.60m，所以污水支管起点埋深一

般不小于0.6～0.7m。

四、污水管道水力计算

在完成了污水管道系统的平面布置后，便可进行污水管道的水力计算。污水管道水力计算的目的，在于合理经济地选择管道管径、坡度和埋深。

（一）管道水力计算的基本公式

管道中的污水流动，通常是依靠水的重力从高处流向低处。污水中含有一定量的固体杂质，但主要是水分，所以可以按水力学规律来计算城市污水的流动。污水在管道中的流动按均匀流（即假定过水断面上每一条流线的流速大小和方向沿流程不变）计算。由于污水中含有杂质，流速过小则会产生淤泥，降低输水能力；但流速过大，则会因冲刷而损坏管壁。所以要选择合理流速，避免上面的情况。另外，由于城市污水量难以准确计算，变化较大，所以设计时要留出部分管道断面，避免污水溢流。同时，管道中淤积的污泥会腐化而散发出有毒害的臭气，且污水内所含的易燃液体（如汽油、苯、石油等）易挥发成爆炸性气体，所以需保持污水管道通风，也不能满流。

管道水力学（均匀流）的两个基本公式如下：

流量公式

$$Q=Av \tag{1-1}$$

流速公式

$$v=C\sqrt{RJ} \tag{1-2}$$

式中　Q——设计管段的设计流量，m^3/s；

A——设计管段的过水断面面积，m^2；

v——过水断面的平均流速，m/s；

R——水力半径（过水断面面积与湿周的比值），m；

J——水力坡度（即水面坡度，等于管底坡度 i）；

C——流速系数（或谢才系数）。一般

$$C=\frac{R^{1/6}}{n} \tag{1-3}$$

式中　n 为管壁粗糙系数，由管渠材料确定，见表1-2。

表 1-2　排水管渠粗糙系数 n

管　渠　种　类	n 值	管　渠　种　类	n 值
陶土管	0.013	浆砌砖渠道	0.015
混凝土和钢筋混凝土管	0.013～0.014	浆砌块石渠道	0.017
石棉水泥管	0.012	干砌块石渠道	0.020～0.030
铸铁管	0.013	土明渠（带或不带草皮）	0.025～0.030
钢　管	0.012	木　槽	0.012～0.014
水泥砂浆抹面渠道	0.013～0.014		

表 1-3　污水管道最大允许流速、最大设计充满度、最小设计流速、最小设计坡度

<table>
<tr><th rowspan="2">管径/mm</th><th colspan="2">最大允许流速/(m/s)</th><th rowspan="2">最大设计充满度</th><th rowspan="2">在设计充满度下最小设计流速/(m/s)</th><th colspan="2">按照设计充满度下最小设计流速控制的最小坡度</th><th rowspan="2">最小计算充满度</th><th rowspan="2">最小计算充满度下不淤流速/(m/s)</th><th colspan="2">按照最小计算充满度下不淤流速控制的最小坡度</th></tr>
<tr><th>金属管</th><th>非金属管</th><th>坡　度</th><th>相应流速/(m/s)</th><th>坡度</th><th>相应流速/(m/s)</th></tr>
<tr><td>200</td><td rowspan="16">≤10</td><td rowspan="16">≤5</td><td rowspan="2">0.6</td><td rowspan="4">0.7</td><td>0.005</td><td>0.74</td><td rowspan="4">0.25</td><td rowspan="4">0.4</td><td>0.004</td><td>0.43</td></tr>
<tr><td>300</td><td>0.0027</td><td>0.71</td><td>0.002</td><td>0.40</td></tr>
<tr><td>400</td><td>0.7</td><td>0.002</td><td>0.77</td><td>0.0015</td><td>0.42</td></tr>
<tr><td>500</td><td rowspan="7">0.75</td><td>0.0016</td><td>0.81</td><td>0.0012</td><td>0.43</td></tr>
<tr><td>600</td><td rowspan="6">0.8</td><td>0.0013</td><td>0.82</td><td rowspan="4">0.3</td><td rowspan="4">0.5</td><td>0.001</td><td>0.50</td></tr>
<tr><td>700</td><td>0.0011</td><td>0.84</td><td>0.0009</td><td>0.52</td></tr>
<tr><td>800</td><td>0.001</td><td>0.88</td><td>0.0008</td><td>0.54</td></tr>
<tr><td>900</td><td>0.0009</td><td>0.90</td><td>0.0007</td><td>0.54</td></tr>
<tr><td>1000</td><td>0.0008</td><td>0.91</td><td rowspan="8">0.35</td><td rowspan="8">0.6</td><td>0.0006</td><td>0.54</td></tr>
<tr><td>1100</td><td>0.0007</td><td>0.91</td><td>0.0006</td><td>0.62</td></tr>
<tr><td>1200</td><td rowspan="5">0.8</td><td rowspan="3">0.9</td><td>0.0007</td><td>0.97</td><td>0.0006</td><td>0.66</td></tr>
<tr><td>1300</td><td>0.0006</td><td>0.94</td><td>0.0005</td><td>0.63</td></tr>
<tr><td>1400</td><td>0.0006</td><td>0.99</td><td>0.0005</td><td>0.67</td></tr>
<tr><td>1500</td><td rowspan="2">1.0</td><td>0.0006</td><td>1.04</td><td>0.0005</td><td>0.70</td></tr>
<tr><td>>1500</td><td>0.0006</td><td></td><td>0.0005</td><td></td></tr>
</table>

注：1. $n=0.014$。

2. 计算污水管道充满度时，不包括淋浴水量或短时间内忽然增加的污水量。但管径≤300mm 时，按满流复核。

3. 含有机械杂质的工业废水管道，其最小流速宜适当提高。

（二）最小管径和最小设计坡度

根据管道养护的需要，要求街坊内的污水管道其管径不小于200mm，道路上的市政污水管道，其管径不小于300mm。各种管径的管道最小设计坡度等数据见表1-3。在污水管道设计中，直径为300mm的管道为非计算管道，当污水量超过直径为300mm管道的最大充满度时再进行计算。

五、污水量的设计标准和设计计算公式

（一）居住区生活污水量设计标准

居住区生活污水量可按表1-4确定。如有本地区或相似条件地区实际统计的生活用水量时，生活污水量标准也可按实际生活用水量计算。当难于确定设计人口数时，也可按面积的污水量模数计算。

表1-4　生活污水量定额

序号	建筑物内部卫生设备情况	平均日污水量/(L/人)				
		一分区	二分区	三分区	四分区	五分区
1	室内无给水排水卫生设备，用水取自集中给水龙头，污水由室外排出管道排出者	10～20	10～25	20～35	25～40	10～25
2	室内有给水排水卫生设备，但无水冲式厕所者	12～40	30～45	40～65	40～70	25～40
3	室内有给水排水卫生设备，但无沐浴设备者	55～90	60～95	65～100	65～100	55～90
4	室内有给水排水卫生设备，并有沐浴设备者	90～125	100～140	110～150	120～160	100～140
5	室内有给水排水设备，并有淋浴和集中热水供应者	130～170	140～180	145～185	150～190	140～180

注：各分区按以下区域划分：

第一分区　黑龙江与吉林的全部，辽宁与内蒙古的大部分，河北、山西、陕西、宁夏的偏北一小部分。

第二分区　北京市、天津市、山东全部，河北、山西、陕西、宁夏的大部分，辽宁南部，河南北部，甘肃东部、青海偏东和安徽、江苏偏北的一小部分。

第三分区　上海市、浙江的全部，江苏、安徽与江西的大部分，河南南部，湖北与湖南的东部，福建北部。

第四分区　广东与台湾的全部，广西的大部分，福建与云南的南部。

第五分区　贵州全部，四川与云南的大部分，湖南与湖北的西部，陕西与甘肃在秦岭以南的地区和广西偏北的一小部分。

居住区生活污水量总变化系数见表 1-5。

表 1-5 生活污水量总变化系数 K_z 值

平均日流量/(L/s)	4	6	10	15	25	40	70	120	200	400	750	1600
K_z	2.3	2.2	2.1	2.0	1.89	1.80	1.69	1.59	1.51	1.40	1.30	1.20

（二）工业废（污）水量设计标准

工业企业中的生活污水量和淋浴水量的标准及厂内公用建筑物生活污水量的标准参见现行给水排水规范。

工业废水量按单位产品的废水量计算，或按工艺流程和设备排水量计算，或按实测水量数据计算。工业废水量的变化系数根据生产工艺过程及生产性质确定。

生活污水量和工业废水量计算公式列于表 1-6。

表 1-6 生活污水量和工业废水量计算公式

名称	计算公式	符号说明
1. 居住区生活污水设计最大流量/(L/s)	$Q=\frac{qNK_z}{86400}$	q——每人每日平均污水量定额，L/人·d N——设计人口数，人 K_z——总变化系数
2. 工业企业工业废水设计最大流量/(L/s)	$Q=\frac{mMK_g}{3600T}$	m——生产过程中单位产品的废水量定额，L/单位产品 M——每日的产品数量 K_g——总变化系数，根据工艺或经验决定 T——工业企业每日工作小时数
3. 工业企业生活污水设计最大流量/(L/s)	$Q=\frac{q_1N_1K_z+q_2N_2K_z}{3600T}$	q_1——一般车间每班每人污水量定额，一般以 25L/(人·班)计 q_2——热车间每班每人污水量定额，一般以 35L/(人·班)计 N_1——一般车间最大班工人数，人 N_2——热车间最大班工人数 T——每班工作小时数
4. 工业企业淋浴用水设计最大流量/(L/s)	$Q=\frac{q_3N_3+q_4N_4}{3600}$	q_3——不太脏车间每班每人淋浴水量定额，一般以 40L/(人·班)计 q_4——较脏车间每班每人淋浴水量定额，一般以 60L/(人·班)计 N_3——不太脏车间最大班使用淋浴的人数，人 N_4——较脏车间最大班使用淋浴的人数，人

第三节　城市污水的性质和工业废水的排放标准

城市污水是指通过市政污水管道收集到的所有排水，包括排入污水管道系统的各种生活污水、工业废水（经工厂预处理后符合 CJ 18—86 标准的生产污水），合流制污水还包含城市融雪和雨水，总之是一种混合污水。各城市之间的城市污水的水质受工业废水所占比例、城市规模、居民生活习惯、季节和气候条件及下水道系统形式的影响，存在一定差异。

水之所以成为污水，是因为水在使用过程中带进了洗涤剂、染料、溶液、油脂和粪尿、各类无机物和有机物，还有细菌、病毒等致病微生物，以及毒性、酸碱性、放射性和重金属类等污染物质，使水的物理性质和化学性质发生明显变化，变成了污水。

一、城市污水的感官特征

城市污水呈现一定的颜色、气味，已丧失使用价值，也使人在感官上产生不愉快的感觉。温度升高也是水体污染的一种形式，会使水中溶解氧含量降低，所含毒物的毒性加强，破坏鱼类正常生活环境。城市污水的卫生指标十分恶劣，一般含有大量细菌、病毒、致病菌和虫卵。

1. 水温

由于城市下水道一般都埋设在地下，所以污水的水温具有相对稳定的特征，一般在 10～20℃，冬季水温高于气温，夏季水温低于气温。城市污水水温的突然变化一般是工业废水排放造成的，而大量雨水的排入将明显降低污水的温度。

2. 颜色

城市污水由于无氧分解，有机物中的硫元素被转化为硫化氢，和某些金属元素结合形成硫化物，因此污水大都为灰褐色。而在大面积管网系统中，污水在下水道中停留时间太长，污水发生厌氧反应，到达污水处理厂时就呈暗黑色。当污水出现绿色、蓝色和橙色时，可能上游有较多电镀废水排入；出现红色、蓝色、黄色，则可能有大量印染废水排入；出现白色，可能是大量洗涤废水排入造成的。

3. 气味

一般城市污水具有霉臭味，而大面积管网系统的污水会有臭鸡蛋味，这表明污水在下水道中已经厌氧发酵，产生硫化氢和其他产物。城市污水中因工业废水的排入，还会有汽油等有机溶剂的香味。因此，操作规程严格规定，凡下井、下池、入管操作的人员必须按防毒气安全规程进行。

二、城市污水的污染指标

污水的污染物可分为无机性和有机性两大类。无机性的污染物有矿粒、酸、碱、无机盐类、氮磷营养物及氰化物、砷化物和重金属离子等。有机性的污染物有碳水化合物、蛋白质、脂肪及农药、芳香族化合物、高分子合成聚合物等。污水的污染指标是用来衡量水在使用过程中被污染的程度，也称污水的水质指标。

（一）生物化学需氧量（BOD）

城市污水中含有大量有机物质，其中一部分在水体中因微生物的作用而进行好氧分解，使水中溶解氧降低，甚至完全缺氧；在无氧时进行厌氧分解，放出恶臭气体，水体变黑，使水中生物灭绝。由于有机物种类繁多，难以直接测定，所以采用间接指标进行表示。生化需氧量（BOD）就是一个反映水中可生物降解的含碳有机物的含量及排到水体后所产生的耗氧影响的指标。污水中可降解有机物的转化与温度、时间有关。为便于比较，一般以 20℃时经过 5 天时间，有机物分解前后水中溶解氧的差值称为 5 天 20℃ 的生化需氧量，即 BOD_5，单位通常为 mg/L。BOD 越高，表示污水中可生物降解的有机物越多。生活污水的 BOD_5 一般在 70～250mg/L 之间，工业废水的 BOD_5 则有较大差别，有的高达数千 mg/L。综合的城市污水 BOD_5 一般在 100～300mg/L 之间。

（二）化学需氧量（COD）

BOD 只能表示水中可生物降解的有机物，并易受水质的影响，所以，为表示一定条件下化学方法所能氧化有机物的量，采用化学需氧量（COD）——即高温、有催化剂及强酸环境下，强氧化剂氧化有机物所消耗的氧量，单位为 mg/L。对于同类污水，化学需氧量一般高于生化需氧量。

城市污水的COD一般大于BOD_5，两者的差值可反映废水中存在难以被微生物降解的有机物。在城市污水处理分析中，常用BOD_5/COD的比值来分析污水的可生化性。可生化性好的污水$BOD_5/COD \geqslant 0.3$；小于此值的污水应考虑采用生物技术以外的污水处理技术。

（三）悬浮固体（SS）

悬浮固体是水中未溶解的非胶态的固体物质，在条件适宜时可以沉淀。悬浮固体可分为有机性和无机性两类，反映污水汇入水体后将发生的淤积情况，其含量的单位为mg/L。因悬浮固体在污水中肉眼可见，能使水浑浊，属于感官性指标。

（四）pH值

酸度和碱度是污水的重要污染指标，用pH值来表示。它对保护环境、污水处理及水工构筑物都有影响，一般生活污水呈中性或弱碱性，工业污水多呈强酸或强碱性。城市污水的pH值呈中性，一般为6.5～7.5。pH值的微小降低可能是由于城市污水输送管道中的厌氧发酵；雨季时较大的pH值降低往往是城市酸雨造成的，这种情况在合流制系统尤其突出。pH值的突然大幅度变化不论是升高还是降低，通常是由于工业废水的大量排入造成的。

（五）氮和磷

氮和磷是植物性营养物质，会导致湖泊、海湾、水库等缓流水体富营养化，而使水体加速老化。生活污水中含有丰富的氮、磷，某些工业废水中也含大量氮、磷。总氮是污水中各类有机氮和无机氮的总和，氨氮是无机氮的一种。总磷是污水中各类有机磷与无机磷的总和。

（六）有毒化合物和重金属

这类物质对人体和污水处理中的生物都有一定的毒害作用，如氰化物、砷化物、汞、镉、铬、铅等有直接毒害作用的无机污染物。

这种污染物质是最为人们所关注的，根据毒性发作的情况，此污染物可分为两类，一类是毒性作用快，易为人们所注意；另一类则是通过食物在人体内逐渐富集，在达到一定浓度后才显示出症状，不易为人们及时发现，但危害一经形成就可能铸成大祸，例如在日本所发生的水俣病和骨痛病。

属于这一类污染物质的主要有非重金属的氰化物和砷化物，重金属中的汞、镉、铬、铅等，即国际上公认的六大毒性物质，现就其来源、污染特征及对人类的危害分别叙之如下。

1. 非重金属的无机毒性物质

(1) 氰化物 (CN)

氰化物是剧毒物质，急性中毒时抑制细胞呼吸，造成人体组织严重缺氧，对人的经口致死量为 0.05～0.12g。

排放含氰废水的工业主要有电镀、焦炉和高炉的煤气洗涤，金、银选矿和某些化工企业等，也是比较广泛存在的一种污染物。

电镀废水的氰含量一般在 20～70mg/L 之间，经常为 30～35mg/L。

在焦炉或高炉生产过程中，煤中的炭或甲烷与氨化合生成氰化物，焦化厂粗苯分离水和纯苯分离水含氰一般都可达 80mg/L。

从矿石中提取金和银需要氰化钾或氰化钠作原料，因此金、银的选矿废水中也含有氰化物。

有机氰化物称为腈，是化工产品的原料，如丙烯腈（C_2H_3CN）是制造合成纤维聚丙烯腈的基本原料。有少数腈类化合物在水中能够离解为氰离子（CN^-）和氰氢酸（HCN），因此，其毒性与无机氰化物同样强烈。

我国饮用水标准规定，氰化物含量不得超过 0.05mg/L，农业灌溉水质标准规定为不大于 0.5mg/L。

(2) 砷 (As)

砷是常见污染物质之一，也是对人体毒性作用比较严重的有毒物质之一。

三价砷的毒性远高于五价砷，对人体来说，亚砷酸盐的毒性作用比砷酸盐大 60 倍，因为亚砷酸盐能够和蛋白质中的硫反应，而三甲基砷的毒性比亚砷酸盐更大。

砷也是累积性中毒的毒物，当饮水中砷含量大于 0.05mg/L 时就会导致累积。近年来发现砷还是致癌元素（主要是皮肤癌）。

工业中排放含砷废水的有化工、有色冶金、炼焦、火电、造纸、皮革等行业，其中以冶金、化工排放砷量较高。

我国饮用水标准规定，砷含量不应大于 0.04mg/L，农田灌溉标准是不高于 0.05mg/L，渔业用水不超过 0.1mg/L。

2. 重金属毒性物质

从毒性和对生物体的危害方面来看，重金属污染的特点在于：①在天然水中只要有微量浓度即可产生毒性效应，一般重金属产生毒性的浓度范围大致在 1～10mg/L 之间，毒性较强的重金属如汞、镉等，产生毒性的浓度范围在 0.001～0.01mg/L 以下；②微生物不仅不能降解重金属，相反地某些重金属还可能在微生物作用下转化为金属有机化合物，产生更大的毒性，如汞在厌氧微生物作用下的甲基化就是这方面的典型例子；③生物体从环境中摄取重金属，经过食物链的生物放大作用，逐级地在较高级的生物体内成千百倍地富集起来，这样，重金属能够通过多种途径（食物、饮水、呼吸）进入人体，甚至遗传和母乳也是重金属侵入人体的途径；④重金属进入人体后能够和生理高分子物质（如蛋白质和酶等）发生强烈的相互作用而使它们失去活性，也可能累积在人体的某些器官中造成慢性累积性中毒，最终造成危害，这种累积性危害有时需要一、二十年才显示出来。

(1) 汞（Hg）

汞是重要的污染物质，也是对人体毒害作用比较严重的物质。

汞是累积性毒物，无机汞进入人体后随血液分布于全身组织，在血液中遇氯化钠生成二价汞盐累积在肝、肾和脑中，在达到一定浓度后毒性发作，其毒理主要是汞离子与酶蛋白的硫结合，抑制多种酶的活性，使细胞的正常代谢发生障碍。

甲基汞是无机汞在厌氧微生物的作用下转化而成的。甲基汞在体内约有 15% 累积在脑内，侵入中枢神经系统，破坏神经系统功能。

含汞废水排放量较大的是氯碱工业，因其在工艺上以金属汞作流动阴电极，以制成氯气和苛性钠，有大量的汞残留在废盐水中。聚氯乙烯、乙醛、醋酸乙烯的合成工业均以汞作催化剂，因此上述工业废水中含有一定数量的汞。此外，在仪表和电气工业中也常使用金属汞，因此也排放含汞废水。

我国饮用水、农田灌溉水都要求汞的含量不得超过 0.001mg/L，渔业用水要求更为严格，不得超过 0.0005mg/L。

(2) 镉（Cd）

镉也是一种比较广泛的污染物质。

镉是一种典型的累积富集型毒物，主要累积在肾脏和骨骼中，引起肾功能失调，骨质中钙被镉所取代，使骨骼软化，造成自然骨折，疼痛难忍。这种病潜伏期长，短则 10 年，长则 30 年，发病后很难治疗。

每人每日允许摄入的镉量为 0.057～0.071mg。我国饮用水标准规定，镉的含量不得大于 0.01mg/L，农业用水与渔业用水标准则规定要小于 0.005mg/L。

镉主要来自采矿、冶金、电镀、玻璃、陶瓷、塑料等生产部门排出的废水。

(3) 铬（Cr）

铬也是一种较普遍的污染物。铬在水中以六价和三价 2 种形态存在，三价铬的毒性低，作为污染物质所指的是六价铬。人体大量摄入能够引起急性中毒，长期少量摄入也能引起慢性中毒。

六价铬是卫生标准中的重要指标，饮用水中的浓度不得超过 0.05mg/L，农业灌溉用水与渔业用水应小于 0.1mg/L。

排放含铬废水的工业企业主要有电镀、制革、铬酸盐生产以及铬矿石开采等。电镀车间是产生六价铬的主要来源，电镀废水中铬的浓度一般在 50～100mg/L。生产铬酸盐的工厂，其废水中六价铬的含量一般在 100～200mg/L 之间。皮革鞣制工业排放的废水中六价铬的含量约为 40mg/L。

(4) 铅（Pb）

铅对人体也是累积性毒物。据美国资料报道，成年人每日摄取铅低于 0.32mg 时，人体可将其排除而不产生积累作用；摄取 0.5～0.6mg，可能有少量的累积，但尚不至于危及健康；如每日摄取量超过 1.0mg，即将在体内产生明显的累积作用，长期摄入会引起慢性中毒。其毒理是铅离子与人体内多种酶络合，从而扰乱了机体多方面的生理功能，可危及神经系统、造血系统、循环系统和消化系统。

我国饮用水、渔业用水及农田灌溉水都要求铅的含量小于0.1mg/L。

铅主要含于采矿、冶炼、化学、蓄电池、颜料工业等排放的废水中。

三、工业废水的排放标准

工业废水排入城市下水道必须符合《污水排入城市下水道水质标准》(CJ 18—96，见表1-7)。

表1-7 污水排入城市下水道水质标准 单位：mg/L

序号	项目名称	最高允许浓度	序号	项目名称	最高允许浓度
1	pH值	6～9	16	氟化物	15
2	悬浮物	400	17	汞及其无机化合物	0.05
3	易沉固体	10ml/L, 1.5min	18	镉及其无机化合物	0.1
			19	铅及其无机化合物	1
4	油　脂	100	20	铜及其无机化合物	1
5	矿物油类	20	21	锌及其无机化合物	5
6	苯系物	2.5	22	镍及其无机化合物	2
7	氰化物	0.5	23	锰及其无机化合物	2
8	硫化物	1	24	铁及其无机化合物	10
9	挥发性酚	1	25	锑及其无机化合物	1
10	温　度	35℃	36	六价铬无机化合物	0.5
11	生物需氧量(5d,20℃)	100(300)①	27	三价铬无机化合物	3
12	化学耗氧量(重铬酸钾法)	150(500)①	28	硼及其无机化合物	1
13	溶解性固体	2000	29	硒及其无机化合物	2
14	有机磷	0.5	30	砷及其无机化合物	0.5
15	苯　胺	3			

① 括号内数字适用于有城市处理厂的下水道系统。

《污水综合排放标准》(GB 8978—96) 将污染物按其性质分为二类。

第一类污染物，指能在环境或动植物体内蓄积，对人体健康产生长远不良影响者。含有此类有害污染物质的污水，不分行业和污水排放方式，也不分受纳水体的功能类别，一律在车间或车间处理设施排出口取样（采矿行业的尾矿坝出水口不得视为车间排放口），其最高允许排放浓度必须符合表 1-8 的规定。

表 1-8 第一类污染物最高允许排放浓度

污染物	最高允许排放浓度/(mg/L)	污染物	最高允许排放浓度/(mg/L)
1. 总汞	0.05	8. 总镍	1.0
2. 烷基汞	不得检出	9. 苯并（*a*）芘	0.00003
3. 总镉	0.1	10. 总铍	0.005
4. 总铬	1.5	11. 总银	0.5
5. 六价铬	0.5	12. 总 α 放射性	1Bq/L
6. 总砷	0.5	13. 总 β 放射性	10Bq/L
7. 总铅	1.0		

第二类污染物，指其长远影响小于第一类的污染物质。在排污单位排出口取样，其最高允许排放浓度必须根据情况符合表 1-9 的规定。

表 1-9 第二类污染物最高允许排放浓度

（1998 年 1 月 1 日后建设的单位）　　单位：mg/L

序号	污 染 物	适 用 范 围	一级标准	二级标准	三级标准
1	pH	一切排污单位	6～9	6～9	6～9
2	色度(稀释倍数)	一切排污单位	50	80	—
3	悬浮物(SS)	采矿、选矿、选煤工业	70	300	—
		脉金选矿	70	400	—
		边远地区砂金选矿	70	800	—
		城镇二级污水处理厂	20	30	—
		其他排污单位	70	150	400
4	五日生化需氧量(BOD_5)	甘蔗制糖、苎麻脱胶、湿法纤维板工业、染料、洗毛工业	20	60	600
		甜菜制糖、酒精、味精、皮革、化纤浆粕工业	20	100	600
		城镇二级污水处理厂	20	30	—
		其他排污单位	20	30	300

续表

序号	污染物	适用范围	一级标准	二级标准	三级标准
5	化学需氧量（COD）	甜菜制糖、合成脂肪酸、湿法纤维板、染料、洗毛、有机磷农药工业	100	200	1000
		味精、酒精、医药原料药、生物制药、苎麻脱胶、皮革、化纤浆粕工业	100	300	1000
		石油化工工业（包括石油炼制）	60	120	500
		城镇二级污水处理厂	60	120	—
		其他排污单位	100	150	500
6	石油类	一切排污单位	5	10	20
7	动植物油	一切排污单位	10	15	100
8	挥发酚	一切排污单位	0.5	0.5	2.0
9	总氰化合物	一切排污单位	0.5	1.0	
10	硫化物	一切排污单位	1.0	1.0	1.0
11	氨氮	医药原料药、染料、石油化工工业	15	50	—
		其他排污单位	15	25	—
12	氟化物	黄磷工业	10	15	20
		低氟地区（水体含氟量<0.5mg/L）	10	20	30
		其他排污单位	10	10	20
13	磷酸盐（以P计）	一切排污单位	0.5	1.0	—
14	甲醛	一切排污单位	1.0	2.0	5.0
15	苯胺类	一切排污单位	1.0	2.0	5.0
16	硝基苯类	一切排污单位	2.0	3.0	5.0
17	阴离子表面活性剂（LAS）	一切排污单位	5.0	10	20
18	总铜	一切排污单位	0.5	1.0	2.0
19	总锌	一切排污单位	2.0	5.0	5.0
20	总锰	合成脂肪酸工业	2.0	5.0	5.0
		其他排污单位	2.0	2.0	5.0

续表

序号	污染物	适用范围	一级标准	二级标准	三级标准
21	彩色显影剂	电影洗片	1.0	2.0	3.0
22	显影剂及氧化物总量	电影洗片	3.0	3.0	6.0
23	元素磷	一切排污单位	0.1	0.3	0.3
24	有机磷农药（以P计）	一切排污单位	不得检出	0.5	0.5
25	乐果	一切排污单位	不得检出	1.0	2.0
26	对硫磷	一切排污单位	不得检出	1.0	2.0
27	甲基对硫磷	一切排污单位	不得检出	1.0	2.0
28	马拉硫磷	一切排污单位	不得检出	5.0	10
29	五氯酚及五氯酚钠（以五氯酚计）	一切排污单位	5.0	8.0	10
30	可吸附有机卤化物（AOX）以（Cl计）	一切排污单位	1.0	5.0	8.0
31	三氯甲烷	一切排污单位	0.3	0.6	1.0
32	四氯化碳	一切排污单位	0.03	0.06	0.5
33	三氯乙烯	一切排污单位	0.3	0.6	1.0
34	四氯乙烯	一切排污单位	0.1	0.2	0.5
35	苯	一切排污单位	0.1	0.2	0.5
36	甲苯	一切排污单位	0.1	0.2	0.5
37	乙苯	一切排污单位	0.4	0.6	1.0
38	邻二甲苯	一切排污单位	0.4	0.6	1.0
39	对二甲苯	一切排污单位	0.4	0.6	1.0
40	间二甲苯	一切排污单位	0.4	0.6	1.0
41	氯苯	一切排污单位	0.2	0.4	1.0
42	邻二氯苯	一切排污单位	0.4	0.6	1.0
43	对二氯苯	一切排污单位	0.4	0.6	1.0
44	对硝基氯苯	一切排污单位	0.5	1.0	5.0
45	2,4-二硝基氯苯	一切排污单位	0.5	1.0	5.0

续表

序号	污染物	适用范围	一级标准	二级标准	三级标准
46	苯酚	一切排污单位	0.3	0.4	1.0
47	间甲酚	一切排污单位	0.1	0.2	0.5
48	2,4-二氯酚	一切排污单位	0.6	0.8	1.0
49	2,4,6-三氯酚	一切排污单位	0.6	0.8	1.0
50	邻苯二甲酸二丁酯	一切排污单位	0.2	0.4	2.0
51	邻苯二甲酸二辛酯	一切排污单位	0.3	0.6	2.0
52	丙烯腈	一切排污单位	2.0	5.0	5.0
53	总硒	一切排污单位	0.1	0.2	0.5
54	粪大肠菌群数	医院①、兽医院及医疗机构含病原体污水	500个/L	1000个/L	5000个/L
		传染病、结核病医院污水	100个/L	500个/L	1000个/L
55	总余氯(采用氯化消毒的医院污水)	医院①、兽医院及医疗机构含病原体污水	<0.5②	>3(接触时间≥1h)	>2(接触时间≥1h)
		传染病、结核病医院污水	<0.5②	>6.5(接触时间≥1.5h)	>5(接触时间≥1.5h)
56	总有机碳(TOC)	合成脂肪酸工业	20	40	—
		苎麻脱胶工业	20	60	—
		其他排污单位	20	30	—

① 指50个床位以上的医院。

② 加氯消毒后须进行脱氯处理，达到本标准。

注：其他排污单位：指除在该控制项目中所列行业以外的一切排污单位。

《污水综合排放标准》把第二类污染物的排放浓度设为一级、二级和三级标准。特殊保护水域、水源地一级保护区等根本禁设排放口；重点保护水域、水源地二级保护区对排入的污水执行一级标准；一般保护水域对排入的污水执行二级标准；只有对排入城市污水处理厂进行二级生物处理的污水才执行三级标准。

可以说，《污水综合排放标准》是十分严格的，要达到这一要求，我国城市污水处理的任务是艰巨的。所以，建设和管理好城市中小型污水处理厂的意义十分重大。

四、污水中污染物质的分类

根据我国环保监测部门所监测的数据表明，我国水环境有机污染日益广泛，且呈上升趋势。一些地区地表水域氨氮污染普遍趋向严重，油污染在某些城市河流的污染情况也十分严重，如太原汾河胜利桥河段油污染曾高达 65mg/L，哈尔滨松花江个别河段曾高达 67mg/L，宁波甬江个别河段达 47mg/L。此外，长春伊通河、鞍山太子河、南京秦淮河及成都府河等油污染状况均曾十分严重。

水环境的恶化必然影响到水源。经有关部门对我国 44 个城市及 95 个饮用水水源地的污染监测分析表明，水源的生物污染和有机污染都比较严重。大肠菌群超标很多，如合肥某水厂年均值高达 1.1×10^7 个/ml；细菌值同样超标，如福州某水厂年均值曾高达 4×10^5 个/ml。地表水的 COD、BOD 及氨氮污染呈持续上升趋势，氰化物污染、酚污染及亚硝酸氮污染超标率都有所加剧。

对于大江大河，如长江沿上海、南京、武汉和重庆等大城市江段的污染状况比较严重。长江沿岸 21 个江段，枯水期污染带绵延长达 800km，约占渡口至上海总长的 1/4。长江干流污染也以氨氮和有机污染为主，通常支流污染更甚于干流，而大城市沿江江段污染则甚于其他江段。黄河历年来以砷污染占首位，其中兰州市河段以油污染为主。珠江干流广州江段有机污染突出，缺氧情况严重，少数江段的镉、铅及汞污染有所加剧。

我国近海海域经监测以油、COD、氨氮和铜为主要污染物。东海则以油污染最为突出，从江苏省沿海至杭州湾与舟山渔场，污染超标范围之广及污染浓度之高已居诸海域之首。目前浙江沿海污染严重，我国最大的舟山渔场水产捕获量已显著下降。另东海及渤海无机磷污染严重，其中，渤海属封闭性海域，污染最为突出，屡屡发生“赤潮”。

污水中的污染物质按化学成分可分为无机及有机两大类。按物理形态可分为悬浮固体、胶体及溶解性污染物质。

城市污水中的污染物质按生物降解的难易程度可分为四类，现分述如下。

1.易于生物降解的有机污染物

这一类污染物多属于碳水化合物、蛋白质、脂肪等自然生成的有机物。这类物质不稳定，任何条件下，它们都要向稳定的无机物质转化。在有氧条件下，由好氧微生物作用下进行转化；在无氧条件下，则在厌氧微生物作用下进行转化。

2.难于生物降解的有机污染物

这一类物质多属于人工合成的有机物质，如农药（DDT、六六六及有机氯农药等）、醛、酮、酚以及聚氯联苯、芳香族氨基化合物、塑料、合成橡胶、人造纤维和染料等。这类物质不易为微生物所分解，它们都有害于人类健康，只是危害程度和作用方式不同。

3.无直接毒害作用的无机污染物

必须指出，污水中的污染物质没有绝对无毒害作用的，当这些无直接毒害作用的污染物达到一定浓度，也将呈现出毒害作用。

这一污染物质可分为三种类型。一是属于砂粒、矿渣类颗粒状物质；二是酸、碱无机盐类；三是氮、磷等营养物。

水中酸、碱达到一定浓度对人、畜、水生生物造成危害，此外，对管道和污水处理设备有腐蚀作用。

氮、磷是导致湖泊、海湾、水库等缓流水体富营养化的主要物质。污水中的氮可分为有机氮和无机氮，前者是含氮化合物，如蛋白质、尿素等，后者有氨氮、硝酸氮等。硝酸盐本身无毒，但进入人胃中能还原为亚硝酸盐，再与仲胺作用会形成亚硝胺，而亚硝胺则对人体有害，是致癌、致变异和致畸胎的“三致”物质。

4.有直接毒害作用的无机污染物

这一类污染物质主要有非重金属的氰化物和砷化物，重金属中的汞、镉、铬和铅等，是国际上公认的六大毒性物质。此类物质在污染控制中必须严格控制，绝对不容许超标排至厂外。

分析上述各种污染物，在城市污水中对人体健康和水环境质量最为有害的为有毒的难降解有机物，它们中间有不少具有致癌、致畸、致突变（“三致”）作用。譬如某些杀虫剂、除草剂、有机合成物及有机溶剂等。随着我国现代有机合成化学工业的迅速发展，此类有机污染物的排放量也大大增加。如我国某些江段曾监测出有毒物 364 种，其中属强致癌性的有机污染物 26 种；有的城市从江水中测出有机污染物 170 余种；在自来水中也曾监测出有机卤化合物，此类有机污染物都是城市污水和工业废水排入水体后引起的；有的城市从城市污水中监测出几十种致癌污染物；从石油化工废水也测出过上百种有机污染物。国外报道使用精密测试仪器可从焦化废水中测出 550 余种有机污染物。近年来，上海、北京及东北等地从地表水源、地下水源及自来水中均曾监测出一些令人担忧的有毒有机卤化物，表明我国许多水域均已遭受到有机物污染，这种情况应引起我们的高度警惕和重视，并采取相应的有力控制措施。

第四节　城市污水的处理

我国的淡水资源总量中实际能开发利用的约为 1200 亿 m^3，人均水资源只有世界人均的 1/4，是个水资源短缺的国家。

我国有 80%左右的污水未经处理直接排入水域，造成全国 1/3 以上河段受到污染，90%以上城市水域污染严重，近 50%的重点城镇的水源地不符合饮用水标准。

水资源是人类生存与发展不可缺少的物质基础之一。水是一种有限而不可替代的自然资源，也是一种易被浪费而可以节约的自然资源。1980 年我国每万美元国民生产总值用水量为当时美国的 5 倍，日本的 17 倍，前联邦德国的 28 倍。

水是一种易受污染而可以再生的自然资源。为缓和水资源的供需矛盾，必须尽力保护水资源，减少水污染，净化和再生受污染的水，从而实现水资源可持续利用的长远目标。

“城市污水”是指排入城镇市政排水管网的居民与社会团体排出的生活污水和工业企业排出的工业废水之总称。城市污水应实行点源控制与城市污水集中处理相结合的技术路线，必须严格控制重金属、难降解有机物等有害物质排入城市排水管网。

根据我国环境保护远景目标纲要，2010 年全国城镇的城市污水处理率应达到50%；50万人以上的城市及重点流域和水源保护区内的中小城市及村镇，都将建设污水处理厂；水资源紧缺地区，还将积极发展污水再生利用事业。城市污水处理事业的发展，也将污水处理厂所产大量污泥处置问题提到议事日程。

一、城市污水处理方法

所谓污水处理就是采用各种方法将污水中所含有的污染物分离出来，或将其转化为无害和稳定的物质，从而使污水得到净化。

现代的污水处理技术，按其作用原理，可分为物理法、化学法和生物法三类。

（一）物理法

污水的物理处理法，就是利用物理作用分离污水中主要呈悬浮状态的污染物质，在处理过程中不改变其化学性质。属于物理法的处理技术有以下几种。

1.沉淀（重力分离）

利用污水中的悬浮物和水密度不同的原理，借重力沉降（或上浮）作用，使其从水中分离出来。沉淀处理设备有沉砂池、沉淀池及隔油池等。

2.筛滤（截留）

利用筛滤介质截留污水中的悬浮物。筛滤介质有钢条、筛网、砂、布、塑料、微孔管等。属于筛滤处理的设备有格栅、微滤机、砂滤池、真空滤机、压滤机（后两种多用于污泥脱水）等。

3.气浮

此法是将空气打入污水中，并使其以微小气泡的形式由水中析出，污水中密度近于水的微小颗粒状的污染物质（如乳化油等）粘附到空气泡上，并随气泡上升至水面，形成泡沫浮渣而去除。根据空气打入方式的不同，气浮处理设备有加压溶气气浮法、叶轮气浮法和射流气浮法等。为了提高气浮效果，有时需向污水中投加混凝剂。

4.离心与旋流分离

利用悬浮固体和废水质量不同造成的离心力不同，让含有悬浮固体或乳化油的废水在设备中高速旋转，结果质量大的悬浮固体被抛甩到废水外侧，使悬浮体与废水分别通过不同排出口得以分离。旋流分离器有压力式和重力式两种。

5. 反渗透

用一种特殊的半渗透膜，在一定的压力下将水分子压过膜的一侧，而溶解于水中的污染物质则被膜所截留，污水被浓缩。被压透过膜的水就是处理过的水。

反渗透法是膜分离技术的一种，属于膜分离技术的还有电渗析、渗析等。

属于物理法的污水处理技术还有蒸发等。

（二）化学法

污水的化学处理法，就是通过投加化学物质，利用化学反应作用来分离、回收污水中的污染物，或使其转化为无害的物质。属于化学处理法的有以下几种。

1. 混凝法

水中的呈胶体状态的污染物质，通常都带有负电荷，胶体颗粒之间互相排斥形成稳定的混合液，若向水中投加带有相反电荷的电解质（即混凝剂），可使污水中的胶体颗粒改变为呈电中性，失去稳定性，并在分子引力作用下，凝聚成大颗粒而下沉。这种方法用于处理含油废水、染色废水、洗毛废水等，其可以独立使用也可以和其他方法配合，作预处理、中间处理、深度处理工艺等。常用的混凝剂则有硫酸铝、碱式氯化铝、硫酸亚铁、三氯化铁等。

2. 中和法

用于处理酸性废水或碱性废水。向酸性废水中投加碱性物质如石灰、氢氧化钠、石灰石等，使废水变为中性。对碱性废水可吹入含有 CO_2 的烟道气进行中和，也可用其他酸性物质进行中和。

3. 氧化还原法

废水中呈溶解状态的有机或无机污染物，在投加氧化剂或还原剂后，由于电子的迁移而发生氧化或还原作用，使其转变为无害的物质。常用的氧化剂有空气、纯氧、漂白粉、氯气、臭氧等，氧化法多用于处理含酚、氰废水。常用的还原剂则有铁屑、硫酸亚铁、亚硫酸氢钠等，还原法多用于处理含铬、含汞废水。

4. 电解法

在废水中插入电极并通以电流，则在阴极板上接受电子，在阳极板放出电子。在水的电解过程中，在阳极上产生氧气，在阴极上产生氢气。上述综合过程使阳极上发生氧化作用，在阴极上发生还原作用。目前，电解法主要用于处理含铬及含氰废水。

5. 吸附法

将污水通过固体吸附剂，使废水中的溶解性有机污染物吸附到吸附剂上。常用的吸附剂为活性炭、硅藻土、焦炭等。此法可吸附废水中的酚、汞、铬、氰等有毒物质，还有脱色、脱臭等作用。一般也用于深度处理。

6. 离子交换法

使用离子交换剂，其每吸附一个离子，也同时释放一个等电量的离子。常用的离子交换剂有无机离子交换剂（沸石）和有机离子交换树脂。离子交换法现在废水处理中应用广泛。

7. 化学沉淀法

通过向废水中投加化学药剂，使之与要除去的某些溶解物质反应，生成难溶盐沉淀下来。多用于处理含重金属离子的工业废水。

8. 电渗析法

通过一种离子交换膜，在直流电作用下，废水中的离子朝相反电荷的极板方向迁移，阳离子能穿透阳离子交换膜，而被阴离子交换膜所阻；同样，阴离子能穿透阴离子交换膜，而被阳离子交换膜所阻。通过由阴、阳离子交换膜所组成的电渗析器时，污水中的阴、阳离子就可以得到分离，达到浓缩和处理的目的。此法可用于酸性废水回收、含氰废水处理等。

属于化学法处理技术的还有汽提法、吹脱法和萃取法等。

（三）生物法

污水的生物处理法，就是利用微生物的新陈代谢功能，使污水中呈溶解和胶体状态的有机污染物被降解并转化为无害的物质，使污水得以净化。属于生物处理法的工艺有以下几种。

1. 活性污泥法

这是目前使用很广泛的一种生物处理法。将空气连续鼓入曝气池的污水中，经过一段时间，水中即形成繁殖有大量好氧性微生物的絮凝体——活性污泥，活性污泥能够吸附水中的有机物，生活在活性污泥上的微生物以有机物为食料，获得能量并不断生长增殖，有机物被分解、去除，污水得以净化。

从曝气池流出的含有大量活性污泥的污水——混合液，经沉淀分离，水被净化排放，沉淀分离后的污泥作为种泥，部分地回流曝气池。

活性污泥法自出现以来，经过 80 多年演变，出现了各种活性污泥的变法，但其原理和工艺过程没有根本性的改变。

（1）普通活性污泥法

这种方法被广泛使用，是许多污水厂的主流工艺。传统活性污泥法是将污水和回流污泥从池首端引入，呈推流式至池末端流出。此法适于处理要求高、水质较稳定的污水，但对负荷的变动适应性较弱。后来在此基础上产生了一些改良形式。

（2）多点进水法

为了使槽内有机负荷接近一定值，把废水从几个地点分开流入，有利于解决超负荷问题。

（3）吸附再生法

使接触槽内活化的活性污泥吸附污染物质，污泥与水分离后，在再曝气槽内把吸附的污染物质进行氧化。该法有利于增加处理量，并有一定的抗冲击负荷能力。

（4）延时曝气法

延长曝气时间，有利于完全氧化，污泥产量少，适于小型污水厂。

（5）厌氧-好氧活性污泥法

为了在去除有机物质（BOD）的同时有效地去除氮、磷等营养物质，人们把厌氧状况组合到活性污泥法中，使厌氧和好氧状况在反应池内同时存在或反复周期地实现，形成了厌氧-好氧活性污泥（A/O）法，甚至绝氧-厌氧-好氧活性污泥（A^2/O）法。

（6）间歇式活性污泥法（SBR）

污水不是顺次流经各处理单元，而是放流到单一反应池中，按时间通过程序控制各过程。在反应池的一个工作周期内，运行程序依次为进水、反应、沉淀、出水和待机等过程。该法适于中小水量和出水水质要求较高的场合，有利于自动化控制，通过对运行的调整，该池可进行除磷脱氮及化学处理，有利污水回用。

近年来，SBR 工艺发展很快，尤其随着仪表、自动控制技术与装备的发展，间歇式活性污泥法新工艺不断涌现，如 CAST 工艺、I-DEA 工艺、MSBR 工艺及 UNITANK 工艺等。

（7）AB 法

该法是吸附降解工艺的简称，属超高负荷活性污泥法，它是两个活性污泥系统的串联系统，两者各有独立的二次沉淀池。该法抗冲击负荷能力强，有利于除磷脱氮，特别适于处理浓度较高、水质水量变化大的污水。

（8）氧化沟法

氧化沟为连续环形曝气池，其池体较长，深度较浅。氧化沟系统是一种成本低廉、构造简单、易于维护管理的处理技术，其出水水质好，可进行脱氮，有利于延时曝气。

氧化沟工艺也发展迅速，如 Carrousel 2000 型、DE 型、Orbal 型及转刷曝气氧化沟等。

2. 生物膜法

使污水连续流经固体填料（碎石、炉渣或塑料蜂窝），在填料上就能够形成污泥状的生物膜，生物膜上繁殖着大量的微生物，能够起与活性污泥同样的净化作用，吸附和降解水中的有机污染物。从填料上脱落下来的衰死生物膜随污水流入沉淀池，经沉淀池被澄清净化。

生物膜法有多种处理机筑物，如生物滤池、生物转盘、生物接触氧化以及生物流化床等。

（1）生物滤池

生物滤池是以土壤自净原理为依据发展起来的，滤池内设固定填料，污水流过时与滤料相接触，微生物在滤料表面形成生物膜，净化污水。装置由提供微生物生长栖息的滤床、使污水均匀分布的布水设备及排水系统组成。生物滤池操作简单，费用低，适用于小城镇和边远地区。生物滤池分为普通生物滤池（滴滤池）、高负荷生物滤池、塔式生物滤池及活性生物滤池（ABF）等。

（2）生物转盘

通过传动装置驱动生物转盘以一定的速度在接触反应塔内转动，交替地与空气和污水接触，每一周期完成吸附—吸氧—氧化分解的过程，通过不断转动，使污水中的污染物不断分解氧化。生物转盘流程中除了生物转盘外，还有初次沉淀池和二次沉淀池。生物转盘的适应范围广泛，除了应用在生活污水的处理外，还用在各种行业生产污水的处理。生物转盘的动力消耗低，抗冲击负荷能力强，管理维护简单。

（3）生物接触氧化

在池内设置填料，使已经充氧的污水浸没全部填料，并以一定的速度流经填料。填料上长满生物膜，污水与生物膜相接触，水中的有机物被微生物吸附、氧化分解和转化成新的生物膜。从填料上脱落的生物膜随水流到二沉池后被去除，污水得到净化。生物接触氧化法对冲击负荷有较强的适应力，污泥生产量少，可保证出水水质。

（4）生物流化床

采用相对密度大于1的细小惰性颗粒如砂、焦炭、活性炭、陶粒等作为载体，微生物在载体表面附着生长，形成生物膜。充氧污水自下而上流动使载体处于流化状态，生物膜与污水充分接触。生物流化床处理效率高，能适应较大冲击负荷，占地小。

3. 自然生物处理法

利用在自然条件下生长、繁殖的微生物处理污水，形成水体（土壤）-微生物-植物组成的生态系统，对污染物进行一系列的物理、化学和生物净化。生态系统可对污水中的营养物质充分利用，有利绿色植物生长，实现污水的资源化、无害化和稳定化。该法工艺简单、费用低、效率高，是一种符合生态原理的污水处理方式，但容易受自然条件影响，占地较大。主要有稳定塘、水生植物塘、水生动物塘、湿地、土地处理系统及上述工艺的组合系统。

稳定塘利用塘水中自然生长的微生物（好氧、兼性和厌氧）分解废水中的有机物，而由在塘中生长的藻类的光合作用和大气复氧作用向塘中供氧，其生化过程与自然水体净化过程相似。稳定塘按微生物反应类型分为好氧塘、兼性塘、厌氧塘、曝气塘等。土地处理是以土地净化为核心，利用土壤的过滤截留、吸附、化学反应和沉淀及微生物的分解作用处理污水中的污染物，农作物可充分利用污水中的水分和营养物。如污水灌溉就是一种土地处理方式。

4.厌氧生物处理法

利用兼性厌氧菌在无氧的条件下降解有机污染物。主要用于处理高浓度、难降解的有机工业废水及有机污泥。主要构筑物是消化池，近年来开发了厌氧滤池、厌氧转盘、上流式厌氧污泥床、厌氧流化床等高效反应装置。该法能耗低且能产生能量，污泥产量少。

近年来，水解酸化工艺也逐步得到应用。其原理是利用水解产酸菌，并将厌氧反应控制在水解酸化阶段，将难于生物降解的物质转化为易于生物降解的小分子物质。

二、城市污水处理程度

城市污水处理的程度在于最经济合理地解决城市污水的管理、处理和利用问题，应根据污染物排放总量控制目标、污水水质、排放水体功能与流量、废水出路和水量等因素确定。污水处理的最主要目的是使处理后出水达到一定的排放要求，不污染环境，又要充分利用水体自净能力，节约费用。另外，随着水资源的危机和用水量增加，污水处理应考虑回用问题。鉴于我国水环境和水资源现状，污水处理在缺水地区基本上应考虑污水再生回用，建设污水处理厂实际上是建设城市再生水加工厂，为城市提供稳定可靠的再生水源。

在考虑污水处理方案时，首先需确定污水应达到的处理程度，一般划分为三级。一级处理的内容是去除污水中呈悬浮状态的固体污染物质，物理处理法中的大部分只能完成一级处理的要求。一级处理的处理效果很低，BOD 去除率只有 30％左右，对我国目前水体的污染现状来说，一级处理的排水很难达到要求，一般作为二级处理的预处理。二级处理是大幅度地去除污水中呈胶体和溶解状态的有机性污染物质（如 BOD)，其处理效果较好，BOD 去除率可达 90％以上，可以达到排放标准。三级处理进一步去除二级处理所未能去除的污染物质，如悬浮物、未被生物降解的有机物及磷、氮等，以满足水环境标准，防止封闭式水域富营养化和达到污水再利用的水质要求。三级处理也可作为深度处理（相对于常规处理，即一、二级处理而言）的一种情况。近年来发展了一级强化处理，即在一级处理后投加化学药剂，对悬浮固体、磷和重金属有较高的去除率，某些方面甚至优于二级处理，而且一级强化处理在工程投资、运行费用、占地、能耗等方面比二级处理要节省。

为保证公共卫生安全，城市污水处理设施应具备消毒功能。

三、城市污水处理厂污泥的处置利用

一座每日处理 100000m^3 污水的城市污水处理厂，如每日正常运行，则每日将产生污泥干固体 10～20t，折合成含水（一般为 80%）污泥，将达 50～100t。如何处置这些污泥是一个大问题。在城市污水处理厂建设前或建设后不正常运行（也有作为政绩供参观用）时，此问题尚不突出，但作为建设、管理人员必须在建厂初期进行认真的研究、决策。

污泥是污水处理的副产品，有相当大的产量。污泥含有水分和固体物质，主要是所截留的悬浮物质及经过处理后的胶体物质和溶解物质所转化而来的产物。污泥聚集了污水中的污染物，还含有大量细菌和寄生虫卵，所以必须经过适当处理，防止二次污染。现在大量未经稳定处理的污泥已成为城市污水处理厂的沉重负担和环境的极大威胁。在城市污水处理厂建设工程中，必须考虑污泥的出路，减少污泥对环境的污染。

污泥的成分主要取决于污水水质、处理的工艺和方法。污泥主要有以下几种：初沉池污泥，二沉池污泥，栅渣、沉砂沉渣及浮渣等。初沉池污泥的成分以有机物为主，二沉池污泥含有生物体和化学药剂。污泥中含有大量水分，沉淀池污泥含水率一般在 95%以上。含水率能大大影响污泥的体积，若将含水率由 99.5%降至 95%，则污泥体积可缩减到原来的 1/10。

污泥的最终处置主要是根据一定的环境要求和经济条件，最终部分或全部加以利用以及排入大海或土壤，返回到自然环境中。污泥利用和处理前一般要进行浓缩，根据不同的处置方法，通常还要进行稳定、调理、脱水甚至消毒等过程。

污泥稳定的基本方法是厌氧消化，通过这个过程污泥中大部分可降解的有机物被分解，固体总量减少，杀灭病菌。厌氧消化可以产生沼气，为污水处理厂补充能源。

污泥可以用作农业肥料，这可以充分利用污泥中的营养成分，但应进行灭菌处理。污泥也可以用于工业作建筑材料。污泥不能利用时，其最终处置方法有填埋、焚烧、投海等。在考虑利用处置方法时，一定要注意防止环境污染及减少处理费用。根据我国现状，应充分考虑农业利用，有可能条件下进行工业利用。

附 1 荷兰的合流制下水道

合流制排水系统有节省投资的优点，尤其在雨量较少的北方地区，可使道路下的管线综合设计得到改善。荷兰的合流制下水道设计构思很独特，可根据地形和排水出路将雨水与污水在同一管道中采用相反的流向。即污水在管道中沿管借重力顺坡下流，而雨水却逆坡靠水位差或由泵站提升反向流入河道中。所以这种合流制下水道的设计管径，为了满足污水及雨水两种不同流向的水流的要求，要将下水道的上游设计成大管径，下游则设计成小管径，如图 1-4 所示。

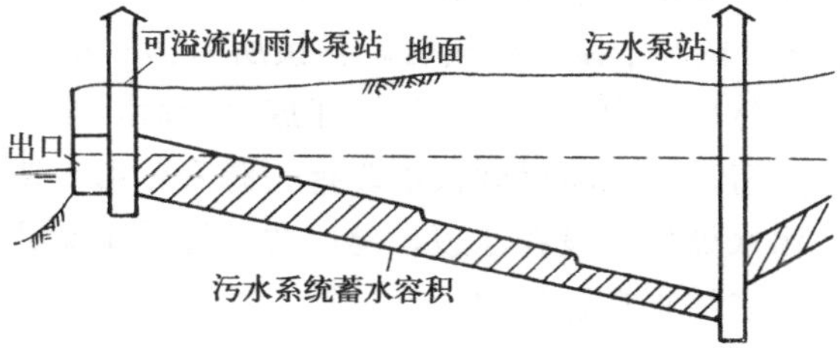

图 1-4 雨水、污水反向流的合流制下水道示意图

据介绍这种合流制下水道有下列优点。

① 由于大管径在上游，埋深浅，而埋深较深的是小直径管道，故可节省大量投资。

② 管道中沉积的污泥可顺坡流向污水泵站，避免大雨时随雨水流入河道。而一般合流制下水道，往往在大雨时将管道中长期沉积的污泥一下子全冲入河道，造成严重污染。

③ 由于大管径在污水系统的上游，所以在旱季管道中污水很少，到雨季则有较大的雨水蓄存容积，可削减雨水流量的高峰。

④ 避免了一般合流制下水道在河边设截流管再将污水远途输送去污水处理厂的弊病，可以使污水直接流向污水处理厂，雨水直接流向河道。

这种合流制下水道的设计要点如下：

① 流向污水处理厂的雨水流量一般为 3 倍的污水量，最大为 5 倍的污水量，污水管道按此流量设计。

② 雨水管道按每年溢流 5～7 次设计。

③ 要求雨后 10h 或最多 15h 内将管道腾空。

④ 管道的蓄存雨水量为全部排水面积内 8.5mm 的降雨量。

⑤ 污水泵站应能排除该区域内每小时 0.85mm 的降雨量。

附 2 浙江省某县的污水收集系统

浙江省某县近年来轻纺工业发展迅速，由于没有污水收集系统，大量工业废水（主要是印染废水）就近排入河道，造成该县水环境恶化。1997 年，县政府集中了 1 亿多元资金，修建了有 140km 管线和 8 座污水泵站的污水收集系统，其中 140km 管线全部为压力输水管道，8 座泵站分设在 8 个镇。建成后，各镇所有污水都排入 8 座泵站的进水调节池，然后集中排入××江。建成运行后，全县纵横交错的河网河水立即变清，水环境得到根本改善。此后，第二期工程是建设污水处理厂，污水处理厂设在江边，建厂的目的是避免破坏××江的水质，该污水处理厂正在建设中。

图 1-5 为该污水收集系统示意图，Q 为设计流量，H 为泵的扬程。此泵站出水进入压力管，采用压力管输水是为了节省投资，因为压力管管径小、埋深浅，遇到障碍或跨越河道容易处理。而对水泵的性能则有特殊要求，即当污水流量变化时，泵的运行扬程也将变化，有时将有很大的变化，即泵的运行工况要求有大流量低扬程和小流量

高扬程的不同运行要求。适应此种工况运行的泵最好是“全扬程水泵”。对此，在建设中应予注意。

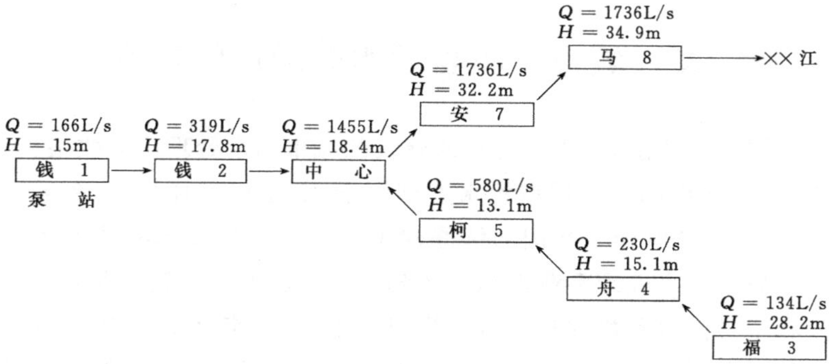

图 1-5 浙江某县污水收集系统示意图

第二章　城市中小型污水处理厂的建设

众所周知，建国 50 年来，我国建设的城市污水处理厂为数很少。第一座 26 万吨级的大型城市污水处理厂于 1984 年 4 月 28 日在天津建成运行。至 1995 年，我国陆续修建了 176 座各种规模的城市污水处理厂，城市污水处理事业得到了蓬勃发展。进入“九五”期间，国务院发布了《国家环境保护“九五”计划和 2010 年远景目标》、《中国跨世纪绿色工程计划》等纲领性文件，并颁布了“污染物排放总量控制规定”及重点治理“三河”、“三湖”水环境污染等政策，从而使我国的水污染控制力度得到空前加强，城市污水处理事业开始进入了全面发展时期。“九五”以来的 3 年间，全国又有 80 余座城市污水处理厂投入建设。1998 年，国家为拉动经济，在 1000 亿元投入计划中，再次将城市污水处理列为重点支持对象，共有 300 余个项目、200 余亿元的补助贷款列入计划并予以实施。1999～2000 年，国家仍采取类似措施，再次支持一大批城市污水处理项目的建设。按照“七大流域、三大湖泊和重点沿海城市及其近岸海域要新增城市集中式污水处理能力 2007 万吨/日”和“非农业人口 50 万以上城市都要建设城市污水处理厂”的目标，近年内，全国要完成 800 项、1820 亿元投资的水污染防治任务，要继续建设 600 余座城市污水处理厂及数以千计的生活污水处理设施。而 2000～2010 年的 10 年间，还要成倍增加城市污水处理设施的建设要求。在如此短时间内大规模地普及建设城市污水处理厂，在我国历史上是空前的壮举。

第一节　城市污水处理建设项目的前期工作

城市污水处理厂是城市的基础设施，其工程质量的好坏直接影响城市经济的发展和人民生活质量。国务院办公厅为此向各地各部门发出通知，要求加强城市基础设施工程质量的管理，通知中特别强调

"要严格把好建设前期工作质量关"。建设项目的前期工作内容很多，一般都要投入一定的人力和财力才能完成。城市污水处理厂建设前期工作可分成三个阶段：项目建议书、可行性研究报告和初步设计。实践证明，要保证工程质量就必须在前期工作的每个阶段，按照国家规定的工作内容，达到规定的工作深度，编制出合格的建议书、报告和设计文件。

一、城市污水处理厂的项目建议书

项目建议书是建设单位向国家提出要求建设某一地区污水处理厂的建议文件，是建设程序中最初阶段的工作，是投资决策前对拟建污水处理项目的轮廓设想。

项目建议书一般包括以下内容：

① 建设污水处理厂的必要性和依据。如需引进先进技术和设备，应说明理由；

② 建设污水处理厂的地点和规模的初步设想及投资估算和资金筹措的设想；

③ 如计划利用外资，则需说明利用外资的理由和可能性，以及偿还贷款能力的初步测算；

④ 项目的建设进度设想和效益估算。

二、污水处理工程可行性研究报告

污水处理工程项日的可行性研究是多学科综合运用的决策过程，是建设项目前期工作的核心。城市污水处理厂是城市的基础设施，必须选择最佳的建设决策，因此要对污水处理厂所涉及的城市发展、经济条件、社会效益及环境效益等各个方面进行论证，并要对项目本身的规模、选址、运行情况、投资和效益等技术与经济问题进行规划和测算，最后据此作出客观的科学论证和评价，以判断该项目是否可行，作为领导部门决策的依据，避免和减少决策的失误，提高国家对城市基础设施投资的综合效益。

根据严格执行建设程序，确保建设前期工作质量的要求，项目法人应依据批准的项目建议书委托具有与建设项目要求相应资质等级和业绩的单位开展工程可行性研究工作，最后提出工程项目的可行性研究报告。

1. 可行性研究报告的目的与任务

工程项目的可行性研究的主要任务是：在充分调查研究、掌握现状和必要的试验工作和勘察工作的基础上，对项目建设的必要性、经济合理性、技术可行性、实施可能性进行综合性的研究和论证，对不同建设方案进行比较，提出推荐建设方案。

可行性研究报告是工程建设前期工作中最为重要的环节，因为工程建设的规模、标准、工艺方案、工程投资等都将在此阶段经研究论证后确定。其初稿又是进行项目建议、环境评价的依据，以便最后将根据项目的环境评价结论对可行性研究报告进行修正及定稿。批准后的可行性研究报告是进行初步设计的依据。

2. 可行性研究报告的基本内容

(1) 项目背景

项目承办单位即项目法人及项目主管部门；

可行性研究报告的编制依据、原则和范围；

城市概况与总体规划概要；

排水工程现状和城市排水规划要点。

(2) 项目实施的意义和必要性

(3) 污水处理厂厂址选择与建厂条件

城市污水处理厂用地规划情况，用地规划批准文件；

所选厂址的工程地质情况；

污水处理厂用电规划，电力部门供电意向书；

污水处理厂生产、生活用水水源规划，水资源管理部门批文；

城市防洪规划对污水处理厂建设标准的要求；

污水处理厂厂址的交通现状与规划要求。

(4) 污水处理厂的建设规模与污水处理程度

现有污水量及污水水质情况；

污水量预测；

污水处理厂出水的排放与环境评价结论；

再生水回用规划。

（5）污水处理工艺的方案选择与评价
污水、污泥处理工艺方案比较；
污泥的最后处置。
（6）推荐方案的工程设计
污水处理厂总平面布置；
污水、污泥处理的工艺流程设计；
主要构筑物工艺设计；
土建、电气、仪表与自控系统的设计；
软弱地基的加固设计；
非标机械设计，采暖通风设计，建筑与绿化设计。
（7）安全防火、劳动卫生、环境保护和节约能源专篇
（8）工程项目实施计划
污水收集系统及污水处理厂的进水管道修建计划；
污水处理厂建设计划，管理机构及定员；
污水处理厂出水管道及再生回用计划。
（9）工程投资估算
可行性研究的投资估算经批准后，初步设计概算不得超出10％。
（10）资金筹措
（11）财务评价及工程效益分析
（12）结论和存在问题
（13）附件
项目主管部门的项目建议书批文；
国土规划部门关于建设用地的批文；
电力部门的供电意向书；
厂内生活用水、生产用水的供水协议；
建厂涉及的防洪、防火、防灾等有关部门的文件。
3. 可行性研究报告的质量要求
当主管部门审批意见与所上报的可行性研究报告文件内容有较大变化时，应根据审批意见，由可行性研究报告的编制单位补编、修正可行性研究报告，报原审批单位批准。

对可行性研究报告的质量有以下要求。

① 可行性研究报告的设计依据应符合国家方针政策，符合项目建议书、设计委托书及有关协议、合同等的要求。

② 研究报告所掌握的基础资料齐全可靠，研究中使用正确无误。

③ 在工程内容分析与论证中对工程特点、作用、资源、发展预测、建设必要性、工程可行性、建设条件和总体布局等方面分析论证充分，结论正确。

④ 在工程方案比选中，对不同建设方案进行了充分的技术经济比较及论证，并具有准确的分析与评价资料，最后提出标准适宜、技术先进、经济合理并切实可行的推荐方案。

⑤ 所作投资估算符合有关的工程管理、财务、税务、价格等方面的现行法规和政策要求，估算中项目齐全、指标正确、计算可靠，并提出资金筹措方式。

⑥ 对工程效益（包括经济、环境、社会效益）和财务效益分析方法正确，符合实际，结论可靠。

⑦ 所定项目实施方案计划周全、切合实际，建设阶段划分合理，对工程施工条件及制约因素有充分分析。

⑧ 研究报告文件内容完整，深度符合要求，文字通顺，论证清楚，逻辑性强；附图附表齐全，图文并茂，正确无误。

⑨ 附件中项目主管部门的批文以及国土规划、电力及其他部门的文件齐全。

应当指出，在以往工程中，由于前期工作中有关问题没有落实，如因防洪、供电或国土规划等问题的出现，造成污水处理厂厂址迁移的事例都有发生。这种情况一旦出现或造成损失，或贻误工期，甚至影响工程质量。

4．项目评估

项目评估是对项目可行性研究报告进行评价、审查与核实的过程。评估工作由具有相应资质的咨询机构进行，对于重要项目，有时由多个咨询机构同时进行评估。评估须经技术经济分析、比较与论证，以求得建设项目最优投资方案、最佳质量目标和最短的建设周期。项目评估应提出评估报告，对项目是否可行作出公正客观具有科学性的评价。评估报告经上级有关部门审核批准后作出项目投资的决策。

项目决策应根据国民经济发展的中长期计划和资源条件，正确处理局部与整体、近期与远期、社会效益与经济效益之间的关系，全面分析，搞好综合平衡；合理地控制投资规模与速度，讲究投资效益，预测投资回收期。

对技术引进项目决策时，要从我国实际情况出发，选择技术引进的内容和引进的方式，要从有利于产品产业的调整，能够发展和生产新产品，能提高产品质量和性能，能充分利用本国资源扩大出口和增加外汇，能节约能源和材料，有利于环境保护和安全生产，有利于改善经营管理，提高科学技术水平等角度出发。

三、污水处理工程的初步设计

1999 年 2 月，国务院办公厅发出通知，要求各地各部门加强基础设施工程质量管理。通知要求，“严格执行建设程序，按照国家规定履行报批手续”。城市污水处理厂作为基础设施项目，其建设程序包括项目建议书、可行性研究报告、初步设计、开工报告和竣工验收等工作环节。通知强调，“严格把好建设前期工作质量关。建设项目的项目建议书、可行性研究报告和初步设计文件，必须按照国家规定的内容，达到规定的工作深度。各级项目审批机关对前期工作达不到规定要求和工作深度的项日不得审批”。

1. 初步设计的目的与任务

初步设计应根据批准的可行性研究报告进行，其主要任务是明确工程规划、设计原则和设计标准，深化可行性研究报告提出的推荐方案并进行必要的局部方案比较，解决主要工程技术问题，提出拆迁、征地范围和数量，以及主要工程数量、主要材料设备数量及工程概算。

批准的初步设计是进行施工图设计的依据。初步设计文件应满足主要设备订货、工程招标及进行施工准备的要求。

2. 初步设计的基本内容

初步设计文件应包括：设计说明书、设计图纸、主要工程数量、主要材料设备规格与数量和工程概算。

（1）初步设计说明书

详细说明深化的可行性研究报告中确定的推荐方案，在已确定总体方案的前提下，进行工艺、建筑、结构、电气、仪表与自控等专业的局部方案比较，解决设计过程中全部技术问题，提供主要设计参数。当采用特殊水处理工艺、特殊污泥处理工艺或特殊施工工艺时，还需提供主要计算成果，以供设计审查用。初步设计中还将完成设备选型、单项构筑物上部建筑和下部结构的技术设计，并最后确定总平面布置、工艺流程、竖向设计及全厂主要管线综合。

初步设计说明书将全面叙述本项目的全部工程内容，表达工程建成后的全貌，为施工图设计提供依据，完成项目建设前期工作的最后内容。

（2）设计图纸

初步设计图纸除提供全厂总图外，还将提供污水处理厂的水、泥、气、强电、弱电等各种系统图。各单项建筑物和构筑物的平面图和剖面图将展示其建成后的实际面貌，满足项目法人和主管部门进行设计审查的需要。

（3）主要工程量与主要材料设备表

应能满足工程施工招标、施工准备及主要设备订货的需要。

（4）工程概算

初步设计概算是控制和确定建设项目造价的文件。设计概算批准后，就成为固定资产投资计划和建设项目总包合同的依据。

概算文件应完整地反映工程初步设计内容，严格执行国家有关制度，实事求是地考虑影响造价的各种因素，正确地依据定额、规定进行编制。

概算文件包括：编制说明，总概算书，综合概算书，单项工程概算书，主要建筑材料，技术经济指标。

3. 初步设计的质量要求

项目法人将初步设计文件上报后，当主管部门的审批意见与所报文件内容有较大变动时，应根据审批意见补编、修正初步设计文件后上报，待批准后再进行施工图设计。当审批意见变动较小时，经主管部门批准，可不补编、修正初步设计文件，而直接按审批意见进行施工图设计。

初步设计应达到以下的质量要求。

① 初步设计应符合国家方针政策和批准的可行性研究报告，符合现行的设计规范、标准及有关规定。

② 初步设计所掌握的基础资料齐全、可靠，使用正确无误。

③ 设计方案的设计原则和技术标准正确，总体布置合理；对工艺流程、结构选型、主要材料设备选型等重要技术环节进行了多方案比较论证，选用方案技术先进、经济合理、切实可行；主要配套项目布置齐全。

④ 设计按规定进行了必要的计算分析，所采用的计算理论和电算程序合理，计算依据和结果正确无误。

⑤ 初步设计中各相关专业协作配合及时，设计衔接正确无误。

⑥ 技术经济分析中工程数量基本准确，无漏项，概算符合规定，采用定额及取费标准正确，计算无误，技术经济指标分析合理，评价正确。

四、城市污水处理厂的建设程序

城市污水处理厂是城市基础设施，必须严格执行建设程序，按国家规定履行报批手续。城市污水处理厂的建设应在城市排水规划的基础上，按项目建议书和可行性研究报告的编制及工程初步设计文件编制的程序进行建设前期工作；在此基础上再上报开工报告并进行施工图设计，经开工建设最后竣工验收、交付使用。工程前期工作做得完善，则建设工作就顺利。否则，前期工作问题没有解决，在建设过程中再重新研究，小则停工误时，大则造成返工及经济损失。因此，按建设程序办事，加强工程建设的前期工作，严格把好建设前期工作质量关就显得至关重要。

第二节　污水处理厂建设的工作内容

根据国家规定，建设城市污水处理厂应组建项目法人负责工程项目的建设工作。项目法人在完成项目建议书的编制工作后，对拟建污水处理项目已有一个轮廓设想，在项目建议书得到上级主管部门批复后，即可开展项目的可行性研究工作。以后的各项工作将逐步全面展开，其工作流程如图 2-1 所示。

一、可行性研究报告

可行性研究报告应委托有相应资质及能力的技术咨询单位（如市政工程设计院、环境工程设计院等）进行编制。项目法人应派员配合可行性研究报告的编制单位收集资料，办理用地规划、供电意向等申请手续。项目法人还应参与设计方案的研讨，了解工程投资估算情况，掌握建设标准，适当控制投资，最后操办可行性研究报告的报批工作。

二、环境评价

污水处理项目的环境评价一般都依据工程可行性研究报告的初步结论和环境评价大纲进行编制。没有环境评价，项目的可行性研究报告不能报批；而没有可行性研究报告的初步结论，环境评价也无法进行。因此，项目法人要协调两项工作的配合，使工程项目的各项标准和指标符合环境保护的要求。

污水处理厂把分散的污染变成集中的污染进行治理，就使污水厂本身在污染治理过程中的水、气、噪音等构成对周围环境的污染，主要有以下几个因素。

① 水泵电机、充氧设备产生的噪音对周围环境的影响。

② 污水处理过程中产生污泥或泥饼，以及处理尾水的排放，必然引起对厂区或排放水体的环境影响。

③ 加氯间、氯库氯的泄漏或事故状态对周围环境的影响。

其中主要影响因素是尾水排放时对有一定功能要求的水体的影响关系重大，尤其排入Ⅲ类水体时对城市水源的影响至关重要，对取水点一级、二级保护区和准保护区的水质产生不利影响（范围和浓度）。

影响水环境的主要因素有：BOD_5，COD_{Cr}、NH_3-N，TP。其中对于 NH_3-N 和 TP 的浓度，要求在排放至湖泊、水库时更应引起注意。

水环境评价要求对现状水质进行分析比较，包括进行单项水质参数评价；根据处理工艺可能达到的水质目标对尾水排入水体后的状况，从流速场数学模型和对污染物采用二维稳态浓度方程混合衰减模

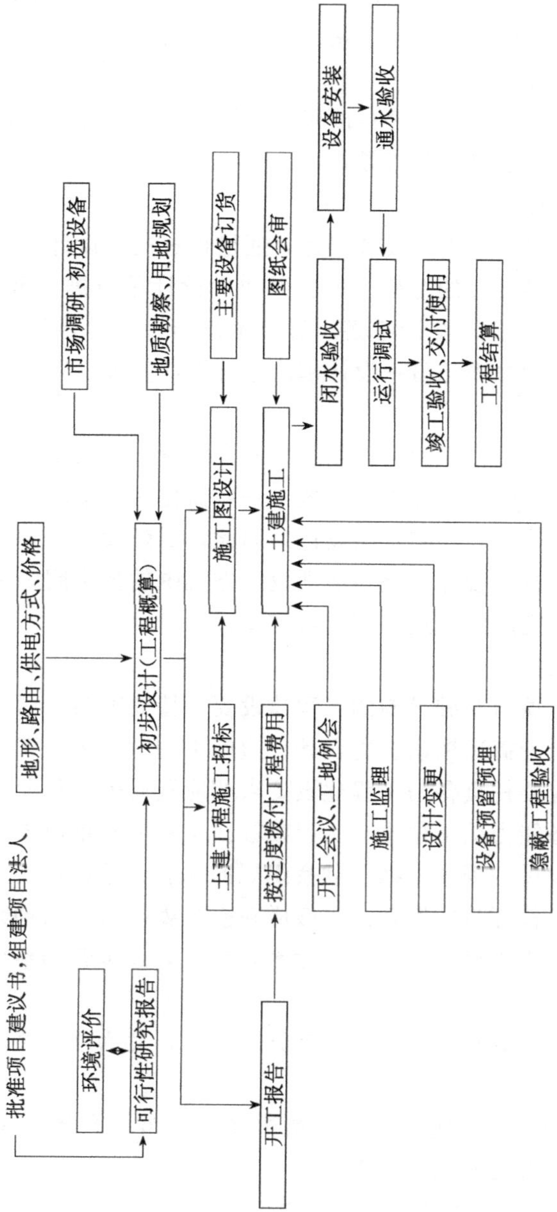

图 2-1 建设项目工作流程图

型计算的结果对污水处理工艺能否满足水体水质目标的要求提出意见和建议；预测污水厂在不同建设期部分或全部尾水或事故状态时污水排放至水体的环境影响评价。

水环境评价以《污水综合排放标准》为准则，对污水处理工艺选择中可能达到的水质目标起指导作用。

三、初步设计

按规定初步设计应进行设计招标，通过评标选定设计单位。项目法人应为设计提供必要的基础资料，并协助设计单位进行现场调研，对重要课题应派员参加设计考察。对技术复杂、设计难度较大的项目，项目法人可考虑委托另一设计单位进行设计监理，以确保设计进度与设计质量。

应该指出，我国把工程设计划分为三个阶段，即初步设计、技术设计和施工图设计阶段，并规定一般工程可简化为二个阶段，即初步设计（扩大初步设计）和施工图设计。因此，二阶段设计中的初步设计实际上包括了技术设计，绝不能把设计方案中的技术问题留待到施工图设计中去研究解决，这一点非常重要。

四、地质勘察

国家规定，城市基础设施的工程建设要坚持先勘察、后设计、再施工的原则，严禁搞边勘察、边设计、边施工的“三边”工程。

项目法人应委托具备与工程建设要求相应资质等级和业绩、具备足够技术和装备能力的单位进行工程勘察。工程勘察单位要全面加强对污水处理厂建设的现场踏勘、勘察纲要的编制、原始资料收集和成果资料审核等工作环节的管理。一般应在接受委托后提出勘察方案。

［例］　某岩土工程公司所编某污水处理厂岩土工程勘察方案

1　概述

拟建的某污水处理厂位于×××开发区内，北为临江路，东临北山路。

勘察范围场地内的建（构）筑物主要有调节均化池、SBR 反应池、脱水机房、办公及附属用房等。

2　勘察方案编写的依据及勘察内容

2.1 本方案编写的依据

2.1.1 《岩土工程勘察规范》(GB 50021—94)。

2.1.2 《建筑地基基础设计规范》(GBJ 7—89)。

2.1.3 《建筑抗震设计规范》(GBJ 11—89)。

2.1.4 《土工试验方法标准》(GBJ 123—88)。

2.1.5 ××公司提供的厂区平面布置图。

2.1.6 ××设计研究院提出的勘察技术要求。

2.2 勘察内容

2.2.1 提供工程地质概况、地基土均匀性和稳定性等资料。

2.2.2 提供地质构造及剖面。

2.2.3 按规范提供各层土的物理力学指标及土壤变形模量 E。

2.2.4 说明场地土类别、地基承载力，如果地质较差时应提出地基加固处理方案，并提供各层土的桩周摩擦力及桩端承载力。

2.2.5 提供地下水埋深及水质分析并说明其对混凝土有无侵蚀性。

2.2.6 对场地地震效应作出评价。

3 勘察工作量及技术要求

3.1 根据勘察技术要求及国家现行规范、规程，本次勘察共布置勘探点 12 个，其中钻孔 8 个，双桥静力触探孔 4 个，详见“勘察工作量一览表”(见表 2-1)。

表 2-1 勘察工作量一览表

序号	工作内容	数量	单位	备注
1	测量定点	13	个	
2	钻孔	9	个	总进尺 150m
3	双桥静力触探孔	4	个	总进尺 60m
4	取原状土样	61	件	
5	取水试样	1	组	
6	常规物理指标试验	61	项	
7	水质分析试验	1	组	

续表

序号	工作内容	数量	单位	备注
8	标准贯入试验		次	如遇砂层做标准贯入试验，保留扰动土样，做颗粒分析试验；遇岩层做标准贯入试验
9	取扰动土样		件	
10	颗粒分析试验		项	

3.2 勘察技术要求

3.2.1 测量

3.2.1.1 收集测量控制点资料、引导线，建立场地测量控制点。

3.2.1.2 根据坐标确定勘察点位置，并于施工完毕后复测坐标与高程。

3.2.1.3 定点精度要求：距离误差≤0.2m，高程误差≤0.02m。

3.2.2 钻探

3.2.2.1 钻孔深度见“勘察点技术要求一览表”（表 2-2），钻孔直径≥126mm。

表 2-2 勘探点技术要求一览表

孔号		孔深/m	类型	取土	备注
主厂区	1	15	钻孔	✓	1. 孔深根据实际情况进行调整 2. 取土间距：10m 以上 1.5m，10m 以下 2m
	2	15	触探孔		
	3	15	钻孔	✓	
	4	15	钻孔		
	5	25	钻孔	✓	
	6	15	触探孔		
	7	15	触探孔		
	8	25	钻孔	✓	
	9	15	钻孔		
	10	15	钻孔		
	11	15	触探孔		
	12	15	钻孔	✓	
泵站	B1	10	钻孔	✓	

3.2.2.2 钻进深度、岩土分层深度测量误差应小于±0.05m。

3.2.2.3 取土或做标贯前应仔细清孔，下放取土器或标贯器时不得冲击孔底，取原状土样采用重型少击方式，并应有导向装置，以减少原状土的振动，原状土运输时应采取保护措施，以防止其受振动。

3.2.2.4 钻探野外描述应采用标准化、定量化的方法，按《岩土工程勘察规范》规定的标准执行。

3.2.2.5 所有取土钻孔遇粘性土取原状土样，遇砂层及粉土做标贯试验，并保留标贯样。

3.2.2.6 5#、8#孔深度为25m，其他孔深度为15m，如遇软弱地基孔深应适当加深；所有钻孔在要求深度范围内若遇基岩则可终孔。

3.2.2.7 钻进过程中，每回次及变层处需保留土样于土样盒，供技术负责人现场鉴别分层。

3.2.2.8 钻孔结束24h后需测定静止水位。

3.2.2.9 现场工作结束后，所有钻孔均需回填。

3.2.3 原位测试

3.2.3.1 双桥静力触探：4个孔，要求提供锥尖阻力及侧壁摩擦阻力。

3.2.3.2 标准贯入试验：在取土孔中遇粉土、粉砂做标贯试验。

3.2.4 室内试验

对原状土样需做常规项目的土工试验，若有砂类土、粉土时还需做颗粒分析试验。

3.2.5 水文地质

3.2.5.1 量测各钻孔静止水位。

3.2.5.2 取水样1组进行简单分析，判定地下水对砼及钢铁的侵蚀性。

3.2.5.3 进行化学分析，判定地下水对砼及钢铁的腐蚀性。

4 岩土工程勘察报告的编制

4.1 说明部分

4.1.1 前言

4.1.2 勘察测试方法

4.1.3　工程地质条件

4.1.4　岩土参数的分析与选用

4.1.5　岩土工程分析与治理

4.1.6　结论与建议

4.2　图纸部分

4.2.1　勘探点平面布置图

4.2.2　地基土计算指标综合表

4.2.3　勘探点数据一览表

4.2.4　地基土综合压缩曲线

4.2.5　工程地质剖面图

4.2.6　综合钻孔柱状图

4.2.7　静力触探成果

4.2.8　土工试验报告

4.2.9　水质化学分析报告

5　施工组织

5.1　生产人员组成见图 2-2。

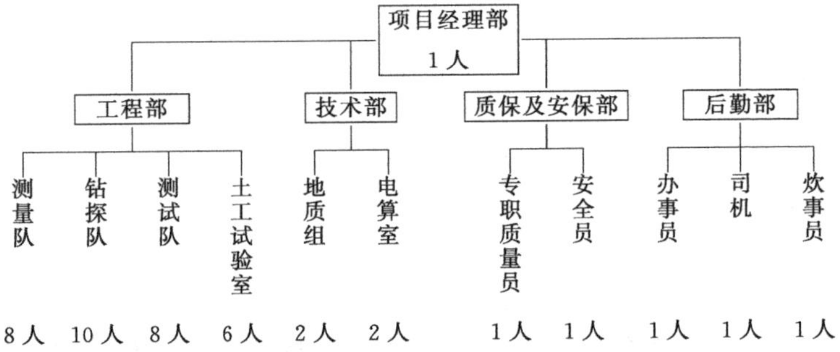

图 2-2　生产人员组成示意图

5.2　主要生产设备

钻探设备：SH30 型钻机 2 台（配动探试验设备）。

静探设备：LMC—B210 双桥静力触探仪 1 台。

土工试验设备：常规设备 4 台套。

测量设备：测量仪器 1 台套（含经纬仪、测距仪等），微机 2 台，绘图机 1 台。

交能工具：汽车 1 辆。

6　工程质量控制

以提供优质勘察成果、构筑一流地基工程为目标，本岩土工程勘察将严格按照 ISO—9001 质量认证的程序文件执行。

6.1　组织结构及职责

6.1.1　组织结构

工程质量的管理系统如图 2-3 所示。

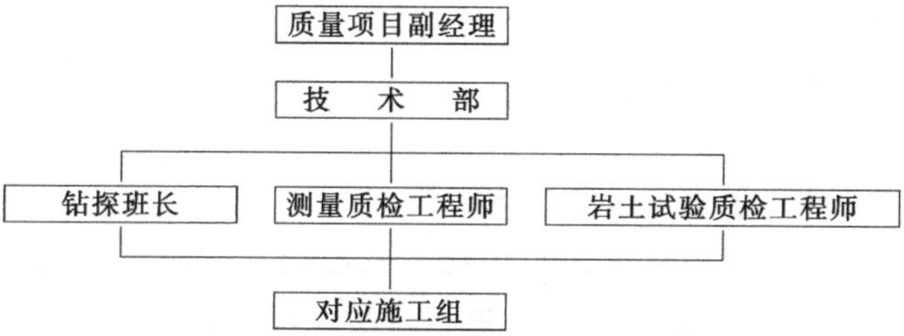

图 2-3　质量管理系统框图

6.1.2　职责

质量项目副经理：负责勘察方案的实施，对整个工程质量进行控制、指导和监督。

技术部由技术负责人、审核人、审定人、技术员组成，主要职责如下所述。

6.1.2.1　编制岩土工程勘察方案。

6.1.2.2　负责现场作业和内业工作过程控制。

6.1.2.3　按工程项目收集、整理、编目、装订质量记录。

钻探班长：负责钻探现场作业控制。

测量质检工程师：为测量技术负责人和审核人，负责测量现场作业和内业的过程控制。

岩土试验质检工程师：为岩土工程技术负责人和审核人，负责岩土试验现场作业和内业的过程控制。

6.2　过程控制

目的是确定直接影响质量的过程，确保生产过程在受控状态下运行。

6.2.1 运作方式和频次

6.2.1.1 对现场作业的监控：由技术负责人按相应表中所列要点对各班组的操作进行巡回检查，实施监控。对不同时间不同班组共检查2次，发现有不符合要求的问题，应督促当事部门或当事人处理，并填写控制记录。

6.2.1.2 对内业工作的控制：由审核人按相应表中所列要点逐点检查2次，第一次检查仍发现问题，则督促当事人处理；处理后作第二次检查，并填写控制记录。

6.2.2 现场作业控制

6.2.2.1 控制要点

6.2.2.1.1 使用有效的技术标准；

6.2.2.1.2 选用钻机、经纬仪、水准仪、测距仪等设备的型号和性能必须符合规定要求，及时进行维护、保养；

6.2.2.1.3 凡未取得岗位作业资格或未取得专业技术职称的作业人员，应经过技能培训并经考核合格后持证上岗；

6.2.2.1.4 操作方法必须符合操作规程和作业指导书的规定；

6.2.2.1.5 土样搬运、贮存、包装、防护和交付按程序文件执行；

6.2.2.1.6 对重要的过程参数进行监控，确保勘察报告的准确性、可靠性。

6.2.2.2 控制的运作

由钻探班长、测量和岩土试验技术负责人分别按过程控制有关要求，遵照“过程控制的动作方式和频次”进行检查处理，并按“质量记录控制程序”认真填写。

6.2.3 内业工作控制

6.2.3.1 控制要点

6.2.3.1.1 测量控制网的各项主要精度指标是否满足勘察方案和技术规范的要求；

6.2.3.1.2　控制点坐标、高程以及其他数据是否经过校对；

6.2.3.1.3　所用计算机（含软件）其功能是否满足工作要求；

6.2.3.1.4　地层分层是否正确，剖面取位是否适当；

6.2.3.1.5　手算数据是否经过复核；

6.2.3.1.6　同一试样各主要试验数据之间是否协调、合理；

6.2.3.1.7　试验曲线的绘制是否符合规定，所反映内容是否齐全。

6.2.3.2　控制运作

6.2.3.2.1　钻探、测量、岩土试验技术审核人遵照“过程控制的运作方式和频次”进行检查处理，并填写控制记录；

6.2.3.2.2　岩土试验成果、测量技术报告的审核由审核人分别按审核结果如实填写审核记录，对各审核项目的合格性作出评价，并写明是否存在问题；

6.2.3.2.3　岩土工程勘察报告的审核由审核人按其职责填写审核记录，对审核项目的合理性作出评价，并写明存在的问题，若审核合格则由审核人在报告上签字。

7　安全生产措施

安全生产是我国保护劳动人民的一项重要政策，也是我公司生产管理的基础原则和主要内容，认真贯彻执行安全生产，就是要把安全作为头等大事来抓。在本次岩土工程勘察过程中，努力做好此项工作，以实现我公司按期、优质完成该项工作，达到我公司在本次工程中“安全事故为零”的安全目标。

7.1　安全责任制

7.1.1　组织结构（图 2-4）

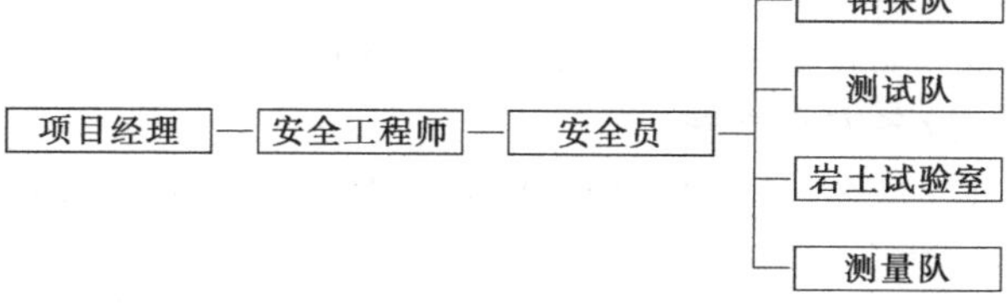

图 2-4　安全管理系统框图

7.1.2　项目经理职责

认真贯彻执行国家有关安全生产的方针和政策，经常向职工进行安全生产的思想教育；

把安全生产放在重要议事日程上来，在管理生产的同时必须负责管理有关安全工作，并承担主要责任；

在编制生产计划时，必须同时编制安全技术措施，努力改善劳动条件，防止伤亡事故发生；

不定期组织安全生产检查，及时处理不安全隐患。

7.1.3　安全工程师、安全员职责

负责做好安全生产的宣传和管理工作；

组织编制安全生产计划，检查安全操作规程，组织安全检查和总结整改；

协助现场指挥人员积极采取措施，处理隐患；

对违反操作规程的行为有权制止，遇有险情应停产及时处理。

7.1.4　班（组）长安全职责

经常对本班工人进行安全生产教育；

督促本班工人遵守操作规程及各种安全生产制度；

正确使用个人防护用品，检查和维护班组的安全设备；

发现生产中有不安全情况时，及时报告安全员。

7.2　安全技术措施

7.2.1　人员安全措施

7.2.1.1　进入现场前必须接受本工程安全培训并合格；

7.2.1.2　正确佩戴安全帽，身着工作服，劳动中应戴劳动手套；

7.2.1.3　脚穿工作鞋；

7.2.1.4　服从领导和安全员指导，工作中不得随意离岗；

7.2.1.5　坚守本职工作，不得越级操作。

7.2.2　设备安全措施

7.2.2.1　设备安装完毕后，应对设备进行全面安全检查，确保安全后方能试用；

7.2.2.2　开工前必须对每台设备进行试运转，出现问题应及时修理调整后再试运转；

7.2.2.3 设备、工具堆放整齐。

8 计划工期

自合同生效之日起，16 日内提交勘察报告。

五、设备订货

城市污水处理厂其设备投资约占总投资的 25%～45%，由专用设备、通用设备、自控设备投资及安装工程费组成。污水处理设备的质量是污水处理厂能否正常运行的关键。据有关报告指出："近 20 年来，国家仅对石油、化工、冶金、造纸、机械、染料等几个行业废水处理设施的投资就超过了 20 亿元人民币，建立处理装置 5000 多套。根据调查结果表明处理设施的正常运行率不到 30%。"造成这种现象的原因是多方面的，但设备本身的质量问题是重要原因之一。为此，项目法人在设备采购中应注意以下问题。

① 主要设备应在初步设计批准后进行订货，以要求施工图设计按所订设备进行设计，避免施工图设计完成后所订购的主要设备与设计不符，造成土建设计（尤其是预留、预埋设计）、设备安装设计乃至电气与自控设计的大量返工。此类变更设计极易影响设计质量，在资金到位的情况下应该可以避免。一般世界银行贷款项目就没有此类问题，因为世界银行项目都实行初步设计招标，施工图设计由中标的施工单位委托设计院进行（一般由设计、施工单位组成联合体投标），其主要设备的性能规格、质量保证和价格都在投标书中列出，所以施工图设计时主要设备已经落实，设计质量较易得到保证。

目前不少工程，都是主要设备尚未落实，建设单位就要求设计单位进行施工图设计。这种情况下，建设单位应与设计单位及时沟通，尽可能避免设计返工，以保证工程质量。

② 主要设备订货前应进行必要的设备考察。在施工图设计前，设计人员会同设备采购人员进行主要设备的现场考察十分必要。设备考察可以在备选的制造厂商中进行比较，最后还应考察该主要设备的实际运行情况。表 2-3 列出了我国较早从国外引进主要污水处理设备的城市污水处理厂，以供设备考察人员参考。掌握国外进口设备的运行

表 2-3　我国城市污水处理工程较早引进技术与设备概况

序号	污水处理厂名称	处理级别	规模/(万 m^3/d)	处理工艺	投产日期	各类闸门、板、框	抓渣机	打包机	各类水泵	各类泥泵	除砂设备	一沉池刮泥机	二沉池吸泥机	曝气池充氧装置	风机	回流污泥装置	曝气池搅拌装置	浓缩机	污泥脱水机	消化池搅拌及加热	自控	计量仪器仪表	镀锌钢管	不锈钢板	初沉池搅拌器	初沉破碎机	沼气发电装置	沼气燃烧火炬
1	天津纪庄子污水处理厂	2	26	鼓曝	1984									✓	✓				✓			✓					✓	
2	深圳滨河水质净化厂	2	5	鼓曝	1986		✓	✓			✓								✓	✓	✓	✓						✓
3	深圳南山水质净化厂(排海)	1	5→20	一级沉淀	1989		✓		✓																			
4	深圳蛇口水质净化厂	2	2	鼓曝	1986		✓							✓		✓			✓									
5	珠海吉大水质净化厂	2	2	鼓曝	1988										✓				✓		✓	✓						
6	珠海拱北水质净化厂	2	2	表曝	1991		✓				✓								✓		✓	✓						
7	桂林中南区污水处理厂	2	3.6	表曝	1981														✓									
8	杭州四堡污水处理厂	1	40	一级沉淀	1988														✓									
9	广州大坦沙污水处理厂	2	15	A^2/O	1989									✓			✓		✓		✓	✓						
10	邯郸东污水处理厂	2	6.6	氧化沟	1991	✓	✓			✓	✓			✓				✓	✓		✓	✓						
11	成都三瓦窑污水处理厂	2	10	鼓曝	1992		✓				✓		✓	✓					✓	✓		✓						✓
12	中国工程物理院水质净化厂	2	0.7	鼓曝	1989		✓			✓			✓						✓	✓		✓						✓
13	上海石化总厂污水处理厂	2	13.4	表曝、鼓曝	1992									✓					✓	✓								
14	武汉沙湖污水处理厂	2	5	表曝、鼓曝	1991														✓		✓	✓						

续表

序号	污水处理厂名称	处理级别	规模/(万 m^3/d)	处理工艺	投产日期	各类闸门、板、框	抓渣机	打包机	各类水泵	各类泥泵	除砂设备	一沉池刮泥机	二沉池吸泥机	曝气池充氧装置	风机	回流污泥装置	曝气池搅拌装置	浓缩机	污泥脱水机	消化池搅拌及加热	自控	计量仪器仪表	镀锌钢管	不锈钢板	初沉池搅拌器	初沉破碎机	沼气发电装置	沼气燃烧火炬
15	北京高碑店污水处理厂	2	50	鼓曝	1993	✓	✓	✓	✓	✓	✓	✓	✓		✓	✓	✓		✓				✓	✓	✓	✓	✓	
16	天津东郊污水处理厂	2	40	鼓曝	1993	✓	✓	✓		✓	✓			✓	✓		✓		✓	✓	✓	✓						
17	上海吴淞污水处理厂	2	5	A/O	1991												✓		✓									
18	广州从化景污水处理厂	2	0.6	A/O	1991	✓	✓		✓	✓	✓								✓		✓	✓						
19	江苏无锡芦村污水处理厂	2	10	鼓曝	1991		✓	✓						✓	✓		✓		✓			✓	✓					
20	上海合流制污水处理工程	1	140	预处理	1993			✓		✓																		
21	青岛海泊河污水处理工程	2	8	鼓曝	1993		✓	✓			✓	✓	✓	✓	✓	✓			✓		✓	✓						
22	泰安污水处理工程	2	5	$A+A^2/O$	1992	✓	✓		✓	✓	✓	✓	✓	✓	✓	✓	✓	✓	✓	✓	✓	✓						
23	淄博污水处理工程	2	14	鼓曝(AB)	1993		✓	✓			✓	✓	✓	✓	✓	✓			✓		✓	✓						
24	石家庄桥西污水处理工程	2	16	鼓曝(AB)	1993		✓	✓	✓	✓	✓	✓	✓	✓	✓		✓	✓	✓	✓	✓	✓				✓		
25	昆明第一污水处理工程	2	5.5	氧化沟	1991								✓						✓			✓						
26	南通开发区污水处理工程	2	5	鼓曝	1993								✓						✓			✓						
27	南京秦淮河治理江心洲污水处理工程	1	26	一级处理	1997				✓	✓									✓	✓		✓	✓				✓	
28	西安北石桥污水处理工程	2	15	AB(氧化沟)	1997	✓			✓	✓	✓		✓	✓	✓	✓	✓	✓	✓		✓	✓						

情况，对采购中进行设备比选将很有帮助。

表 2-4～表 2-6 列出了 3 座设计规模分别为 500000m³/d，160000m³/d 和 66000m³/d 的城市污水处理厂引进设备价格（均为当时价格）。

表 2-4　某 500000m³/d 污水处理厂引进设备价格表

序号	设备名称	数量	设备费(人民币)/万元	合计价(人民币)/万元
1	镀锌钢管	435.7t	154.72	182.79
2	不锈钢板	395.3t	405.32	443.48
3	鼓风机	8 台	411.12	432.90
4	刮泥机整机	6 台	49.42	520.60
5	刮泥机散件	6 台	338.44	354.13
6	除砂设备	2 套	175.03	183.42
7	压榨机	1 套	14.13	14.83
8	污水泵	4 台	299.23	315.26
9	闸阀类	18 台	418.67	441.58
10	脱水机	5 台	604.87	635.05
11	回流污泥泵	10 台	252.73	265.71
12	剩余污泥泵	6 台	22.94	24.11
13	暖气池搅拌器	4 台	77.84	81.82
14	渠道搅拌器	14 台	49.33	51.85
15	初沉破碎机	7 台	64.20	67.37
16	初沉污泥泵	12 台	80.50	84.47
17	浓缩污泥泵	12 台	50.37	52.86
18	消化污泥泵	16 台	243.09	255.15
19	初沉破碎泵	7 台	52.35	54.93
20	初沉搅拌泵	14 台	36.07	37.86
	合　计			4500.15

注：合计价中除设备费外，还包括手续费、技术服务费、国内运费、仓储费等项。本工程 1993 年建成。

表 2-5　某 160000m³/d 污水处理厂引进设备价格表

序号	分项名称	数量	设备费			备　注
			/万奥先令	美元/万元	人民币/万元	
1	格　栅	2	89.9	8.012	44.07	2 台帕斯万型除污机
2	进水泵站	5	236.3	21.06	115.83	装 5 台潜污泵
3	曝气沉砂池	1	101.2	9.02	49.608	2 格，总宽度 8m

续表

序号	分项名称	数量	设备费 /万奥先令	设备费 美元/万元	设备费 人民币/万元	备注
4	一沉池	2	344.2	30.68	168.73	2个ϕ50刮泥机
5	曝气池	1	805.5	71.79	394.853	ϕ250橡胶板圆盘，12000个微孔曝气器
6	鼓风机房	3	1408.3	125.52	690.34	配3台高速离心风机，$p=64kPa$，$Q=270m^3/min$
7	二次沉淀池	4	702.3	62.60	344.265	共4座ϕ50二沉池
8	回流污泥泵站	2	187.4	16.7	91.86	
9	浓缩池栅耙	2	96.9	8.64	47.5	2座浓缩池
10	消化池搅拌设备	2	208.3	18.56	102.108	共3座消化池，其中2座一级消化池，1座二级消化池
11	污泥泵	3组	21.9	1.953	10.74	
12	沼气循环		113.6	10.12	55.69	计2座消化池(一级)的沼气搅拌
13	污泥加热系统	2	206.4	18.396	101.18	
14	沼气泄漏监测器		7.0	0.624	3.43	
15	污泥脱水机		373.6	33.30	183.14	带式脱水机
16	热水装置		33.0	2.94	16.18	
17	电气设备		317.1	28.26	155.44	
18	控制系统		418.3	37.28	205.05	
19	备　件		266.8	23.78	130.78	
20	工　具		49.1	4.38	24.07	
21	试验室设备		18.8	1.68	9.22	
22	分析仪器		211.8	18.88	103.82	
23	进水、出水测量		54.7	4.87	26.81	
24	运输费		280.0	24.95	137.26	
25	技术资料文件费		225.0	20.05	110.294	
26	代表团在奥考察费		115.5	10.29	56.62	
27	在中国第一次设计联络会		13.8	1.229	6.76	
28	在奥设计联络会		56.0	4.991	27.45	
29	在中国第二次设计联络会		13.8	1.229	6.76	
30	在奥培训费		94.5	8.42	46.32	

续表

序号	分项名称	数量	设备费			备注
			/万奥先令	美元/万元	人民币/万元	
31	设备安装监督		27.6	2.46	13.53	
32	控制设备专家测试费	3个月	41.4	3.69	20.29	
	合 计		7140	636.4	3500	

注：本工程1993年建成，设备从奥地利引进。人民币与外币的比价参照当时汇率标准。

表2-6 某66000m³/d污水处理厂引进设备价格表

序号	项目	设备费		备注
		/万丹麦克朗	折合人民币/万元	
1	格栅间	73	37.96	3台弧形格栅及卸渣机
2	沉砂池	68	35.36	2格气提沉砂装置
3	流量室	47	24.44	2台 ϕ500电磁流量计
4	分配井	42	21.84	6台活动堰门
5	氧化沟设备	1124	584.50	36台转刷及电机堰门等
6	剩余污泥泵	14	7.280	3台污泥泵
7	污泥浓缩池	18	9.36	1台浓缩机
8	中间污泥泵房	14	7.28	3台污泥泵
9	污泥脱水间	375.5	195.27	2台带式脱水机
10	化验室	54	28.08	各种化验分析仪器
11	污泥拖车	43.1	22.41	2台污泥拖车
12	电器设备	185	96.20	自控及电器设备
13	备 件	104	54.08	
14	海运费	127	66.04	
15	详细设计费	292	151.85	
16	专家监督、参与试运行费	191	98.32	
17	培训、手册	165	85.8	
18	其 他	83.4	43.37	
	合 计	3020	1570.00	

注：以上引进设备及价目表是以1989年丹麦政府的赠款3020万丹麦克朗所引进的相应设备及赠款开支价目表，故相当人民币（万元）的计算是以1989年的汇率计算的。

③ 设备采购中不应轻易要求供货商进行报价，因为在商业活动

中，尤其是境外代理商，他们的报价单一般都写明有效期，而且报价时要做许多工作。应该在有了明确的订货意向后，再请供货商正式报价，如果要货比三家，最好要求三家同时报价。这样做可以避免自己把市场搞乱。当然，在设备考察中，通过与厂商交谈进行询价就不在此限了。

六、工程招标

工程招标有初步设计招标和施工图招标两种情况。初步设计招标是指按初步设计文件编制招标文件，中标者按合同负责工程施工图设计（施工图要经业主委托的监理工程师批准才有效），并按图进行施工；施工图招标是指业主按设计单位提供的施工图编制招标文件，中标者根据合同按图施工。

国际国内招标投标的办法与程序规定有多种多样，现将某污水处理厂工程的招标文件和土建工程国际竞争性招标文件目录选载供参考。

［例 1］　某污水处理厂工程招标文件

1　概况

本工程项目为某污水处理厂工程。本工程包括 40000m^3/d 污水处理厂及厂外提升泵站和输水管道。工程地点位于××市新区，建筑面积约 880m^2，其中污水处理厂综合楼属多层砖混结构，其余为现浇砼结构。本工程由×××××设计研究院设计，其具体内容和要求详见施工设计图。

2　工程招标范围

本工程招标范围包括污水处理厂、污水提升泵站和污水压力输水管等。具体内容以施工图纸为准。

3　投标人须知

3.1　定义

本招标文件所使用的名词和用语的定义如下：

3.1.1　“甲方”是指×××××公司。

3.1.2　“招标单位”是指×××××公司。

3.1.3　“甲方代表”是指×××××公司。

3.1.4 “投标单位”是指被甲方或招标单位邀请参加投标的单位或公司。

3.1.5 “中标单位”是指被甲方或招标单位通知中标的投标单位。

3.1.6 “乙方”是指投标被甲方所接受并授予合同的施工单位或公司（即负责履行本工程合同的中标单位）。

3.1.7 “乙方代表”是指由乙方授权负责履行本工程承包合同的代表人。

3.1.8 “监理工程师”是指受甲方代表委托负责本工程承包合同的施工监理的代表人。

3.2 招标方式

本工程采用邀请招标的方式，择优选定承包单位。由招标单位的工程招标小组按有关规定和程序负责本工程的招标工作。

3.3 投标资格

3.3.1 投标单位所提交的投标书必须包括以下资料：

3.3.1.1 提供说明公司或单位构成、合法身份、注册及主要经营地点等资料复印件并加盖单位公章。包括工商行政管理部门核发的法人营业执照，以及省或市建设行政主管部门颁发的企业资质证书（或批件）及工程承包许可证等复印件并加盖单位公章。

3.3.1.2 投标单位过去三年中完成类似工程的情况，现正在进行的工程情况以及其他有关情况。

3.3.1.3 提供为实施本工程合同的主要人员的经验和资历。

3.3.2 对打算把本工程整个转包或大部分分包出去的投标单位，甲方将不考虑其投标。

3.3.3 投标单位必须按本招标文件规定的招标范围对整个工程投标，否则甲方将不考虑其投标。

3.4 投标费用

投标单位应承担其编制投标书及参与投标活动的有关一切费用。不管投标单位在投标过程中的处理方法和结果如何，在任何情况下，均由投标单位自行承担。

3.5 工地调查和标前会议

3.5.1　招标单位将对工地调查作出如下安排：

3.5.1.1　招标单位将于×年×月×日组织所有投标单位参加正式的工地调查。

3.5.1.2　投标单位在正式工地调查时提出的有关本工程的问题，应以书面形式提出，甲方将在标前会议上进行答复。

3.5.2　投标单位在工地调查过程中所发生的一切费用自理。

3.5.3　投标代表应参加将在××新区召开的标前会议。会议时间为×年×月×日上午9：00。

3.5.4　会议目的是为了澄清与本工程有关的问题。

3.5.5　投标单位应将准备在标前会议上提出的要求招标单位给予澄清的问题，以书面形式在标前会议召开的2天之前提交招标单位。

3.5.6　标前会议纪要，招标单位将以书面形式发给所有参加工程投标的单位，这些会议纪要将成为招标文件的组成部分。

3.6　工期安排

本工程应在合同签订后，按甲方代表在开工令中指定的日期开工，施工工期为360日历天。如乙方延期15天仍未交工验收，则从第16天起每延期一天，乙方必须支付合同价的千分之一的款额给甲方作为延期赔偿金。如因甲方原因或其他人力不可抗拒因素而影响工期时，经双方协商并由甲方签认后，工期可顺延。

3.7　标前会后的澄清

当投标单位要求对招标文件（包括招标单位发出的施工图纸等资料）作出解释时，应以书面形式按下面地址通知招标单位，招标单位对在投标提交截止日期6天前所收到的澄清要求，将以书面形式作出答复，并发给所有投标单位。

招标单位：×××××公司

联系人：×××

地址：（略）

邮编：（略）

电话：（略）

传真：（略）

3.8 投标文件的修改

3.8.1 在投标书提交截止日期前，招标单位可以发补充通知对招标文件作出修改和补充。

3.8.2 所颁发的补充通知将以书面的形式发送给所有的投标单位。这些补充通知属招标文件的一部分，具有同等约束力。当投标单位收到招标单位所发送的补充通知后，应以电传等书面形式迅速回复招标单位。

3.8.3 为了使投标单位能得到合理的时间来编制其投标书，并把招标单位所发的补充通知考虑进去，招标单位可以自行决定延长投标书的提交截止时间。

3.9 投标书的编制及包装要求

3.9.1 投标单位必须详细阅读招标文件中所有的说明、条款和图纸等，充分领会招标文件的全部内容。对于不能按招标文件要求编制的投标书，招标单位可视该投标书无效。

3.9.2 投标书由投标单位法人代表或其授权代表人签章（如由授权代表人签章须有法人代表授权书）并盖投标单位公章。

3.9.3 投标书的封装，应盖骑缝章。于密封包装、封面应注明“×××污水处理厂工程土建工程投标书”字样。投标单位应提交三份投标书，其中正本一份、副本两份，并在封面上注明“正本”或“副本”字样。当副本与正本不一致时，以正本为准。

3.9.4 投标书必须用不褪色墨水打印或工整书写，不得涂改，否则甲方有权视为废标。

3.9.5 招标文件（包括施工图纸等资料）应另行装袋，并随其投标书一起交回招标单位，否则招标单位将不接受其投标书。

3.9.6 投标书除报价外，应附有详细工程预算书供招标单位参考。如预算书有漏项，一旦中标甲方将不予增补，该费用由乙方自行承担。

3.9.7 投标书应附有一份详尽的本工程施工组织设计，并列出本工程所需的钢材、水泥需要量计划表。否则，甲方有权视该投标书无效。

3.9.8 投标书应包括本招标文件以及3.3款要求投标单位提交

的有关资料。

3.10 投标书的修改和撤回

3.10.1 投标单位在投标书提交之后，投标截止时间之前，可用书面形式提出对投标书进行修改或撤回。

3.10.2 在投标截止之后，投标书不得撤回。

3.11 购买招标文件

投标单位应于×年×月×日到××地点购买招标文件，过时不候。招标文件每套收成本费1000元人民币。

3.12 投标截止时间及有效期

3.12.1 本工程投标截止时间为×年×月×日下午15：00时。投标单位在截止时间前必须将投标书送达。

3.12.2 招标单位在投标截止时间之后收到的投标书，将原封不动地退回给投标单位。

3.12.3 投标截止后的60天内为投标有效期。

3.13 投标报价依据

3.13.1 投标报价统一按《×地区×年建筑工程预算价格表》和×号文件进行编制，取费标准按×号文的有关规定执行。费率按×类计。

3.13.2 凡涉及到本工程所需费用（包括在投标前已有文件的所有政策性费用）投标单位都应在报价表内编列或计入，报价表所列的中标总价是签订承包合同和工程结算的依据。

3.13.3 在工程施工过程中，如有设计变更，则按投标报价原则编制增减费用，并按中标下浮率相应下浮。

3.13.4 工程报价中预算包干费统一按1.5%计。

3.13.5 乙方对为实施本工程所需的所有临时设施的一切费用全部自理，并且必须为监理工程师（二名）提供必要的现场办公用品(费用按壹万元作独立费计列)。

3.13.6 施工用水、电费按定额预算包干。

3.13.7 投标报价时税金不计入标价。工程结算时，由甲方按乙方所交的本工程税金发票的款额支付给乙方。

3.14　材料供应

3.14.1　甲方组织供应本工程的钢筋和水泥，由乙方在办理好有关领料手续后到甲方仓库提取；其他材料由乙方自行解决。主材料的质量、规格应按设计要求订货并有生产厂家的出厂合格证、质量检验签认单。其他材料应符合设计及规范要求。以上材料在订购时应与甲方监理工程师共同核认，否则甲方不予验收。

3.14.2　甲方供应的材料价格按×号文的价格供应和结算，乙方负责在甲方仓库提运材料的费用（包括装卸、转运等费用），按每吨×元作为独立费计入标价内。

3.15　三通一平

3.15.1　施工用水、用电：甲方指定水、电源接驳点，经有关部门同意后，乙方自行安装水管、水表和电线、电表，并经甲方同意后方可使用。

3.15.2　临时设施场地由乙方提出书面申请，报甲方审定，乙方不可多占用地，否则产生的责任由乙方负责。

4　评价原则与授标

4.1　评价原则

根据现行有关建设工程施工招标工作的评定办法，结合本工程的实际情况，按照公正、公平、合理、科学的原则，招标单位评标时按下列六个方面对投标单位的投标进行综合评价。

4.1.1　投标单位对招标文件的响应程度；

4.1.2　投标单位的报价；

4.1.3　工期；

4.1.4　施工组织设计；

4.1.5　投标单位的质量实绩；

4.1.6　投标单位的企业信誉。

经综合评标，确认最优的投标（最优标），并确定最优标的投标单位中标。

4.2　甲方不保证报价最低的投标单位中标。

4.3　授标

4.3.1　招标单位将在各投标单位指定代表参加的情况下，在××地点进行公开开标。

4.3.2　投标单位必须派代表参加开标会议，否则甲方有权将其投标视为废标。开标日期另行通知。

4.3.3　在投标有效期内，甲方将书面通知中标的投标单位。

4.3.4　中标单位在接到中标通知书后的3天内，必须派出其授权代表与招标单位进行合同谈判及合同签署等工作。同时到有关部门办齐有关手续。否则，甲方有权取消其中标资格，并有权另选中标单位。

4.3.5　公开开标以后，有关投标书的审查、评价和授标建议的信息不得对外泄露。

4.3.6　如果投标单位的某一行为，对招标单位在进行对投标书的审查、澄清、评价以及授标等方面的工作造成不利影响时，招标单位将对该投标单位提出警告，并有权将其投标视为废标。

4.3.7　在授予合同之前，甲方有权拒绝某一投标，或拒绝所有的投标，对由此引起的投标单位的损失，甲方不承担任何责任，也不向投标单位作任何解释。

5　付款方式及工程结算

5.1　付款方式

5.1.1　合同签订后15天内，甲方按合同价的30%支付预付款给乙方作为工程备料款；该款在工程开工后第二个月起在月进度款中每月扣回合同价的10%，至扣完为止。

5.1.2　工程开工后，每月25日（如遇节假日，则向后顺延）乙方应向甲方监理工程师报送当月施工（完成情况及下月计划）进度表（一式六份）和工程进度款申报单（一式六份），经甲方审查核定后方能支取进度款。

5.2　工程结算

5.2.1　当工程款付至承包总价的85%时，暂停付款，工程验收合格后一个月内，乙方必须清理完场地，同时由乙方报结算书给甲方按程序审核，工程结算以甲乙双方签订的施工承包合同、设计变更以及施工过程中监理工程师的签认单为主要依据，经甲乙双方确认并办理结算手续后再支付10%，余下5%待保修期满后结清（保修期为一年）。

5.2.2　在施工过程中，如××市建委颁发的工程计费标准或材料价格调整，结算时，按市建委基建工程结算文件对应合同规定工期内的实际进度相应进行调整。

6　工程质量及工程验收

6.1　工程质量

6.1.1　乙方必须严格执行《建设工程质量管理办法》（中华人民共和国于1993年11月16日发布的第29号令）中的有关规定，以及以下有关条款。

6.1.2　乙方必须在现场成立工程项目经理部，派驻有相应资质和资历的工程师作为负责人，其他技术人员和主要工种人员必须有上岗证或技术等级证书。此机构和人员的情况属投标文件送审资料；乙方在施工过程中，不得任意更换其在投标文件中列出的为实施本工程的有关人员和主要施工设备，如要调整，乙方必须征得监理工程师同意；若有不称职的施工技术人员，监理工程师有权提出辞退，乙方不得借故拒绝。

6.1.3　乙方必须提供一份详细施工组织设计和一份完整的施工技术要求和质量保证措施；在施工各主要工序前还必须有书面技术交底资料，送监理工程师审查，同意后认真组织落实。

6.1.4　乙方必须严格按施工设计图和有关施工技术规范规程进行施工；在工序检查和中间验收中，上一工序未经监理工程师检查合格签认，不得进行下一工序施工，否则，甲方不予验收，拒付工程款，并应返工重做；若乙方拒不执行或有意拖延，甲方有权终止合同，并另选施工单位，由此造成的一切经济损失由乙方负责。

6.1.5　乙方必须有技术人员在施工现场指导施工，否则，甲方有权随时令其停工，由此产生的一切损失由乙方负责。

6.1.6　乙方须将进场的所有建筑材料、构配件、施工机械设备等有关的质量认证证书或相应的资料送监理工程师审查；施工现场材料取样和试验，必须有监理工程师在场，否则，监理工程师可视该试验结果无效。凡经检查不合格的，乙方必须退货，若拒绝执行，由此所造成的一切损失，均由乙方负责。

6.2 工程验收

6.2.1 本工程质量必须达到国家优良等级。

6.2.2 竣工验收应具备以下条件：

施工合同所规定承包范围的各项工程内容均已完成。

各部分项目工程均已由乙方进行了自检自验（隐蔽部分项目工程已通过中间验收）且都符合设计、国家验收规范及施工合同的要求。

竣工图已按有关规定如实绘制，验收必备技术资料已齐备（包括施工图片及说明），竣工技术档案已按档案部门的有关规定和要求整理完善，并向甲方提交一式五份档案资料。

6.2.3 竣工验收的依据

6.2.3.1 有效施工图纸及说明，包括设计单位和监理工程师签发的设计变更通知单。

6.2.3.2 国家施工验收规范、专业技术规范和质量评定标准。

6.2.3.3 地方政府颁布的有关规程和标准。

6.2.3.4 施工合同。

6.2.4 本条款第二款内容完成后，乙方方可向甲方提出申请验收报告，甲方收到该报告后15天内，经监理工程师审阅、核对，确认符合有关规定和要求后才由甲方组织验收。

6.2.5 竣工验收完毕后30天内，乙方必须按甲方现场监理工程师的要求拆除一切临时设施，平整场地、清除杂物垃圾等，撤离现场，否则每延期一天按20元/平方米的费用赔偿给甲方。

6.2.6 本工程保修按《建设工程质量管理办法》四十一条第一款执行。

7 不可预见因素

本工程如遇到不可预见的灾害、损失，按下列7.1条和7.2条处理。

7.1 由甲、乙双方现场核实、协商解决。

7.2　产生争议而双方不能协商解决时，报上级主管部门仲裁解决。

8　其他

本招标文件为甲、乙双方签订本工程施工承包合同的依据，中标单位在签订合同时，不得提出任何附加条件和要求，否则甲方有权取消其中标资格，由此产生的一切损失由乙方负责。本招标文件的解释权归甲方。

［例 2］　土建工程国际竞争性招标文件目录

1　投标邀请书

2　投标人须知

2.1　总则

2.2　招标文件

2.3　投标书的编制

2.4　投标书的递交

2.5　开标与评标

2.6　合同授予

3　招标资料表

4　合同通用条件（一般条款）

5　合同专用条件（特殊条款）

5.1　标准合同专用条件

5.2　项目专用条件

6　技术说明书（技术规范）

7　投标书、投标书附录和投标保函的格式

8　工程量表

9　协议书格式、履约保函格式及预付款保函格式

10　世界银行资助的采购中提供货物、土建和服务的合格性

11　图纸

应该指出，此处把招标用的文字材料称为“招标文件”，把投标的文字材料称作“投标书”。二者不能用“标书”两字混淆。

关于国际竞争性招标文件内容详见本书附录七、八。

七、施工图设计

项目法人应及早确定污水处理厂土建施工单位，以组织施工单位参加施工图设计配合会议，研究确定具体施工方案。因此，由总承包单位或施工单位委托设计院进行施工图设计对提高工程质量、降低工程费用将很有好处，应予提倡。项目法人应要求设计单位在施工图的土建设计中充分考虑主要设备的安装要求，避免在建设安装过程中对已完工的建筑进行大拆大改。此外，项目法人在施工图设计过程中应掌握设计进度，并认真登记所收发的图纸，要配合设计单位联系电业、规划、土地管理、市政、通讯等部门。

施工图设计按以下程序进行。

① 根据初步设计阶段各单项构筑物及各专业管线设计成果，按施工图设计要求进行污水处理厂总平面图的设计。并据此向各专业发出第一版厂区总平面设计图，供各专业在施工图设计中使用。

一般情况下，各专业要求总平面设计进行在先、完成在后。当各单项构筑物及各专业管线的施工图设计完成后，总平面设计才能完成它的最终版。总平面施工图的设计实际很大一部分工作就是协调各单项设计，使得污水处理厂的总体设计得到优化。

② 各单项构筑物根据总平面设计要求，向配套专业（工种）提供设计条件图及说明，一般要求当设计条件有变化时，工艺专业在提供新版设计条件图时应将旧版收回，以免出现设计失误。

③ 各单项构筑物的不同工种进行专业协调，并互相提供设计资料。

施工图设计阶段，一般情况下，建筑结构专业工作量较大，往往是设计中解决问题的主体，其设计进度控制了设计的总进度。同样，各单项构筑物结构设计的质量在很大程度上决定了污水处理厂总的设计质量。

④ 各专业根据建筑结构专业提供的单项构筑物结构总图设计绘制本专业设计总图及设备安装图。

⑤ 根据各单项构筑物的施工图设计进行污水处理厂厂内管线设计及其附属构筑物设计。

⑥ 编写施工图设计说明书。其中运行管理说明可以单独成册，以便使用。

八、土建施工

项目法人在主持审查施工单位所编施工组织设计并优化施工方案后，应主持召开首次开工会议，以确定各有关事项。在我国一般都把工程开工作为工程建设的重要标志。进行工程设计、施工、安装和调试的总承包有利于降低造价、提高质量和推广采用新技术，而如何规范业主、承包人与监理工程师之间的工作关系则是目前大家正在探讨的问题。笔者主持了非洲发展银行（FAD）提供资金的国际投标项目——M国首都某市的供排水工程的设计，现将我方中标后，依照国际咨询工程师联合会（FIDIC）的有关条款的规定，在开工会议上所确定的有关组织机构、资料来往、图纸审批及会议安排等内容进行介绍，以供从事总承包项目的人员参考。

土建施工中应及时安排预埋件的制作，要避免因短缺预埋件造成停工而影响工期。

［例］ 某市供排水工程第一号会议记录

议程：工程开工筹备会

地点：努市

参加人：（略）（有业主、承包人、咨询工程师三方有关人员）

1　组织机构

三方商定组织机构如下（图2-5）：

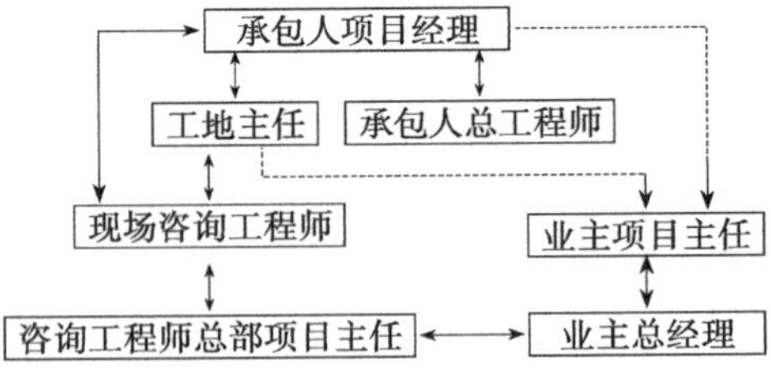

图2-5　工地组织系统框图

承包人任命其代表担任下列职位：

A. ×××：项目经理

B. ×××：工地主任

各方商定，工地人员只服从各方总部所作出的决定。

各方之间所有正式资料来往均应由下列人员提交：

——项目经理；

——项目主任；

——工地主任；

——现场咨询工程师。

2　资料来往

(1) 信函

各方之间所有信函来往应以下列方式提交（图 2-6）：

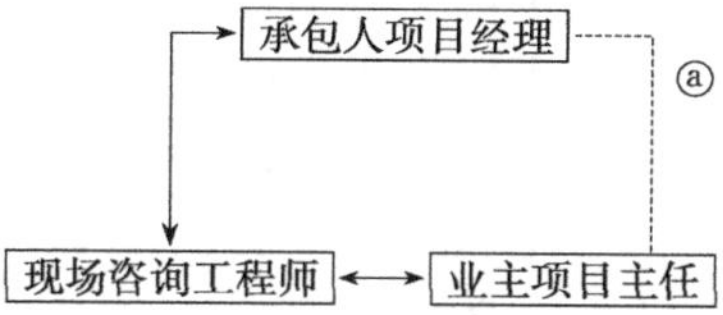

图 2-6　信函往来递交路线图

ⓐ指重要资料或有特殊意义的资料，如工期-进度计划、付款、设备性能等。

所有来往信函（信件、电传、传真、清单等）均应按下列方式顺序编号：

——承包人致咨询工程师，C/D No. 1～n，

——咨询工程师致承包人，D/C No. 1～n。

对于ⓐ条件提到的资料、函件中应明确注明“CC：S”字样。

经商定，在紧急情况下，发电传、传真也可作为承包人和咨询工程师之间提交正式资料的一种手段。

(2) 提交图纸

图纸一般应按下述规定提交。

① 承包人提交给咨询工程师总部，为所有图纸均提交 1 份可复制的底图和 3 份蓝图；

② 承包人提交给现场咨询工程师，为所有图纸均提交 2 份蓝图；

③ 承包人提交给业主，为所有签有特别标记的主要图纸，均应提交 1 份可复制的底图和 2 份蓝图。

（3）图纸

① 图标

会议通过了图标式样，在承包人图标的上方将标示业主国家水电公司的名称和标志。

② 图纸的编号和标记

各方商定，为便于分类，采用如下标记。

- 供水（EP）

——建筑图	EPA-001～999
——结构图	EPB-001～999
——设备安装图	EPI-001～999
——工艺图	EPS-001～999
——电气图	EPE-001～999
• 排水（EA）	（略）
• 工程进度表	PL-001～999
• 工地布置图	CH-001～999
• 总图	PM-001～999

3　图纸审批

3.1　咨询工程师审批

图纸将由咨询工程师总部以下列方式审批：

（1）无意见批准	批注：Code：1
（2）提出意见批准	批注：Code：2
（3）不批或拒批	批注：Code：3

会议指出，批注："Code：2"则允许工程根据咨询工程师批署的意见继续实施，而批准"Code：3"则不允许工程继续实施。

3.2　十年保险机构审批

会议提醒承包人，根据承包合同，结构设计应办理十年保险，即钢筋混凝土结构图应由 SOCOTEC、VERITAS 等经过业主同意的此类机构签批。其他事项可与该机构商定，以请其监理钢筋混凝土结构的施工。业主对所选定的机构应予同意。

4 图纸登记

承包人以及咨询工程师将各持一本图纸登记册，记载图纸收发内容，并在每次例会上进行审查。

5 工程进度计划

各方商定将编制三种工程进度计划：

(1) 工程总进度计划；

(2) 分项详细进度计划，此计划应列出各单项工程施工进度；

(3) 每月编制上月实际进度和后两个月的预计进度。

6 会议

经商定，将召开下述各种会议：

(1) 每周召开工地例会，其讨论的内容将记入会议纪要中；

(2) 每两个月在适当地点召开定期会议，此种会议会前通知，会后编制会议纪要。其议程如下：

——审查上次会议的纪要；

——审查来往函件；

——审查图纸登记册；

——讨论工程进度；

——审查工程费用的支付；

——其他特殊事项。

(3) 必要时召开的特别会议。

7 发票和保函

承包人开具的将由业主付款的发票应符合每次应付的款项。发票应注明转账银行的完整地址。

承包人每次向现场咨询工程师提交的发票应为原始发票一式三份和复印件七份，由其转交业主。

本次会议上，承包人提交了一份发票式样，业主将与其财务处商量采用。会后，承包人应开具一份工程预付款发票。

承包人将向现场咨询工程师提交一份原始件和六份复印件的开工

预付款保函[1]，以便由其证实后转交业主。

8　工地组织

下列各项由承包人制订后报有关方面批准：

——工地组织与规章制度；

——现场急救措施与防火措施；

——工地卫生措施；

——工作时间、门卫、通行徽章、保卫人员，工地铭牌应用法文和阿拉伯文书写；

——当地受雇工人详细名册。

9　其他特殊事项

9.1　基准点

承包人要求在1991年5月10日前向其提供测量用的基准点。

9.2　工地移交

根据承包人的要求，工地移交定于1991年5月12日格林尼治标准时间9点进行。

9.3　现有设施的保护

承包人要求业主向其提供现有管道和电缆走向的图纸，并指出：

(1) 承包人只对业主提供的图纸中已标明的管道和电缆负责；

(2) 承包人对业主已在施工中事先指明可能有电缆或管道的具体地点出现的电缆或管道损坏负责；

(3) 承包人提出，正在运行中的现有建筑物，将由业主直接管理并由其负责。

业主指出，当承包人必须介入正在运行中的建筑物时，应事先通知现场咨询工程师和业主，以便采取必要的措施。

---

[1] 预付款保函——按国际惯例，合同规定，业主应在合同通知生效后的30天内，向承包人提供合同总价10%的开工预付款。这笔预付款承包人应在合同总价支付到80%以前还清。为保证承包人到期能100%向业主还清预付款，承包人应提交一家经业主同意的银行开出的保函。

各方同意，尽可能地为对方履行其义务提供方便。

9.4　海关

——由业主负责向海关当局正式提交一份合同及其附件的副本；

——承包人将在其材料设备到达时负责办理行政手续，业主将帮助其加快手续的办理。

9.5　水电接口

承包人将提交水电的预计消耗量，业主将在现场指明工地需水和电的接口。

9.6　材料存放

如承包人要在工地范围以外存放其材料时，必须事先提出书面申请。

九、闭水试验

（一）污水管道的闭水试验

闭水试验应在管道灌满水，经过24h后再进行，允许渗水量见表2-7。

表2-7　污水管道闭水试验的允许渗水量

混凝土、钢筋混凝土管管径/mm	允许渗水量/[L/(h·m)]	混凝土、钢筋混凝土管管径/mm	允许渗水量/[L/(h·m)]
200	0.5	800	1.1
300	0.7	1000	1.3
400	0.8	1200	1.5
500	0.9	1400	1.7
600	1.0	1600	1.8

（二）水池的满水试验

1.水池满水试验的前提条件

① 池体结构混凝土的抗压强度、抗渗标号或砖砌水池的砌体水泥砂浆强度达到设计要求；

② 现浇钢筋混凝土水池的防水层、水池外部防腐层施工以及池外回填土以前；

③ 装配式预应力混凝土水池施加预应力以后，水泥砂浆保护层

喷涂之前；

④ 砖砌水池的内外防水水泥砂浆完成之后；

⑤ 进水、出水、排空、溢流、连通管道的安装及其穿墙管口的填塞已经完成；

⑥ 水池抗浮稳定性满足设计要求；

⑦ 满足设计图纸中的其他特殊要求。

2.水池满水试验前的准备工作

① 池体混凝土的缺陷修补。局部蜂窝、麻面、螺栓孔、预埋筋需在满水前作修补、剔除处理。

② 池体结构检查。有无开裂，变形缝嵌缝处理等应经过检查。如有开裂和不均匀沉降等情况发生，应经设计等有关部门鉴定后再作处理。

③ 临时封堵管口。

④ 检查闸阀，不得渗漏。

⑤ 清扫池内杂物。

⑥ 注入的水应采用清水，并作好注水和排空管路系统的准备工作。

⑦ 清水池顶部的通气孔、人孔盖应装备完毕。必要的安全防护设施和照明等标志应配备齐全。

⑧ 设置水位观测标尺，标定水池最高水位，安装水位测针。

⑨ 准备现场测定蒸发量的设备。

⑩ 对水池有观测沉降要求时，应事先布置观测点，并测量、记录水池各观测点的初始高程值。

3.注水

向池内注水分 3 次进行，每次注入为设计水深的 1/3。注水水位上升速度不宜超过 2m/24h，相邻两次充水的间隔时间不少于 24h。以便混凝土吸收水分后，有利于混凝土微裂缝的愈合。

每次注水后宜测读 24h 的水位下降值，同时应仔细检查池体外部结构混凝土和穿墙管道的填塞质量情况。

如果池体外壁混凝土表面和管道填塞有渗漏的情况，同时水位降的测读渗水量较大时，应停止注水。待经过检查、分析、处理后，再继续注水。

即使水位降（渗水量）符合标准要求，但池壁外表面出现渗漏的迹象，也被认为结构混凝土不符合规范要求。

4. 满水试验标准

水池施工完毕必须进行满水试验。在满水试验中应进行外观检查，不得有漏水现象。水池渗水量按池壁（不包括内隔墙）和池底的浸湿面积计算，钢筋混凝土水池不得超过 $2L/(m^2 \cdot d)$；砖石砌体水池不得超过 $3L/(m^2 \cdot d)$。

十、设备安装

设备安装能否顺利进行，关键在于预留孔洞及预埋件设计和施工的准确性。安装人员根据说明书了解设备的技术性能对安装工作有很大帮助。如果土建施工和设备安装由两个以上单位进行，则项目法人要做好各方的协调工作，采取必要的措施保证工程质量与进度。

根据已建城市污水处理厂的运行经验，常规情况下，应在设备安装前组建污水处理厂的运行机构，配备必要的专业技术人员，并参加设备安装的全过程，此后再参加运行调试，则可为污水处理厂的正常运行打下基础。

十一、竣工验收

城市污水处理厂是城市基础设施，施工项目竣工验收一般分为两个阶段。第一阶段即对单项工程进行竣工验收，又称初步验收、局部验收，是指在一个建设项目中，施工单位按承包合同和设计要求建成的单项（位）工程，能否满足生产要求或具备使用条件，由建设单位（项目业主）组织验收，并办理交接手续的过程。第二阶段是全部验收，又称总验收，是指建设单位在整个施工项目已按设计要求全部建成，各单项工程符合竣工验收标准并逐个验收完毕后，经验收委员会验收合格，并向使用单位交工的过程。全部验收包括对建筑安装工程进行的全面验收——交工验收，还包括对安装的设备进行联动试车的动用验收。初步验收与总验收两者关系见表 2-8。

表 2-8 初步验收与总验收的关系

项目	初步验收	总验收
验收对象	单项工程	建设项目
验收时间	单项工程建成	建设项目全部建成
验收目的	施工单位向建设单位移交建筑安装工程	建设单位向使用单位（投资者：国家、企业、个人）移交固定资产
验收基础	所包括各单位工程全部竣工合格	所包括单项工程全部竣工验收合格
验收组织	验收小组 组长：建设单位负责人 组员：施工单位、设计单位、管理和使用单位、质量监督站、银行、档案馆、工会、劳动、卫生、消防、环保等单位的代表	验收委员会 主任委员：建设项目批准机关代表 委员：地方政府代表，建设单位、施工单位、设计单位代表；质检部门、银行、卫生、消防、环保、档案馆、统计、物资、劳动、工会等部门代表 重要大型建设项目应报国家计委组成验收委员会
两种验收的联系	1. 建设项目工程较简单、规模较小时，可适当简化手续，将两阶段验收合并为一次验收 2. 单项工程竣工验收是建设项目验收的基础，只有全部单项工程均竣工验收合格，方可进行建设项目的竣工验收 3. 在建设项目竣工验收时，对于已经验收的单项工程可以抽查，不必再办验收手续，其验收单作为附件在总验收中加以说明	

第三节 城市污水处理厂的建设规模

城市污水处理厂的规模大小，一般取决于城市规划。城市污水处理厂是城市排水系统的重要组成部分，恰当地选择污水处理厂的位置，进行合理的规划，关系到城市排水系统的总投资，关系到城市环境保护、水源保护、再生水的利用以及整个排水系统的经营维护和管理费用。一般情况下，污水处理厂的位置往往决定了污水处理厂的规模。总之，城市污水处理厂的规模应从厂址选择入手，结合投资能力、投资效益、近期实现的可能性和城市总体规划的要求通盘考虑。

一、城市污水处理厂的用地

污水处理厂的占地面积随处理方法和构筑物选型的不同有较大差异。表 2-9 所列用地面积可供在污水处理厂建设前期工作中参考。

表 2-9 城市污水处理厂用地面积

处理水量/(m^3/d)	一级处理占地/hm^2	二级处理占地/hm^2	
		生物滤池	活性污泥法
5000	0.5～0.7	2～3	1～1.25
10000	0.8～1.2	4～6	1.5～2.0
15000	1.0～1.5	6～9	1.85～2.5
20000	1.2～1.8	8～12	2.2～3.0
30000	1.6～2.5	12～18	3.0～4.5
40000	2.0～3.2	16～24	4.0～6.0
50000	2.5～3.8	20～30	5.0～7.5
70000	3.75～5.0	30～45	7.5～10.0
100000	5.0～6.5	40～60	10.0～12.5

注：$1hm^2=10000m^2$。

二、城市污水处理厂的厂址

城市污水处理厂的厂址位置选择中应考虑下列因素。

① 从支援农业出发，要求厂址尽可能少占或不占农田；同时考虑便于污水灌溉农田，污泥作农肥的利用。厂址最好靠近灌溉区域，以缩短输送距离。

② 厂址必须位于集中给水水源下游，并应设在城镇工厂区及居住区的下游。为保证卫生要求，厂址应与城镇工业区、居住区保持约300m以上距离。但也不宜太远，以免增加管道长度，提高造价。

③ 厂址宜设在城市夏季最小频率风向的上风侧。

④ 结合污水管道系统布置及出水口位置，污水处理厂的位置选择应与污水管道系统布局统一考虑，这两者是相互影响与制约的。当污水处理厂位置确定后，主干管的流向也就定了；反之，根据地形及其他条件确定排水方向后，污水处理厂选址方向也就决定了。从利于污水自流排放出发，厂址宜选在城市低处，沿途尽量不设或少设提升泵站；此外，厂址宜结合出水口位置考虑，通常污水处理厂设在水体附近，便于处理后的出水就近排入水体，减少排放渠道的长度。

⑤ 污水处理厂具体位置的确定还应考虑污水处理厂本身对用地各方面要求（上列五点），以利于污水处理厂建设在技术上的合理性

与投资上的经济性。

⑥ 考虑城市发展和厂址位置远近期结合问题。城市污水处理厂近期合适位置与远期合适位置往往是不一致的。如近期将污水处理厂选在离建成区较远的地方时，需建长距离排水干管，增加近期建设投资，而且干管利用率也低，水力条件不好；如近期将污水处理厂布置在靠近近期发展区域，则应考虑随着城市发展，污水处理厂对周围环境的影响（有条件时可设绿化带进行隔离）。在发达国家，也有将污水处理构筑物建成封闭式以利于除臭。针对上述矛盾，处理中要通盘考虑，解决好远近期结合与分期建设等问题。

由于城市污水处理厂位置选择十分复杂，各种因素互相矛盾，通常不可能各方面要求都得到满足，选择中要抓主要矛盾，分清主次条件，进行深入调查研究、分析比较。特别对于不能满足的某些条件，分析其影响大小及有无解决办法及弥补措施。当有几个位置可供选用时，要进行方案的技术经济比较，确定最佳方案。

三、城市污水处理厂建设的其他原则

1. 建设规模应考虑近期的投资能力

从城市污水处理总体上来说，根据排水出路确定污水处理厂的规模，也不考虑投资能力，单纯从经济上分析，当然污水处理厂规模大，其单方造价、管理费用都比修建小型污水处理厂显得经济。但是，要修建大型污水处理厂，首先要建设一个庞大的排水系统，包括几百至上千公里管道及许多中途泵站，才能将污水收集后集中输送到污水处理厂。这个污水收集系统的投资将超过污水处理厂，而我们近期又缺乏资金，污水收集系统建不起来就更谈不上建污水处理厂。为此，应该根据城市近期的投资能力，从修改排污水规划入手，适当缩小排水系统，争取用较少的资金使系统完善起来，并随城镇建设的发展，逐年修建一批小型廉价的污水处理厂。

2. 城市污水就近处理、就近排放有利于污水再生回用

城市污水的资源化已是缺水地区的重要课题，因为城市污水已经被证实是可靠的水资源，而随着水处理技术的进步，污水再生技术已经广为应用。在这种情况下，增加一些投资，改善污水处理厂本身的

环境保护条件，使城市污水可就近处理、就近回用是非常值得的。因为城市污水就近处理，可以节省大量管道投资；而处理达标后就近排放，为污水资源化、进行再生回用创造了条件。如果污水处理厂的出口远离再生水的回用点，又将出现回用水工程的管道投资过大问题，使本来就不容易推行的污水再生回用事业更加困难，这一点是十分清楚的。

第四节 城市污水处理厂的投资估算

城市污水处理厂的投资因地区不同、建设期长短、设备价格、水处理工艺和土建设计等因素差别很大。在污水处理厂建设的前期工作中可按估算指标进行投资估算。在污水处理厂的建设中，厂外进出水管道的一般投资也相当可观，在资金筹措中也应一并考虑。

一、城市污水处理厂投资估算指标

现将全国市政工程投资估算指标（HGZ 47—102—96）中有关污水处理厂的综合指标摘录如下供参考（表 2-10～表 2-15）。

表 2-10 污水处理厂综合指标表（一） 单位：m^3/d

指标编号		4B-1-1-1	4B-1-1-2	4B-1-1-3
序号	项目	一级污水处理综合指标		
		水量 20 万 m^3/d 以上	水量 10 万～20 万 m^3/d	水量 5 万～10 万 m^3/d
1	人工/工日	2～2.4	2.4～2.8	2.8～3.4
2	人工费小计/元	29.1～34.9	34.9～40.7	40.7～49.5
3	水泥/kg	90～95	95～105	105～115
4	锯材/m^3	0.013～0.015	0.015～0.018	0.018～0.022
5	钢材/kg	12～14	14～16	16～18
6	砂/m^3	0.25～0.28	0.28～0.3	0.3～0.35
7	碎石/m^3	0.4～0.45	0.45～0.5	0.5～0.6
8	铸铁管/kg	2～3	3～4	4～5
9	钢管及钢配件/kg	1～2	1～2	2～3
10	钢筋混凝土管/kg	5～7	6～8	7～10
11	闸阀/kg	1～2	2～3	2～3
12	其他材料费/元	47～51	44～52	53～55
13	材料费小计/元	185～211	211～236	237～277

续表

序号	指标编号	4B-1-1-1	4B-1-1-2	4B-1-1-3
	项目	一级污水处理综合指标		
		水量20万 m³/d以上	水量10万～20万 m³/d	水量5万～10万 m³/d
14	机械使用费/元	26～32	31～37	36～43
15	指标基价 /元	240～277	277～314	314～370
16	其他工程费/元	19～22	22～25	25～30
17	综合费用/元	83～96	96～109	109～128
一、	建筑安装工程费/元	343～396	396～448	448～528
二、	设备工器具购置费/元	177～204	204～231	231～272
三、	工程建设其他费用/元	71～82	82～93	93～110
四、	基本预备费/元	59～68	68～77	77～91
五、	指标总造价/元	650～750	750～850	850～1000
	用地及设备功率指标			
1	用地/m²	0.3～0.5	0.4～0.6	0.5～0.8
2	设备功率/W	4～6	5～8	8～10

表 2-11 污水处理厂综合指标表（二） 单位：m³/d

序号	指标编号	4B-1-1-4	4B-1-1-5
	项目	一级污水处理综合指标	
		水量2万～5万 m³/d	水量1万～2万 m³/d
1	人工/工日	3.4～4	4～4.5
2	人工费小计/元	49.5～58.2	58.2～65.5
3	水泥/kg	115～130	130～160
4	锯材/m³	0.022～0.025	0.025～0.030
5	钢材/kg	18～20	20～25
6	砂/m³	0.35～0.42	0.42～0.52
7	碎石/m³	0.6～0.72	0.72～0.85
8	铸铁管/kg	5～6	6～7
9	钢管及钢配件/kg	2～3	3～4
10	钢筋混凝土管/kg	9～11	10～12
11	闸阀/kg	3～4	3～4
12	其他材料费/元	58～60	48～69
13	材料费小计/元	277～317	318～355
14	机械使用费/元	43～50	49～60

续表

指标编号		4B-1-1-4	4B-1-1-5
序号	项目	一级污水处理综合指标	
		水量 2～5 万 m^3/d	水量 1～2 万 m^3/d
15	指标基价 /元	370～425	425～481
16	其他工程费/元	30～34	34～39
17	综合费用/元	128～147	147～167
一、	建筑安装工程费/元	528～607	607～686
二、	设备工器具购置费/元	272～313	313～353
三、	工程建设其他费用/元	110～126	126～143
四、	基本预备费/元	91～105	105～118
五、	指标总造价/元	1000～1150	1150～1300
	用地及设备功率指标		
1	用地/m^2	0.6～1.0	0.6～1.4
2	设备功率/W	10～15	15～20

表 2-12　污水处理厂综合指标表（三）　　单位：m^3/d

指标编号		4B-1-1-6	4B-1-1-7	4B-1-1-8
序号	项目	二级污水处理综合指标(一)		
		水量 20 万 m^3/d 以上	水量 10 万～20 万 m^3/d	水量 5 万～10 万 m^3/d
1	人工/工日	2.5～3	3.5～4	4～4.5
2	人工费小计/元	36.4～43.7	50.9～58.2	58.2～65.5
3	水泥/kg	95～115	115～140	135～160
4	锯材/m^3	0.013～0.015	0.015～0.018	0.018～0.022
5	钢材/kg	16～19	18～22	20～24
6	砂/m^3	0.22～0.25	0.25～0.29	0.29～0.33
7	碎石/m^3	0.35～0.4	0.4～0.48	0.48～0.54
8	铸铁管/kg	6.5～8	7～8.5	7.5～9
9	钢管及钢配件/kg	2～3	3～4	4～6
10	钢筋混凝土管/kg	10～14	13～15	14～18
11	闸阀/kg	2～3	2～3	3～4
12	其他材料费/元	90～95	99～100	106～114
13	材料费小计/元	261～306	296～343	339～400
14	机械使用费/元	54～57	60～61	65～70

续表

指标编号		4B-1-1-6	4B-1-1-7	4B-1-1-8
序号	项目	二级污水处理综合指标(一)		
		水量20万 m^3/d 以上	水量10万～20万 m^3/d	水量5万～10万 m^3/d
15	指标基价/元	351～407	407～462	462～536
16	其他工程费/元	28～33	33～37	37～43
17	综合费用/元	122～141	141～160	160～186
一、	建筑安装工程费/元	501～580	580～659	659～765
二、	设备工器具购置费/元	258～299	299～340	340～394
三、	工程建设其他费用/元	104～121	121～137	137～159
四、	基本预备费/元	86～100	100～114	114～132
五、	指标总造价/元	950～1100	1100～1250	1250～1450
	用地及设备功率指标			
1	用地/m^2	0.5～0.8	0.6～0.9	0.8～1.2
2	设备功率/W	12～17	15～20	18～25

表 2-13　污水处理厂综合指标表（四）　　单位：m^3/d

指标编号		4B-1-1-9	4B-1-1-10
序号	项目	二级污水处理综合指标(一)	
		水量2万～5万 m^3/d	水量1万～2万 m^3/d
1	人工/工日	4.5～5	5～6
2	人工费小计/元	65.5～72.8	72.8～87.3
3	水泥/kg	150～180	180～240
4	锯材/m^3	0.022～0.025	0.025～0.030
5	钢材/kg	24～28	28～32
6	砂/m^3	0.33～0.38	0.38～0.48
7	碎石/m^3	0.54～0.62	0.62～0.8
8	铸铁管/kg	8～11	10～13
9	钢管及钢配件/kg	6～8	8～10
10	钢筋混凝土管/kg	16～20	20～25
11	闸阀/kg	3～4	4～5
12	其他材料费/元	123～152	154～164
13	材料费小计/元	395～482	481～552
14	机械使用费/元	75～92	93～100

续表

指标编号		4B-1-1-9	4B-1-1-10
序号	项目	二级污水处理综合指标(一)	
		水量 2 万～5 万 m^3/d	水量 1 万～2 万 m^3/d
15	指标基价/元	536～647	647～739
16	其他工程费/元	43～52	52～60
17	综合费用/元	186～224	224～256
一、	建筑安装工程费/元	765～923	923～1055
二、	设备工器具购置费/元	394～476	476～544
三、	工程建设其他费用/元	159～192	192～220
四、	基本预备费/元	132～159	159～182
五、	指标总造价/元	1450～1750	1750～2000
	用地及设备功率指标		
1	用地/m^2	1.0～1.5	1.0～2.0
2	设备功率/W	20～30	25～35

表 2-14　污水处理厂综合指标表（五）　　单位：m^3/d

指标编号		4B-1-1-11	4B-1-1-12	4B-1-1-13
序号	项目	二级污水处理综合指标(二)		
		水量 20 万 m^3/d 以上	水量 10 万～20 万 m^3/d	水量 5 万～10 万 m^3/d
1	人工/工日	3～4	4～5	5～6
2	人工费小计/元	43.7～58.2	58.2～72.8	72.8～87.3
3	水泥/kg	110～140	140～170	170～200
4	锯材/m^3	0.018～0.022	0.021～0.024	0.023～0.026
5	钢材/kg	24～28	28～36	36～42
6	砂/m^3	0.24～0.29	0.29～0.35	0.35～0.42
7	碎石/m^3	0.35～0.47	0.47～0.58	0.58～0.68
8	铸铁管/kg	7～9	8～10	9～11
9	钢管及钢配件/kg	3～4	4～5	5～7
10	钢筋混凝土管/kg	9～10	10～11	11～12
11	闸阀/kg	3～4	4～5	5～6
12	其他材料费/元	133～136	121～139	124～133
13	材料费小计/元	358～415	413～461	460～531
14	机械使用费/元	79～82	83～76	77～84

续表

指标编号		4B-1-1-11	4B-1-1-12	4B-1-1-13
序号	项目	二级污水处理综合指标(二)		
		水量20万 m^3/d以上	水量10万～20万 m^3/d	水量5万～10万 m^3/d
15	指标基价/元	481～554	554～610	610～702
16	其他工程费/元	39～45	45～49	49～57
17	综合费用/元	167～192	192～211	211～243
一、	建筑安装工程费/元	686～791	791～870	870～1002
二、	设备工器具购置费/元	353～408	408～448	448～516
三、	工程建设其他费用/元	143～165	165～181	181～209
四、	基本预备费/元	118～136	136～150	150～173
五、	指标总造价/元	1300～1500	1500～1650	1650～1900
	用地及设备功率指标			
1	用地/m^2	0.6～1.0	0.8～1.2	1.0～2.5
2	设备功率/W	15～20	18～22	20～30

表 2-15　污水处理厂综合指标表（六）　　单位：m^3/d

指标编号		4B-1-1-14	4B-1-1-15
序号	项目	二级污水处理综合指标(二)	
		水量2万～5万 m^3/d	水量1万～2万 m^3/d
1	人工/工日	6～7.5	7.5～9
2	人工费小计/元	87.3～109.1	109.1～131.0
3	水泥/kg	200～260	260～310
4	锯材/m^3	0.025～0.028	0.027～0.032
5	钢材/kg	42～52	52～62
6	砂/m^3	0.42～0.52	0.52～0.62
7	碎石/m^3	0.68～0.86	0.86～1.0
8	铸铁管/kg	10～12	11～14
9	钢管及钢配件/kg	6～9	9～11
10	钢筋混凝土管/kg	12～13	13～14
11	闸阀/kg	6～7	7～8
12	其他材料费/元	139～157	160～181
13	材料费小计/元	528～641	640～752
14	机械使用费/元	87～100	101～115

续表

指标编号		4B-1-1-14	4B-1-1-15
序号	项目	二级污水处理综合指标(二)	
		水量2万～5万 m^3/d	水量1万～2万 m^3/d
15	指标基价/元	702～850	850～998
16	其他工程费/元	57～68	68～80
17	综合费用/元	243～295	295～346
一、	建筑安装工程费/元	1002～1213	1213～1424
二、	设备工器具购置费/元	516～625	625～734
三、	工程建设其他费用/元	209～253	253～297
四、	基本预备费/元	173～209	209～245
五、	指标总造价/元	1900～2300	2300～2700
用地及设备功率指标			
1	用地/m^2	2.5～4.0	4.0～6.0
2	设备功率/W	25～40	38～50

综合指标未考虑湿陷性黄土区、地震设防、永久性冻土和地质情况十分复杂等地区的特殊要求；厂站设备均按国产设备考虑，未考虑进口设备。

综合指标的上限一般适用于工程地质条件复杂、技术要求较高、施工条件差等情况。下限适用于工程地质条件较好、技术要求一般、施工条件较好等情况。同一枢纽工程中有不同生产能力和不同处理要求时，应分别计算。

综合指标中增列了设备指标、用地指标供使用时参考。

设备指标是按主要设备的功率计算（不包括备用设备），如各种水泵、空气压缩机、鼓风机、搅拌设备和吸刮泥设备等（不包括次要设备和室内外照明等功率）。

用地指标是按生产必需的土地面积计算，如污水处理厂用地、各种建筑物和构筑物用地，未包括预留远期发展用地。

二、排水管道投资估算指标

污水管道工程综合指标（表2-16，表2-17，分流制用）和雨水管道工程综合指标（表2-18，表2-19，供合流制参考）其内容包括：

土方工程，沟槽支撑及拆除，管道铺设，砖砌方沟，砌筑检查井，沟槽排水。综合指标中未考虑防冻、防淤、地基加固、穿越铁路等措施，如发生时应结合具体情况进行调整。

雨水管道综合指标的设计参数：径流系数为0.6，设计重现期为1年。

污水、雨水管道均考虑地面下1m有地下水，沟槽深度大于4m按井点排水计价。挖土土方按一、二、三、四类土平均计算，未计入冻土与爆破开挖费用。

表2-16　污水管道工程综合指标表（一） 单位：$m^3/(d \cdot km)$

指标编号		4A-1-2-1		4A-1-2-2	
序号	项目	设计日平均流量10000m^3/d	占总造价(基价)比例/%	设计日平均流量20000m^3/d	占总造价(基价)比例/%
1	人工/工日	1.1698		0.8435	
2	人工费小计/元	17.02	(26.47)	12.27	(25.28)
3	水泥/t	0.0044		0.0033	
4	砂/m^3	0.0660		0.0714	
5	碎石/m^3	0.0087		0.0074	
6	道碴/m^3	0.0009		0.0006	
7	砾石砂/m^3	0.0054		0.0038	
8	机砖/千块	0.0061		0.0037	
9	钢筋/t	0.00002		0.00001	
10	钢材/t	0.00147		0.00131	
11	锯材/m^3	0.00267		0.00145	
12	ϕ300混凝土管/m	0.0857		0.0156	
13	ϕ400混凝土管/m	0.0056		0.0033	
14	ϕ500钢筋混凝土管/m	0.0088		0.0163	
15	ϕ600钢筋混凝土管/m			0.0100	
16	ϕ700钢筋混凝土管/m			0.0047	
17	铸铁井盖井座/套	0.00275		0.00137	
18	其他材料费/元	7.27		5.19	
19	材料费小计/元	24.94	(38.78)	19.06	(39.27)
20	机械使用费小计/元	22.35	(34.75)	17.20	(35.45)
21	指标基价/元	64.31	(100.00)	48.53	(100.00)
22	其他工程费/元	6.43		4.85	
23	综合费用/元	28.10		21.20	

续表

指标编号		4A-1-2-1		4A-1-2-2	
序号	项目	设计日平均流量 10000m³/d	占总造价(基价)比例/%	设计日平均流量 20000m³/d	占总造价(基价)比例/%
一	建筑安装工程费/元	98.84	83.58	74.58	83.58
二	设备工器具购置费/元				
三	工程建设其他工程费用/元	8.67	7.33	6.54	7.33
四	基本预备费/元	10.75	9.09	8.11	9.09
五	指标总造价/元	118.26	100.00	89.23	100.00

表 2-17 污水管道工程综合指标表（二） 单位：$m^3/(d \cdot km)$

指标编号		4A-1-2-3		4A-1-2-4	
序号	项目	设计日平均流量 50000m³/d	占总造价(基价)比例/%	设计日平均流量 100000m³/d	占总造价(基价)比例/%
1	人工/工日	0.4668		0.3546	
2	人工费小计/元	6.79	(22.99)	5.16	(22.37)
3	水泥/t	0.0032		0.0020	
4	砂/m³	0.0438		0.0408	
5	碎石/m³	0.0104		0.0052	
6	道碴/m³	0.0003		0.0002	
7	砾石砂/m³	0.0027		0.0015	
8	机砖/千块	0.0017		0.0013	
9	钢筋/t	0.00001		0.00002	
10	钢材/t	0.00068		0.00059	
11	锯材/m³	0.00065		0.00033	
12	ϕ300 混凝土管/m	0.0021			
13	ϕ400 混凝土管/m	0.0005			
14	ϕ500 钢筋混凝土管/m	0.0038		0.0013	
15	ϕ600 钢筋混凝土管/m			0.0006	
16	ϕ700 钢筋混凝土管/m	0.0034		0.0021	
17	ϕ800 钢筋混凝土管/m	0.0001		0.0010	
18	ϕ1200 钢筋混凝土管/m	0.0101		0.0035	
19	ϕ1350 钢筋混凝土管/m			0.0015	
20	铸铁井盖井座/套	0.00055		0.00028	
21	其他材料费/元	3.25		2.77	
22	材料费小计/元	13.33	(45.14)	9.89	(42.87)
23	机械使用费小计/元	9.40	(31.87)	8.02	(34.76)

续表

指标编号		4A-1-2-3		4A-1-2-4	
序号	项目	设计日平均流量 50000m^3/d	占总造价(基价)比例/%	设计日平均流量 100000m^3/d	占总造价(基价)比例/%
24	指标基价/元	29.53	(100.00)	23.07	(100.00)
25	其他工程费/元	2.95		2.31	
26	综合费用/元	12.90		10.08	
一	建筑安装工程费/元	45.38	83.57	35.46	83.57
二	设备工器具购置费/元				
三	工程建设其他工程费用/元	3.98	7.33	3.11	7.33
四	基本预备费/元	4.94	9.10	3.86	9.10
五	指标总造价/元	54.03	100.00	42.23	100.00

表 2-18 雨水管道工程综合指标表（一） 单位：ha/km

指标编号		4A-1-1-1		4A-1-1-2	
序号	项目	泄水面积 50ha	占总造价(基价)比例/%	泄水面积 100ha	占总造价(基价)比例/%
1	人工/工日	248.141		185.245	
2	人工费小计/元	3610.47	(25.92)	2695.31	(21.78)
3	水泥/t	2.324		2.156	
4	砂/m^3	9.392		12.362	
5	碎石/m^3	7.820		7.418	
6	道碴/m^3	0.246		0.160	
7	砾石砂/m^3	2.182		1.472	
8	机砖/千块	1.278		0.801	
9	钢筋/t	0.0083		0.0073	
10	钢材/t	0.1647		0.1704	
11	锯材/m^3	0.4699		0.2621	
12	ϕ300 混凝土管/m	4.333			
13	ϕ400 混凝土管/m	2.829			
14	ϕ500 钢筋混凝土管/m	2.454		0.306	
15	ϕ600 钢筋混凝土管/m	0.955		0.298	
16	ϕ700 钢筋混凝土管/m	2.137			
17	ϕ800 钢筋混凝土管/m			1.675	
18	ϕ900 钢筋混凝土管/m	1.035			
19	ϕ1000 钢筋混凝土管/m	2.544		2.351	
20	ϕ1200 钢筋混凝土管/m	2.454		1.530	

续表

指标编号		4A-1-1-1		4A-1-1-2	
序号	项目	泄水面积 50ha	占总造价(基价)比例/%	泄水面积 100ha	占总造价(基价)比例/%
21	ϕ1350 钢筋混凝土管/m	0.589		1.438	
22	ϕ1650 钢筋混凝土管/m	0.669		1.514	
23	ϕ2000 钢筋混凝土管/m			0.535	
24	ϕ2200 钢筋混凝土管/m			0.352	
25	铸铁井盖井座/套	0.5500		0.2115	
26	其他材料费/元	1664.89		1609.22	
27	材料费小计/元	7073.79	(50.79)	6944.73	(56.11)
28	机械使用费小计/元	3243.34	(23.29)	2737.29	(22.11)
29	指标基价/元	13927.60	(100.00)	12377.33	(100.00)
30	其他工程费/元	1392.76		1237.73	
31	综合费用/元	6085.25		5407.90	
一	建筑安装工程费/元	21405.61	83.58	19022.96	83.58
二	设备工器具购置费/元				
三	工程建设其他工程费用/元	1877.27	7.33	1668.31	7.33
四	基本预备费/元	2328.29	9.09	2069.13	9.09
五	指标总造价/元	25611.17	100.00	22760.40	100.00

注：1ha(公顷)＝10000m^2。

表 2-19　雨水管道工程综合指标表（二）　单位：ha/km

指标编号		4A-1-1-3	
序号	项目	泄水面积 200ha	占总造价(基价)比例/%
1	人工/工日	104.966	
2	人工费小计/元	1527.69	(20.00)
3	水泥/t	1.470	
4	砂/m^3	6.088	
5	碎石/m^3	5.694	
6	道碴/m^3	0.106	
7	砾石砂/m^3	1.019	
8	机砖/千块	0.443	
9	钢筋/t	0.0044	
10	钢材/t	0.0761	
11	锯材/m^3	0.1604	

续表

指标编号		4A-1-1-3	
序号	项目	泄水面积 200ha	占总造价(基价)比例/%
12	ϕ600 钢筋混凝土管/m	0.165	
13	ϕ800 钢筋混凝土管/m	0.375	
14	ϕ900 钢筋混凝土管/m	0.384	
15	ϕ1000 钢筋混凝土管/m	0.420	
16	ϕ1200 钢筋混凝土管/m	1.509	
17	ϕ1350 钢筋混凝土管/m	0.759	
18	ϕ1650 钢筋混凝土管/m	0.542	
19	ϕ1800 钢筋混凝土管/m	0.439	
20	ϕ2000 钢筋混凝土管/m	0.363	
21	ϕ2400 钢筋混凝土管/m	0.042	
22	铸铁井盖井座/套	0.1375	
23	其他材料费/元	1031.60	
24	材料费小计/元	4590.02	(60.10)
25	机械使用费小计/元	1519.59	(19.90)
26	指标基价/元	7637.31	(100.00)
27	其他工程费/元	763.73	
28	综合费用/元	3336.89	
一	建筑安装工程费/元	11737.93	83.58
二	设备工器具购置费/元		
三	工程建设其他工程费用/元	1029.42	7.33
四	基本预备费/元	1276.74	9.09
五	指标总造价/元	14044.09	100.00

第三章　城市中小型污水处理厂的设计与施工

实践证明，在污水处理厂的建设过程中，充分而高质量的前期工作是保证污水处理厂设计质量的前提；而正确完整、高质量的设计是保证污水处理厂工程施工质量的前提。城市污水处理厂厂外有污水收集系统和出水排放系统，厂内有各类建筑物、构筑物，还有各种预处理设备、水处理设备和泥处理设备，各种设备所涉及的机械、电气、仪表和自动控制设施，以及厂内生产所用水、泥、气、电各种管线。总之，污水处理厂的设计与施工是多专业多工种的一种协同生产过程，对此，建设者必须有足够的认识。在国际竞争性工程项目的招标中有严格的标前资格审查，特别强调投标者有无同类工程的业绩。缺少此类业绩的投标者必须伙同有此业绩的合作者才有资格投标。可见，持有相应设计与施工的资质和工程经验，对工程建设是十分重要的。

第一节　城市污水处理的等级及处理程度

城市污水处理的等级可分为：预处理、一级处理、一级强化处理、二级处理、二级强化处理和污水再生处理六个等级。我国城市污水处理在很长一段时间内，仍将以大幅度去除有机污染物的二级生物处理为主，并根据需要，发展以生物除磷为主的二级强化处理。我国室外排水设计规范（GBJ 14—87）对城市污水一级处理和二级处理的处理效率提出了标准，可供采用。表 3-1 列出了污水处理厂处理效率的参考标准。

一、城市污水的预处理

城市污水的预处理就去除污水中的污染物而言，可能由于数量不大而不被重视，但预处理对于污水处理厂的管理者来说则是至关重要的。国外曾有人对数十座城市污水处理厂进行调查，发现有半数以上的污水处理厂由于预处理存在问题而严重影响了后续处理设施的运行。城市污水的预处理主要包括污物拦截和沉砂，一般设置机械格栅除污机去除污水中的大块悬浮物，沉砂则靠设置沉砂池来去除污水中密度较大的无机颗粒，以保护后续处理设施的正常运行。它们是一种预防性和预备性处理设施，是任何污水处理工艺之前必不可少的处理设施。

表 3-1　污水处理厂的处理效率

<table>
<tr><th rowspan="3">项目
资料来源</th><th colspan="4">处理效率/%</th><th rowspan="3">备　　注</th></tr>
<tr><th colspan="2">一级处理</th><th colspan="2">二级处理</th></tr>
<tr><th>SS</th><th>BOD_5</th><th>SS</th><th>BOD_5</th></tr>
<tr><td>上海某污水厂</td><td>50</td><td>24</td><td>92</td><td>93</td><td>二级处理：活性污泥法
(1982～1984 年运行资料)</td></tr>
<tr><td>北京某中试厂</td><td>50</td><td>20</td><td>80</td><td>92</td><td>二级处理：活性污泥法</td></tr>
<tr><td>北京某污水厂</td><td></td><td></td><td>93</td><td>95</td><td>二级处理：活性污泥法</td></tr>
<tr><td rowspan="2">日本指标</td><td rowspan="2">30～40</td><td rowspan="2">25～35</td><td>65～80</td><td>65～85</td><td>二级处理：生物过滤法</td></tr>
<tr><td>80～90</td><td>85～95</td><td>二级处理：活性污泥法</td></tr>
<tr><td rowspan="2">我国规范</td><td rowspan="2">40～55</td><td rowspan="2">20～30</td><td>60～90</td><td>65～90</td><td>二级处理：生物膜法</td></tr>
<tr><td>70～90</td><td>65～95</td><td>二级处理：活性污泥法</td></tr>
</table>

（一）格栅

在城市污水处理构筑物中，格栅的重要性日益被人们所认识。多年来的实践证明，格栅设计得是否切合实际，直接影响整个水处理设施的运行。

例如有的污水处理厂，进水泵房的进水格栅被漂浮物堵塞，以至将格栅挤垮或挤坏，造成停泵断水。还有的在进水泵房的管理中，常发生因原设计进水格栅间隙较小而导致清污困难，继而进行改造，加大格栅间隙，一次不足，再来二次，最后，清污容易了，而水泵叶轮则经常堵塞。甚至有的管理者厌烦清污工作，打开格栅直接进水，杂物进入泵体，叶片被切断的事故也发生过。也有格栅间隙太大，造成后续处理构筑物运行困难，如某污水处理厂格栅间隙 20mm，运行中污水内的杂物（诸如尼龙条、玻璃瓶、塑料制品的碎片等）大量进入沉砂池、初沉池等后续处理构筑物，甚至流进最终沉淀池，严重影响构筑物的正常运行。

1. 格栅的清污

格栅清污的劳动强度很大，加之人工清污有值班疏忽之虞，故一般设计都采用机械清污，而机械清污有定时自动清污及按格栅前后水位差自动清污之分。自动清污有许多优点，最重要的是可以提高格栅运行的安全度。有的工程考虑到机械清污动力很小，为了保证安全运行，令设备 24 小时全天候运行，使来水中的杂物随来随清，决不积压。也许，从整体来说，如此设计在目前实际生产中是正确的。

2. 格栅的间隙

按目前设计采用格栅栅条的间隙，可分三级：

细格栅的间隙为 4～10mm；

中格栅的间隙为 15～25mm；

粗格栅的间隙为 40mm 以上。

以往设计中，河道取水泵站、城市排水泵站一般都采用中、粗格栅，从保护水泵来说，已经可以了。在污水处理厂的设计中，常采用中格栅，但从目前一些污水处理厂的运行中证明采用中格栅是不够的。一些教科书在明确采用中格栅的同时，提出格栅间隙应大于 20mm，机械格栅的间距不宜过小，否则格栅间的耙齿易被卡住。这些提法都值得商榷。

笔者认为，格栅的间隙应根据水体的实际需要确定。因为以往的运行情况说明，水体中的漂浮物大至浮尸、树木，小至尼龙线，想用一种格栅截获各种漂浮物是不现实的。进水格栅应按处理要求设置，必要时应设二道或三道格栅，以拦截不同的漂浮物。

3. 格栅的设置方案

按格栅的细、中、粗三级来划分，格栅的设置方案可组合成以下几种。

(1) 一道粗格栅

可用于水泵流道口径较大的泵站，其进水来自漂浮物很少的河道或城市雨水泵站。此类格栅常采用人工清污。

（2）一道中格栅

可用于水泵流道口径较小的泵站，或水泵流道口径虽大但因河道漂浮物较多，泵站后续处理构筑物不容许有大量漂浮物的场所。此类格栅应采用机械清污。

（3）一道细格栅

可用于城市下游的污水处理厂进水泵房。污水经输水管道的中途泵站，其大量漂浮物已经城市排水泵站及中途泵站的格栅拦截，污水流至处理厂时仍有大量细小漂浮物。设置细格栅的目的，在于拦截污水中的大量浮渣，为污水处理厂的各类构筑物提供较好的运行条件。

此类格栅宜设在进水泵房的后面，这是因为细格栅的清污工作难度较大，把细格栅设在泵房的进水处则格栅在地面以下，清污难度增加，设备也不易维修。细格栅一般都必须机械清污。

（4）一道粗格栅和一道中格栅

对于河道漂浮物多的情况，除设一道中格栅，截污负荷太大的泵站应增设一道粗格栅，以便对不同的漂浮物“分而治之”。设置二道格栅，对运行管理来说是增加了管理点，但减轻了设备的负荷，对运行是有利的。尤其对采用自动控制的机械清污式格栅，减轻清污负荷是保证格栅安全运行的关键，这一点已逐渐被人们所认识。

（5）一道中格栅和一道细格栅

对于需设置细格栅的净水厂或污水处理厂，增设中格栅可减轻细格栅的负荷。当将细格栅设在泵房出水渠上时，为保护水泵，在泵前进水池处设中格栅也是必要的。

1985 年，天津市市政工程局在总结纪庄子污水处理厂运行经验的基础上，提出在新建的东郊污水处理厂设计中，要采用一中、一细两道格栅，以便达到保护水泵、减轻格栅负荷、减少浮渣的目的，避免污泥中含大量杂物堵塞管道，为污水处理厂提供良好的运行条件。其中细格栅采用了运行可靠、便于管理的弧形格栅，根据弧形格栅的构造特点，将其设在泵房的出水渠上，可便于维修保养。由此看来，设置细格栅的益处已被人们所认识，引进鼓式细筛，提高污水的预处理标准的日子也即将到来。

(6) 设置粗、中、细三道格栅

此种设置方案目前国内还未见到，也未被设计人员所接受。但对于水体漂浮物多、冲击负荷大、预处理要求高的水厂来说，把漂浮物截留在第一道关卡是个明智的措施。

总之，粗、中、细三种格栅的功能不同，型式众多，其设置方案的具体内容，如设几道格栅，设在泵前、泵后，人工清污还是机械清污，是自动控制还是人工控制，以及格栅的型式（如栅条式、链条式、弧条式、鼓式等），机械清污方式更是多种多样，这些都应结合当地安装条件、供货情况进行选择。而利于运行、便于管理则是设计应首先考虑的决定因素。

从目前已建成的城市污水处理厂的运行情况分析，细格栅的设置十分重要，当然，格栅如何设置取决于上游排水系统的情况以及处理厂内后续处理单元的要求。如污水厂上游排水系统为合流制，处理厂内有大量易堵塞的设备和工艺管线时，那么最好粗、中、细格栅各设一道。北京高碑店污水处理厂设计采用一道栅距为 100mm 的粗格栅和一道 20mm 的中格栅，从现在的运转情况看，极有必要增设一道细格栅。

4. 格栅的过栅流速和水头损失

污水在栅前渠道内的流速一般控制在 0.4～0.8m/s，经过格栅的流速一般控制在 0.6～1.0m/s。过栅流速不能太大，否则将把本应拦截下来的软性栅渣冲走。同时，过栅流速也不能太小，如果过栅流速低于 0.6m/s，栅前渠道内的流速将有可能低于 0.4m/s，污水中粒径较大的砂粒将有可能在栅前渠道内沉积。污水过栅水头损失与过栅流速有关，一般在 0.2～0.5m 之间。如果过栅水头损失即格栅前后水位差增大，说明污水过栅流速增大。此时，有可能是过栅水量增加，更有可能是格栅局部被堵死。如过栅水头很小，说明过栅设计流速太低，有可能造成砂粒在栅前渠道内沉积。

5. 格栅防冻

寒冷地区的污水处理厂一般将格栅设在室内，并采取强制通风措施。格栅设在室外的处理厂，冬季要注意防冻。

（二）沉砂池

沉砂池是城市污水处理厂必不可少的处理设施，常设在进水泵房的后面，除砂的目的是为了避免砂粒对处理工艺和设备带来的不利影响。砂粒进入初沉池内会使污泥刮板过度磨损，缩短更换周期；进入泥斗后将会干扰正常排泥或堵塞排泥管路；进入泥泵后将使污泥泵过度磨损，使其降低使用寿命。在污水跨越初沉池的处理厂，砂粒将直接进入曝气池，在池底沉积，减少有效容积，有时还会堵塞微孔扩散器；大量沉砂进入浓缩池将可能堵塞排泥管路，使排泥泵过度磨损；进入消化池将减少有效容积，缩短清砂周期；如大量砂粒进入离心脱水机，将严重磨蚀进泥管的喷嘴处以及螺旋外缘和转鼓，增加更换次数；砂进入带式压滤脱水机将大大降低污泥成饼率，并使滤布过度磨损。

以上情况，足以说明除砂对污水处理厂的重要性，也是城市污水收集系统不能杜绝砂粒进入污水管道的结果。即使在分流制的污水收集系统，由于有些检查井盖密封不严，有些支管连接不合理以及部分家庭院落和工厂雨水进入污水管，也会在污水中含有相当数量的砂粒等杂质。一般污水含砂量约为 $0.03L/m^3$，含水率约 60%左右，容重可按 $1500kg/m^3$ 估算。表 3-2 列出了曝气沉砂池设计参考数据。

表 3-2 曝气沉砂池设计参考数据

设计数据 / 资料来源	旋流速度/(m/s)	水平流速/(m/s)	最大流量时停留时间/min	有效水深/m	宽深比	曝气量	进水方向	出水方向
上海某污水厂	0.25～0.3		2	2.1	1	$0.07m^3/m^3$	与池中旋流方向一致	与进水方向垂直,淹没式出水口
北京某污水厂	0.3	0.056	2～6	1.5	1	$0.115m^3/m^3$	与池中旋流方向一致	与进水方向垂直,淹没式出水口
北京某中试厂	0.25	0.075	3～15（考虑预曝气）	2	1	$0.1m^3/m^3$	与池中旋流方向一致	与进水方向垂直,淹没式出水口
天津某污水厂			6	3.6	1	$0.2m^3/m^3$	淹没孔	溢流堰

续表

设计数据 / 资料来源	旋流速度/(m/s)	水平流速/(m/s)	最大流量时停留时间/min	有效水深/m	宽深比	曝气量	进水方向	出水方向
美国污水厂设计手册			1～3			16.7～44.6 $m^3/(m \cdot h)$	使污水在空气作用下直接形成旋流	应与进水方向成直角，并在靠近出口处应考虑装设挡板
苏联规范		0.08～0.12			1～1.5	3～5 $m^3/(m^2 \cdot h)$	与水在沉砂池中的旋流方向一致	淹没式出水口
日本指标			1～2	2～3		1～2m^3/m^3		
我国规范		0.1	1～3	2～3	1～1.5	0.1～0.2 m^3/m^3	应与池中旋流方向一致	应与进水方向垂直，并宜设置挡板

1. 平流沉砂池

平流沉砂池是最常用的一种沉砂池，其水流部分实际上是一个有所加深加宽的明渠，两端设有闸板以控制水流，池底设1～2个贮砂斗，下接排砂管。平流沉砂池的有效水深不应大于1.2m，沉砂池不少于2座或其分格不应少于2格，当污水量较少时，可考虑一座（格）工作，一座（格）备用。一般沉砂池每格宽度不宜小于0.6m。

2. 曝气沉砂池（图3-1）

曝气沉砂池的最大优点是能够在一定程度上使砂粒在曝气的作用下互相摩擦，可以去除砂粒上附着的有机污染物；同时，由于曝气的气浮作用，污水中的油脂类物质会升至水面形成浮渣而被去除。

曝气沉砂池的水深一般为2～3m，宽深比为1～2，进水方向与水流方向垂直，溢流堰板处应设置出水挡板。曝气一般采用直径为5～6mm的穿孔管，有的处理厂采用振动式扩散器，也有用专为沉砂池制造的橡胶膜片扩散器。

曝气沉砂池的单位污水曝气量，一般控制在每立方米污水充气0.1～0.3m^3，单位池容的曝气量一般控制在每立方米池容充气2～5m^3/h。污水在池内的停留时间一般为1～3min，水平流速一般控制在0.06～0.12m/s。

大型污水处理厂的曝气沉砂池具有去除浮渣、油脂的功能（参看插页彩图4）。此类曝气沉砂池的一侧设置除渣区，池内设有整流栅栏隔出除渣区，使污水中的浮渣、油脂在气泡的作用下，在除渣区浮出水面，达到从污水中分离的目的。从图中可见，由于在曝气沉砂池一侧鼓入空气，使水流在池内滚动并与污水的水平流动叠加，产生螺旋式流动。这种螺旋流一方面使有机物和砂子分离，同时将沉入池底的砂粒带入集砂槽内，由提砂设备将砂排入洗砂槽，最后进行砂、水分离。

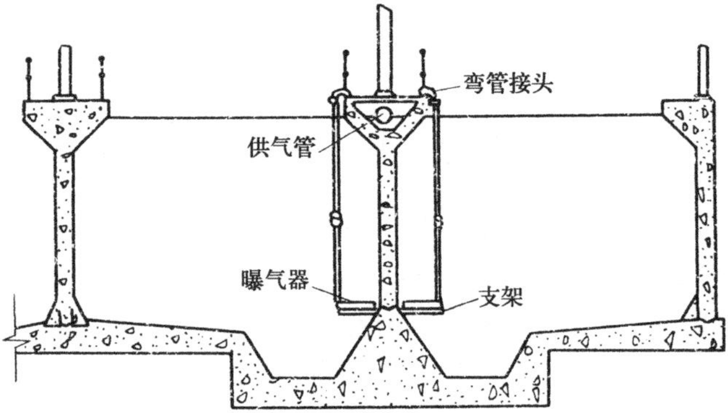

图3-1　曝气沉砂池的构造

3. 圆形涡流式沉砂池

圆形涡流式沉砂池与传统的平流式曝气沉砂池相比，具有占地面积小、土建费用省的优点，对中小型污水处理厂有一定的适用性。如图3-2所示，涡流沉砂池利用水力涡流，使泥砂和有机物分开，以达到除砂目的。污水从切线方向进入圆形沉砂池，中心轴上的螺旋桨将水流带向池心，形成涡形水流，较重的砂粒在靠近池心的一个环形孔口处落入集砂斗，而较轻的有机物在螺旋桨作用下与砂粒分离并引向出水渠。

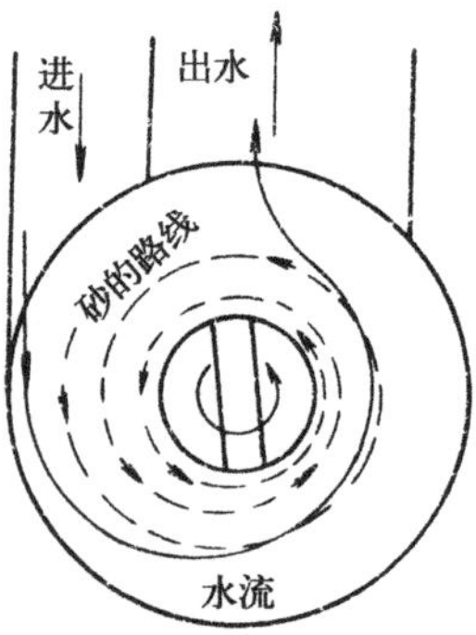

图3-2　圆形涡流式沉砂池水、砂流线图

圆形沉砂池有多种池型，目前进入我国市场的有美国 Smith & Loveless 公司的比氏（Pista）沉砂池和英国 Jones & Attword 公司的钟氏（Jeta）沉砂池，是近年来应用日益广泛的两种圆形沉砂池。较早的天津无缝钢管厂污水处理厂已安装有钟氏沉砂池，运行多年，此后广州大坦沙污水处理厂安装的比氏沉砂池也投入运行。典型的比氏沉砂池如图 3-3 所示。

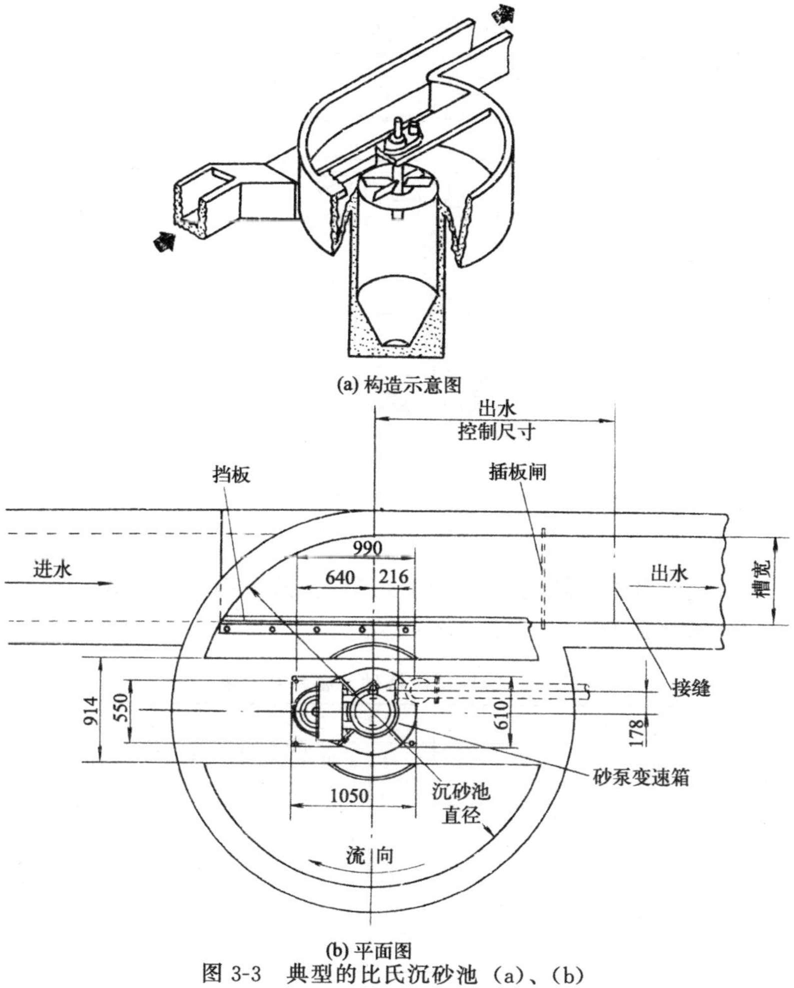

图 3-3　典型的比氏沉砂池（a）、（b）

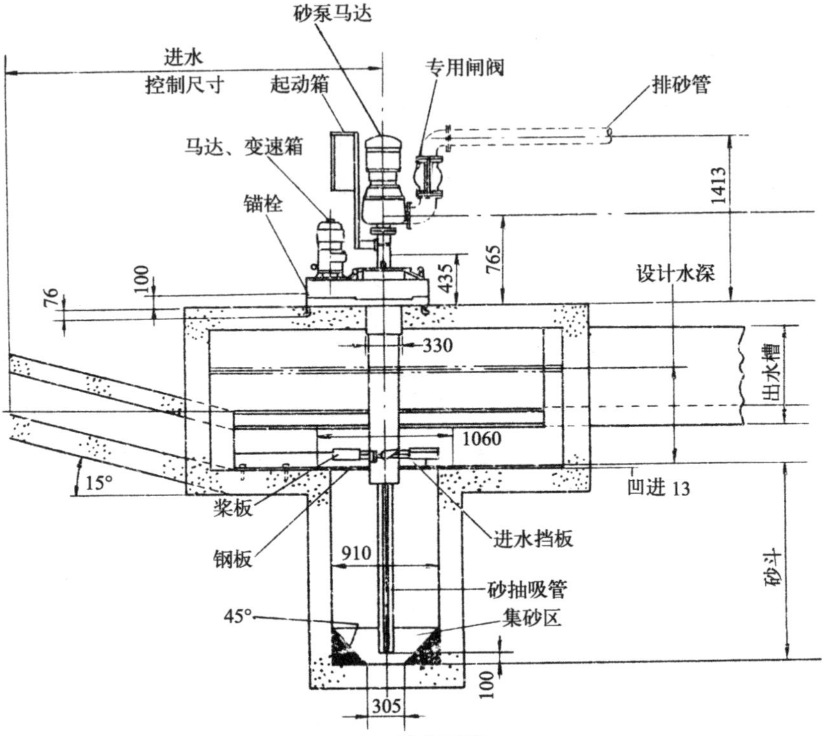

(c) 剖面图

图 3-3 典型的比氏沉砂池（c）

表 3-3 列出了不同设计流量的圆形涡流式沉砂池的参考尺寸和驱动功率，可在选型时进行参考。

表 3-3 圆形涡流沉砂池参考尺寸表

设计流量/(万 m^3/d)	0.38	0.95	1.50	2.65	4.5	7.6	11.4	18.9	26.5
沉砂池直径/m	1.83	2.13	2.44	3.05	3.66	4.88	5.49	6.10	7.32
沉砂池深度/m	1.12	1.12	1.22	1.45	1.52	1.68	1.98	2.13	2.13
砂斗直径/m	0.91	0.91	0.91	1.52	1.52	1.52	1.52	1.52	1.83
砂斗深度/m	1.52	1.52	1.52	1.68	2.03	2.08	2.13	2.44	2.44
驱动机构功率/kW	0.56	0.86	0.86	0.75	0.75	1.5	1.5	1.5	1.5
桨板转速/(r/min)	20	20	20	14	14	13	13	13	13

二、城市污水的一级处理

一级处理主要去除污水中呈悬浮状态的固体污染物，主要技术为重力沉淀，能去除悬浮固体（SS）60%左右，BOD_5 只能去除20%～30%，达不到排放标准，故一级处理属于二级处理的前处理。

一级处理的主要构筑物为初次沉淀池，初沉池型式有平流式、辐流式、竖流式多种，主要设备为不同池型的刮泥机。平流式初沉池为矩形，其优点是占地面积较小，去除效果较好。主要设备为行车式刮泥机和链板式刮泥机。辐流式初沉池为圆形，适用于规模较大的污水处理厂，它又分为中心进水、周边出水型和周边进水、周边出水型两种，主要设备为辐流式中心传动刮泥机和辐流式周边传动刮泥机。虽然辐流式沉淀池占地面积和去除效果都不如平流式沉淀池，但由于这类刮泥机故障率较小，在我国广为采用，特别大型污水厂采用更多。竖流式沉淀池为圆形，池径在10m以内（或10m×10m以内方形），沉淀污泥靠重力排泥，无机械排泥设备。它仅适用于小型污水处理厂。

初沉池按功能可分为进水区、出水区、沉淀区、污泥区和缓冲层等5个部分。由于初沉池有耗能低的特点，在欧洲有的国家把初沉池设计得十分保守。他们认为，初沉池是一次投资，长久受益。尤其大型城市污水处理厂采用初沉池以后，用很少的电耗就去除了大量的悬浮固体（SS）和BOD。所得污泥经消化后产生大量沼气，沼气发电后用于厂内，可进一步节省运行费用，为企业增加经济效益。这是城市污水处理厂的建设中政府行为和企业行为的不同出发点。初沉池的进水区和出水区的功能是使污水均匀平稳地流入、流出沉淀区；沉淀区即工作区，是可沉颗粒与污水分离的区域；污泥区是污泥贮存、浓缩和排放的区域；而缓冲层则是沉淀区和污泥区的隔离带，起到使已沉下的颗粒不因水流搅动而再行浮起的作用。

目前，我国所建中小型污水处理厂很多都取消了一级处理，不建初沉淀。有的是因为污水BOD浓度较低，为了不减少生物处理的碳源；而有的主要是因为对初沉污泥的处理缺乏信心，同时也为了节省建设投资。在国外，为了集中处理小型污水处理厂的污泥，也有在区域内建污泥集中处理的设施，专门处理区域内几个污水处理厂的污泥，

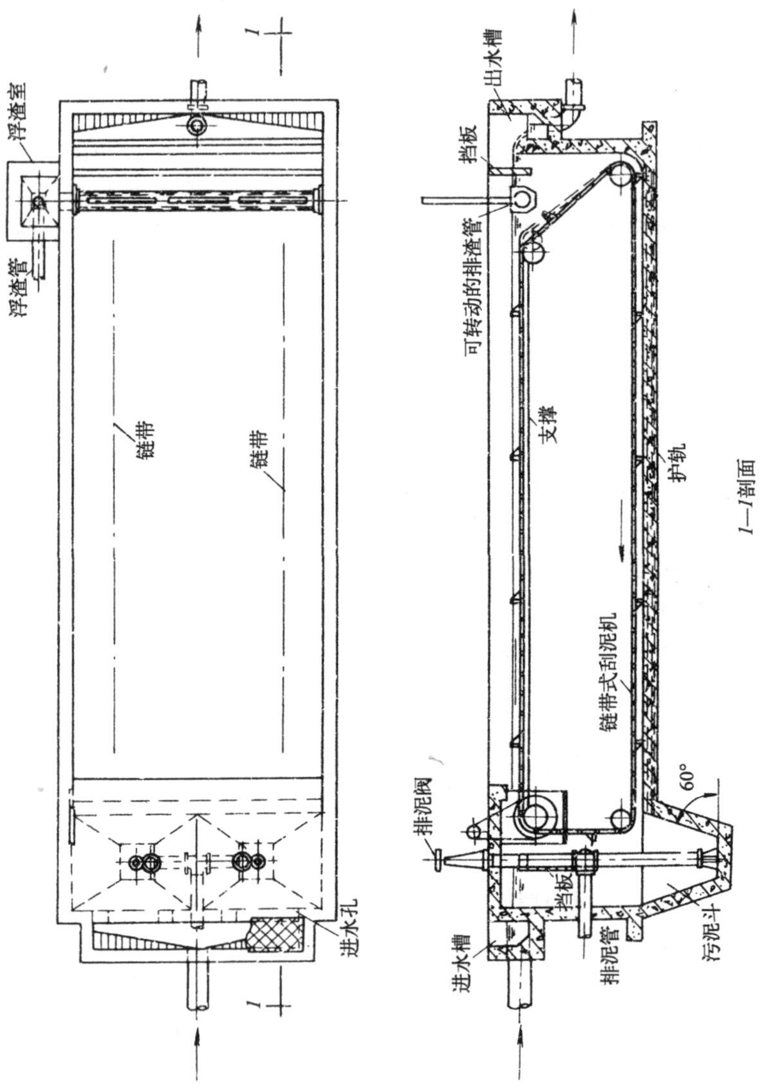

图 3-4　设有链带式刮泥机的平流式沉淀池

回收生物能源，有很好的经济效益。

（一）平流式沉淀池

平流式沉淀池平面呈矩形，污水在池内流态特性比较稳定，沉淀效果最为良好。当曝气池也为矩形时可与初沉池相连布置，可节省大量土地。图 3-4 为平流式沉淀池构造示意图。

平流式沉淀池的长宽比如果过小，水流不易均匀平稳，过大则会增加池中水平流速，二者都影响沉淀效率。所以，平流式沉淀池每个廊道的长度与宽度之比值不应小于 4，长度与有效水深的比值不小于 8。沉淀池一般应采用机械排泥，刮泥机的行进速度为 0.3～1.2m/min。当桥式刮泥机行走距离较长时，可采用分段刮泥法，用可编程序控制器控制，行走路线如图 3-5 所示。

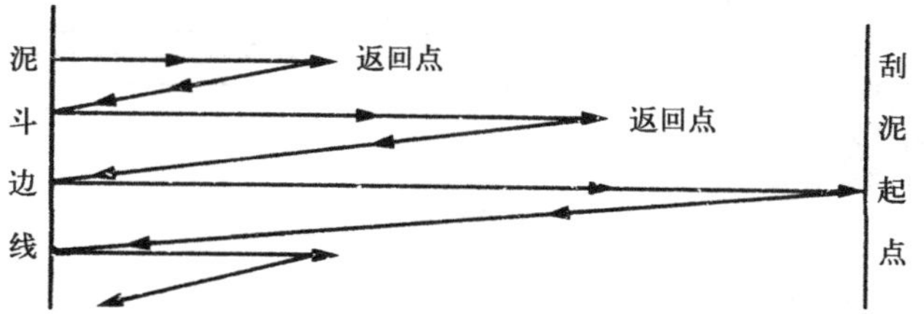

图 3-5　分段刮泥示意图

链带式刮泥机由于刮板较多无分段刮泥的必要，但链带处于水下，不便检修。桥式刮泥机另一关键是桥的两端行走轮必须同步，否则有可能出现“死机”现象。国外大型桥式刮泥机的行走轮都加工成齿轮式，以保证两端同步。

平流式沉淀池的缓冲层高度一般为 0.5m，缓冲层上缘至少高出刮泥板 0.3m。池底纵坡不宜小于 0.01。

作为污水处理的初沉池，设计规范规定：沉淀时间为 1.0～2.0h；表面水力负荷为 1.5～3.0$m^3/(m^2 \cdot h)$；污泥区容积不宜大于 2 天的污泥量；排泥管直径不应小于 200mm；一般生活污水的每人每日污泥量为 14～27g，污泥含水率按 95%～97%计；另外，初沉池出水堰的最大负荷不宜大于 2.9L/(m·s)，以保证沉淀效率。

为了进一步节省土地，由于平流式沉淀池构造简单，不少国家建造了双层式平流沉淀池。如图 3-6 所示。污水先进入底部沉淀池进行沉淀，然后再进入上部沉淀池进行沉淀，上下设两台链带式刮泥机将初沉污泥刮入上下两个泥斗中排出。

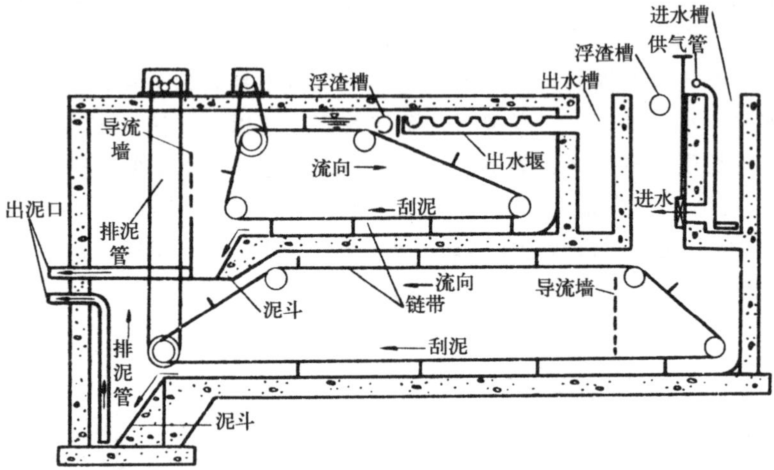

图 3-6　双层式平流沉淀池

（二）辐流式沉淀池

辐流式沉淀池一般是圆形的，也有正方形的。图 3-7 为辐流式沉淀池的示意图。污水由沉淀池中心管上的孔口流入池内，在穿孔挡板的

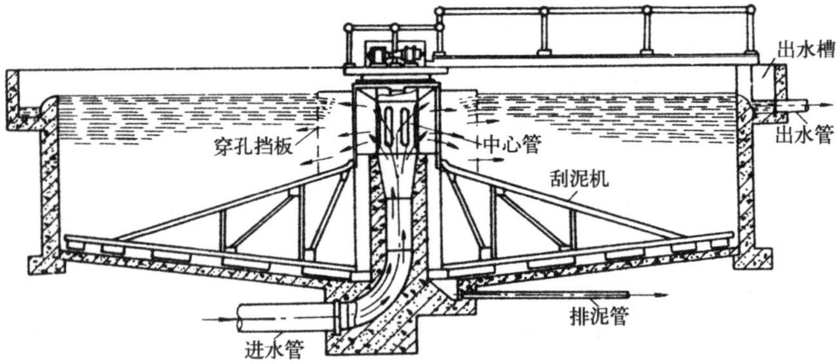

图 3-7　辐流式沉淀池

作用下，平稳均匀地流向四周，溢入出水槽内。辐流式沉淀池都采用机械排泥。

辐流式沉淀池也有采用周边进水、中心出水和周边进水、周边出水的形式，尤其采用周边进水、周边出水可提高沉淀效率，与中心进水、周边出水相比，其设计表面负荷可提高近1倍。但沉淀池运行有二个关键问题，一是水流流态的均匀性，二是排泥的可靠性。关于采用何种形式的沉淀池，不少专家学者已做了许多工作，相关文献也不少，但最后设计与施工的验证结果是运行。运行的关键问题才是问题的关键。

从沉淀池水流流态的均匀性来说，由于矩形池其狭长的池形、池壁和池底产生的摩擦阻力作用等因素，在池内污水的流态特性上明显易于稳定；相比之下辐流式沉淀池则由于在进水、出水段的紊流、布水不均造成短路流而导致流态的稳定性差，尤其是周边进水、周边出水的沉淀池，此问题更为突出。但是必须指出，周边进水、周边出水的辐流式沉淀池，由于精心设计、精心施工、精心管理，运行效果良好的工程实例也是不少的。

从排泥的可靠性来说，除小型污水处理厂外，目前都采用机械排泥。沉淀池排泥必须定时、定量，控制污泥浓度。所以，沉淀池排泥的机械化、自动化要求已越来越高，从这一点出发，按目前我国水工业生产的实际情况，明显采用矩形池行车式刮泥机和圆形池周边传动刮泥机最为可靠。

从总的比较来说，在缺乏设计、施工和管理经验的情况下，应该说小型沉淀池较宜采用矩形池，大中型沉淀池较宜采用圆形池。天津40万吨东郊污水处理厂初沉池经比较采用了圆形池，沈阳40万吨北部污水处理厂经比较也采用了圆形池。郑州40万吨王新庄污水处理厂在初步设计时为节约用地初沉池采用了矩形池，结果在初步设计评审时，遭到全国各地到会专家一致反对，认为圆形池增加了绿化面积，大型刮泥机造价低、运行可靠，决定在施工图设计中改为圆形池，现已建成。当然随着城市污水处理事业的发展，设计、施工和管理经验的增加和水平的提高，尤其随着我国水工业的发展，情况会有很大变化，所以因地制宜最为重要。

辐流式沉淀池的要害是排泥闸阀，原因是沉淀池的污泥经刮泥机刮入中心泥斗后，污泥将由池底排泥管排出，所以，采用结构先进的闸阀十分重要。详见本章第三节“城市污水处理的技术装备”。辐流式沉淀池的运行效率的关键是出水堰的堰口负荷。采用较低的堰口负荷，加上对堰口全程的高程误差的严格控制，就能保证水流的均匀和平稳。一般堰口负荷不宜接近 $10m^3/(m \cdot h)$。另外，规范规定辐流式沉淀池直径与有效水深的比值宜为 6～12；刮泥机的刮泥板其外缘的线速度不宜大于 3m/min；其他规定同平流式沉淀池。

（三）竖流式沉淀池

竖流式沉淀池的构造见图 3-8。其直径与有效水深的比值应不大于 3；中心管内流速应不大于 30mm/s；中心管下口应设喇叭口及反射板，板底面距泥斗内泥面不小于 0.3m。

三、城市污水的一级强化处理

一级强化处理的目的是节省投资，提高去除污染物的去除率。通过采用一级处理的强化技术，以较少的投资即可达到削减较大量的污染负荷。近年来，一级处理强化技术的研究已成为新的动向。如香港昂船洲污水处理厂，设计流量 170 万 m^3/d，采用化学法辅助初级污水处理，方法是在初沉池前加入铁盐及聚合物，沉淀时间 1.5h，去除 SS 70％及 BOD 50％。据运行初期表明，最佳药剂投加量是 10mg/L 的氯化铁（以铁离子计，2000 美元/t）及 0.1mg/L 的聚合物（3000 美元/t）。氯化铁注入位置在快速混合池入口处，聚合物注入位置在絮凝池的末端。另外，上海市在合流污水一期工程的预处理厂进行了一级处理强化技术的试验，所用化学药剂分别为三氯化铁（$FeCl_3$）、聚合硫酸铁、硫酸铝［$Al_2(SO_4)_3 \cdot 18H_2O$］和聚丙烯酰胺（PAM）。投药量为 10～100mg/L，试验结果表明，除 NH_3-N 的去除不明显外，COD、TP 和 SS 都有较好的去除率。这些例子证明，采用一级处理物化法强化技术处理大流量、低浓度城市合流污水，运行简单可靠，符合经济、高效的原则，是可供选择的方案。

利用生物絮凝提高城市污水初沉池处理效果的做法在我国已有实

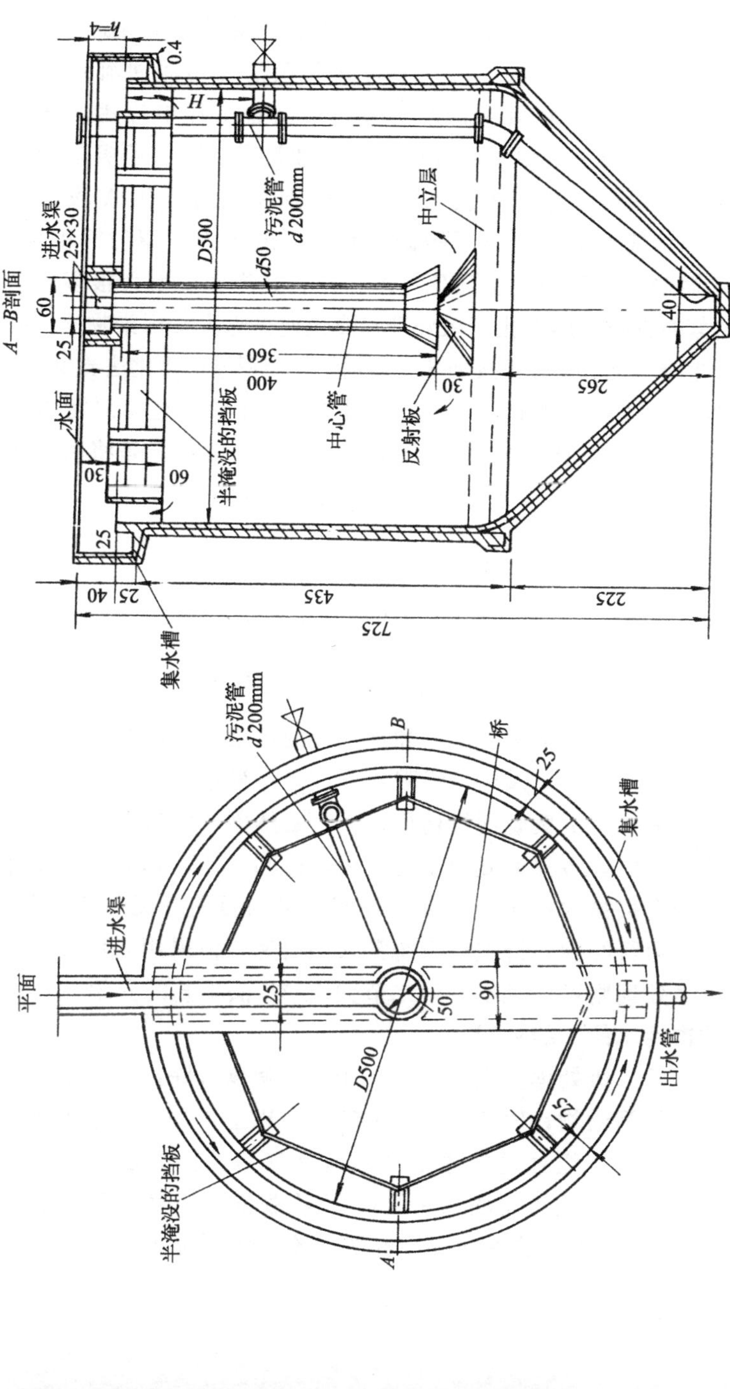

除标注外,单位以cm计

图 3-8 竖流式沉淀池

例。天津东郊污水处理厂根据天津纪庄子污水处理厂的现场试验，省去了二沉池剩余活性污泥的浓缩装置，把剩余活性污泥回流到初沉池，提高了沉淀效率。好氧生物絮凝吸附早已在工程中应用，早在50年代和70年代分别出现了两种改进的活性污泥工艺，即吸附再生法和AB法，这两种工艺都不设初沉池，分别在吸附池和A段完成悬浮物质和胶体物质的生物絮凝吸附过程，一般水力停留时间很短，而负荷高、泥龄短，和物化法强化技术一样，其产泥量增大很多。利用微生物的絮凝吸附作用强化一级处理，能快速去除大量污染物质，同时伴有少量生物氧化。由于不投加任何药剂，其产泥量比物化法要少。

生物絮凝吸附强化技术与AB法不同之处在于该工艺不对污水进行曝气，不以生物代谢转化为去除污染物的主要手段，只是将回流污泥单独在再生池进行曝气。图3-9为其工艺流程简图。

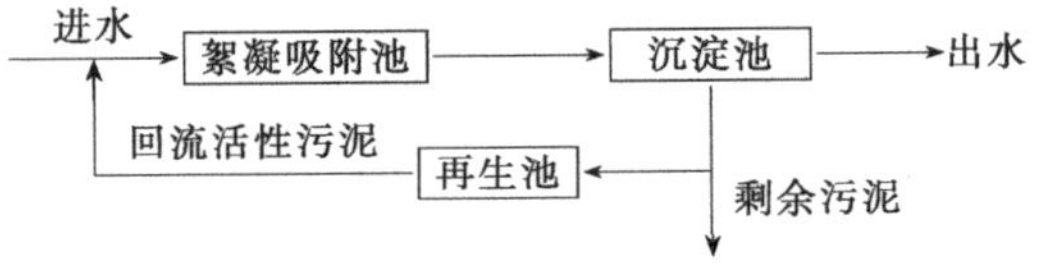

图3-9　生物絮凝吸附强化处理工艺简图

总之，根据我国经济发展水平和水环境的污染状况，在中小型城市污水处理厂的建设中，采用一级强化处理是一种重要方式。在一级处理强化技术中，无机絮凝剂投药量过大，必然因产泥量多、运行费高而难以采用，但如多种絮凝剂复配使用，协同工作，则因其有较好的除磷效果会有很强的竞争力。而生物絮凝吸附目前尚无应用实例，其设计参数和运行经验尚待进行系统深入的研究。但采用AB法的A段进行一级半处理则可详见本章第二节关于AB法工艺的介绍。

四、城市污水的二级处理

城市污水的二级处理为生物处理，用以大幅度去除污水中呈胶体状和溶解状有机污染物，BOD_5 去除率在90%以上，一般已达到排放水体的水质标准。二级处理的主要技术有常规活性污泥法、AB法、氧化沟法、序批式活性污泥法（SBR）、生物膜法等，其大致分类见表3-4。二级处理技术应着重向提高充氧效率、降低能耗、减少占地和池容的方向发展。

表 3-4 生物处理方法分类

处理类别	原理	处理方法
好氧处理	在充分供氧的条件下，通过好氧微生物的作用，使废水中的有机物分解	活性污泥法 生物膜法
厌氧处理	在缺氧条件下，通过厌氧微生物的作用，使废水中的有机物消化分解	污泥消化法 厌氧接触法 厌氧污泥床

（一）活性污泥法的机理

生物处理法是降解、去除废水中所含有机物的经济、有效的工艺，而活性污泥法是人们熟悉的一种常用的废水生物处理法，它和生物膜法已成为人们常用的二大类生物处理法。随着实际运行经验的积累和科学技术的发展，活性污泥法亦不断改进和发展。现在，活性污泥法已从原先的传统流程，发展到今天已有多种多样的工艺流程，使得它的适用性、有效性更完善。预计活性污泥法的应用随着城市污水处理技术的发展必将更加广泛和成熟，并且会有更大的进步和发展。

活性污泥法是采用人工曝气的手段，使得活性污泥（栖息着大量微生物群的絮花状泥粒）均匀分散并悬浮于反应器（曝气池）中，和废水充分接触，并在有溶解氧的条件下，对废水中所含的有机底物进行着合成和分解的代谢活动。可见，在活性污泥法中，创造微生物所需的环境条件，使微生物在反应器中得到正常、良好的生长繁殖是个关键。

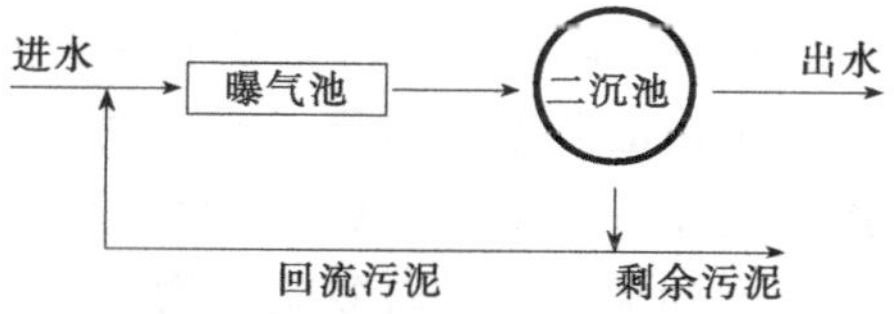

图 3-10 活性污泥法的基本流程

活性污泥法的基本流程如图 3-10 所示。这个流程是英国最初建立的，称之为传统的活性污泥法。在流程中，活性污泥为主体，通过回流和废水一起进入曝气池，互相混和接触，废水中可生物降解的有机物质被微生物所利用，进水 BOD 得以降低，活性污泥得到增加。活性污泥和废水的混合液从曝气池流出，进入二沉池，进行固、液分离，污泥沉入底部浓缩后部分回流到曝气池，微生物增殖后的多余污泥进行排放处理。废水经过此系统，就得到了无害化处理。

活性污泥不是一般的污泥，而是栖息着具有生命活力的微生物群体的絮绒状污泥，故人们称之为活性污泥。当废水与它接触，微生物细胞壁外的黏液层就能将废水中的有机污染物质予以吸附，并在生物酶的作用下，进行代谢、转化。正常的活性污泥几乎没有臭味，只是略具土壤的气味。活性污泥根据废水水质不同而具不同的颜色，一般为黄色或褐色。活性污泥的相对密度因含水率及其组成而异，一般曝气池内混合液的相对密度为 1.002～1.003，回流污泥相对密度为 1.004～1.006。活性污泥中栖息着的微生物以好氧微生物为主，是一个以细菌为主的群体。其中，除细菌外，还有一些其他的菌群，如酶母菌、放线菌、霉菌，以及原生动物、后生动物等。

细菌细胞内含有大量水分，约为 80%，干物质约为 20%。在干物质中，有机物约占 90%，无机物为 10%。有机物中碳元素约占 53%，氧约占 28%，氮约占 12.4%。无机物中磷元素约占 50%。所以，微生物的营养元素主要是碳、氮和磷，一般取 BOD∶N∶P(浓度比,mg/L)＝100∶5∶1。

在活性污泥中，细菌含量一般在 10^7～10^8 个/ml 之间，原生动物为 10^3 个/ml 左右。而在原生动物中，则以纤毛虫居多数，并以此作为指示生物，通过镜检法判断活性污泥的活性。通常当活性污泥中有固着型的纤毛虫如钟虫、等枝虫、盖纤虫、独缩虫、聚缩虫等出现，且数量较多时，说明活性污泥经培养驯化后较为成熟以及活性较好。反之，如果在正常运行的曝气池中发现活性污泥中固着型纤毛虫减少，而游泳型纤毛虫突然增多，说明活性污泥活性差，处理效果将变差。

活性污泥是一种较复杂的物质。从化学性质来区分，它由有机物与无机物两部分组成。其组成比例随反应器的入流废水不同而异，生活污水的活性污泥中的有机成分约占 70%，无机成分为 30%。

活性污泥的沉淀性能与其含水率有关，含水率高的沉淀性能差。正常的活性污泥其凝聚、沉淀性能好，一般含水率在 99%左右，其中固体物质仅占 1%左右。活性污泥法系统的正常运行在于活性污泥的性能是否正常，这是个关键。正常的活性污泥，其沉降、浓缩性能十分良好，在二沉池中混合液的泥、水分离就有保证，使得活性污泥法系统运转正常，出水水质良好。

在工程实际中提出了一个以沉淀时间 30min 为基础的参数，以反映活性污泥的沉降-浓缩性能，称之为污泥体积指数（SVI）。它可以下式表示之：

$$\mathrm{SVI}=\frac{\text{1L 混合液沉淀 30min 的活性污泥体积/mL}}{\text{1L 混合液中悬浮固体干质量/g}}=\frac{\mathrm{SV/(mL/L)}}{\mathrm{MLSS/(g/L)}}$$

由上式可见，SVI 的意义就是混合液沉淀 30min 后每克干泥形成的湿泥体积，单位是 mL/g。在工程实际中常用具体数值，而略去单位表示，简称污泥指数。

根据污水处理厂的运行经验，污泥的沉降体积在 30%左右，SVI 值在 100 左右时，活性污泥的絮凝、沉降性能以及吸附能力均十分良好。当 SVI 值超过 200 时，一般认为污泥的沉降性能较差。但 SVI 值过低的污泥，则泥粒细小紧密，无机物多，缺乏活性和吸附能力，一般不希望 SVI 值低于 50。

在活性污泥法曝气过程的初期，活性污泥表面富集着许多活性强的微生物，和废水充分混和、接触后，微生物细胞壁外围的黏液层就能将废水中的有机物迅速吸附到活性污泥上来。这个吸附过程进行得相当快，大约不到 30min，BOD 去除率可达 70%以上。有机物的吸附去除，是微生物摄取营养物质的第一步。只有当这些物质在微生物胞外酶作用下进入细胞内部之后，才能在胞内酶的作用下进行代谢、转化，被微生物所利用。

随着曝气过程的延续，被活性污泥吸附的大量有机物将接着为微生物所利用。这个氧化分解过程也就是物质的转化过程，属于生化反应过程，也可称为稳定过程。由高分子有机物降解为简单的、稳定的、低分子无机物，所需曝气时间约为 6～8h。在活性污泥法曝气过程中，废水中有机物的去除过程由吸附和稳定二个阶段所组成。但这二个阶段不能截然分开，在曝气的全过程中二者是并存的，即在吸附阶段中亦存在着物质稳定过程，只是此阶段中以吸附为主，而在稳定阶段则以物质稳定为主。

在活性污泥法曝气系统中，废水中有机物的去除是由活性污泥微生物来完成的。在有机物去除的同时，微生物自身亦在生长、繁殖，反映在曝气系统中就是活性污泥的增长。在曝气系统运转中，活性污泥增长的量和速度可用曲线来反映，其一般规律如图 3-11 所示。

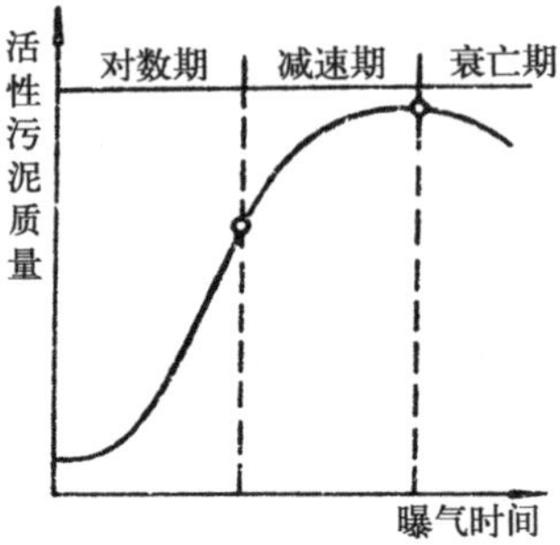

图 3-11　活性污泥的模式增长曲线

图 3-11 所示的这条曲线反映了活性污泥量的增长和增长速率的变化。从增长曲线联系到活性污泥的增长过程时，内容要丰富得多，例如在过程中养料的变化、污泥吸附性能的变化、污泥沉降-浓缩性能的变化、微生物群组成的变化和氧的消耗速率的变化等等。这些内容，都是和活性污泥法系统采用的曝气过程在该增长曲线上所处的具体位置和活性污泥所处的具体环境有关。

(二) 活性污泥法的运行方式

二级处理是污水处理的主体工艺，主要由曝气池和二次沉淀池组成，目的是通过微生物的新陈代谢将污水中大部分污染物变成二氧化碳和水，微生物随后同净化的污水一起流入二次沉淀池，微生物沉淀在池底，而净化的水则源源不断地通过出水堰流出污水处理厂，汇入周围的水体。二级处理中使用的设备也是整个城市污水处理厂的心脏设备，主要是鼓风机、曝气机和曝气器。中小型污水处理厂可以使用多级低速离心风机和刚玉曝气头，这样鼓风机噪音小，曝气头充氧效率高；采用氧化沟工艺的可以采用转刷或转碟；大型污水处理厂最好使用单级高速离心风机，以便控制和优化鼓风机的送风量，节能降低成本。离心风机、曝气机和曝气头国内都可以制造。

在活性污泥法系统中，好氧微生物起到了主角作用。因此，在污水处理厂运行时要着重采取工程措施为微生物创造一个适宜的环境，让微生物正常发育和生长、繁殖，使得污水中的有机污染物质得以有效转化，达到令人满意的处理效果。数十年来，人们在实践中不断总结经验，努力开发，使传统活性污泥法不断创新，新的运行方式层出不穷。现把在城市污水处理厂中采用较多的方法作简要介绍。

1. 常规活性污泥法

常规活性污泥法又称普通活性污泥法或传统活性污泥法，是活性污泥法开创初期所采用并一直沿用至今的一种工艺技术，其总的工艺流程如图 3-12 所示。

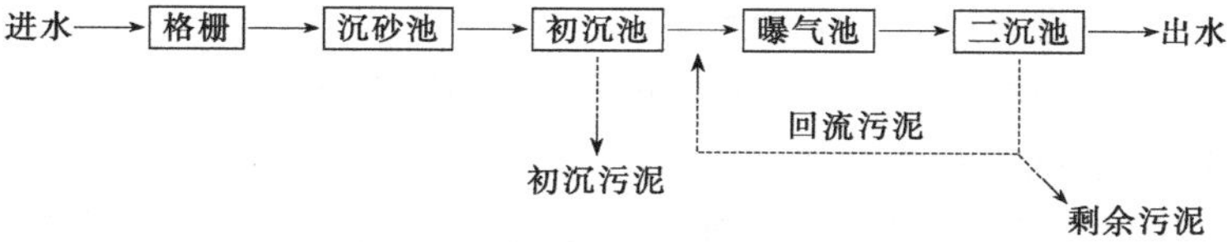

图 3-12 常规活性污泥法工艺流程

主要构筑物有曝气池和二沉池。二沉池池型类同初沉池，主要设备为刮吸泥机。曝气池呈狭长方廊道折流形，需处理的污水和回流污泥从池首流入，在曝气作用下进行横向混合和充氧，而前后基本互不相混，以一定速度“推流”前进，至池末流入二沉池。有机污染物在活性污泥微生物作用下，沿曝气池进行新陈代谢和降解，池首 BOD_5 浓度高，沿池长逐渐降低，需氧速率也是如此。二沉池的澄清水排放，沉淀污泥大部分回流，少部分为剩余污泥，与初沉污泥一起进行污泥处理和处置。

常规活性污泥法的特点是处理效果好，BOD_5 去除率高达 90%～95%，适用于进水水质较稳定而处理程度要求较高的大型污水处理厂，对水质水量变化大的小型污水处理厂则不适宜，也不适于污水浓度很高的污水处理厂。

常规活性污泥法的曝气池停留时间较长，存在基建费用较高、占地面积较大、电耗较高以及脱氮除磷率很低（10%～30%）等缺点。

常规活性污泥法的曝气池，常沿池长设计成多点进水的渠道，具有既可按传统活性污泥法运行，又可按阶段曝气法和吸附再生法方式运行的灵活性，便于挖潜，适应解决进水超设计负荷的需要。常规活性污泥法还具有改建成 A/O 或 A/A/O 法的灵活性。

2. 氧化沟

氧化沟实际上是连续循环曝气池，具有以下特点。

① 从处理系统看，二沉池与回流污泥系统同传统工艺，而曝气池则由矩形池改成环形沟，污水与活性污泥混合后在环形沟内进行循环流动，具有推流式和完全混合式的双重特点。

② 氧化沟通常都采用低负荷高泥龄的运行方式，污泥在沟内能得以基本稳定，出水水质较好。

③ 曝气设备以表面曝气为主。

④ 取消初沉池，污水通过预处理后直接进入氧化沟。

3. 序批式活性污泥法（SBR）

SBR（Sequencing Batch Reactor）法为序批式反应器，又称序批活性污泥法。SBR 法的运行方式以间歇操作为主要特征，故我国常称 SBR 为序列间歇式活性污泥法。SBR 序列批量式反应器，“序列”是指一个工艺循环中按一定顺序进行操作，即按进水、反应、沉淀、排放和闲置的顺序周期性运行，“批量”是指间歇式进水、出水。

SBR 法将厌氧消化（或缺氧）、好氧分解和沉降等设施集于一个装置中，利用控制时间程序而完成连续流动设施所达到的效果。

4. 两段曝气法（AB）

此工艺在我国推广中颇有争议，一般倾向于分期建设，先建 A 段，以节省近期投资。

AB（Adsorption Biodegradation）法，称为吸附-生物降解工艺，又称两段曝气法。该法最早于 20 世纪 70 年代在德国出现。A 段以高污泥负荷方式运行，借吸附、絮凝、分解和沉淀等作用，以较低能耗去除大部分有机物。B 段以低污泥负荷方式运行。该法运行稳定、抗冲击负荷及耐毒能力较强，但采用两段曝气后需两次出泥，增多了污泥回流系统。

5. 其他生物处理方法

20 世纪 80 年代中期以来，随着引进国外资金和技术装备，我国城市污水处理呈现了百花齐放的局面，几乎各种新工艺都有应用。如昆明市第三污水处理厂采用的 ICEAS 工艺，天津市经济技术开发区污水处理厂采用的 DAT-IAT 工艺，深圳市罗芳污水处理厂采用的 AB 工艺，邯郸等地采用的三沟式氧化沟工艺，深圳盐田污水处理厂采用的 MSBR 工艺，还有 UNITANK 工艺、BIOLAK 工艺、生物曝气滤池（BAF）工艺、CAST 工艺、Carrousel 3000 型氧化沟工艺、Orbal 型氧化沟工艺和 CHC 糖降解工艺等等，这里不一一介绍。

五、城市污水的二级强化处理

城市污水的二级强化处理即除磷脱氮处理，是指在二级处理内为了从污水中去除能导致湖泊等缓流水体富营养化的磷、氮等污染物而强化的处理流程。除磷脱氮技术有生物法和物化法两类。

生物除磷脱氮技术与二级生物处理结合使用，主要工艺有厌氧/好氧法（Anaerobic/Oxic）、缺氧/好氧法（Anoxic/Oxic）、厌氧/缺氧/好氧法（Anaerobic/Anoxic/Oxic，A/A/O）和具有除磷脱氮效果的 DE 型氧化沟、CAST 法和 AB 法的 A＋A/A/O 工艺。物化法主要是在曝气池前或池后投加混凝剂除磷。

六、城市污水的再生处理

污水再生处理是以污水再生为目的，在一、二级处理后增加的流程。污水再生回用的范围很广，对再生水的水质要求也不尽相同，一般再生处理是指对再生水水质要求较高而采用的处理工艺技术。常用技术为生物除磷脱氮、混凝/沉淀/过滤等进一步去除 BOD_5、SS 等污染物。深度处理技术更注重发展高效凝聚剂、高效自动固液分离技术和膜-生物反应器（MBR）等膜过滤技术。

污水再生处理的几种工艺简单示意如下。

1. 沿用给水处理的工艺（图 3-13）

二级强化处理出水→[加药]→[混凝沉淀]→[过滤]→[消毒]→回用

图 3-13 沿用给水处理工艺

2. 生物与物化处理相结合的工艺（图 3-14）

二级处理出水→[生物接触氧化]→[消毒]→[过滤]→回用

图 3-14 生物-物化处理工艺

3. 活性炭吸附工艺（图 3-15）

二级强化处理出水→加药→混凝沉淀→过滤→活性炭吸附→消毒→回用

图 3-15　活性炭吸附工艺

4. 臭氧氧化工艺（图 3-16）

二级强化处理出水→过滤→臭氧氧化→活性炭吸附→消毒→回用

图 3-16　臭氧氧化工艺

第二节　城市污水处理厂的工艺方案

1996 年国务院《关于环境保护工作若干问题的决定》提出到 2010 年我国环境质量要有根本改善，把淮河、辽河、海河和太湖、滇池、巢湖列为国家首批计划治理的重点，要求主要城市的水环境质量在近期达到国家规定的标准。根据环保部门的观测分析，我国地表水水体污染主要来自于工业和城镇，其中 50%以上来自城市污水（指排入城镇市政管网的生活污水和工业废水）。城市污水处理率已成为我国水环境质量改善的制约因素。据统计，目前我国城市污水处理率仅为 13.5%，规划建设城市污水集中处理设施已成为当前改善我国水环境的重要任务。

建国 50 年来城市污水处理之所以欠账严重，其主要原因是污水处理的资金筹措没有正常渠道，现在国务院加大了排污收费的力度，若再明确专款专用（据说确有挪用的），并建立相应的筹措体制，严格执行建设程序，确保城市污水处理厂建设前期工作质量，国家建设资金将得到有效使用，城市污水处理率必将快速上升。

从城市污水处理总体上来说，单纯从经济上分析，大型污水处理厂的单方造价、管理费用都比修建中小型污水处理厂经济。但是修建大型污水处理厂首先要铺设几百至上千公里管道，即需要建成一个庞大的污水收集系统，在平原地区还将修建许多中途泵站，才能将污水集中至污水处理厂。这个污水收集系统的投资十分可观，将远远超过污水处理厂本身的投资。有的城市好不容易借贷资金建了污水处理厂，不是由于缺乏资金修建污水管道，令污水处理厂无污水可处理吗？为此，应根据城市近期投资能力从修改规划入手，适当缩小排水系统，争取用较少的资金使污水收集系统完善起来，并随城镇建设的发展，逐年修建一批中小型城市污水处理厂，就近排入水体，改变水环境的现状。

城市污水就近处理可以节省大量管道投资，而处理达标后就近排放可为污水资源化、进行再生回用创造条件。如果污水处理厂的出水口远离再生水的回用点，又将出现回用水工程的管道投资过大问题，使本来就不容易推行的污水再生回用事业更加困难。

另外，工业废水成分复杂，其有害物质如氰化物、砷等对细菌有毒害作用，将抑制细菌的代谢进程，严重影响污水的生物处理，使污水的再生处理很难达标或增加处理成本，影响再生水资源的经济效益。因此，建设大型污水处理厂（此类污水处理厂往往有大量工业废水）集中处理工业废水和生活污水，从污水再生回用的角度来说不一定是可取的方案。相反，如在居住区截留生活污水，建设污水再生水厂则是一个值得考虑的方案。因为以目前我国的水处理技术，将生活污水进行二级处理再经微絮凝过滤，达到Ⅳ类地面水环境质量标准是完全可能的。

目前世界各国的大型污水处理厂大部分都采用常规活性污泥法，污泥采用厌氧消化，而中小型污水处理厂则花样繁多，新工艺不断涌现。在活性污泥法中又有很多不同的工艺，每种工艺都有其各自的特点和适应性。不同工艺其土建结构形式不同，所需设备不同，其运行管理要求也不同。可见当采用一种新工艺时，设计者的实践经验是何等重要。如果一座污水处理厂，对设计者来说是首次采用的新工艺、新结构和新设备，那么设计成功的风险是较大的。现以目前国内设计经验较少的污泥消化处理工艺来说，法国巴黎阿谢尔（ACHERES）污水处理厂日处理污水 2680000m^3，分五期建设，各期规模如下：

Ⅰ期　　日处理 220000m^3

Ⅱ期　　日处理 360000m^3

Ⅲ期　　日处理 900000m^3

Ⅳ期　　日处理 600000m^3

Ⅴ期　　日处理 600000m^3

其污泥消化处理都采用二级消化，沼气搅拌。设计者经过五次实践，工艺基本不变，但具体设计不断改进，所以在池型设计、投泥方式、污泥加热和沼气搅拌等工艺设计上都十分成功。天津东郊污水处理厂（处理能力 400000m^3/d，1993 年建成）就引进了此项技术和设备，获得很大成功。

总之，对一般城市污水处理厂来说，要选择建设费用省、运行费用低、处理效果好、占地小、环境影响少和管理容易的污水处理工艺是不难的，但是关键在于设计者对此有无成熟经验。一项新技术显示出优越性，产生吸引力是自然的，但任何一种工艺技术都有其局限性，要避免盲目追求先进。千万不要轻易将一座污水处理厂建成污水处理新工艺实验厂。

应该说，建设一座城市污水处理厂，与同类型污水处理厂相比，在工艺设计、设备选型、结构设计和总体布置等方面有所改进，尤其是改进同类型污水处理厂运行管理中所发现的缺陷，这是最难得的，而所建设的污水处理厂也一定是先进的。

一、我国常用的城市污水处理工艺

目前我国城市污水处理厂常用的几种工艺流程分别如图 3-17～图 3-22 所示。

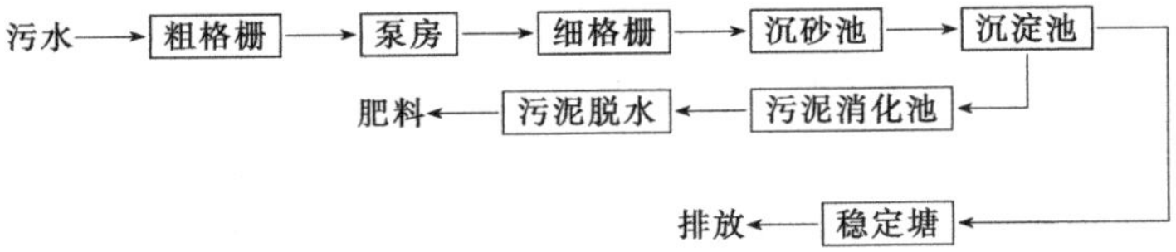

图 3-17　污水一级处理后排入稳定塘

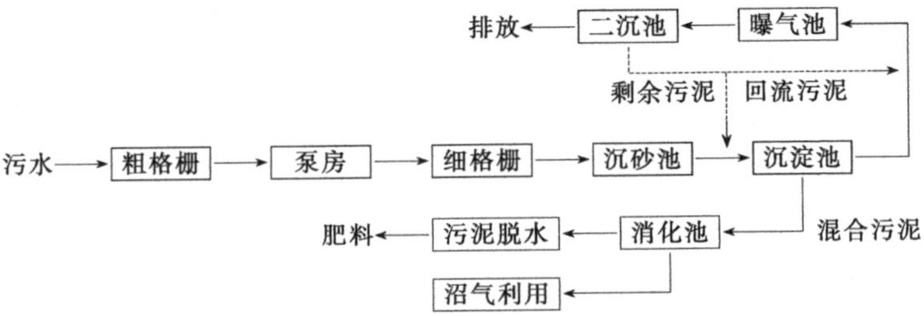

图 3-18　剩余污泥进入初沉池的普通曝气工艺

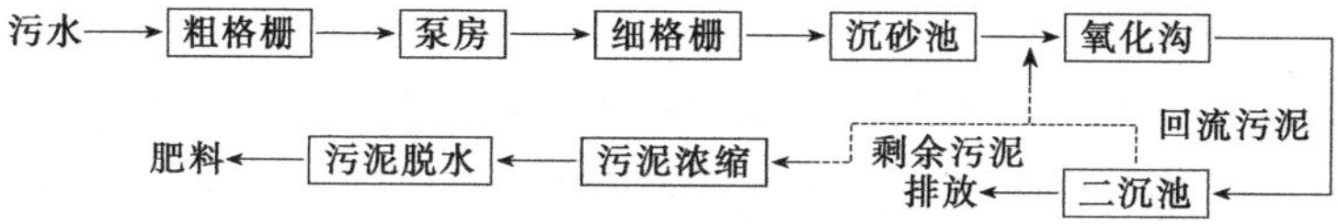

图 3-19　氧化沟工艺

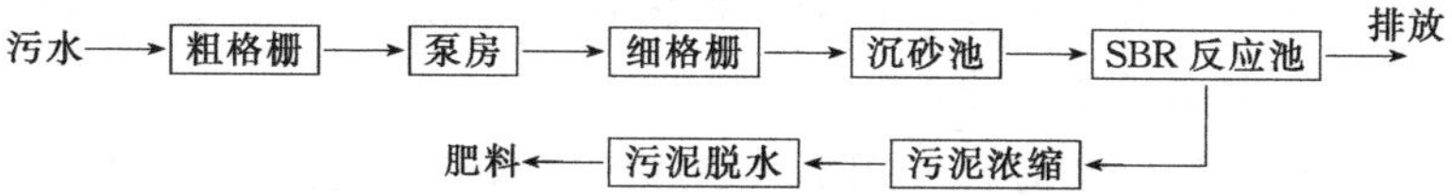

图 3-20　SBR 工艺

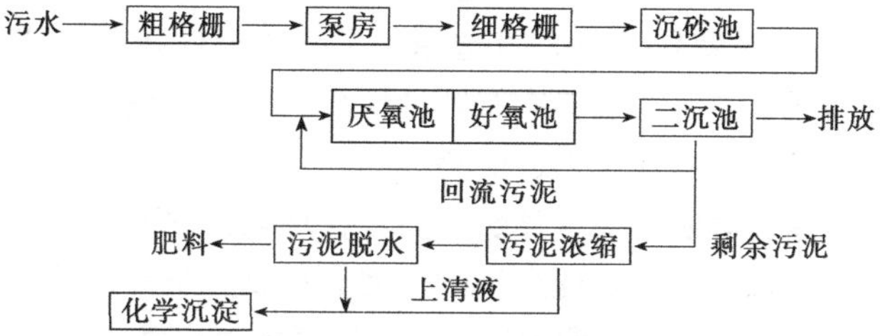

图 3-21　A/O 法除磷工艺

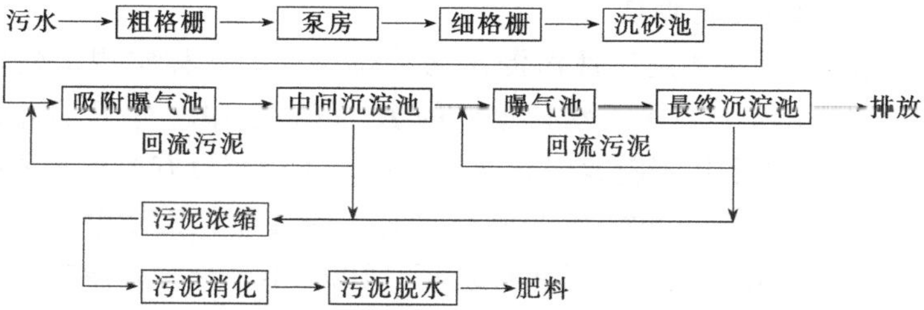

图 3-22　AB 法工艺

在选择城市污水处理厂的工艺时，一般要在以下四个方面进行比较：

① 建设费用和运行费用的高低；

② 处理效果的好坏；

③ 占地大小及环境影响；

④ 管理的难易程度。

目前世界各国的大型污水处理厂多采用传统活性污泥法；中小型污水处理厂则花样繁多，新工艺不断涌现。而污水处理厂的进水水质和处理要求往往是选择某种工艺的主要因素。

当进水中主要污染物是易降解的有机物时，大都采用生物处理法；如进水中工业废水比重很大，难降解有机物含量高时，污水可生化性差，可考虑采用物化法；

当有机物浓度高时，采用 AB 法或厌氧-好氧工艺比较有利；

当有机物浓度低时，采用延时曝气工艺有优势；

当要求出水脱磷脱氮时，宜选用 A/O 工艺、A/A/O 工艺；

当要求出水脱磷较严时，可选用化学除磷或糖降解工艺。

在污水处理厂的工艺选择中有几种情况应提出讨论：污水土地处理和氧化塘工艺具有基建费用少、能耗低的优点，但其严重的缺点是占地大、卫生条件差、影响环境，显然，只有在环境条件要求低并有大片荒地可用时才可考虑；污水处理产生的污泥有机物含量高，需进行处理使其无害化。污泥稳定处理的费用很高，采用厌氧消化要很大的基建投资，采用好氧消化将增加很多电费，应在工艺选择中通盘考虑。

二、传统活性污泥法

传统活性污泥法是活性污泥法的传统形式，又称常规活性污泥法。由英国 Manchester 污水处理厂的 Ardern 在 1914 年发明并建成试验厂，以后几十年不断改进和发展，但基本流程没有变化。我国第一座城市污水处理厂 1921 年在上海建成。1984 年，天津市建成了日处理污水 26 万吨的纪庄子污水处理厂。1993 年 4 月，天津市又建成了日处理污水 40 万吨的东郊污水处理厂，污泥全部进行厌氧消化、脱水。同年底，北京市建成了我国最大的城市污水处理厂——日处理污水 50 万吨的高碑店污水处理厂。这些采用传统活性污泥法的大型污水处理厂的建成，揭开了我国城市污水处理新的一页，同时也说明，城市大型污水处理厂采用传统活性污泥法是十分正确的。后来建成的沈阳市日处理 40 万吨污水的北部污水处理厂和郑州市日处理 40 万吨污水的王新庄污水处理厂也采用了活性污泥法工艺。

（一）天津纪庄子污水处理厂工程实录

天津纪庄子污水处理厂是我国著名的采用传统活性污泥法的城市污水处理厂（参看插页彩图1）。服务面积3770公顷，排水人口108万，排水工厂621个。厂区总占地面积30公顷，其中使用面积约20公顷，其余留作污水深度处理用地。

设计处理能力：平均日处理污水量26万立方米，最大日处理污水量31.2万立方米。

污水水质：进水SS＝250mg/L，BOD_5＝200mg/L；出水SS≤25mg/L，BOD_5≤20mg/L。

处理工艺：污水采用普通曝气活性污泥法二级生化处理。污泥采用中温二级消化，部分污泥机械脱水。考虑能源的综合利用，采用沼气发电和余热加热消化污泥。

1. 主要处理构筑物

（1）污水泵房

采用合建式。按最大污水流量3.6m^3/s设计，采用20sh—28型离心泵7台（其中1台备用）。在集水池前的渠道上设有2台机械格栅，每台宽2m，长2.5m，栅条间隙20mm。格栅为钢丝绳牵引机耙，行速1.9m/min，运行间隔时间由时间继电器控制。

（2）沉砂池

采用曝气沉砂池。设池1座4格，每格长30.6m，宽3.6m，水深3.1m。停留时间6min，水平流速0.083m/s，曝气量0.2m^3/m^3，沉砂量0.01L/(人·d)。排砂采用刮、抓相结合的方式，每2格设1台水平行车式刮砂机，将砂刮至进水端的砂斗中，用抓斗清砂。刮砂机行速1m/min，无水下传动部件，检修方便。电动抓斗容积为0.75m^3。

（3）初次沉淀池

采用圆形辐流式沉淀池。共设2组4池，每池直径45m，沉淀时间1.5h，表面负荷2m^3/(m^2·h)。沉淀效率：SS为50％，BOD_5为20％。排泥采用半径型刮泥机，为周边传动，周边线速度2.15m/min。机上设有刮浮渣装置。池体壁板采用预制装配式预应力绕丝结构，壁厚200mm。

(4) 曝气池

采用推流式池型。按普通曝气法设计，并考虑了阶段曝气和吸附再生的运行条件。共设 2 组 4 池，每池长 80m，宽向为 7 格迂回廊道，每格宽 7.5m，有效水深 5.2m，曝气时间 8h，污泥负荷按 BOD_5 计为 0.25kg/(kg·d)，池内平均污泥浓度 2g/L，污泥回流比 50%。穿孔管鼓风曝气，相对于单位质量 BOD_5 的供气量为 $65m^3/kg$。池体壁板及隔墙采用预制装配式结构。

(5) 二次沉淀池

采用圆形辐流式，共设 2 组 8 池，每池直径 45m，沉淀时间 2.5h，表面负荷 $1m^3/(m^2·h)$，沉淀污泥浓度 6g/L。排泥采用直径型气提式吸泥机，为两边传动，橡胶滚轮，周边线速度 2m/min。机上共设有 16 根直径 200mm 吸泥管，伴以直径 32mm 空气管，每根吸泥管的排泥量采用针形阀调节。池体结构与初沉池相同，并采用垂直土锚杆抗浮。

(6) 回流污泥泵房

泵型为螺旋泵，露天设置。共设泵房 2 座，按污泥回流比 100% 设计。为适应不同回流比的运行，每座泵房设直径 1.2m 泵 5 台，流量 $1100m^3/h$，总扬程 4.25m。

(7) 剩余污泥浓缩池

采用重力浓缩。设圆形辐流式浓缩池 2 座，每池直径 18m，停留时间 15h，污泥负荷 $29.5kg/(m^2·d)$，进泥含水率 99.4%，出泥含水率 97%。排泥采用带栅条的半径型刮泥机，为周边传动，周边线速度 2.3m/min。

(8) 污泥消化池与控制室

采用中温二级消化，按生污泥预热和连续投配、连续加热、连续搅拌设计。共设 2 组 10 池，每 5 池配 1 座控制室，每池直径 18m，总高 19.2m，一级与二级容积比为 4∶1 或 3∶2，总消化时间 17.5 天，单位体积污泥的沼气产量为 $6m^3/m^3$。污泥加热采用泵循环池外间接加热。污泥搅拌采用沼气搅拌，搅拌气量 $0.006m^3/(m^3·min)$，风机压力 70kPa(7000mm 水柱)。

(9) 污泥脱水机房

按消化污泥量的40%采用机械脱水设计（其余60%污泥排至厂外污泥塘供农业使用）。脱水机采用国产 $40m^2$ 折带式真空转鼓过滤机一台和引进法国带宽3m的带式压滤机一台，生产能力分别为 $8kg/(m^2 \cdot h)$ 和 $220kg/(m \cdot h)$。

(10) 沼气发电机房

设计日产沼气量 $10000m^3$，日发电量 $1.5\times10^4kW \cdot h$，采用180kW沼气发电机组5台，发出的电可补偿厂内用电量的10%～15%。余热利用系统是将沼气发电机组的冷却水（水温65℃）再经排气管（气温420℃）上的烟气水换热器升温（水温70℃），之后加热消化污泥，回水再作为沼气发电机组的冷却水（水温50℃），形成一个循环系统，回收余热可补偿冬季消化污泥耗热量的1/3～1/2。

2. 曝气系统

天津纪庄子污水处理厂1984年4月通水运行以后，取得较好的处理效果。处理水量接近设计规模 $260000m^3/d$，处理后的水质已达到并超过了设计指标，对减轻天津市的水环境污染有着非常积极的作用。但从设备和能耗上看，该厂的曝气系统电力消耗较大，其电耗约占全厂的2/3左右。原因是曝气系统配用D300—43型鼓风机（风量 $300m^3/min$），需配JKS—630kW电机，设计为7台工作、2台备用，每年耗电达3800万度，效率较低；另外，曝气池采用穿孔管曝气器，氧的利用率也较低，致使需要的风量很大，导致运行费用偏高。根据有关部门决定，由天津市政工程勘测设计院进行曝气系统改造工程的设计，引进国外先进设备，提高曝气系统的效率，节省电耗，降低运行费用。其内容包括更换、改装鼓风机和曝气设备，增建进风塔和设置溶解氧自控设备。

曝气系统改造工程于1984年12月完成可行性研究，由中国银行贷款100万美元用于引进设备。经对英、法、日、德等国的产品进行比选后，引进了微孔曝气器、鼓风机及自动控制等设备。1986年增建了进风塔、进风廊道和完成3号、4号曝气池改造工程，1987年完成1号、2号曝气池改造工程，1988年5月完成鼓风机房改造工程，目前改造工程已全部完成并投入运行。与原设计能耗4410kW（630×7）相比，改造后仅需1750kW（875×2），每年可节电2000多万度。

（1）微孔曝气器

纪庄子污水处理厂共有4座曝气池，每座曝气池有7个廊道。本工程引进了英国HAWKER SIDDELEY公司26192个微孔曝气头，每座曝气池安装6548个。为节省用气量，采用渐减曝气布置，每个微孔曝气头的有效供气量为0.25～0.75L/s，设计风量按0.44L/s计。总需气量为41488m^3/h（$0.44\times26192\times3600\times10^{-3}$）。

每座曝气池各个廊道曝气头数量分配如表3-5所示。

表3-5　曝气头数量分配表

廊道编号	1	2	3	4	5	6	7	总计
曝气头数量	1248	1248	936	936	936	624	600	6548
所占比例/%	19.1	19.1	14.3	14.1	14.3	9.6	9.2	100
排列行数	8	8	6	6	6	4	4	42

（2）单级高速离心风机

改造工程引进英国Bryan Donkin公司2台SG80B型单级高速离心鼓风机，性能如下：

流量（15℃，1.013×10^5Pa干空气）　36000m^3/h

进口流量　41850m^3/h

进口气温（最高）　40℃

相对湿度　80%

大气压力　1.0133×10^5Pa

进口大气密度　1.095kg/m^3

进口压力　-7×10^2Pa

出口压力　657×10^2Pa

出口温度　99℃

转速　7434r/min

起动时轴功率　795kW

配用电机功率　875kW

电机转速　　　　1480r/min

供电要求　　　　6000V 三相，50Hz

绝缘等级　　　　F 级

(3) 曝气系统改造后的效果

曝气系统改造工程在我国率先引进直径 178mm 刚玉微孔曝气器和单级高速离心鼓风机技术和装备，经消化吸收后在全国推广，收到了应有的效果。工程本身的效益也很好。经厂方测试，1985 年未改造前用穿孔管曝气，由原风机供气，曝气系统每立方米污水耗电 0.213 度；改造完成后，1988 年使用微孔曝气器，由新风机供气，曝气系统每立方米污水耗电 0.068 度，节电 0.145 度，每天节电 37700 度，当年节电 1376 万度。

3. 污水处理厂运行情况

纪庄子污水处理厂自 1984 年建成后，运行情况除污泥未能全部得到脱水处理外，污水处理系统始终效果良好。根据天津市污水处理研究所公布的数据，将运行情况整理于后（表 3-6），以供参考。

表 3-6　天津纪庄子污水处理厂 1984～1992 年运行情况

年份	含 BOD/(mg/L)		含 COD/(mg/L)		含 SS/(mg/L)		单方耗电/(度/m^3)	电费单价/(元/度)	单方成本/(元/m^3)	附注
	进水	出水	进水	出水	进水	出水				
1984	179.41	8.26	507.82	76.05	236.46	24.65	0.359			
1985	167.55	14.63	425.89	110.26	204.76	26.84	0.292			
1986	150.99	16.37	328.73	71.09	204.06	30.19	0.213	0.107	0.1605	1986 年起曝气系统进行改造，电耗下降
1987	128.42	15.21	341.79	71.01	171.02	24.70	0.167	0.118	0.1292	
1988	150.77	18.01	364.93	59.22	138.11	16.02	0.159	0.125	0.1428	
1989	161.68	15.10	419.93	80.88	174.03	18.98	0.164	0.153	0.1445	
1990	143.81	19.19	330.26	60.09	149.96	14.53	0.140	0.187	0.1283	
1991	144.21	19.09	276.62	55.76	147.47	14.88	0.134	0.201	0.1359	
1992	155.47	18.32	286.91	46.31	167.62	16.99	0.158	0.205	0.1374	

纪庄子污水处理厂建成后，参观者不计其数，包括国家领导人、外国贵宾、专家学者。污水处理厂运行后实行处理多少水，政府支付相应费用的政策，因此，管理严格，各项数据翔实可靠。现将纪庄子污水处理厂的工艺流程（图 3-23）和有关数据列出（表 3-7 为生产成

本分析，表 3-8 为出水检测项目去除率）供参考。

表 3-7　天津纪庄子污水处理厂 1986～1992 年生产成本分析

项　目	金额/元	所占比例/%	项　目	金额/元	所占比例/%
材　　料	6707664	7.39	折 旧 费	32227828	35.53
燃　　料	2147607	2.37	大修基金	15586497	17.18
动 力 电	16134230	17.79	中 小 修	10211332	11.26
工　　资	2949181	3.25	其他费用	4404655	4.86
福 利 费	337621	0.37	合　　计	90706615	100

注：1986～1992 年共处理污水 652795486m³，平均每年处理污水 93256498m³，平均每日处理污水 255497m³。

表 3-8　天津纪庄子污水处理厂 1986～1992 年污染物去除率

污染物	BOD	COD	SS	总氮	氨氮	总磷	油类	挥发酚
去除率/%	88.5	80	85	24	40	37	92	98

污染物	硫化物	氰化物	苯胺	铜	锌	汞	铅	铬	镉	砷
去除率/%	75	94	86	62	65	77	59	70	57	73

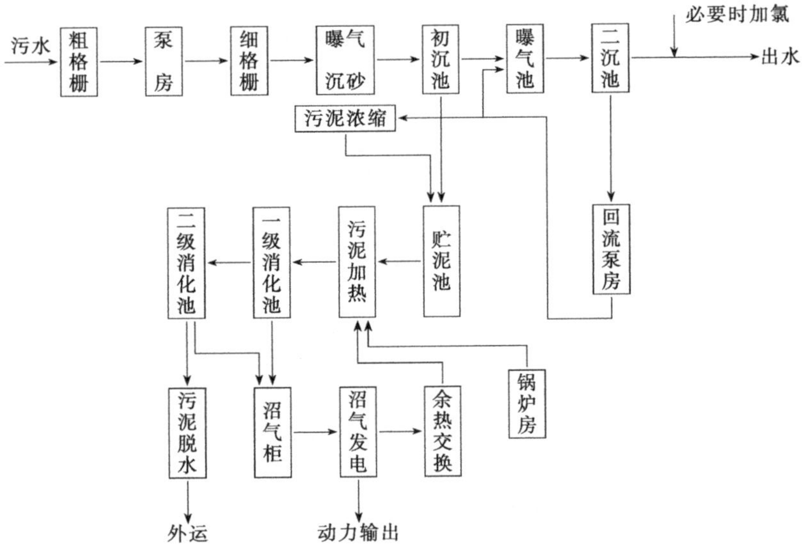

图 3-23　天津纪庄子污水处理厂工艺流程

（二）传统活性污泥法的改进型工艺

活性污泥法经过不断发展，现在已有多种运行方式，如多点进水法、吸附再生法、完全混合法和A/O法等。

1. 多点进水法

多点进水法又称阶段曝气法，开始使用后，在各地的生产实践中进一步证实了本法的优越性，是除传统法以外使用较为广泛的一种活性污泥法。如图3-24所示，污水沿曝气池池长分段多点进水，使有机物负荷分布较均匀，从而均化了需氧量，避免了前段供氧不足、后段供氧过剩的缺点；同时，微生物在营养比较均匀的条件下，能充分发挥分解有机物的能力。阶段曝气法的另一特点是污泥浓度沿池长逐步降低，前段高于平均浓度，后段低于平均浓度，曝气池出流的混合液浓度较低，这对二次沉淀池的运行是有利的。实践证明，阶段曝气法可以提高空气利用率和曝气池的工作能力，并能减轻二次沉淀池的负荷。传统法易于改造成阶段曝气法，以解决超负荷的问题。

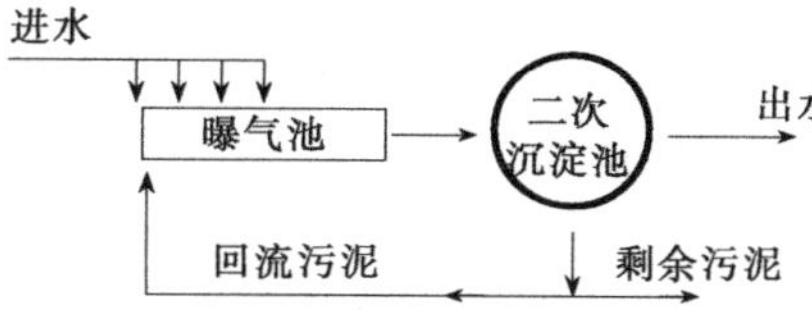

图3-24 多点进水流程

多点进水法的曝气池容积计算常用试算法，现介绍一种便捷的计算方法。

众所周知，在普通曝气池中，氧的消耗速率变化较大，空气利用率较差，而多点进水曝气池需氧量就较为均匀，氧的消耗速率变化较小。实践证明，多点进水可以提高曝气池的空气利用率和曝气池的工作能力，并且由于容易改变各个进水口的水量，在运行上有较大的灵活性。一些城市污水处理厂的运行经验指出，与普通活性污泥法比较，前者曝气池容积可缩小20%～30%，BOD去除率一般可达90%。下面以污泥负荷率作为主要参数，导出多点进水曝气池的容积计算公式供参考。

曝气池容积可简明地表示如下：

$$V=\frac{LQ}{NS}$$

式中　L——曝气池进水的平均BOD_5浓度，mg/L；

Q——设计流量，m^3/d；

N——污泥负荷率，以BOD_5相对于MLSS的量表示，kg/(d·kg)；

S——混合液悬浮固体MLSS浓度，mg/L。

设多点进水的各点流量为：

$$Q_1=Q_2=\cdots\cdots Q_{n-1}=Q_n$$

回流污泥的悬浮固体浓度为S_r，当回流比为r时，各点的混合液悬浮固体浓度分别为：

$$S_1=\frac{r}{\frac{1}{n}+r}S_r$$

$$S_2=\frac{r}{\frac{2}{n}+r}S_r$$

$$\vdots$$

$$S_{n-1}=\frac{r}{\frac{n-1}{n}+r}S_r$$

$$S_n=\frac{r}{1+r}S_r$$

代入后可得：

$$V=\frac{1}{n}\cdot\frac{LQ}{N}\left(\frac{1}{S_1}+\frac{1}{S_2}+\cdots\cdots+\frac{1}{S_{n-1}}+\frac{1}{S_n}\right)$$

整理后即得：

$$V=\frac{LQ}{NS_r}\left(1+\frac{1+n}{2nr}\right)$$

例：某污水处理厂曝气池进水流量$Q=3600m^3/d$，进水BOD_5浓度为180mg/L，出水BOD_5要求降至30mg/L。

按普通法设计时，曝气池容积：

$$V=\frac{LQ}{NS},\ S=\frac{r}{1+r}S_r$$

式中，N 取 0.25kg/(d·kg)，S_r 取 8000mg/L，r 取 25%，则：

$$S=\frac{0.25\times8000}{1+0.25}\text{mg/L}=1600\text{mg/L}$$

$$V=\frac{(180-30)\times3600}{0.25\times1600}\text{m}^3=1350\text{m}^3$$

按多点进水法设计时，曝气池容积计算取 $n=4$，即分四点进水，其余参数不变，则：

$$V=\frac{LQ}{NS_r}\left(1+\frac{1+n}{2nr}\right)=\frac{(180-30)\times3600}{0.25\times8000}\left(1+\frac{1+4}{2\times4\times0.25}\right)\text{m}^3$$

$$=945\text{m}^3$$

与普通法比较，多点进水的曝气池容积缩小 $(1350-945)\text{m}^3=405\text{m}^3$，即缩小了 30%。

2. 吸附再生法

吸附再生法又称接触稳定法。污水与活性污泥在吸附池内混合接触 15～60min，使污泥吸附大部分呈悬浮、胶体状的有机物和一部分溶解性有机物，然后混合液流入二次沉淀池。从沉淀池分离出的回流污泥则先在再生池里进行生物代谢，充分恢复活性，再引入吸附池。吸附池和再生池在结构上不一定分开修建。与传统法相比，它有两个特点，一是污水的吸附和污泥的再生（代谢）是分别在两个池子里或在一个池子的两部分进行的，二次沉淀池设在两者之间；二是再生池的污泥浓度高，因此整个曝气池污泥的平均浓度也高，同时回流污泥量大，回流比在 50%～100%左右。

由于污水的吸附时间短，而污泥的代谢是在与水分离后并在排除了剩余污泥的情况下单独在再生池内进行的，以及污泥平均浓度高等，因此在污泥负荷率变化不大的情况下，容积负荷率可成倍增加，节省了建筑费用。其次由于吸附再生法需氧率较均匀，空气用量亦较节省。再次，由于吸附再生法的回流污泥量较多，且大量污泥集中在再生池，当吸附池内污泥一旦遭受破坏，可迅速由再生池的污泥代替，因此具有一定承受冲击负荷的能力。此外，传统法易于改造成生物吸附法系统，以适应负荷的增加。

图 3-25 为吸附再生法的两种流程：分建式和合建式。可根据场地条件确定。

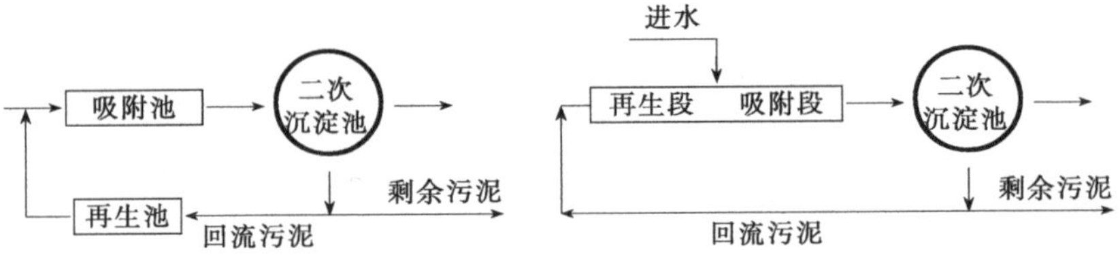

(a) 分建式　　(b) 合建式

图 3-25　吸附再生法流程

3. 完全混合法

完全混合法是目前采用较多的新型活性污泥法，它与传统法的主要区别在于：混合液在池内充分混合、循环流动，因而污水与回流污泥进入曝气池后立即与池内原有混合液充分混合，进行吸附和代谢活动，并顶替等量的混合液至二次沉淀池。进入曝气池的污水能得到稀释，使波动的进水水质得到均化，因此进水水质的变化对活性污泥的影响将降低到很小的程度，能较好地承受冲击负荷，能够处理高浓度有机污水而不需要稀释，仅需随浓度的高低程度在一定污泥负荷率范围内适当延长曝气时间即可。池内各点水质均匀一致，F∶M 值在池内各点几乎相等，因此微生物群体的性质和数量基本相同，池内各部分工作情况几乎完全一致，完全混合法有可能把整个池子工作状况控制在良好的同一条件下进行，微生物的活性能够充分发挥。故在处理效果相同的情况下，它的污泥负荷率将高于其他活性污泥法。与此同时，由于池内需氧均匀，能节省动力费。

完全混合法流程如图 3-26 所示。

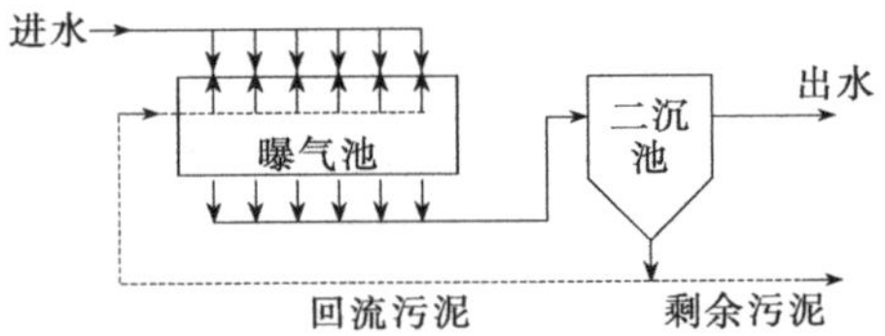

图 3-26　完全混合法流程

（三）污水处理厂鼓风机设计容量的选定

传统活性污泥法由于污泥的稳定处理带来的建设资金问题，所以目前一般只有大型污水处理厂才采用。而大型污水处理厂由于所需充氧量很大，目前都采用鼓风曝气。一般来说，鼓风机制造商提供的鼓风机的性能是指标准状况下（即温度 20℃，气压 1.013×10^5Pa）的工作性能。但是，在实际运行过程中，随着气温的变化，鼓风机的运行工况亦发生变化。由于冬夏不同气温对风机实际进风压力的影响，所以在供给同气量条件下，冬夏所需轴功率的变化是很大的。鼓风机的最不利工况是在气温最低时。所以建议在鼓风机房的设计中，要充分考虑污水处理厂的运行条件，应对鼓风机在冬夏各种工况下的风量、风压进行计算后，在保证安全运行的条件下，确定其设计容量。

用鼓风曝气处理污水的污水处理厂，其鼓风机的容量较大，一般几乎占全厂耗电量的 60%以上。但在以往的鼓风机房的设计中，往往忽略了全年气温变化对鼓风机运行的影响，造成鼓风机效率降低或超负荷运行，浪费大量电力。

众所周知，曝气系统的供气量是根据曝气池中微生物的需氧量和曝气设备的氧转移效率来确定的。制造厂商提供的曝气设备的氧转移参数只适用于标准条件，即温度为 20℃，气压为 1.013×10^5Pa，这与鼓风机性能中的标准工况是基本一致的。当然污水处理厂曝气池中的水量、水质和水温是不断变化的，其所需供气量也要随之改变。这在设计中已予考虑。但是随着气温的变化，鼓风机的运行工况也在改变，其供气量与曝气池的需氧量是否一致，过去分析甚少。根据曝气池的需氧量来调节鼓风机的供气量的自控装置的设计生产，目前国内也仅处于初始阶段。所以笔者认为研究曝气系统鼓风机的运行工况是十分必要的，以便改进污水处理厂鼓风系统的设计。

离心式鼓风机在固定转速的情况下，其风量的增减取决于风压的大小。一般污水处理厂曝气池的水深较为稳定，所以如果忽略供气管路上压力损失的变化，则鼓风机的出口风压一般情况下也是稳定的。但是随着大气温度和湿度的变化，空气密度和风机进口压力也随之发生变化，这将改变鼓风机的性能曲线。所以，对污水处理厂使用的鼓风机，制造厂商仅提供鼓风机在标准状态下的性能曲线是不够的。

根据离心式鼓风机性能换算式：

$$Q'=\frac{n'}{n}Q$$

$$N'=\left(\frac{n'}{n}\right)^3\frac{\rho'}{\rho}N$$

$$p'=\left(\frac{n'}{n}\right)^2\frac{\rho'}{\rho}p$$

式中 Q——供气量，m^3/h；

N——轴功率，kW；

p——背压，Pa；

n——转速，r/min；

ρ——空气密度，kg/m^3。

从上式可知，供气量仅与风机的转速有关，而风压及功率将随空气密度的变化而增减。如果空气密度增大，而转速不变，风压也稳定（这是污水处理厂每年冬季的运行常况），则鼓风机将在新的工况点上运行。根据性能曲线，供气量将大幅度增加，风机的功率将陡然上升。一般冬季鼓风机的功率比夏季增加 20%以上，这是污水处理厂风机在冬季超负荷运行的主要原因。

现以某污水处理厂曝气系统所用鼓风机为例，厂商提供的风机性能如下：风量（15℃，1.0133×10^5Pa，干空气）36000m^3/h，进口压力（过滤器损失）－700Pa，出口压力（曝气池水深 5.2m）65000Pa，大气压力 1.0133×10^5Pa，气温 40℃～－10℃，相对湿度 80%，轴功率 795kW，配用电机功率 875kW。

风机的性能曲线见图 3-27。

现试对风机的各种工况进行分析。

1. 风机的实际进口压力及空气密度

忽略大气压力的变化，冬季按 1.0133×10^5Pa 计，进口压力为 $(1.0133\times10^5-700)$ Pa$=1.0063\times10^5$Pa；夏季气温为 40℃、相对湿度 80%时的水蒸气分压为 0.059×10^5Pa，进口压力为（$1.0133\times$

$10^5-700-0.059\times10^5$)Pa=0.9473×10^5Pa。

当气压为 1.0133×10^5Pa 时，各种气温下的干燥空气的密度如下：

t/℃	−10	0	15	30	40
ρ/(kg/m³)	1.342	1.293	1.225	1.165	1.128

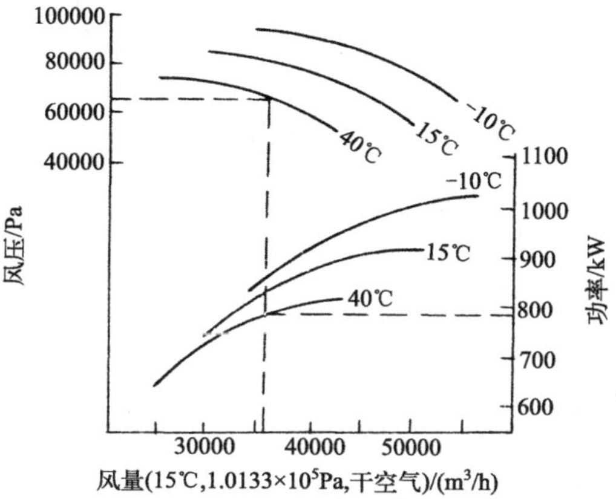

图 3-27　风机性能曲线

当气压为 1.013×10^5Pa 时，气温为 40℃、相对湿度为 80%的空气密度计算如下：

查得 1kg 空气中的水为 38g，故密度为

$$\left(1.128\times\frac{1.013-0.059}{1.013}\times1.038\right)\text{kg/m}^3=1.104\text{kg/m}^3。$$

如果计入鼓风机进风口的空气过滤器压力损失，则密度为：

$$\left(1.128\times\frac{1.013-0.059-0.007}{1.013}\times1.038\right)\text{kg/m}^3=1.095\text{kg/m}^3$$

可见鼓风机运行过程中空气密度的变化是较大的。在冬季，空气干燥、气温低，空气密度可达 1.342kg/m³；到夏季，空气湿度大、气压低、气温高，空气密度仅 1.095kg/m³，两者相差 22%，这直接影响鼓风机的功率。

2．风机在各种工况下的轴功率

由前述性能换算式可知，当风机转速不变时，因密度改变，风机

也将改变其工况点。如此时调节风压，保持风量不变，即 $Q_{40}=Q_{15}=Q_{-10}$（分别为 40℃、15℃及－10℃时鼓风机的实际供气量），现求其功率。设 Q_1、Q_2、Q_3 分别为 Q_{40}、Q_{15}、Q_{-10} 的换算气量。

已知：气温 40℃，相对湿度 80％，背压 0.657×10^5Pa 时，鼓风机的换算供气量 $Q_1=36000\text{m}^3/\text{h}$（15℃），功率 $N_1=795\text{kW}$。

换算成气温 40℃，相对湿度 80％时的实际供气量为：

$$Q_{40}=\frac{pT_1}{p_1T}\times Q_1$$

式中 $p=1.0133\times10^5\text{Pa}$；

$T=(15+273)\text{K}=288\text{K}$；

$p_1=0.9473\times10^5\text{Pa}$；

$T_1=(40+273)\text{K}=313\text{K}$；

$Q_1=36000\text{m}^3/\text{h}$。

代入可得：

$$Q_{40}=\frac{1.0133\times10^5\times313}{0.9473\times10^5\times288}\times36000\text{m}^3/\text{h}=41850\text{m}^3/\text{h}$$

又
$$Q_2=\frac{p_2T}{pT_2}\times Q_{15}$$

式中 $p_2=(1.0133\times10^5-700)\text{Pa}=1.0063\times10^5\text{Pa}$；

$T_2=T=288\text{K}$；

$p=1.0133\times10^5\text{Pa}$；

$Q_{15}=Q_{40}=41850\text{m}^3/\text{h}$。

代入
$$Q_2=\frac{1.0063\times10^5\times288}{1.0133\times10^5\times288}\times41850\text{m}^3/\text{h}$$
$$=41561\text{m}^3/\text{h}(15℃)$$

查性能曲线，$N_2=890\text{kW}$。

同理，$Q_3=\frac{p_3T}{pT_3}\times Q_{-10}$

式中 $p_3=p_2=1.0063\times10^5\text{Pa}$；

$T_3=(-10+273)\text{K}=263\text{K}$；

$Q_{-10}=Q_{40}=41850\text{m}^3/\text{h}$。

代入 $$Q_3=\frac{1.0063\times10^5\times288}{1.0133\times10^5\times263}\times41850\text{m}^3/\text{h}$$
$$=45511\text{m}^3/\text{h}(-10℃)$$

查性能曲线，$N_3=980\text{kW}$。

三种工况列表如表 3-9 所示。

表 3-9 鼓风机的三种工况

工　　况	1	2	3
气温/℃	40	15	−10
相对湿度/%	80		
进口气压/Pa	0.9473×10^5	1.0063×10^5	1.0063×10^5
空气密度/(kg/m^3)	1.095	1.217	1.333
实际供气量/(m^3/h)	41850	41850	41850
换算供气量（15℃，1.0133×10^5Pa)/(m^3/h)	36000	41561	45511
轴功率/kW	795	895	980

表中 −10℃ 时空气密度 $\rho_3=1.333\text{kg/m}^3$（$1.342\times1.0063/1.0133$)，同样 15℃时空气密度 $\rho_2=1.217\text{kg/m}^3$（$1.225\times1.0063/1.0133$)；$N_2$ 及 N_3 因在性能曲线中查得，略有误差。

以上分析可见，如不控制风量，到冬季鼓风机所配 875kW 电机将超负荷运行。

3. 鼓风机的最不利工况

一般情况下，主要是利用出口或进口阀门来调节风机的风压或风量。出口调节是改变管网性能曲线，进口调节是改变鼓风机的性能曲线，两者操作都需一定经验。这是因为出口调节极易使管网性能曲线与风机性能曲线交点进入风机的喘振区内；而进口调节易发生进口气流的不均匀性，会扩大风机的喘振区。所以，在污水处理厂的运行中，往往任由鼓风机在各种工况下运行，即风机出口风压变化很小；但随着气温气压的变化，风机的性能曲线却在不断改变。现以前述风机为例，根据风机性能曲线，查得各种工况下的风量、风压及功率列表如下（表 3-10）。

表 3-10 鼓风机三种工况下的风量、风压及轴功率

风压/Pa	1.65×10^5		
气　温/℃	40	15	−10
风　量/(m^3/h)	36000	46000	54800
轴功率/kW	795	915	1020

可见，鼓风机最不利工况是在冬季气温最低时。此时，如不调节风压风量，使其在等压条件下运行，随着气温下降，风机性能曲线将不断外移，即风量增加，功率加大。最大负荷超过额定负荷 795kW 的 28%。

4. 鼓风机的设计风压

如在设计中将风机的设计风压定得过高，将不但浪费电力，而且给风机的运行带来不利因素。风机的设计风压＝曝气池水深＋曝气器压力损失＋管路压力损失。一般曝气器距池底有一定距离，管路损失也应在计算中予以考虑，所以风机的设计风压一般略有富余即可，不宜定得过高，否则，风机在运行中偏离设计工况点太远，会降低设备效率，导致风量加大、功率上升。

根据上述分析，建议在鼓风机房的设计中，要充分考虑污水处理厂的运行条件，对鼓风机的各种工况下的风量、风压进行计算后，在保证安全运行的条件下确定其设计容量。在设备订货时，应向厂商索要鼓风机的有关试验资料，掌握其性能曲线，尤其是低温下的性能曲线。必须指出，上述对风机的运行工况的分析证明对污水处理厂所用鼓风机的风量进行调节是十分必要的，否则既浪费电力，又影响风机的安全运行。关于风量调节的方法，有调节风机转速、设可调节角度的进风导叶片和用进口蝶阀调节风量等几种。一般采用进口阀门调节比出口调节少耗功率 3%～5%，设进风导叶片调节角度改变风量比用进口阀节流少耗功率约 5%～15%。

（四）天津东郊污水处理厂的建设经验

天津纪庄子污水处理厂投产后，天津市为了积累建设大型污水处理厂的经验，组织设计单位对纪庄子污水处理厂进行了认真的调查研

究，在总结成功经验和运行中发现的问题的基础上，提出东郊污水处理厂的初步设计。在预处理、污泥处理、二沉池设计等几个方面，进行了重大改进。

东郊污水处理厂设计处理能力 400000m^3/d，采用活性污泥处理工艺，全厂主要设备和仪表利用法国贷款从法国得利满公司引进，污水处理厂的处理构筑物在中方提出的初步设计基础上由中法合作完成技术设计，施工图设计全部由中方完成。全厂占地 29.5ha，工程总造价（含国外设备）20159 万元。工程于 1989 年 8 月动工，1993 年 4 月建成投入运行。其鸟瞰图见图 3-28。

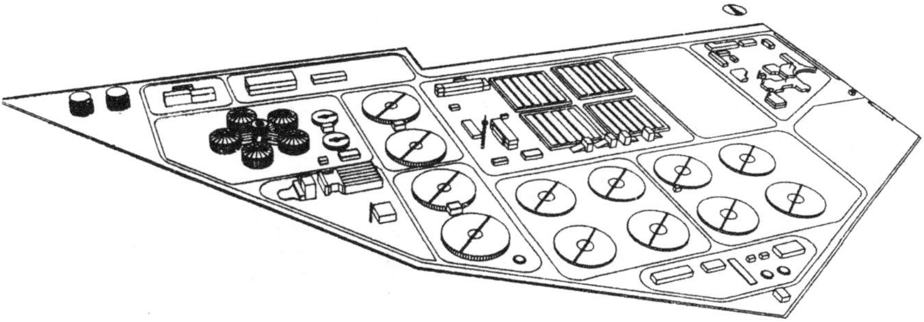

图 3-28　天津市东郊污水处理厂鸟瞰图

东郊污水处理厂采用传统活性污泥法，少量污水进行缺氧脱氮处理，污泥采用中温二级消化和机械脱水，沼气用于烧锅炉和发电。工艺流程见图 3-29。

1. 对工艺的改进

天津东郊污水处理厂主要工艺采用传统活性污泥法，在下列方面进行了重大改进。

(1) 把节省能耗，降低运行费用作为选择工艺流程和设备的主要原则

最初确定工艺流程时，曾对氧化沟法和传统活性污泥法做过方案比较，氧化沟是一种日益受到重视的污水处理工艺，在国内外应用越来越广泛，但对东郊污水处理厂这种规模的大型厂来说，其占地和基

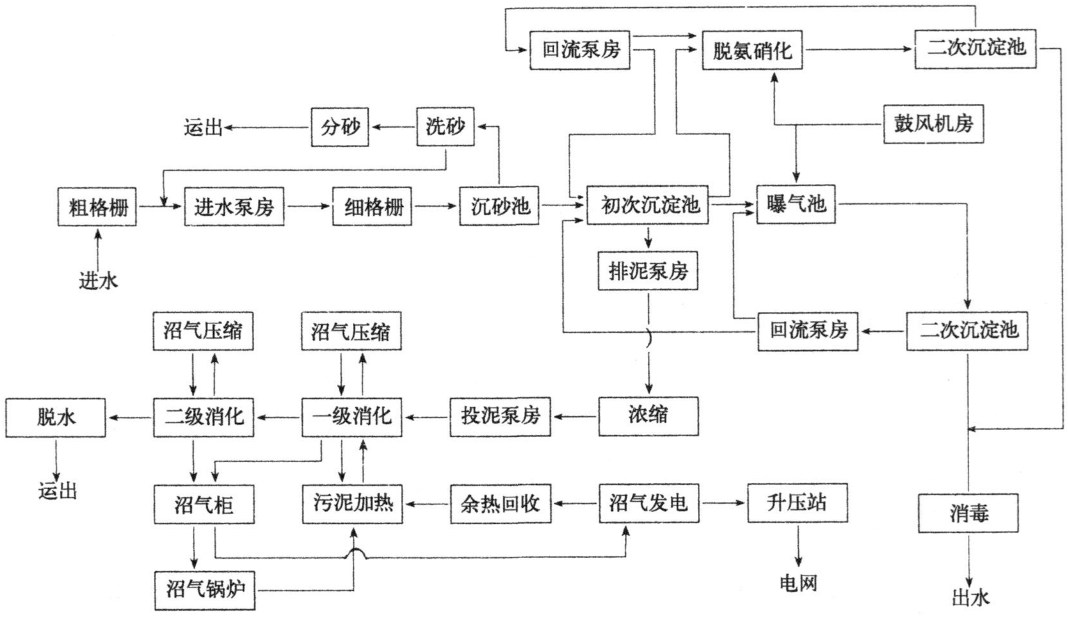

图 3-29　天津东郊污水处理厂工艺流程示意图

建投资都比传统活性污泥法高，特别是电耗高出很多，每年要多花运行费几百万元，因此决定放弃氧化沟工艺。

在活性污泥法污水处理厂中，用电大户首推曝气系统，其电耗占全厂用电的50%～60%，为了节省能耗，初步设计阶段对采用何种曝气器进行过详细的调研，最后选定微孔曝气器。经天津市纪庄子污水处理厂曝气系统改造工程的运行实践证明，微孔曝气器电耗比穿孔管降低一半，仅此一项就可省电20%以上。

另一个节能的重要措施是对曝气池供氧系统采用自动调节，根据曝气池中的溶解氧浓度由现场PLC自动调节供气量，可节省气量10%。

将沼气用于发电可回收大量电能，东郊污水处理厂预计年产沼气500～1000万立方米，除回收热能满足消化池污泥加热外，每年可发电600万度以上，占全厂用电量18%。沼气发电的一个关键问题是与市电并网，只有这样发出的电力才可能充分利用，东郊污水厂沼气发电与市电并网在我国是首创，这将为我国今后的沼气利用提供宝贵经验。

(2) 十分重视污水的预处理

国内污水厂在运行中出现的问题大量发生在预处理工序，为此东郊污水处理厂给以充分重视。首先，设置了粗、细两道格栅，并在沉砂池和初次沉淀池中装置除浮渣设备，将进入曝气池的浮渣减到最低限度；其次，对沉砂池进行了精心设计，池型为曝气沉砂，排砂采用空气提升，砂、水经过清洗再进行分离，全部操作均由计算机自动控制，确保沉砂池高度可靠地运行。

(3) 1/7污水采用前置缺氧脱氮新工艺进行大规模生产试验

生物脱氮除磷是解决水体富营养化最经济有效的方法，已引起国内外广泛重视，东郊污水厂将一个曝气池按前置缺氧脱氮工艺进行设计，就是为了在国内进行大规模的生物脱氮试验，为推广这一新工艺摸索经验。

生物脱氮曝气池停留时间比普通曝气池延长1倍，缺氧脱氮区在曝气池前端，占全池容积3/16，停留时间约90min，用水下搅拌器搅拌，曝气硝化区的曝气器呈渐减布置，控制出水处溶解氧浓度为

2mg/L。考虑到冬季水温低时硝化区容积可能满足不了充分硝化的要求，在脱氮区后 1/3 段安装了 V 型曝气器，必要时可投入使用。为了积累运行数据，设计考虑到对整个硝化反硝化过程进行自动监测和取样监测。

(4) 二次沉淀池进行了重大改进，以期提高出水水质

进入二次沉淀池的混合液密度大于池中的澄清水，因而呈异重流态，进池后沿池底泥面向池边流动，遇池壁上升至水面，在扩散过程中泥、水逐渐分离，但从池壁上升到水面时仍带有部分活性污泥微粒。以往二次沉淀池出水堰设在池边，被水带上来的活性污泥往往随水流出，影响出水水质，这种情况在阳光下观察十分明显。

为了找到最佳出水点，特地对纪庄子污水厂二次沉淀池水面各点的水质进行了取样测定，实测结果见表 3-11。

表 3-11　二沉池出水水质检测结果

项　　目	距池边距离						
	出水槽	2m	4m	6m	8m	12m	中心
含 SS/(mg/L)	20.5	16.5	29.5	39.5	65.5	62.5	51.1
含 BOD_5/(mg/L)	14.2	8.6	13.0	23.1	12.0	9.34	9.5
含 COD/(mg/L)	110	72	88	89	77	75	99

可以看出，出水的最佳水质在距池边 2～4m 处。因此，决定在距池边 4.5m 处增设出水槽降低堰口负荷，以期改进出水水质。

(5) 将剩余活性污泥送回初次沉淀池共同沉淀，提高污泥浓缩效率

剩余活性污泥浓度低，有机物含量高，浓缩困难，采用重力浓缩效果不好，采用气浮浓缩、离心浓缩则设备复杂，费用高，不适合我国国情。欧洲一些国家推行将剩余活性污泥送回初次沉淀池与初沉污泥共同沉淀的工艺，取得了较理想的效果，纪庄子污水厂对此进行了试验研究，将二系列两个初次沉淀池作为试验池，与一系列平行对比，表明这种工艺的初次沉淀池出水水质 BOD 指标好于传统工艺，COD、SS 去除率相同，混合污泥浓缩效果好。

(6) 消化池采用国际 80 年代先进技术，确保可靠高效运转

消化池的运转是国内污水厂最大的难点，至今运行正常的消化池为数不多，这与设计水平低有很大关系，为此，东郊污水厂消化池从法国得利满公司引进 80 年代先进技术和设备，其主要特点是：

① 5 个消化池呈五角星形，中央设消化池控制室，相互以管廊连通，全部设备阀门管道均在室内，解决了冰冻问题，也便于操作管理。一、二级消化池容积比为 4∶1，二级消化池只起调节泥量、降低泥温和收集沼气的作用。

② 浓缩污泥用泵直接投配，投泥过程全部自动控制，泥管上设气动橡胶阀，按照预定时间程序由电磁阀控制压缩空气开关气动橡胶阀实现顺序投泥。生污泥直接进入消化池，进泥的同时等量消化污泥自行溢流至二级消化池，进泥井、排泥井都在消化池外，可以直接观察污泥性状。

③ 消化池用沼气搅拌，沼气压缩机设在控制室顶层，每个消化池一台，搅拌沼气不经贮气柜，搅拌与产气互不干扰。搅拌装置是 24 根沼气管从池顶中心进入直到池底，在池内形成大循环回路，达到全池均匀混合，搅拌沼气管是否通畅可从池顶的显示装置看出，堵塞时可用高压水从池顶清通。根据试验，在任何点投入示踪剂，经 20min 搅拌，即可全池分布均匀。

④ 污泥加热用套管式热交换器，热水来自沼气锅炉或沼气发电机，水温由 PLC 控制，生污泥不先通过热交换器，加热的污泥从消化池直接抽取，由于污泥加热前后温差小，使热交换器的工况大为改善。

⑤ 每个消化池都设有减压阀和真空破坏阀、灭火装置及避雷针，池顶设有观察窗，池侧壁设有检修孔便于运行管理。

(7) 精心设计污泥管路，确保运行安全可靠

污水厂众多管路系统中，泥路最易出故障，令管理人员非常头疼。东郊污水厂决定采取以下措施改善泥路系统：

① 凡浓度大于 1%的污泥，原则上用泵强制输送，泵的位置紧靠排泥点，一律用自灌式，确保吸泥管路畅通。泥管管径一般不小于 200mm，流速不小于 1m/s。

② 泥泵采用螺杆泵代替离心泵，闸门用气动橡胶阀代替一般的

闸阀，可以最大限度地防止堵塞。

③ 污泥管道上设置清通阀接入高压水，一旦堵塞可用水反冲。

④ 泥路上安装电磁流量计和污泥浓度计，由计算机监视泥路的工况，泥泵开停也由计算机控制，操作人员可通过自控系统进行管理。

(8) 将出水进一步处理后回用本厂，为污水回用探索道路

东郊污水厂生产用水量很大，每日可达数千吨，如果曝气池需要消泡，日用水量以万吨计。另一方面，经过处理的水已基本上消除污染，可以作为低质水源，因此，污水厂出水回用本厂是理所当然的。

东郊污水厂的生产用水主要有污泥脱水机冲洗水、药液二次稀释水、各种泵的润滑水、冲洗车辆用水、池子和泥管冲洗水等，它们对水质要求都不高，含SS小于10mg/L就行。污水厂A/O系统出水的SS可达到20mg/L以下，只需经快速砂滤和加氯消毒即可回用。按每天用量4000t计算，每年可节省水费20多万元。

污水回用本厂只是第一步，随着社会经济的发展，水资源的供需矛盾会更加突出，污水回用是缓和这一矛盾的重要途径。东郊污水厂的污水回用是一种尝试，其目标是为污水回用于厂外探索道路。

(9) 实现生产自动化，把管理水平提到新的高度

国内污水厂的管理水平还很低，一个重要原因是生产管理自动化水平低。东郊污水厂有利用国外贷款的便利条件，决定引进全套自控设备仪表，使生产管理上一个新台阶。

东郊污水厂采用的是集中监视、分散控制的自控系统，中央控制室内安装计算机和大型模拟盘，监视全厂生产，四个现场控制站(PLC)分别对污水预处理、污水生物处理、污泥消化系统和污泥脱水系统的生产过程进行控制。程序软件也是从国外引进，并根据中方的意见进行了修改，投入运行后还可根据实际情况随时调整。厂内还设置了独立的闭路电视系统，在主要设备旁和厂区制高点安装了10台摄像机，从中控室可以直接观察设备的运行情况。计算机可定期打印需要的运行数据，积累运行资料。

2. 主要设计参数

（1）预处理

进水泵房前设6台垂直格栅，每台宽2m，栅条净距25mm，泵房后沉砂池前设8台曲面格栅，每台宽1.2m，栅条净距10mm，栅条曲率半径2m。

沉砂池为曝气沉砂池，共6条廊道，每条长30m，宽4m，水深3m，停留时间5.7min。池内设VIBRAIR型曝气器648个，供气量5.184m^3/h。池上设吸砂桥2台，配备6套吸砂装置，吸出的砂水经洗砂后再进行砂、水分离，然后运出厂外处置。

设4座辐流式初沉池，单池直径60m，池边水深4.5m，表面负荷1.77$m^3/(m^2 \cdot h)$，沉淀时间2.26h，刮泥机为双臂式周边传动。

每2座初沉池配1座初沉污泥泵房，内设单螺杆泵，将污泥送至污泥处理工序。

（2）生物处理

全厂4座曝气池，单池长68m，宽64m，水深5.2m，分为8条廊道，每条宽8m，其中3座按传统曝气工艺设计，单池设计流量120000m^3/d，进水BOD浓度210mg/L，SS浓度120mg/L，出水BOD浓度40mg/L，SS浓度60mg/L，曝气时间4.5h，最大供气量20000m^3/h（标准状况），设DP230型曝气器6531个，MLSS浓度3g/L，污泥回流比75%，污泥负荷0.5kg/kg（BOD/MLVSS）。

一座曝气池按前置缺氧脱氮工艺设计，设计流量60000m^3/d，进水BOD浓度210mg/L，SS浓度120mg/L，TKN浓度40mg/L；出水BOD浓度20mg/L，SS浓度20mg/L，TKN浓度10mg/L，停留时间9h。最大供气量20000m^3/h，设DP230型曝气器6556个，V型曝气器180个，潜水搅拌机5台。MLSS浓度5g/L，污泥回流比150%，内回流比200%，硝化速率2.2mg/(g·h)（以$N\text{-}NH_4/VSS$计），反硝化速率2.7mg/(g·h)（以$N\text{-}NO_3/VSS$计），脱氮率60%。

每座曝气池配1座回流污泥泵房。每座泵房安装4台ϕ1400mm螺旋泵，单泵流量0.411m^3/s，扬程3.6m，倾角30°。

每座曝气池配2座辐流式二次沉淀池，单池直径55m，池边水深4.5m，表面负荷1.05$m^3/(m^2 \cdot h)$，沉淀时间3.8h，出水堰负荷

1.8L/（m·s），沉泥用双臂式周边传动吸泥机排出。

（3）污泥处理

从初次沉淀池来的污泥进入2座辐流式重力浓缩池，单池直径26m，池边水深4m，进泥量7028～3280m^3/d（对应浓度7～15g/L），出泥量（含水率96%）1230m^3/d，停留时间15～31h，固体负荷93kg/（m^2·d），刮泥机为中心传动。两池之间设浓缩污泥泵房1座，内设柱塞泵，将污泥泵入消化池。

污泥消化池共5座，其中4个一级消化池，1个二级消化池，单池直径28.8m，有效容积10000m^3，总消化时间20.3d，总投配率4.92%，消化温度33～35℃，生污泥计算温度10℃，池内最大压力3.9kPa（400mmH_2O），进泥浓度4%，污泥挥发分含量55%，出泥浓度3.34%，用沼气搅拌，每座消化池配沼气压缩机1台，搅拌强度1.0m^3/(m^2·h)，一级消化池每池配套管式热交换器1台，设计进泥温度35℃，出泥温度40.5℃，进热水温度70℃，出水温度60℃，热水流量80m^3/(h·台)。

消化后的污泥排出量2460m^3/d，折干重82t/d，采用机械脱水，脱水机房内设Deg843型带式压滤机8台，每台带宽3m，生产能力685kg/h（以干泥计），脱水泥饼含水率小于80%。

（4）沼气利用

预计全厂日产沼气13300～28500m^3，设2座低压湿式贮气罐贮存，每座容积5000m^3，直径22m，气压2.7kPa（280mmH_2O）。沼气用于发电和烧锅炉，选用单燃料发电机组5台，单台功率284kW，回收热量1431890kJ/h（342000kcal/h），沼气用量138m^3/h（标准状况），发电效率33.7%，热回收效率45%；选用沼气锅炉4台，每台产热量3140000kJ/h（750000kcal/h），沼气用量152m^3/h（标准状况），热效率90%。

3. 技术经济指标

水量：	公称设计规模	400000m^3/d
	设计平均流量（不脱氮）	480000m^3/d
	设计平均流量（部分脱氮）	420000m^3/d

	最高日流量（不脱氮）	560000m^3/d
水质：	进水 BOD_5	280mg/L
	进水 COD	700mg/L
	进水 SS	240mg/L
	出水 BOD_5	40mg/L
	出水 SS	60mg/L

工艺：采用常规活性污泥法，其中污水量 60000m^3/d 可进行脱氮处理。污泥全部进行中温厌氧消化，沼气发电机组与市网并网运行，余热回收供污泥加热。消化污泥全部脱水外运。

技术经济指标：

	用地（含厂外道路）	34.5hm^2（517 亩）
	钢材	9539t
	水泥	36406t
	木材	6270m^3
	金属管	14300m
	非金属管	11737m
	工程费用	22055.37 万元
其中	土建工程	9606.76 万元，占 43.56%
	管道	1970.15 万元，占 8.93%
	设备	5789 万元，占 26.25%
	其他费用	4688.57 万元，占 21.25%

处理单方污水的技术经济指标：

投资	551 元/m^3
钢材	23.84kg/m^3
水泥	91.02kg/m^3
木材	0.016m^3/m^3
用地	0.86m^2/m^3

4. 工程运行情况

中美工程技术研讨会美方主席洪胜男参观天津东郊污水处理厂后的评价。1995 年 10 月 25 日，参加中美工程技术研讨会的美方主席洪胜男先生、台湾中兴公司陈吉宏先生等一行在中国土木工程学会副秘书长罗祥麟、天津市政工程局总工程师陈福明的陪同下，参观了天津东郊污水处理厂。美方专家认为，天津市的污水处理水平很高，特别是东郊污水处理厂，其工艺系统、监测系统已达世界先进水平。洪先生指出：如把世界上的污水处理厂分为十级，他认为目前还没有达到十级的污水处理厂，但天津东郊污水处理厂至少可达八级。

1998 年 10 月 12 日，天津东郊污水处理厂沼气发电机组与市电网并网成功。此前，东郊污水处理厂沼气发电机组经过 5 年多的运行考核，在电力部门对发电机并网解裂系统和发电机励磁系统进行严格检查的基础上，并网发电一次成功，填补了国内污水处理厂利用沼气发电与国家电网并网运行的空白，为今后污水处理厂沼气发电推广应用创立了良好的开端。

东郊污水处理厂将污泥处理产生的沼气作为发电机动力进行发电，单机容量为 284kW，共有 5 台机组，其中 1 台备用，4 台机组满发电能力为 1136kW，扣除机组辅机用电，实际发电能力为 1084kW。如果发电机组不并网运行，受供电半径的影响，发电机组只能带 680kW 负荷，发电效率为 63%，不能充分发挥发电机组效率。而且由于电动机启动电流的影响，使大功率电机不能在电网上直接启动，即有电力而无法应用。采用并网运行后，发电机组可平稳地按额定功率发电，效率为 100%。经粗略计算，并网运行后，机组根据一年四季产气量多少进行发电，全年平均发电量为 575×10^4 kW·h；而不并网运行，按发电效率 63%计算，全年平均发电量为 362×10^4 kW·h，比并网少发电 213×10^4 kW·h。按每度电 0.542 元计算，并网发电每年可节省电费约 115 万元，由此可见，并网运行经济效益是显著的，是节约能耗的重要途径。

另外沼气发电机组与电网并网运行后，可以保证污水处理厂供电不会中断，改变了目前污水处理厂因中断供电产生的许多问题，如微孔曝气堵塞问题，污水溢流问题等。对提高系统的管理水平，延长设备的使用寿命都有好处，同时还能更好地利用能源，发挥污水处理的环保效益。

三、氧化沟法

氧化沟以其流程简单、管理方便和处理效果好等优点赢得了声誉，正在我国不少工程项目中采用。丹麦索兰德对氧化沟的定义是：不经初次沉淀的活性污泥处理厂，采用环型平流模式，污泥负荷设计能力为0.05～0.075kg/(kg·d)，泥龄为20～30d。氧化沟有很多型式，由于技术及装备的发展，已经突破只适用于小型污水处理厂的概念，原因是近10年在下列三方面有了突破性进展。

① 突破了氧化沟是一种延时曝气构筑物的概念，可按多种活性污泥工艺进行设计。它可以是低负荷的延时曝气池，也可以是高负荷曝气池；可以是缺氧/好氧或厌氧/好氧或厌氧/缺氧/好氧或吸附/生物氧化等工艺的组合。总之，可视具体工程条件而设计。

② 氧化沟水力学流态和构筑物形式的研究有了重大进展，出现了间歇曝气工艺的氧化沟、水深达8m的深水氧化沟和高效氧化沟。

③ 开发研制了各类氧化沟的专用设备，使工艺技术、技术装备和运行控制有了一整套技术，保证了各种氧化沟的有效运行。

目前，各种氧化沟几乎在我国都已有了工程实例。已进入我国市场推销其产品和技术的著名外国公司有：

荷兰DHV公司与美国EMICO公司合作，推出新成果Carrousel 2000型氧化沟，其主要设备是表曝机；

丹麦Kruger公司推出新成果DE型氧化沟，其主要设备是充氧转刷和潜水搅拌器；

美国Envirex公司推出Orbal氧化沟，这种氧化沟一般由同心的三个椭圆形沟组成，主要设备是转蝶曝气机；

德国PASSAVANT公司推出转刷曝气氧化沟，其主要设备转刷曝气机不断得到改进。

总之，氧化沟是一种经济高效的城市污水处理方法，近年来国际上有了重大发展，我国此项技术尚处于国际上80年代水平。我们应根据各地的情况博采众长，引进消化，开发我国的氧化沟技术与装备。

（一）氧化沟的型式

近年来，水资源已被世界各国所重视，水工业也随之发展，以氧化沟技术为例，氧化沟的品种不断涌现，Carrousel 3000 型已经问世。概括起来，氧化沟有单沟、双沟、三沟、多沟同心和多沟串联等多种布置形式；有将二沉池与氧化沟分建或合建的；有连续进水或交替进水的；有用转刷曝气机、转盘曝气机或泵型、倒伞型表面曝气机进行充氧和搅拌的；也有另加水下潜水搅拌器的。总之百花争艳，但对设计者来说，掌握各种氧化沟的性能、流态和设计诀窍、关键，任务是艰巨的，长期跟踪其开发和发展情况也是困难的。笔者认为，调查现有工程，解决发现的问题，改进原有设计是工程师的捷径。

1. Carrousel 型氧化沟

Carrousel 型氧化沟在荷兰最为流行，其构造特点是在沟渠的一端设置垂直轴的表面叶轮曝气机。沟渠本身一般为廊道式，曝气机可设在一端，也可设在两端。由于表面叶轮曝气机有较大的提升作用，使氧化沟的水深一般可达 4.5m。氧化沟需另设二沉池和污泥回流装置，布置见图 3-30，组合形式见图 3-31。

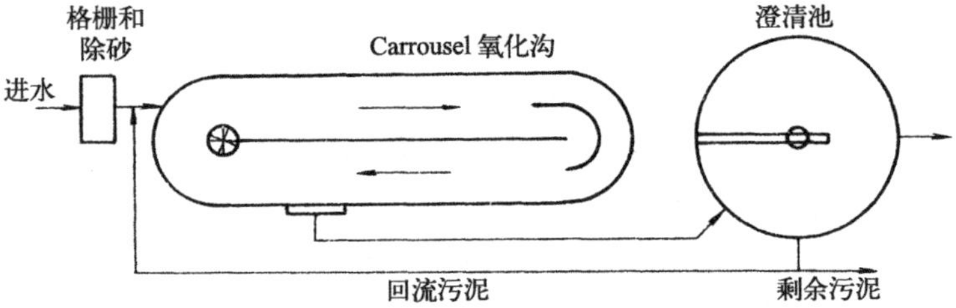

图 3-30　Carrousel 氧化沟流程示意图

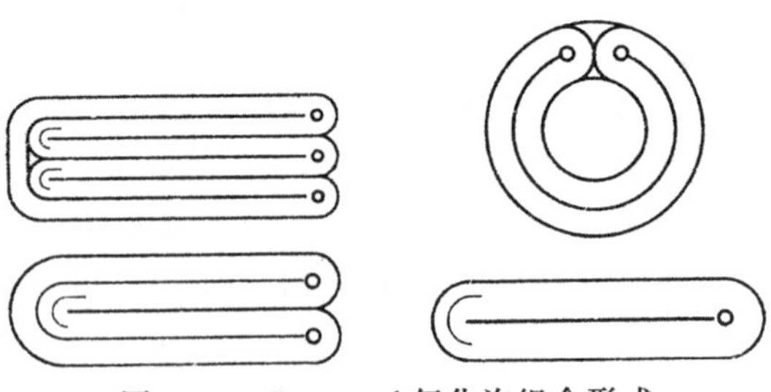

图 3-31　Carrousel 氧化沟组合形式

2. Orbal 型氧化沟

Orbal 型氧化沟的平面形状是由几条同心椭圆形沟渠套在一起组成的。如图 3-32 所示。

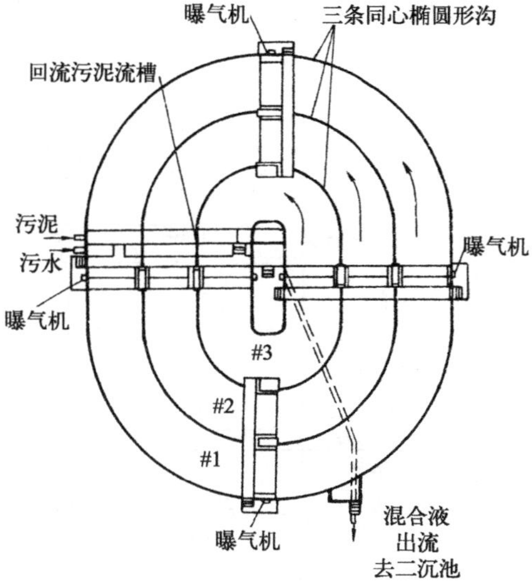

图 3-32 Orbal 型氧化沟

Orbal 型氧化沟的曝气设备一般采用的是水平轴的转盘式曝气机。转盘的转速为 43～55r/min，转盘的浸没深度可在 230～530mm 范围内调节。

三沟同心式氧化沟也称 0-1-2 工艺，这是根据内、中、外三沟内的溶解氧分布不同而来的。外沟内的溶解氧一般为 0～0.3mg/L，其容积占总容积的 50%以上，是碳源氧化和反硝化最关键的场所，污水大约在此要流经 200～250 圈。中沟的溶解氧控制在 1.0mg/L 左右，这是内沟与外沟的缓冲地带，可进一步去除 BOD，完成一部分氨氮的硝化。内沟的溶解氧则控制在 2.0mg/L 左右，混合液在此回流至外沟，完成反硝化作用。

3. 转刷曝气型氧化沟

这种氧化沟实际上是把传统曝气池改成采用转刷充氧与搅拌的氧

化沟（见图 3-33），二沉池、回流泵房与传统活性污泥法相同。一般将转刷设在氧化沟直段的廊道上，由于转刷操作与维护比较方便，其充氧效率接近微孔曝气。尤其是德国 PASSAVANT 公司在研究开发转刷曝气氧化沟和曝气机方面，做了很多工作，成效卓著。

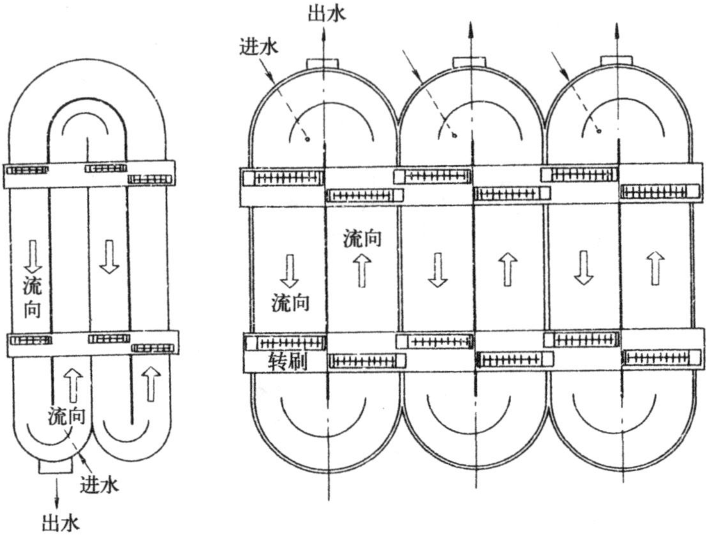

图 3-33　转刷曝气型氧化沟

4. 交替工作型氧化沟

最初的交替工作型氧化沟较典型的是不设沉淀池的双沟式和三沟式氧化沟，主要用作去除 BOD。双沟式氧化沟由两个容积相同的单沟串联组成，两沟被交替用作曝气池和沉淀池。作沉淀池时，转刷停开。其操作方式如图 3-34 所示。

三沟式氧化沟是由三个单沟平排而成，左右两侧的单沟交替用作曝气池和沉淀池，而中间的则连续曝气。如图 3-35 所示。交替工作型氧化沟都不需设污泥回流系统，并且用作二沉池的氧化沟一般比外建的沉淀池容积大，因此出水水质更好。但都存在曝气设备利用率较低的问题，如双沟式只有 37.5%，三沟式可达 58.33%。

N=硝化
S=沉淀

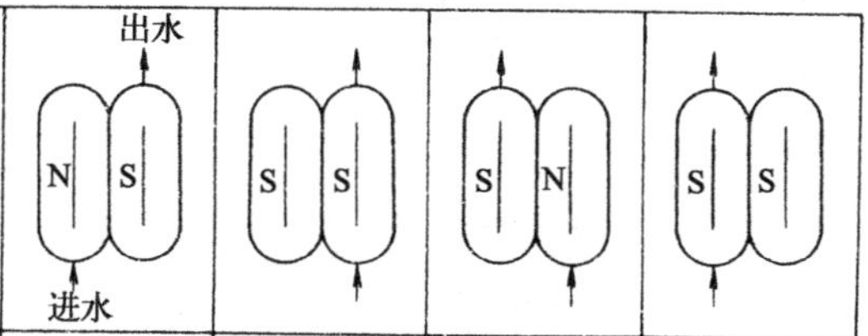

工作阶段	A	B	C	D
时间/h	3.0	1.0	3.0	1.0

图 3-34 双沟式氧化沟运行方式

N=硝化
S=沉淀

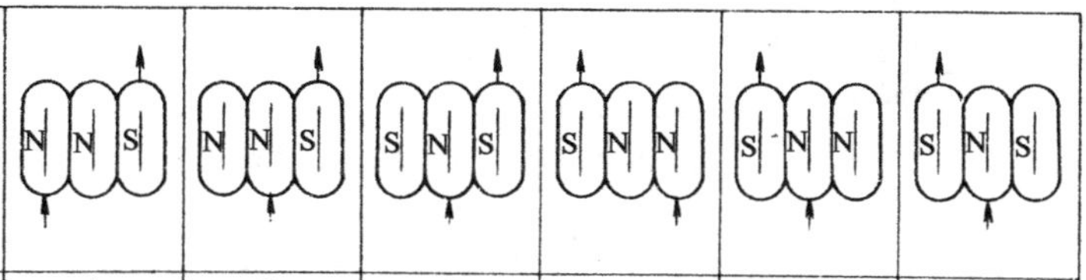

工作阶段	A	B	C	D	E	F
时间/h	2.5	0.5	1.0	2.5	0.5	1.0

图 3-35 三沟式氧化沟运行方式

随着各国对污水处理厂出水中的氮、磷含量的控制要求越来越严，出现了功能加强的交替工作型氧化沟，主要是由丹麦 Kruger 公司开发的称为 Bio—Denitro（生物脱氮）和 Bio—Denipho（生物除磷）工艺。Bio—Denitro 工艺的基本型式是由两座相同单池和一座沉淀池所组成。如要求同时除磷，则单池前还应增设厌氧池，从而形成 Bio—Denipho 系统。两工艺是根据 A/O 和 A/A/O 生物脱氮除磷原理，创造缺氧/好氧、厌氧/缺氧/好氧的工艺环境，达到生物脱氮除磷的目的。

Bio—Denitro 工艺运行方式如图 3-36 所示，Bio—Denipho 工艺见图 3-37。

Bio—Denitro 工艺同常规脱氮法相比，省掉了混合液回流系统，只是在各沟中交替进行硝化和反硝化过程，使得脱氮过程有了高度的灵活性，可获得较高的脱氮率。

三沟式交替工作型氧化沟也可以通过改变操作方式，创造一定的条件，使沟中交替发生硝化和反硝化作用，进行生物脱氮，此时可以不建二沉池。

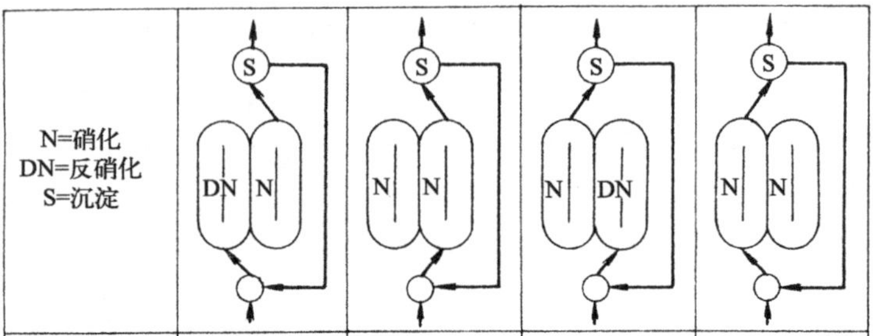

工作阶段	A	B	C	D
时间/h	1.5	0.5	1.5	0.5

图 3-36　Bio—Denitro 工艺流程

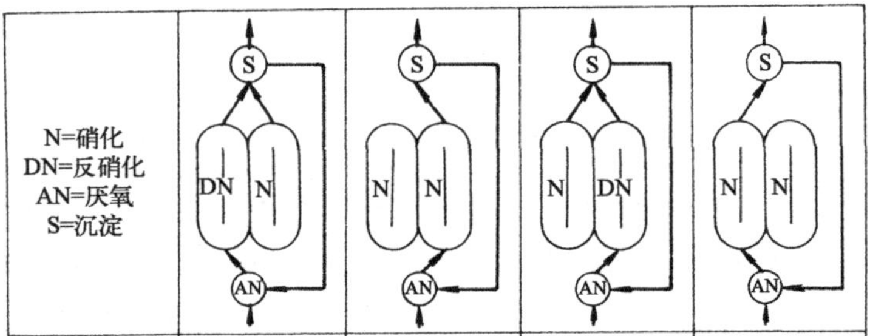

工作阶段	A	B	C	D
时间/h	1.5	0.5	1.5	0.5

图 3-37　Bio—Denipho 工艺流程

5. 一体化氧化沟

一体化氧化沟是将二沉池建在氧化沟中的构筑物。如船型一体化氧化沟，将平流式沉淀器设在氧化沟一侧，其宽度小于氧化沟宽度，因此它就像在氧化沟内放置一条船，混合液从其底部及两侧流过，在沉淀槽下游一端有进水口，将部分混合液引入沉淀槽，即沉淀槽内水流方向与氧化沟内混合液的流动方向相反，沉淀槽内的污泥下沉并由底部的泥斗收集回流至氧化沟，澄清水则由沉淀槽内流水方向的尾部溢流堰收集排出。一体化氧化沟也可利用侧沟或中心岛进行泥水分离。一体化氧化沟可省去污泥回流泵房。

（二）DE型氧化沟在西安市北石桥污水处理厂的应用

西安市北石桥污水处理厂一期工程设计规模140000m^3/d，远期规模为300000m^3/d，工程建设利用北欧发展基金与北欧投资银行联合贷款，贷款额度为545万美元。

西安市北石桥污水处理厂位于西安市西南郊北石桥地区，主要接纳和处理西安市东南郊、南郊和西南郊地区工业企业生产废水和居住区生活污水，其生产废水和生活污水的排放比例为3：7左右。全区流域面积为53.5km^2，规划控制区人口60万人。流域区内主要工业有电子、制药、皮革、焦化、化工、造纸工业等。

进水水质指标：BOD_5浓度180mg/L，SS浓度255mg/L，COD浓度400mg/L，NH_4^+-N浓度32mg/L。出水水质指标如下：含$BOD_5 \leqslant 20$mg/L，含SS≤20mg/L，含COD≤100mg/L，含NH_4^+-N≤15mg/L（温度>12℃）。

工艺流程见图3-38。

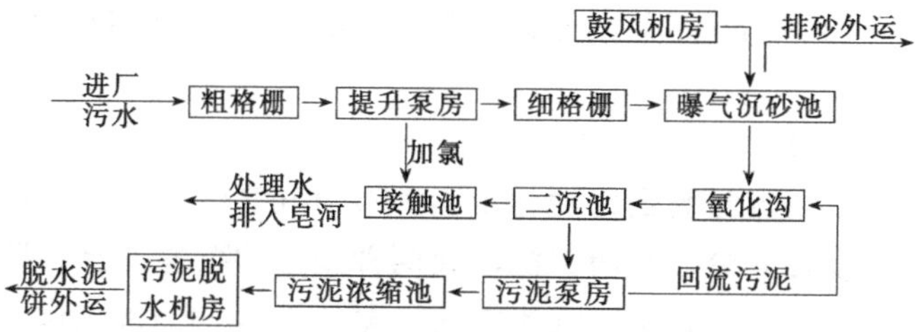

图3-38　西安北石桥污水处理厂工艺流程图

1. 厌氧混合池与氧化沟

氧化沟为污水处理厂的核心处理构筑物。该工程采用DE型氧化沟系统（Bio—Denipho），系统包括2个容积相等、交替运行的生物池（3座氧化沟）及厌氧混合池和二次沉淀池。在该系统中完成污水有机物的氧化和脱氮除磷。

厌氧混合池按一期工程设计，1座2格，每格长12.0m，宽12.0m，有效水深5.0m。设有480型混合搅拌器2套，功率2.2kW；35型出水调节堰6套，宽5.0m，分别与氧化沟的6个池子连通。堰板调节由控制室按阶段控制，电机功率0.55kW。

氧化沟一期工程共3座6池，池宽22.0m，长116.50m，有效水深4.50m，污泥的BOD_5负荷为0.09kg/(kg·d)，MLSS浓度4.5g/L，泥龄12d。设有Maxi9型转刷共60套，直径ϕ1000mm，长度9.0m，转速73r/min，电机功率45kW，标准状态充氧能力67kg/h。氧化沟还设有SK4430淹没式搅拌器18台，功率4.0kW，以保证氧化沟在缺氧状态下（转刷停止运转）混合液将不致发生沉淀。氧化沟出水口设有DC35型可调节堰板12套，宽5.0m。

整个DE型氧化沟系统设备包括厌氧混合池搅拌器2套，出水调节堰6套，氧化沟转刷60套，搅拌器18套，出水调节堰12套，还有二沉池回流污泥泵6台，全部由中心控制室按预定程序集中控制，以保证氧化沟系统始终处于良好的工作状况。

2. 二沉池

一期工程二沉池共6座，直径40.0m，采用中心进水、周边出水辐流式沉淀池，每池设有ϕ40型刮泥机1台，功率0.37kW，水力负荷1.02m^3/(m^2·h)，水力停留时间4.7h，回流污泥量6300m^3/h，回流比80%。

3. 污泥泵房

活性污泥回流与剩余污泥排放分别采用CP3300型和CP3085型淹没式潜水泵各6台，每座二沉池设两种型号的泵各1台。设计污泥泵房3座，分别建于2座二沉池之间，宽4.0m，长13.60m，地下式钢筋混凝土结构。回流污泥泵$Q=1500m^3/h$，$H=6.0m$；剩余污泥泵$Q=35m^3/h$，$H=6.0m$。电机功率分别为37.0kW与2.2kW。

该工程氧化沟有效水深4.5m，为防止积泥，在氧化沟底部设置了搅拌器，以根据氧化沟运转工况开启搅拌器，增加氧化沟底部流速，防止积泥。另外在每台转刷的下游方向设有挡板，使转刷推动水流导向池底，从而增加池底流速，防止氧化沟积泥。

（三）邯郸市东污水处理厂三沟式氧化沟

邯郸市东污水处理厂建有3组平行的三沟式氧化沟系统，中间沟连续运转进行硝化或反硝化，两侧边沟交替作为曝气、反硝化和沉淀池运行，其中转刷只在曝气阶段和混合反硝化阶段运转。处理后的污水在边沟中沉淀，经自动调节出水堰溢出，流入出水泵站。

该污水处理厂总规模为 100000m^3/d，一期工程 2 组氧化沟，二期工程 1 组氧化沟，每组沟日处理能力为 33000m^3，每组沟长 98m，宽 73m（沟壁为直壁）或 66m（沟壁为斜壁），水深 3.5m，池容积为 19950m^3。该氧化沟的组成见图 3-39。

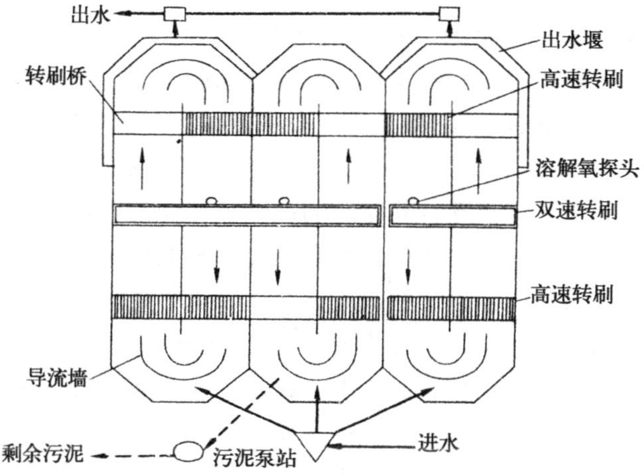

图 3-39　三沟式氧化沟的组成示意图

邯郸市东污水处理厂氧化沟可根据要求将工艺运行程序输入 PLC 控制器内，由 PLC 控制器按程序切换进水方向和改变沟内运行方式，以控制整个工艺运行。在时间程序控制的基础上，溶解氧控制可根据沟内设定溶解氧的范围，自动开启和停止部分转刷，从而达到节约能源的目的。三沟式氧化沟的运行模式有两种，即硝化运行模式和硝化-反硝化运行模式。

该污水处理厂的建成，对我国引进氧化沟技术起到了促进作用。

四、SBR 法

序批式活性污泥工艺（Sequencing Batch Reactor）有人称之为间歇曝气工艺，其变型工艺有循环式活性污泥法（Cyclic Activated Sludge Technology，简称 CAST 工艺）以及 CASS 工艺（Cyclic Activated Sludge System)、CASP 工艺（Cyclic Activated Sludge Process），它们都是间歇进水间隙曝气，而 ICEAS 工艺（Intermittent Cyclic Extended Aeration System）、IDAL 工艺（Intermittent Decanted Aerated Lagoons）、IDEA 工艺（Intermittent Decanted Extended Aerated）以及 DAT-IAT 工艺（Demand Aeration Tank-Intermittent Aeration Tank）都为连续进水间歇曝气。采用间歇曝气的新工艺还有 MSBR 以及 UNITANK 工艺等，总之新工艺不断涌现。

SBR 法原本是最早的一种活性污泥法运行方式，由于管理操作复杂，未被广泛应用。近些年来，自控技术的迅速发展重新为其注入了生机，使其发展成为简单可靠、经济有效和多功能的 SBR 技术。它一般由两池组成，相互交替地按一定顺序和周期完成进水、曝气、静沉、排（滗）水等任务，其循环周期和各阶段的时间，可按进水水质和出水要求拟定，自控运行。因此它是一种间歇进水、变容积、完全混合、单池操作、静置沉淀、好氧-缺氧-厌氧交替出现的新型活性污泥法，是把反应池、二沉池及回流装置一体化的工艺。SBR 技术有按进水期、反应曝气期、静沉期、滗水期、闲置期等周期性运行的系统，也有按进水曝气期、进水沉淀期、滗水期、进水闲置期等周期性运行的系统以及其他多种，例如 CAST 系统、DAT-IAT 系统。

（一）SBR 法的特点

① 对水质水量变化的适应性强，运行稳定，适于水质水量变化较大的中小城镇污水处理；也适应高浓度污水处理。

② 为非稳态反应，反应时间短；静沉时间也短，可不设初沉池和二沉池；体积小，基建费比常规活性污泥法约省 22%，占地少 38%左右。

③ 处理效果好，BOD_5 去除率达 95%，且产泥量少。

④ 好氧、缺氧、厌氧交替出现，能同时具有脱氮（80%～90%）和除磷（80%）的功能。

⑤ 反应池中溶解氧浓度在 0～2mg/L 之间变化，可减少能耗，在同时完成脱氮除磷的情况下，其能耗仅相当传统活性污泥法。

⑥ 所需之机械和工艺设备较少，自控运行、管理简便。

（二）CAST 工艺

CAST 工艺的反应池由生物选择器、兼氧区和主曝气区组成。

生物选择器设于主曝气区前端，保持厌氧环境。污水经格栅和沉砂池，去除较粗大的无机颗粒和漂浮物，然后进入生物选择器，与主曝气区回流而来的浓缩污泥充分接触混合，完成一系列生化反应。由于废水中的有机物在此之前很少发生生物去除作用，保持较高浓度；回流来的浓缩污泥已经充分曝气，保持在高活性状态，为发生良好的生化反应奠定了基础。生物选择器内常设置折流板，以增强污水和污泥的混合效果。

1. 生物选择器的功能

（1）防止污泥膨胀

微生物选择性理论认为，污水处理所利用的菌胶团比引起污泥膨胀的丝状菌具有较高的增殖速率和饱和常数，因此在低底物浓度下丝状菌竞争底物的能力较强，生长上占优势；而在高底物浓度下，菌胶团的增殖速率更快，成为环境中的优势菌群，就抑制了丝状菌生长。此外，大量工程实例证实，推流式曝气池发生污泥膨胀的可能性要比完全混合式反应器小得多，说明有机底物浓度渐变的环境能有效防止污泥膨胀的发生。CAST 工艺实现了从厌氧池到曝气池的推流，从流动形态上降低了污泥膨胀的可能性。因此，生物选择器是克服污泥膨胀的有力保障。

（2）发挥不同呼吸类型微生物在厌氧环境下的生化特性

利用不同类型微生物的生化作用，可以有效去除有机物、脱氮，改善污水的可生化性，同时为除磷创造条件。

具有较高活性的污泥在厌氧环境下与较高浓度的废水充分接触时，微生物对有机物的去除是通过胞外酶水解可溶性的大分子有机物成小分子并吸收进入细胞体内，以及依靠生物吸附作用来实现，这个过程速度快、需时短、不耗能。污泥中的反硝化菌以污水中的有机物为碳源，还原硝态氮（污泥中的硝态氮一般为 2mg/L）为氮气，实现脱氮。聚磷菌则分解体内的聚磷酸盐成磷酸盐释放到污水中，获得的能量用于吸收废水中的有机酸合成聚 β-羟基丁酸（PHB）并贮存于细胞内，这为好氧条件下的过量摄磷创造了先决条件。同时预留充分的时间使污泥中的糖类降解，从而控制污泥含糖量，避免其对除磷的负面影响。

在厌氧环境下，通过厌氧菌和兼性菌的作用，许多难降解的复杂有机物被分解为易生物降解的物质，对改善污水的可生化性、提高系统的处理效果具有重要的意义。

(3) 提高后续生物曝气的氧传质效果

污水从厌氧环境进入好氧环境时，氧向污水中转移所需的传质推动力（浓度差）最大，氧的利用率高，有利于减少能耗，获得较理想的能耗效益比。

2. 兼氧区的功能

兼氧区内的微量曝气可以强化反硝化脱氮，也可以调节为非曝气区进行缺氧除磷，主要目的是形成从厌氧区到好氧区的过渡，使细菌受环境突变的影响减小。并且，反硝化会消耗污泥吸收的部分有机物，对控制污泥的糖量有益。

3. 主曝气区的功能

主曝气区是 CAST 工艺的主要反应区，有机物的进一步降解稳定、硝化和除磷均在此进行，最终的泥、水分离和出水也在这里完成。在反应状态下，MLSS 的浓度一般能达到 3000～5000mg/L，丰富的微生物量是实现良好生物处理作用的基础。

4. 运行方式

CAST 系统的运行是周期性的循环操作，操作模式由控制软件选择和指定，任何运行方式的调整只需通过调整软件中的基本操作参数来实现，具有高度的可控性和灵活性。

标准的 CAST 系统以 4h 为一循环周期运行，其中 2h 曝气，2h 非曝气。当出现有机冲击负荷时，可通过延长曝气时间、增加循环操作周期的用时来适应高负荷，保持处理效果；当出现水力负荷过大时（如雨季流量），可通过缩短曝气时间、增加滗水频度来满足大流量、低负荷时的处理要求。厌氧生物选择器的运行可以恒容进行，也可以变容进行，以保证选择的有效性。

CAST 系统在运行方式上非常灵活，即使水质水量有较大波动时，亦能根据进水条件的变化作适当的调整，选择合适的操作方案。在高度自动化控制的条件下，这种调整非常容易实现，充分体现了污水处理自动化的优势，与现有的其他污水处理系统相比具有不可比拟的先进性。

5. CAST 工艺运行的四个阶段

如图 3-40 所示，CAST 工艺的运行可划分为以下四个阶段。

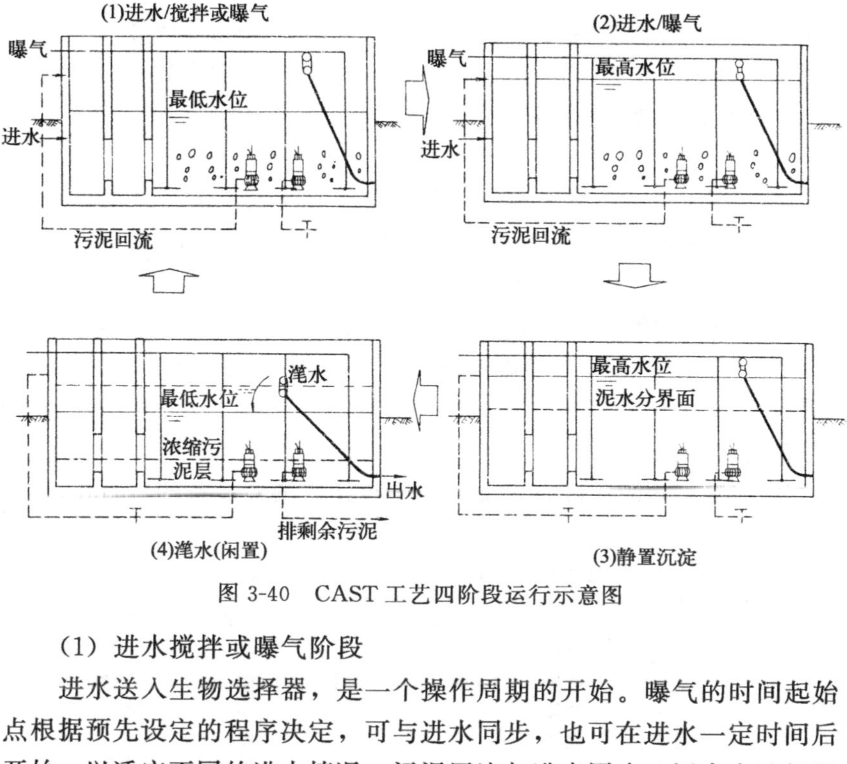

图 3-40 CAST 工艺四阶段运行示意图

(1) 进水搅拌或曝气阶段

进水送入生物选择器，是一个操作周期的开始。曝气的时间起始点根据预先设定的程序决定，可与进水同步，也可在进水一定时间后开始，以适应不同的进水情况。污泥回流与进水同步，污水在选择器中与回流污泥充分接触后停留一定时间，再进入主曝气区。

(2) 进水/曝气阶段

当反应池进水量达到设计值时，池中水位最高，污泥负荷最大，进水切换到其他反应池，该反应池进水停止，污泥回流亦停止；曝气继续，延长的时间由应达到的处理效果确定。

(3) 静置沉淀阶段

系统停止曝气，污泥絮体开始自由沉淀，曝气的残余能量有利于污泥的絮凝，并且由于无水力干扰，沉淀条件较好，污泥与水的分离会较快速有效地完成。

(4) 滗水（闲置）阶段

系统最终的出水由自动控制的滗水装置引出，由于能保持恒定的作用水头，并且在静态条件下操作（不存在密度流的问题），出水水质的均匀性和稳定性有保证。实际操作时，滗水所需要的时间常比设计的时间短，故系统在滗水完成后有剩余时间作闲置。

(三) ICEAS 工艺

ICEAS 工艺是连续进水的，即使在反应池处于沉淀阶段也照样进水。由于反应池有一定长度，一般从停止曝气开始到沉淀完成、开始滗水，原污水一般才流到反应池全长的 1/3 处；到滗水完成时，原污水最多也只能到达反应池全长的 2/3 处。此时将重新开始曝气，所以不存在原水干扰沉淀、影响滗水问题，更没有原水“短路”的可能。

1. 运行方式

ICEAS 工艺的运行周期及反应池和其他主要设备的运行情况如表 3-12 所示。

表 3-12　ICEAS 工艺周期运行过程

次　序	反应池部位	选择器	曝气区	滗水器	池内水位
1	进水	搅拌	曝气	停	水位上升
2	进水	搅拌	停止曝气，开始搅拌	停	水位上升
3	进水	搅拌	曝气	停	水位上升
4	进水	搅拌	搅拌	停	水位上升
5	进水	搅拌	曝气	停	水位上升
6	进水	搅拌	沉淀	停	水位上升
7	进水	搅拌	沉淀	滗水开始	最高水位
8	进水	搅拌	沉淀结束	滗水停止	水位最低
1	进水	搅拌	曝气	停	水位上升

注：排泥及污泥回流由设在反应池曝气区内的潜水泵按程序进行。

ICEAS 工艺前置缺氧生物选择器用以促进微生物繁殖、菌胶团形成并抑制丝状菌的生长。该工艺反应池也可由两部分组成，前一部分为预反应区，也称为进水曝气区；后一部分为主反应区。在预反应区内，污水连续进入，并可根据污水性质进行曝气、缺氧搅拌。在主反应区内，依次进行曝气、搅拌、沉淀、滗水、排泥等过程，并周期性循环。主、预反应区之间的隔墙底部有较大的孔洞相连，污水以极低的流速由预反应区连续进入主反应区。

当主反应区排泥时，先排放剩余污泥，然后将部分污泥回流至预反应区，也可令混合液回流。这种新的运行方式具有以下优点：

① 当主反应区处于停曝搅拌状态进行反硝化时，连续进水的污水可提供反硝化所需的碳源，从而提高了脱氮效率。

② 当主反应区处于沉淀或滗水阶段，连续进入厌氧污泥层，为聚磷菌释放磷提供所必需的碳源，因而提高了脱氮效率。

③ 由于连续进水，配水稳定，简化操作程序。

一般来说，现在的 SBR 处理系统可以较容易地改造成这种运行方式。

2. 工程实录

昆明第三污水处理厂是目前我国采用 ICEAS 工艺的规模最大的污水处理厂，设计规模为旱季平均 150000m^3/d，旱季高峰 200000 m^3/d。总投资 1.89 亿元，其中利用澳大利亚政府贷款 500 万美元。1997 年建成投产。

（1）设计进、出水水质（见表 3-13）

表 3-13　进、出水水质

项　　目	进　水		出　水
	近　期	远　期	
平均 BOD_5 浓度/(mg/L)	100	180	15
BOD_5 浓度范围/(mg/L)	72～125	135～225	
SS 浓度/(mg/L)	200	250	15
TN 浓度/(mg/L)	30	40	7

续表

项　　目	进　水		出　水
	近　期	远　期	
TP 浓度/(mg/L)	3～4	5～6	1
NH_3-N 浓度/(mg/L)			2

注：进水 BOD_5 ∶ TP≥20；可溶性 BOD_5 浓度≥50mg/L。

（2）主要技术参数

ICEAS 反应池数目：14 座并联运行。

每池尺寸：44m×32m×5m。

污泥负荷（BOD_5/MLSS）：0.08kg/(kg·d)。

MLSS 浓度：4600～2980mg/L。

水力停留时间（HRT）：0.57d（13.7h）。

正常周期（HRS）：4.8h（暴雨期 2.5h）。每天循环 5 次，每循环一次曝气 2h，闲置缺氧 0.8h，沉淀、滗水各 1h。

工艺部分装机功率：3013.6kW（共 96 台设备）。

工艺部分单位耗电（以处理 $1m^3$ 水计）：0.19kW·h/m^3（远期 BOD_5 浓度为 180mg/L 时，耗电 0.30kW·h/m^3）。

工艺部分占地面积：3.6ha（54 亩），相当于每日每 m^3 水规模占地 $0.24m^2$。

（四）DAT-IAT 工艺

连续进水、连续-间歇曝气（DAT-IAT）工艺是利用单一 SBR 反应池实现连续运行的新型工艺，它既有传统活性污泥法的连续性和高效性，又具有 SBR 法的灵活性，适用于水质水量变化大的情况。

1. 运行操作过程

DAT-IAT 工艺由 DAT（Demand Aeration Tank）工艺和 IAT（Intermittent Aeration Tank）工艺串联组成。DAT 连续进水，连续曝气（也可间歇曝气）；IAT 连续进水，间歇曝气，清水和剩余活性污泥均由 IAT 排出。和典型的 SBR 反应池一样，其运行操作由进水、反应、沉淀、出水和待机五个阶段组成。

（1）进水阶段

与典型的 SBR 工艺不同的是，DAT-IAT 系统的处理水连续进入 DAT，然后进入 IAT。连续进水使对进水的控制大大简化，这样的双池系统也避免了水力短路。

(2) 反应阶段

反应阶段分两部分：首先在 DAT 中连续曝气，池中水流呈完全混合流态，绝大部分有机物得以降解；经 DAT 处理后的混合液通过两池间的导流系统连续不断进入 IAT，在 IAT 中间歇曝气进一步去除有机物，使处理出水达到排放标准。

(3) 沉淀阶段

沉淀阶段只发生在 IAT。当 IAT 停止曝气后，活性污泥絮体静置沉淀与上清液分离，DAT 流入 IAT 的混合液流速很低，对 IAT 不产生扰动，因此其沉淀效率显著高于一般二沉池的动态沉淀。

(4) 排水阶段

排水阶段只发生在 IAT。当池水位上升到最高水位时，沉淀阶段结束，设置在 IAT 末端的滗水器开动，将上清液缓慢地排出池外；当池水位降到最低水位时停止滗水。

(5) 待机阶段

在 IAT 池滗水后完成了一个运行周期，两周期间的间歇时间就是待机阶段。该阶段可视污水的性质和处理要求决定其长短或取消。

2. DAT-IAT 工艺的优点与不足

① DAT-IAT 工艺同时具有 SBR 工艺和传统活性污泥法的优点：它像典型的 SBR 工艺一样是间歇曝气的，可以根据原水水质水量的变化调整运行周期，使之处于最佳工况，也可以根据脱氮除磷要求，调整曝气时间，造成缺氧或厌氧环境；同时它又像普通活性污泥法一样连续进水，避免了控制进水的麻烦，提高了反应池的利用效率。显然，这是一种对原水水质水量的变化和不同处理要求都有很强适应性、而且运行操作又比较简便的工艺。

② 对于曝气池和二沉池合建的污水处理构筑物来说，在保证沉淀分离效果的前提下，尽可能提高曝气容积比，可以减小池容，降低基建投资。与其他工艺相比，DAT-IAT 工艺的曝气容积比是最高

的，达到66.7%，而三沟式氧化沟是40%～50%，典型的SBR反应池一般为50%～60%，可以说DAT-IAT工艺是一种节省基建投资的工艺。

③ 虹吸式滗水器是一种结构简单、运行可靠、易于操作并且价格显著低廉的设备，采用这种滗水器可以有效降低设备费用。但它的滗水深度调节幅度小，不能在滗水深度变化大的情况下使用。

④ 与所有SBR工艺一样，用滗水器滗水需要水位差，这增加了污水处理厂总的水头损失。

3. 对DAT-IAT工艺的新认识

经工程设计实践，笔者建议将DAT-IAT工艺改进为IAT-DAT-IAT工艺，简称IDI工艺。其反应池由DAT区和IAT区改为三个区，中区连续进水连续曝气即DAT，两侧交替曝气、沉淀、出水(取消滗水，由溢流堰进出水槽)，即两侧各设1/2个IAT。如图3-41所示。

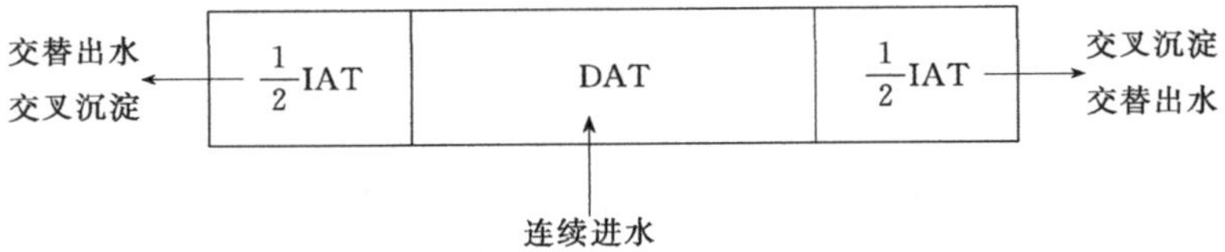

图3-41 取消滗水器的IDI新工艺

4. 工程实录

天津经济技术开发区污水处理厂日处理污水100000m³，污水主要来源于区内生活污水和生产废水。由于水质水量变化幅度较大，通过方案比选，结合贷款国技术特点，最后选择了DAT-IAT工艺。这是此工艺在我国的首次应用。工程占地6.71公顷（220m×305m），1999年建成投产。厂区平面示意图见图3-42。

（1）设计条件和设计参数

设计水量：$10\times10^4 m^3/d$。

进水水质：BOD浓度150mg/L；SS浓度200mg/L；
COD浓度400mg/L。

出水水质：BOD 浓度≤30mg/L；SS 浓度≤30mg/L；

COD 浓度≤120mg/L；NH_3-N 浓度≤10mg/L。

污泥在反应池中好氧稳定，不另进行污泥稳定处理。

污泥负荷：0.052kg/(kg·d)。

混合液 MLSS 浓度：5g/L。

IAT 运行周期：$T=3h$（曝气、沉淀、滗水各 1h）。

污泥所需总池容：57692m^3。设 6 组 DAT-IAT，每组污泥所需的池容积为 9615m^3。

设每组池尺寸为 80m×32m，则混合液深为 $h=3.756m$（最低水位）。

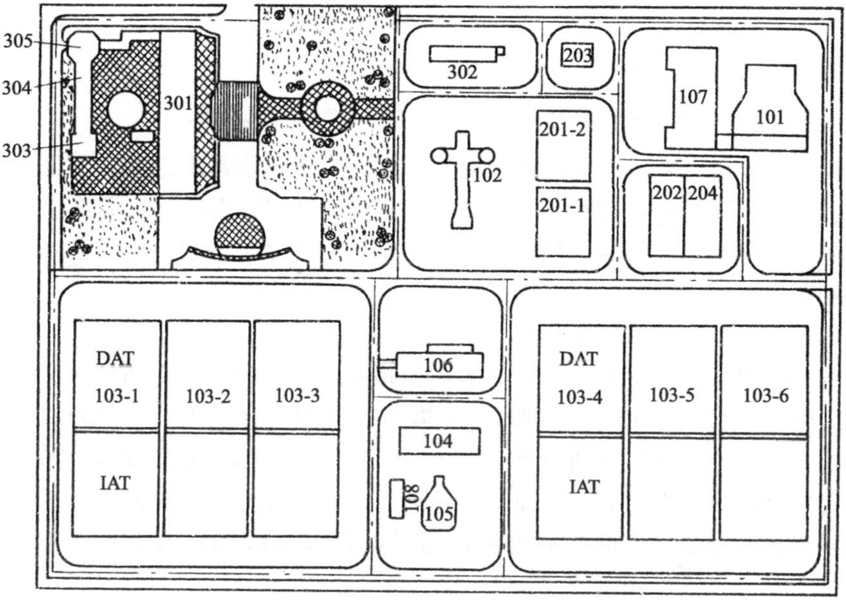

图 3-42　厂区平面示意图

101—进水泵房；102—沉砂池；103—DAT-IAT 反应池；104—鼓风机房；105—出水泵房；106，107—变配电站；201—污泥池；202—脱水机房；203—运泥饼车库；204—泥饼堆场；301—综合楼；302—液化气气站；303—锅炉房；304—浴室；305—餐厅

（2）反应池水位变化分析

DAT-IAT 采用变水位运行，一个周期内从最低水位到最高水位再回到最低水位，按 $T=3h$ 的运行周期，池水位的变化见图 3-43。

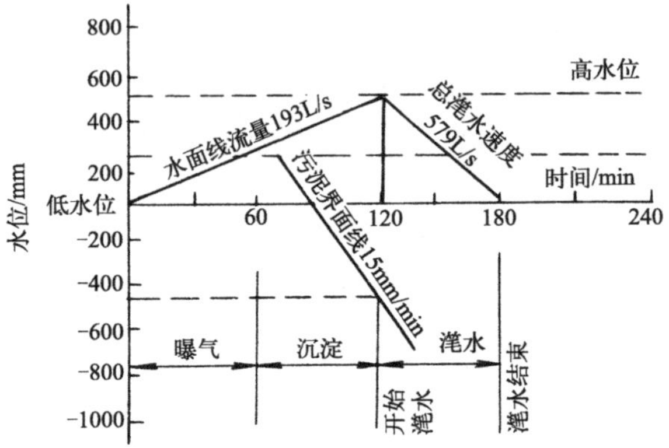

图 3-43　DAT-IAT 工艺运行周期水位变化示意图

滗水结束时，池水位处于最低水位，由于原水不断进入，水位逐渐增高，开始滗水时达到最高水位，经历时间为 2h，由此可算出最高水位和最低水位的差值 Δh，相应的进水量为 $694m^3/h$，反应池最高水位为 4.3m。

（3）反应池的平面布置

每组反应池中 DAT 和 IAT 体积相同，各长 40m，中间设两道导流墙，污水从 DAT 首端进入，立即与回流的混合液和原池中的混合液充分混合，呈完全混合流态，然后经两道导流墙进入 IAT。第一道导流墙靠近水面处设导流孔，往后 1.4m 处的第二道导流墙底部设导流孔，经过导流墙的混合液以很低的流速从底部进入 IAT，不会对 IAT 沉淀的污泥产生搅动。

DAT-IAT 的平面布置见图 3-44。

（4）反应池的曝气系统

反应池采用鼓风曝气，曝气设备为膜片式微孔曝气器。

根据 DAT 和 IAT 需氧量的分配和供气量的计算，确定每座 DAT 总供气量为 $4966m^3/h$，每池曝气头数量为 1419 个。

每个DAT进气总管上设电动蝶阀和空气流量计，可根据设定的运行周期自动定时开、停曝气系统，并根据每座DAT池内设置的溶解氧仪的测定值自动调节曝气量。

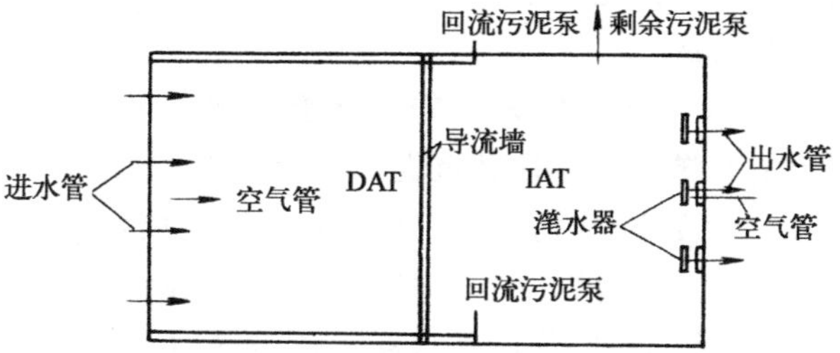

图3-44　反应池平面布置图

每座IAT总供气量为$6606m^3/h$，单池曝气头数量为1888个，进气总管上设有电动蝶阀、空气流量计，根据运转周期定时自动启动或关闭曝气系统，使该池处于不同的处理阶段，并根据溶解氧仪监测数据调整该池的运转周期和供气量。

（5）污泥回流

为保持DAT内足够的混合液浓度，需从IAT将混合液回流到DAT。对于全池平均MLSS浓度5g/L来说，IAT中高于5g/L，而DAT中则低于5g/L。设IAT的MLSS浓度为5.5g/L，DAT的MLSS浓度可为4.5g/L，则混合液回流比为4.5。

在IAT两侧距导流墙8m处设2台潜污泵，每台流量0.55～$0.6m^3/s$，扬程19613.3Pa。回流泵的开停由PLC按预设程序自动控制，停泵的时间安排在滗水阶段。

两台泵的回流污泥管在DAT内分为4个出口，位于池的四角，使污泥以2.86m/s的速度沿池底喷向池中心，对全池起强烈搅拌作用，为形成完全混合流态提供部分动力。

（6）污泥产量

经计算污泥产率系数为1.1，泥龄为22d，污泥产量为13200kg/d。排泥浓度按5.5g/L计，污泥产量为$2400m^3/d$，则每池排泥量为$400m^3/d$。按每周期排泥一次，每次排泥量为$50m^3$。

每池设潜污泵 1 台，$Q=100m^3/h$，$H=98kPa$，每次排泥需 0.5h，排除时间在曝气阶段。

IAT 内还设 SS 监测计，可根据污泥浓度值随时调整开泵的时间和周期，确保反应池的正常运行。

（7）澄清水排放

滗水器是 SBR 工艺最常采用的排除澄清水的设备，它能从静止的池表面将澄清水滗出而不搅动沉泥，确保出水水质。

按照设计，IAT 运行周期为 3h，这段时间内全池进污水量为 $2082m^3$（3×694），而滗水时间为 1h，因此滗水器的能力应为 $2082m^3/h$。本工程选用虹吸式滗水器，每池 3 台，每台滗水能力为 $700m^3/h$。滗水器在最高水位时自动开动，最低水位时自动停止。

（五）虹吸式滗水器的设计

滗水器安装在 IAT 尾部，其安装示意见图 3-45。

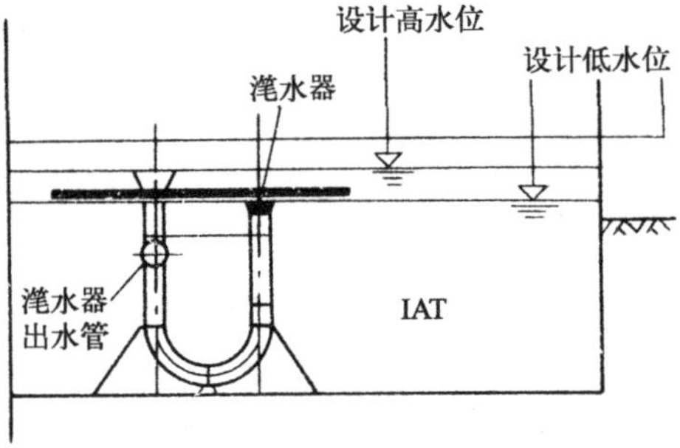

图 3-45　滗水器安装示意图

虹吸式滗水器的工作原理是：IAT 在曝气和沉淀阶段池内水位不断上升，这时空气被阻留在滗水器管路中，短管中的空气被水头压向管上方，由于 U 形管的存在，空气的压力被 U 形管内造成的水位差所平衡，只能滞留在管路中，气阻使池中的水不能流出。沉淀阶段结束后打开电磁阀，阻留的空气被放出，上清液便通过垂直短管经 U 形管流出池外。电磁阀随后关闭，滗水仍会在虹吸作用下继续进行，一直到最低水位，这时再将电磁阀打开破坏虹吸，滗水结束。另外短管的底端低于 IAT 的最低水位 100mm，可防止池面浮渣进入短管。

1. 虹吸式滗水器的特点

虹吸式滗水器与管道形旋转式滗水器、堰门形旋转式滗水器或套筒式滗水器相比较，有如下优点：

① 无运转部件，构造简单；

② 运行中仅操作真空破坏阀即可，不易出现故障，也易于检修；

③ 成本低，运行可靠。

但虹吸式滗水器有如下缺点，在选用时应注意：

① 滗水器在反应池中的位置将占较大水面，且设计安装后位置不好改变；

② 反应池水深太大时，滗水器虹吸管应增加稳定措施，避免水位波动时系统失稳。

2. 虹吸式滗水器的基本构造

虹吸式滗水器实际是一组淹没堰，是由一组垂直的短管组成，短管吸口向下，上端用总管连接，总管与 U 形管相通。U 形管一端高出水面，一端低于反应池的最低水位，高端设自动阀与大气相通，低端接出水管以排出上清液。滗水器可用 UPVC 管材制造。一般将 U 形管置于池底部的混凝土基础上，以保证滗水器的整体稳定。

3. 虹吸式滗水器的运行过程

在连续进水、间歇曝气工艺中，反应池的水位在不断变化，虹吸式滗水器的运行只需操作一个直径 25～50mm 的排气阀即可。其每一操作循环如下（参见图 3-46）：

① 上一循环结束，排气阀处在开启状态，滗水器与大气连通。反应池水位处于最低点，如图 3-46（a）所示。

② 关闭排气阀，反应池水位即可上升，当滗水短管吸口处水位升至总管堰口下时，因 U 形管内的水位差应是整组短管吸口处水位上升的总和，造成管内气压升高，吸口处水位就不会上升超过堰口。反应池水面至短管吸口处水位之差应等于 U 形管内之水位差，即图 3-46（b）中 $H_1=H_2$。

③ 反应池沉淀完成，池内处于最高水位时排气阀开启，短管吸口处水位上升，上清液通过 U 形管排出池外，见图 3-46（c）。

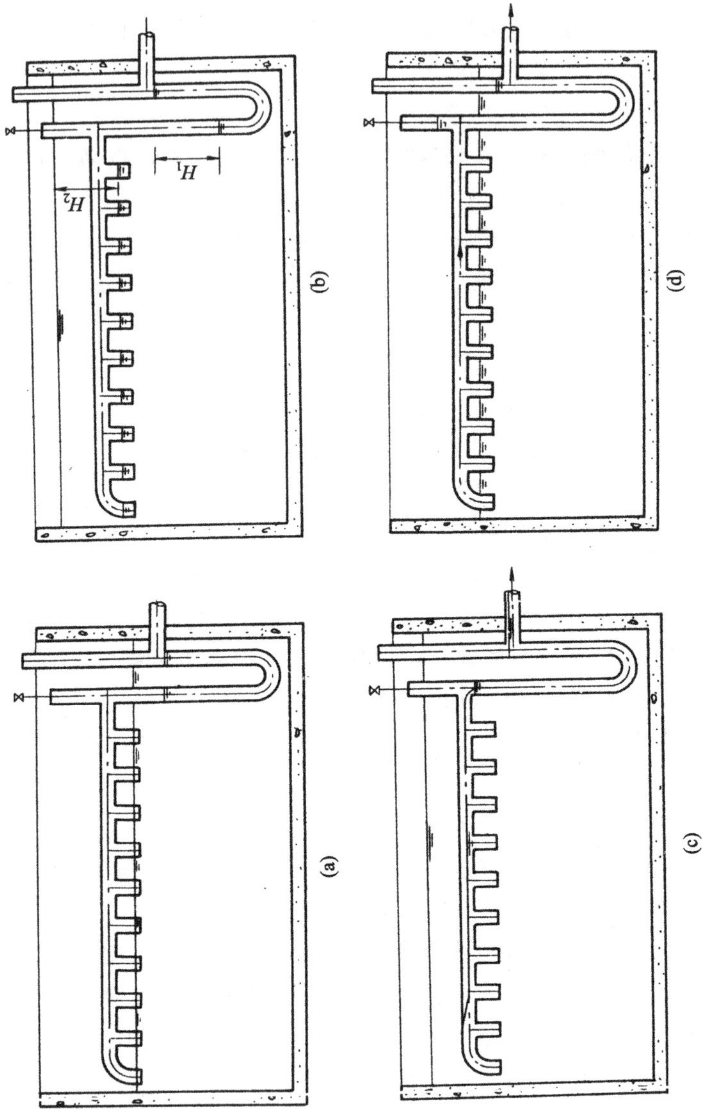

图 3-46　虹吸式灌水器运行过程

④ 关闭排气阀，U 形管与大气隔断，当反应池水位下降至总管以下时，通过虹吸作用，上清液仍可通过 U 形管排出，见图 3-46 (d)。

⑤ 当反应池水位降至最低点时，打开排气阀，虹吸破坏，开始进入下一循环，状态恢复至图 3-46 (a)。

4. 虹吸式滗水器的设计

虹吸式滗水器构造比较简单，设计主要内容是确定吸口短管数量及其平面布置，以及确定每次滗水的深度（即 U 形管内的水位差）等。

(1) 吸口数量的确定

虹吸式滗水器的吸口，通常采用 ϕ150mm 的短管。可以把吸口视作淹没堰，则每个吸口的堰长为 $\pi D=(3.14\times0.15)\text{m}=0.47\text{m}$。一般二沉池出水堰堰口负荷不超过 $15\text{m}^3/(\text{h}\cdot\text{m})$，故每个吸口的最大负荷为 $(0.47\times15000/3600)\text{L/s}=1.96\text{L/s}$。

例： 设反应池设计水量为 $5000\text{m}^3/\text{d}$，每日滗水 6 次，每次 30min，则吸口数量为：

$$5000\times1000/6\times30\times60\times1.96=236(\text{个})\text{，取 240 个。}$$

(2) 吸口短管的布置

通常每组吸口短管设置一个 U 形管，每根总管上设 6～8 个吸口，然后 3～6 根总管构成一组。小型反应池设一组滗水器，大型反应池则可多达 4～6 组滗水器。

例： 前述设计水量为 $5000\text{m}^3/\text{d}$ 的反应池，需设 240 个吸口，可在每根总管上设 8 个吸口，6 根总管为一组，每组有 6×8＝48 个吸口，一个 U 形管。全池需设 240÷48＝5 组滗水器。

(3) U 形管设计

U 形管设计的主要内容是确定 U 形管的管径和滗水时的最大水位差。

例： 前述反应池有 5 组滗水器，每组滗水器有 48 个吸口，则 U 形管的设计流量为：

$$Q=(48\times1.96)\text{L/s}=94.08\text{L/s}$$

设 U 形管的设计流速为 0.7m/s，则管径为 $D=\sqrt{0.094\times4/(3.14\times0.7)}=0.41(\text{m})$，取 $D=400\text{mm}$。

如前所述，U形管内的水位差应等于反应池水位与短管吸口内水位之差。一般虹吸式滗水器的滗水范围为0.4～1.0m，应由反应池的工艺设计确定。本例设计水量为5000m^3/d，滗水每日6次，当反应池平面尺寸为30m×60m时，滗水深度为$H=[5000/(6\times30\times60)]$m=0.46m,设计时取0.6m。

由于虹吸管内水位差不大，故忽略其空气压缩后体积之变化，则：

$$H_1=H_2=H-\Delta H$$

式中　ΔH——滗水器关闭排水阀后反应池水位由最低升至最高时吸口短管内水位的上升值。

另由U形管压力平衡关系可得：

$$\Delta H=H_1D^2/nd^2$$

式中　D——U形管直径；

d——吸口短管直径；

n——每组滗水器的吸口短管数量。

本例吸口短管内水位上升值为：

$$\Delta H=(0.6-\Delta H)\times0.4^2/(48\times0.15^2)$$

化简得　$$\Delta H=0.08(\text{m})$$

则U形管内水位差$H_1=(0.6-0.08)$m=0.52m。

(4) 虹吸式滗水器的运行控制

一般滗水器的运行控制应与曝气机、回流污泥潜水泵的运行合编一个运行程序，由专设的PLC控制运行。全部运行程序由三个水位开关和三个定时器来实现控制，如图3-47所示。图中水位A、B、C分别为反应池最低水位、沉淀水位和最高水位。

5. 工程实例

图3-48为一座小型污水处理站的虹吸式滗水器。该反应池设有一组滗水器，共有18个吸口。可以发现吸口间有800mm间距，以保持出水平稳。U形管底座固定在池底混凝土基础上，保证了滗水器的整体稳定。

(六) SBR等三种工艺的方案比较

在天津经济技术开发区污水处理厂的方案设计阶段，曾对DAT-

IAT 工艺、IDEA 工艺和 SBR 工艺进行过比较，现将结果列出以供参考。

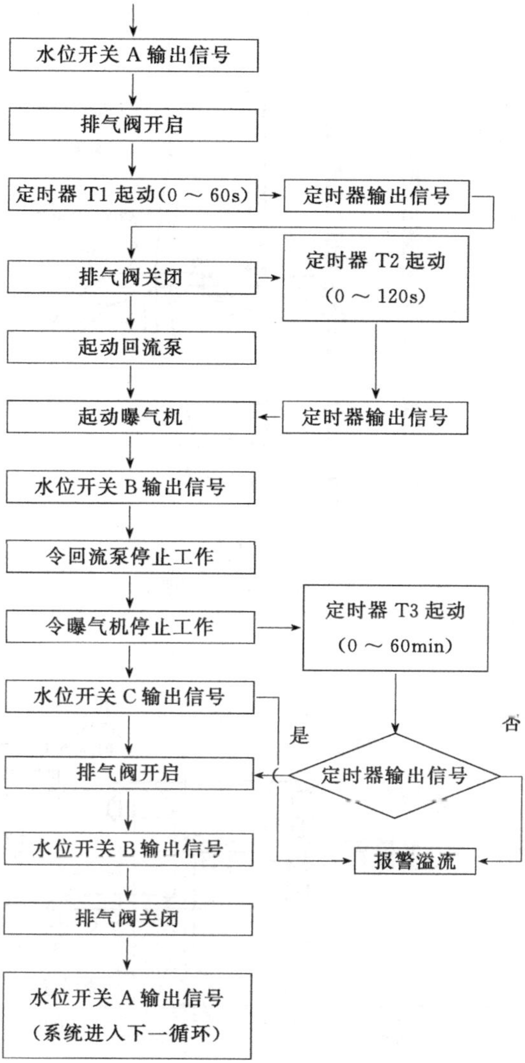

图 3-47　滗水器的运行控制程序

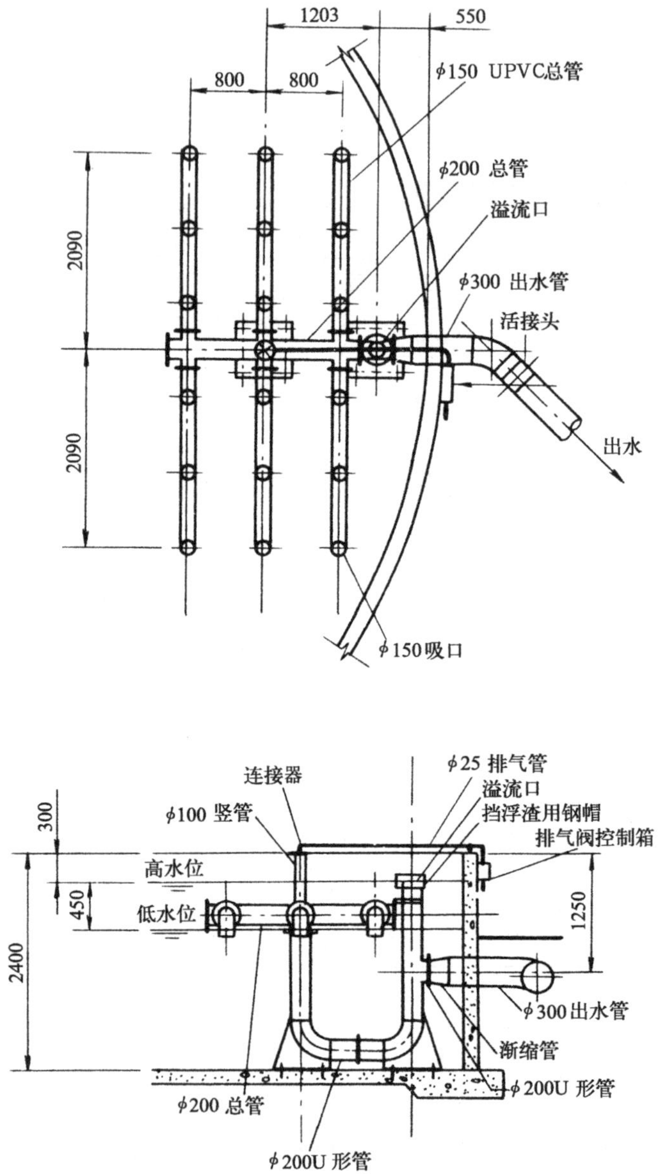

图 3-48 滗水器外形与构造图

方案设计的主要技术参数：

污水处理厂平均流量 $Q=100000m^3/d$；

BOD 负荷为 12000kg/d（即 500kg/h），最大 BOD 负荷为 650kg/h；

微孔曝气器的氧在污水中（水深 4.5m）利用率为 12.5%；

污泥负荷为 0.055kg/(kg·d)；

MLSS 浓度为 4200mg/L；

需氧系数 $a'=0.5$，$b'=0.16/d$；

MLVSS/MLSS=0.7；

风机效率为 80%。

比较内容见表 3-14。经过比较后的结果是选择了 DAT-IAT 工艺。

表 3-14　三种工艺方案比较

序号	工艺名称	DAT-IAT	IDEA	SBR
1	进　水	连　续	连　续	间　歇
2	周期安排	$T=3h$ IAT 曝气 1h 沉淀 1h 滗水 1h DAT 连续曝气	$T=4h$ 曝气 2h 沉淀 1h 滗水 1h (IDEA)	$T=9h$ 曝气 1.5h 曝气 5h 沉淀 1.5h 滗水 1h
3	排泥时间	曝气同时	沉淀之后	曝气阶段
4	反应池数	6 个	12 个	12 个
5	单池尺寸 $(l\times b\times h)$/m	80×32×5 水深 4.4	40×32×5 水深 4.4	40×32×5 水深 4.4
6	风量/(m^3/h)	34000	34000	34000
7	最大风量/(m^3/h)	36000	36000	36000
8	风机台数	4(3+1)	4(3+1)	4(3+1)
9	单台风机参数 Q/(m^3/h) 单台风机风压/kPa 单台风机功率 N/kW	18000 55 355	18000 55 385	18000 55 385
10	水下搅拌器台数 水下搅拌器耗电/(kW·h/d)	0 0	48 1267	48 1267

续表

序号	工艺名称	DAT-IAT	IDEA	SBR
11	回流污泥泵台数	12	0	0
	回流污泥泵耗电/(kW·h/d)	2592	0	0
12	微孔曝气器总供气量/(m^3/h)	54000	72000	65000
13	风机正常耗电(总)/(kW·h/d)	15318	15318	15318
14	风机最大耗电(总)/(kW·h/d)	16224	16224	16224
15	反应池电耗(不脱氮)/(kW·h/d)	17910	15318	15318
	反应池电耗(脱氮)/(kW·h/d)	17910 (均为额定功率)	16585	16585
16	滗水量/(m^3/h)	2082×6	1389×12	3123×12
17	滗水器型式	虹吸式	套筒式	旋转式
18	滗水器负荷/(L/m·s)	1.5	10～12	25
19	滗水深度/m	0.55	0.81	2.45
20	滗水保护高/m	0.3	1.1	0.3～1.0

（七）一种廉价的污水处理方案

SBR工艺之所以吸引人们，主要是不需另建二沉池，也不需专用的回流污泥泵房，使水处理工艺简洁易行，节约用地，节省投资。同时，采用连续进水、间歇曝气工艺的污水处理厂，其反应池的土建工程量将占污水处理厂全部土建工程的80%左右。所以降低反应池的造价是降低污水处理厂总投资的关键。在发达国家，他们将反应池修筑成坡式池壁，池壁为10～15cm厚的混凝土铺装，甚至用土坡上铺设土工布来修建反应池都有实例。现将一种廉价的污水处理方案介绍如下（参见插页彩图2　斜坡式反应池）。

1. 采用连续进水间歇曝气工艺

在污水处理工艺中当数稳定塘（氧化塘）造价最低、能耗最少和运行管理最简便，但稳定塘存在占地大、污染物去除率低和易产生臭味的缺点，这是稳定塘不能广为应用的原因。采用连续进水间歇曝气工艺处理城市污水则具有造价低的优点，而没有稳定塘所存在的缺点，是值得研究推广的一种工艺。

（1）工艺流程

该方案的工艺流程如图 3-49 所示。

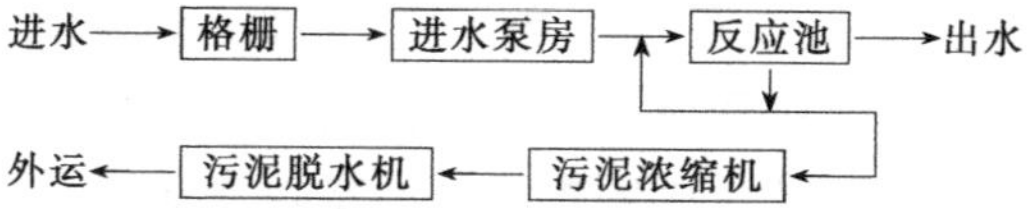

图 3-49　工艺流程

可以看到，该工艺流程比较简单，适用于小型污水处理厂，主要的处理构筑物就是反应池，它集曝气池、沉淀池和回流污泥泵房于一体。现分别说明如下。

① 连续进水　最早的间歇曝气工艺至少要建 2 座反应池，轮流进水。其缺点是配水复杂，尤其是当反应池数量较多时更为突出。为了避免连续进水影响沉淀效果，可在反应池内设置虚线形错位挡板，或将反应池设计成长条形，一端进水一端出水，则可保证沉淀效果。

② 间歇曝气　对反应池进行曝气的作用一是充氧，二是搅拌。当进行沉淀时就必须停止曝气，当沉淀完成时则在出水端进行滗水，滗水完毕，反应池又重新进行曝气，周而复始，连续进水，间歇出水。这是本工艺的主要特色。

③ 回流污泥　活性污泥的回流采用混合液内回流的形式，即在反应池的后部于池内直接设置潜水泵，将混合液抽送至前端与原水相混合后进入反应池。剩余污泥的排放也可借此潜水泵进行。

④ 工艺过程　连续进水、间歇曝气的反应池，其工作分三种状态（见表 3-15）。三种状态的操作主要是启动或关闭曝气机（或鼓风机）和启闭滗水器，这完全可以通过一个可编程序控制器来完成。所以该工艺的操作是十分简便的。

表 3-15　工艺过程的三种工作状态

状态	连续进水				
	1	2	3	1	2
	曝气	沉淀	滗水	曝气	沉淀

（2）主要设备

反应池内的主要设备是曝气机和滗水器，此乃影响污水处理厂造价的主要因素。

① 曝气设备　曝气设备的种类很多，而能适应反应池内水位变化的曝气设备以表面曝气机和微孔曝气器最为常用。采用微孔曝气则需单独设置鼓风机房，且鼓风机频繁启动、水位变化造成风机运行工况随之改变等在运行管理上不及表面曝气机简便。表面曝气机采用浮箱式装置，则可使曝气机随水面浮动而保持叶片的浸没深度，曝气机启动方便，检修可利用固定式工作桥进行，十分容易（参见图 3-50）。

② 滗水器　滗水器是反应池的最关键设备，实际是一个浮动水堰，既要求堰口出水均匀、负荷不能太大，以保证反应池内上清液的平稳流动，还要求能挡住浮渣，堰口流量不因反应池水位下降而发生过大的变化。滗水器的种类也很多，就功能好、价格便宜而言，当首推虹吸式滗水器最为适用。

虹吸式滗水器可用塑料管加工而得，其众多的吸水口淹没在水面下，滗水的起止可用 U 形总管上的排气阀进行控制，操作维护最为方便。

（3）土建工程

采用连续进水、间歇曝气工艺的污水处理厂，其反应池的土建工程量将占污水处理厂全部土建工程量的 80%左右。所以，如何降低反应池的造价对降低污水处理厂的总投资至关重要。当采用表面曝气机时，可将反应池修筑成坡式池壁，甚至用土坡上铺设土工布来修建反应池也是可以的，这些在发达国家都有实例。总之，反应池的容积较大，而所需之钢筋混凝土可以减至很少，但不能使工艺要求受到影响。笔者见到过不少反应池，当具有一般的土壤地质条件时，池深 4.5m，边坡采用 1∶1.5 的坡度，池壁为 10～15cm 厚的混凝土铺装，池底仅在曝气机工作桥下的柱子底部设置钢筋混凝土基础，其余也皆用 10～15cm 混凝土铺装。

（4）污泥处理

由于本工艺没有初沉池污泥，且剩余活性污泥已经过好氧稳定，不必再建消化池，可节省大量投资。本方案推荐采用污泥浓缩机，浓缩污泥进脱水机直接脱水。当占地无困难时，也可采用污泥浓缩池，经

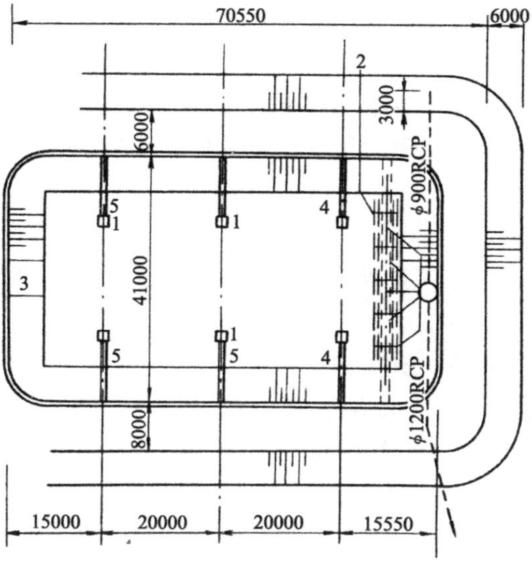

(a) 反应池平面

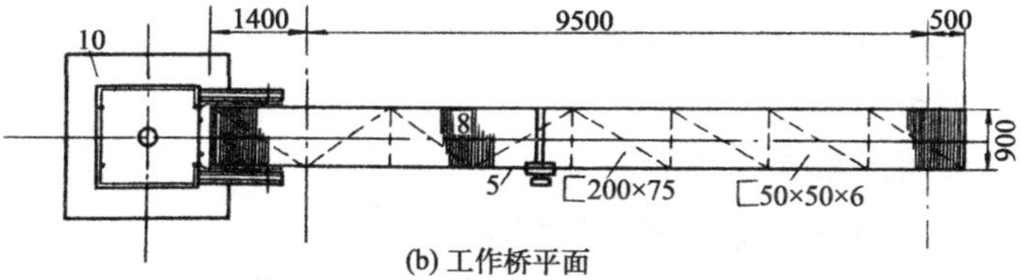

(b) 工作桥平面

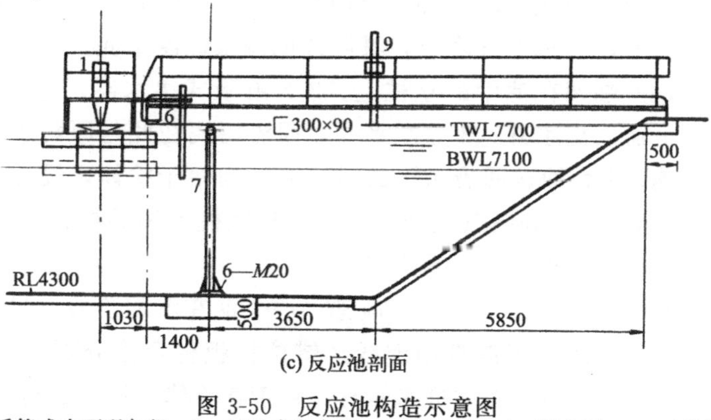

(c) 反应池剖面

图 3-50 反应池构造示意图

1—浮箱式表面曝气机；2—虹吸式滗水器；3—配水井；4—潜水泵；5—工作桥；6—曝气机支架；7—导杆；8—地栅；9—溶解氧探头支架；10—曝气机浮箱；RCP—钢筋混凝土管；RL—地面高程；TWL—高水位；BWL—低水位

自然浓缩后再进行脱水。

(5) 脱磷脱氮

本工艺可以通过调节曝气时间使污水在反应池中交替处于厌氧、缺氧和好氧状态，对脱磷脱氧有明显的处理效果。其工艺有待进一步开发完善。

2. 设计方案

设城市污水处理厂进水量为 10000m^3/d，进水 $BOD_5=150$mg/L，要求出水 $BOD_5\leqslant30$mg/L。

污水处理厂全部构筑物如下：

① 进水泵房（含进水格栅）；

② 反应池 2 座，每座平面尺寸 40m×70m，水深 3.5m，超高 0.4m。每座设功率为 22kW 的表面曝气机 6 台，曝气机为浮箱式，可随水位自动升降，每台曝气机单独设工作桥一座。每座反应池设虹吸式滗水器 5 组，每组滗水器有 48 个吸水口，每池共 240 个吸口，用 5 根 ϕ350mm 管道将上清液引出反应池；

③ 污泥浓缩机房 1 座；

④ 污泥脱水机房 1 座；

⑤ 变配电站（含值班室、控制室）1 座。

图 3-50 中 1 为浮箱式表面曝气机，与检修工作桥相连，表曝机架设在浮箱上，当水位升降时，其叶片的浸没深度不变。工作桥一端架在池边，一端架在池中的立柱上；2 为虹吸式滗水器，5 组滗水器将上清液汇流入出水井；3 为配水井，回流污泥在此与原污水混合后流入反应池；4 为抽送回流污泥的潜水泵，为便于检修，设在工作桥下；5 为工作桥；6 为曝气机支架；7 为曝气机支架导杆；8 为地栅；9 为溶解氧探头支架；10 为曝气机浮箱。

插页彩图 2 为正在运行的反应池，一个池在沉淀阶段，另一池正在曝气。可以发现，每池都用虚线形错位挡板将全池分隔为 6 个区，每区设置一台曝气机（图中进水侧有一台正在检修，没有运行）。同时可以看到，全厂除了两座反应池，几乎再也看不到其他建筑，确是一座造价十分低廉的污水处理厂。该厂 1995 年 4 月 24 日运行记录如下：

进水量 9600m^3/d；

进水 BOD_5 浓度 171mg/L，出水 BOD_5 浓度 3mg/L；

进水 COD 浓度 600mg/L，出水 COD 浓度 30mg/L；

进水 SS 浓度 250mg/L，出水 SS 浓度 6mg/L；

MLSS 浓度 2370mg/L。

3. 造价分析

本方案污水处理厂占地约 15000m^2，土建工程混凝土总量约 1200m^3，全厂设备装机容量约 390kW，按《给水排水工程概预算与经济评价手册》（国家城市给水排水工程技术研究中心编，中国建筑工业出版社，1993）所列综合指标进行分析。

按《手册》Ⅱ类设计规模，本方案污水处理厂造价约 795 万～1193 万元（1992 年价格），各项指标如下。

设备功率：250～350kW；

用地：13000～20000m^2；

钢材：260～360t；

水泥：1730～2070t。

可见本方案用地及设备功率接近综合指标，而由于工艺简洁、设备简单，厂内管线及附属工程少，设备投资将明显减少。

土建工程按综合指标水泥 1730t 下限来测算，混凝土量将达 3800m^3，与本方案 1200m^3 相比，前者是后者的 3.17 倍。取上限投资计算本方案土建投资为 1193÷3.17＝376 万元。

五、AB 法

（一）基本原理

AB 法是吸附生物降解（Adsorption Bio-degradation）法的简称，其工艺流程如图 3-51 所示。

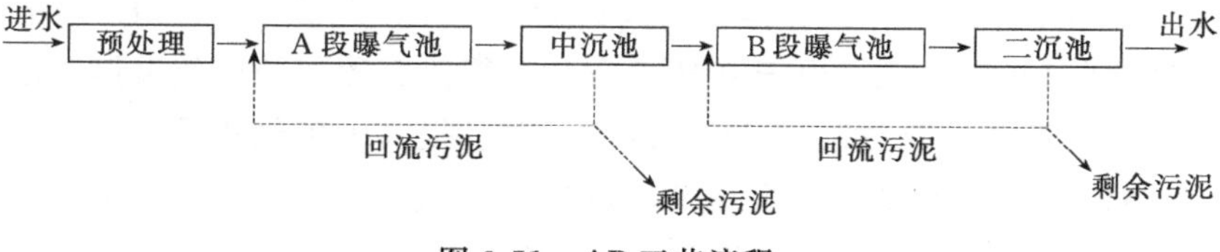

图 3-51　AB 工艺流程

AB法一般不设初沉池，由A段曝气池、中沉池、B段曝气池、二沉池组成，各自有独立的污泥回流系统。A段曝气池负荷高，停留时间短（0.5h），吸附能力强，代谢速度快，能去除BOD_5约50%左右，且溶解氧浓度低，节省能耗；B段曝气池为常规活性污泥法，由于进入B段曝气池的BOD_5已减半，可缩减池容40%，且运行稳定。因此AB工艺的特点是：

① 与常规活性污泥法相比，节省基建费15%～20%，电耗减少20%～25%。

② 出水水质好，BOD_5去除率达90%～95%，除磷率为50%～70%，脱氮率30%～40%，并可提高对难降解有机物的去除率。

③ 运行稳定，适应水质水量的变化，不易出现污泥膨胀。

④ 具有合理使用资金和适应分期建设的灵活性，以及在解决常规活性污泥法超负荷时仅需扩建A段曝气池即可达到挖潜的优点。

⑤ A段剩余污泥量大（约20%），增加了污泥处理费用；构筑物多，有2套污泥回流系统，使管理复杂。

因此，AB法仅适用于生活污水或生活污水比重大、浓度高的城市污水处理，对于工业废水比重大、浓度低的城市污水不宜采用。

AB法的主要特点是不设初沉池，A段和B段的回流系统严格分开。A段污泥负荷高达2～6kg/（kg·d），约为常规法的10～20倍，泥龄短（0.3～0.5d），水力停留时间约为30min。A段可通过控制溶解氧含量，以好氧或兼氧方式运行（A段溶解氧含量为0.2～0.7mg/L），耗氧量负荷（以BOD_5计）为0.3～0.4kg/kg，BOD_5去除率可以调整，污泥产率较高，污泥的沉降性能较好（SVI约为40～50），污水经A段处理后可生化性有可能提高。

B段的微生物中原生动物和后生动物占较大的比例，负荷低（0.15～0.30kg/kg·d），停留时间约为2～3h，泥龄15～20d，溶解氧含量为1～2mg/L。由于A段的有效功能使B段的处理效果得以提高，不仅能进一步去除BOD和COD，而且提高了硝化效果。

AB法在实践中也不断发展，如在B段设置A/O工艺，变成A＋A/O；或在B段设SBR工艺，变成A＋SBR。

（二）工程实录

青岛市有以排洪沟为主体的五大排水系统。海泊河污水系统是全市最大的排水系统。海泊河污水处理厂一期工程设计水量日平均为 80000m^3。

污水水质为：BOD_5 = 800mg/L，COD_{Cr} = 1500mg/L，SS 浓度为 1100mg/L，NH_4-N 浓度为 100mg/L，TP 浓度为 8mg/L。

出水水质：BOD_5 = 40mg/L，COD_{Cr} = 150mg/L，SS 浓度为 40mg/L，TP 浓度为 3mg/L。

由于青岛市是沿海丘陵地形，排水管道坡度陡，管内流速达 2m/s，生活污水未经化粪池处理，污水浓度很高。故此，设计选用了 AB 工艺。

污水经格栅（净距 25mm）和曝气沉砂池进行预处理后进入 AB 工艺系统。

1. A 段曝气池

A 段曝气池为矩形钢筋混凝土结构，该池共分 4 格（二组），每格尺寸为 31.5m×3.5m×5.8m，污水停留时间为 0.8h。污泥负荷为 4.0kg/(kg·d)，平均需氧率（以 BOD_5 计）为 0.377kg/kg，设计溶解氧浓度为 0.5mg/L，具体可根据进水水质情况予以调整。

在输泥渠道上设有剩余污泥泵房。剩余污泥泵房将从中沉池来的污泥打入预浓缩池，泵房内设 F10K—HD 潜水泵 2 台（一用一备），在输泥渠道中预留了安装细格栅的位置。

2. 中间沉淀池

中间沉淀池为矩形钢筋混凝土结构，全池共分 4 格（二组），每格尺寸为 93.0m×7.0m×4m，水力负荷 $2m^3/(m^2 \cdot h)$，停留时间为 1.3h，每组沉淀池设有一套移动桥式吸泥机（全池共 2 套）。桥上设有二台带顶旋系统的 H12K—SD 型吸泥泵，在吸泥口设有调节阀，沉淀池的排泥量通过调节阀开启进行控制，并随进水量大小按预定的比例关系通过计算机可自动控制排泥量。

3. B 段曝气池

B 段曝气池为矩形钢筋混凝土结构，全池分 4 格（二组），尺寸为 62m×17m×5.8m，停留时间 4.2h，污泥负荷为 0.37kg/(kg·

d)，平均需氧率为 0.93kg/kg，设计池内溶解氧浓度为 1.5mg/L。

输泥渠上设有剩余污泥泵，泵房内装有 DDQS4 型潜水泵 2 台（一用一备）。

4.最终沉淀池

最终沉淀池为矩形钢筋混凝土结构，全池分 8 格（四组），每格尺寸为 60m×10.3m×5.5m，水力负荷为 1.1m^3/(m^2 · h)，停留时间 3.9h。每组沉淀池设有一套移动式吸泥桥（全池 4 套），池底污泥通过桥上吸泥泵（带调节阀）抽升入集泥渠，随桥移动，边走边吸。每个桥上设有带调节阀的 F10K—HD 型潜水泵 2 台，沉淀池的排泥量可根据阀门启度进行控制，并随进水流量按预定的比例关系通过计算机自动调节。

桥上带有浮渣刮板，边走边刮，至池端浮渣槽时自动开启浮渣泵，将浮渣送至格栅间的浮渣脱水机。浮渣泵房内设 CCQM2 型潜水泵 2 台（一用一备）。

5.污泥消化池

污泥经浓缩后进行厌氧消化，污泥消化池为圆形，锥形顶和底为钢筋混凝土结构，共有消化池 4 座（二组），采用沼气搅拌和中温一级消化，消化时间 20d，池径为 28m，池容为 10335m^3。消化池用体外加热，生、熟污泥以 1∶3.7 的比例通过套管式泥水热交换器进行加热，然后进入消化池。池内泥温控制在（33±1)℃。

消化池所产沼气经脱硫后用于沼气发动机带动鼓风机。

污泥消化车间的中部为沼气压缩机房与沼气脱硫室（甲类防爆车间）。沼气压缩机房内有水环式沼气压缩机 5 台（分二组，每组设 3 台泵，其中 1 台为二组公用备用设备），每台气量为 836m^3/h，压力为 200kPa，功率为 92kW。消化池排出的污泥气通过沼气压缩机加压又打回到消化池，气体来回循环，搅拌管由圆周形的输气管与 18 根竖向配气管组成，搅拌由时间控制并可自动切换。

沼气脱硫采用湿法二级逆流式洗涤吸收罐，罐径为 1.1m，用 Na_2CO_3 的 NaOH 溶液喷淋污泥气，使 H_2S 溶解于喷淋液，从而达到脱硫的目的。每去除 1kg 的 H_2S 需 2～8kg 的 Na_2CO_3。具体药剂耗量可根据去除量和污泥气温度决定，整套系统为自动控制。

6. 鼓风机房

鼓风机房为30m×16.5m的砖混结构，房内设有4台高速离心风机。其中2台是由沼气发动机带动的鼓风机，每台功率为300kW，风量为13500m^3/h（标准状况）；另外2台为电动鼓风机（其中一台备用），每台功率为400kW，风量为18000m^3/h（标准状况）。进风道设有粗、细二级过滤装置，粗过滤器可根据过滤布前后压力差自动卷换滤布，袋式细过滤装置设有压差报警仪，根据报警由人工更换滤袋。

根据反馈至鼓风机房调节控制系统的曝气池内溶解氧量，可自动控制鼓风量以节约能源。

沼气发动机的余热作为加热消化污泥的热源（当热量不足时才启用沼气锅炉以补充热量）。经泥、水热交换后的回水又回至发动机的冷却系统，构成一个较为先进的闭路循环系统。

（三）细格栅的设置

由于AB工艺不设初沉池，所以在预处理设备中设置细格栅就显得特别重要。如图3-52所示，将A段回流污泥通过细格栅，其目的是保证污泥处理系统的通畅。

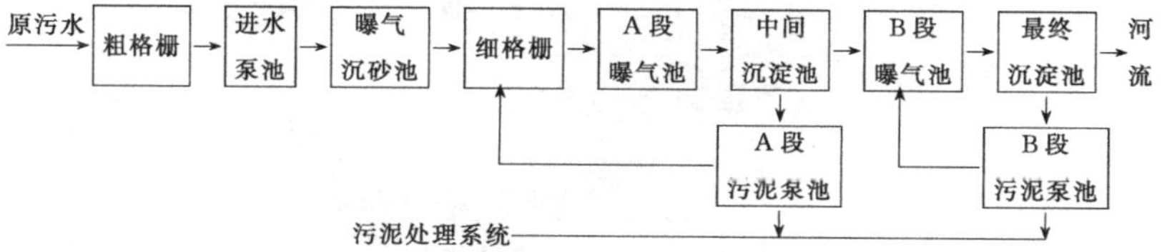

图3-52 采用AB工艺的某污水处理厂流程图

六、其他生物处理技术

属于生物膜法的高负荷生物滤池、生物转盘、生物接触氧化、活性生物滤池（ABF）等技术，具有节能、运行费用低、机械设备少、基建费用省、运行稳定、管理简便等优点，适合于小型污水处理工程。另外，UNITANK工艺、MSBR工艺、BAF工艺等在我国都开始引进，这里仅作粗略介绍。

（一）ROTORDISK™ 生物转盘处理工艺

ROTORDISK™ 工艺由加拿大CMS公司提供技术和设备。作为污水处理装置，生物转盘（RBC）避免了复杂机械和处理过程，将转盘置于初沉池内，转速为 2～6r/min，转盘的 40%部分浸入污水中。转盘由膜片组成，膜片由高密度聚乙烯制成，以提供最大的有效接触面积。图 3-53 为该生物转盘的构造示意图。由于转盘膜片的特殊构造，膜片的 BOD 负荷率高达 10～20g/(m^2 · d)。上海某电气公司建有 230m^3/d 的 ROTORDISK™ 污水处理装置，总造价 70 万元，占地约 90m^2。该生物转盘安装在一钢混结构的污水槽内，结构平面尺寸为 4m×16m，槽深 6m。转盘直径 2.8m，设两个转盘区，共有 2＋4＝6 个转盘，每个转盘有 50 个膜片，总面积约 300m^2。转盘转速为 2r/min，配用电机功率 3.7kW。经转盘处理后出水达到排放标准。

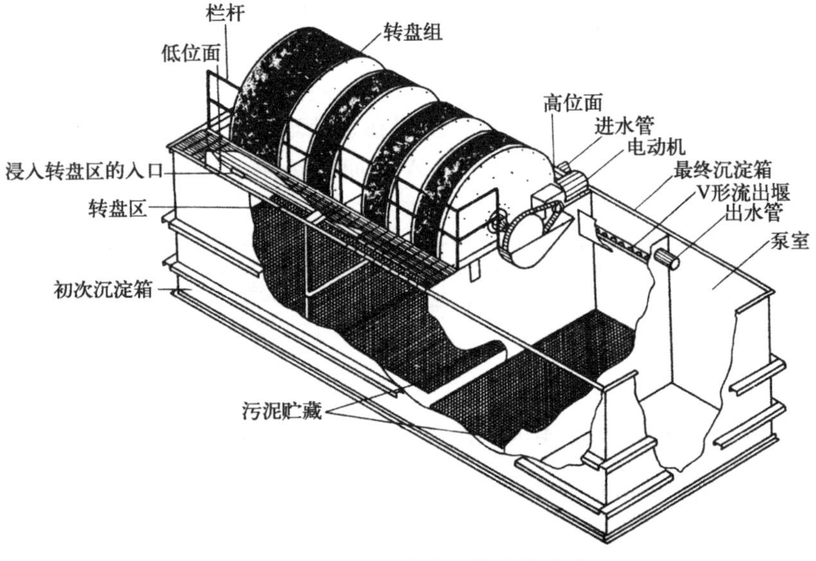

图 3-53　有四个转盘区的生物转盘

（二）曝气生物滤池（BAF 工艺）

曝气生物滤池（Biological Aerated Filters）简称 BAF，与活性生物滤池（ABF）是不相同的。BAF 工艺依进水流向有上向流和下向流两种形式，在我国影响较大的有 Biofor、Biostyr 和 Biocarbone 等。

采用上流式过滤流程的BAF生物过滤床完全淹没在水中。污水自过滤床底引入，直达填料区，填料由低密度的聚苯乙烯小珠所组成，直径约3mm左右。由于填料浮于水面，为防止流失，在滤床顶设置挡板，板上装有可从上面装拆的滤头。由于滤头只接触净化后的污水，所以不易阻塞。填料除作生物膜附着物外，更可当作滤料，所以该系统不需要在下游设置沉淀池作固液分离。供生物降解的空气可自床底注入，如需要同时进行硝化及反硝化反应时，空气可自床中间的管道供给。含碳及氮的污水将被填料中的细菌所分解，产生无害的二氧化碳、氮气等物质。处理过后的出水自滤床顶溢出，可直接排放。运行中，可利用处理过的污水作反冲洗。反冲洗水自滤床顶反冲入填料区，滤床的相关阀门相继开启，利用自上而下的水力冲刷填料，并可同时配合曝气，去除多余生物膜及残留固体。由于该工艺可利用比较轻的填料，所以反冲洗比传统填料容易。反冲洗频率视实际负荷而定，通常为每日一次，可用时控或压力差来控制。现在很多厂的设计采用了预沉淀或过滤来降低反冲洗率。由于系统由数个单元组合而成，所以反冲洗时其他单元可正常操作不受影响。冲洗水可回至初沉池。见图3-54。

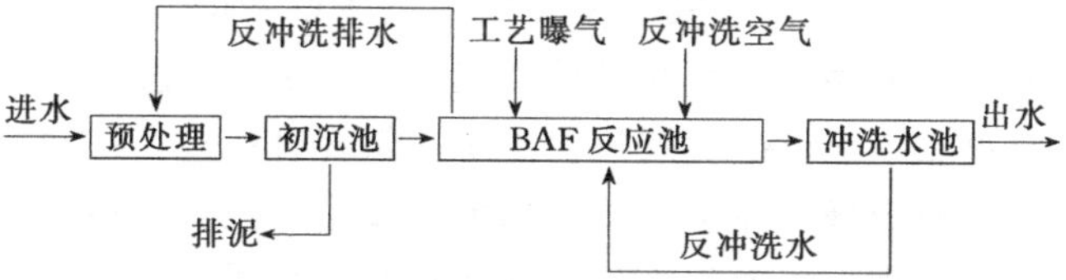

图3-54　曝气生物滤池（BAF）工艺流程

BAF流程简单，适用性强。根据处理目标的需要，该流程中的BAF反应池可以是一种单独碳氧化处理的反应池，亦可以是碳氧化-硝化合并处理的反应池。对于上向流，还可以是同时去除有机物并脱氮的反应池；而下向流要实现脱氮则需另设前置反硝化BAF反应池。BAF反应池有机负荷高，水力停留时间短。单独碳氧化处理时BOD_5负荷可达2～5kg/(m^3·d)，水力停留时间0.5～2.0h；碳氧化-硝化处理或脱氮时负荷达0.5～2.5kg/(m^3·d)，水力停留时间（包括反硝化）1.5～3.0h。

BAF 工艺结构紧凑，节省空间、占地面积及基建投资。与常规活性污泥法相比，BAF 反应池容积要小很多，且其后不需二沉池，用于大中型污水处理厂，整个工艺占地面积可省 20%以上，基建投资省 10%以上。

（三）UNITANK 工艺

1. UNITANK 工艺特点

UNITANK 工艺实际上是比利时史格斯清水公司（SEGHERS ENGINEERING WATER NV）开发的专利，取名为 UNITANK。系统由 3 个矩形池组成，3 个池水流相连通，每个池中均设有供氧设备，可采用鼓风曝气或采用表面曝气。在外边两侧矩形池设有固定出水堰及剩余污泥排放口，该池既可作曝气池，又可作沉淀池；中间一个矩形池只作曝气池。进入系统的污水，通过进水闸控制可按时分序分别进入三个矩形池中任意一个池子。一体化活性污泥法的优点是结构紧凑。由若干个矩形池连接在一起，用地省，由于可利用公共池壁，土建费用也可减少。系统的进出水均采用渠道，与管道配水相比水头损失小，造价可大为减少。另外在污泥、污水分离过程中，不需要刮泥设备或浮式撇水机械，大大减少机械设备的维护、养护工作量。系统的控制采用实用可靠的监测仪表，使生化反应在受控条件下进行，稳定可靠，保证处理效果。由于构筑物可相连在一起，可以全部建在地下或池上部加屋盖，将对周围环境影响减少到最小程度。从已建成运行的处理厂来看，上述这些优点是十分明显的。

UNITANK 工艺在运行过程中，有两个池处于曝气阶段，而边池的一个处于沉淀状态，处理后出水从堰口排出，剩余污泥从池底排出。例如，污水从左侧矩形池进水，该池作曝气池，从连通管进入中间矩形曝气池，再经连通管至右侧矩形沉淀池，处理水由固定堰排出，水流方向由左向右；经过一定时段后，关闭左侧池进水闸，开启中间池进水闸，此时，左侧池开始停止曝气，而污水从中间池流向右侧池；经一个短暂的过渡段后，关闭中间池进水闸，而改从右侧池进水，此时右侧池曝气，左侧池经静止沉淀后出水，水流从右向左流动，完成一个切换周期。这样周而复始，污水即达到净化目标。运行过程如图 3-55 所示。

由于三只池的水位差，促使水流从一个边池流向中间池再从另一个边池流出，此时进水的边池水位最高，并淹没了作为固定堰的出水槽，当该边池由曝气池过渡到沉淀池时，水位必定下降，残留在出水槽中的污泥、污水混合液需排除，并要用清水冲洗出水槽。排出的混合液及冲洗水汇集到专门的水池，再用小水泵提升后至中间水池。这些过程均可用程序控制。

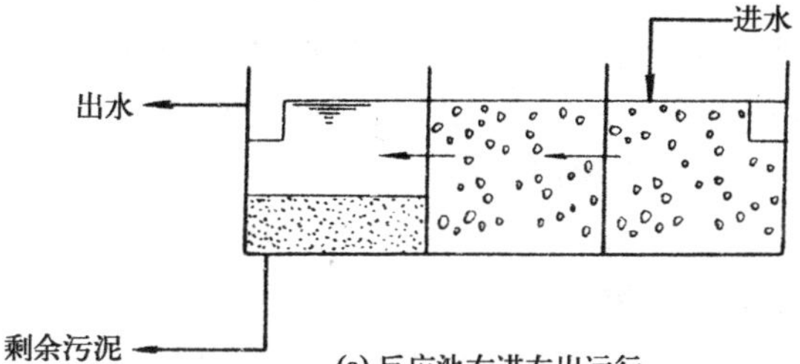

(a) 反应池右进左出运行

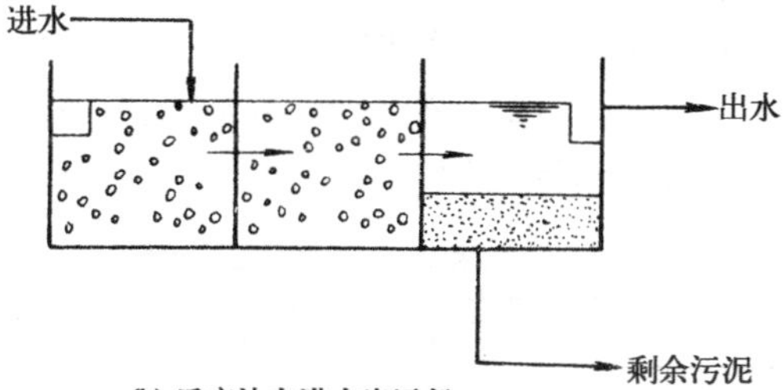

(b) 反应池左进右出运行

图 3-55　UNITANK 工艺运行过程

UNITANK 工艺有如下特点：

① 一体化活性污泥法与常规法相比，可以不建单独沉淀池，并由于沉淀池定时转换为曝气池也可省去污泥回流设施，可以节省大量投资与经营费用。

② 由于采用 3 个矩形池作为一个单元，一个处理厂由若干个单元组成，均可利用公共池壁，而 3 个矩形池之间水力相通，中间池壁不受单向水压，所以土建省，占地也很省。

③ 各池之间采用渠道配水，并在恒水位下交替运行，减少管道、闸门、水泵等设备的数量，水头损失小，降低了运行成本。

④ 系统中反应池有效容积能得到连续使用，不需设置闲置阶段，出水堰是固定的，不需设置浮式撇水器，上述两点与 SBR 有所不同。

总之，UNITANK 工艺的最大特点是占地小，尤其当曝气池采用 8m 水深时，布置相当紧凑，有利于城市污水就近处理、就近回用或排放，可大量节省城市基础设施的投资。

2. UNITANK 工艺在澳门的应用

澳门是一个半岛，另外还有凼仔和路环两个离岛，总面积 21.3km^2。为了保护环境，近年来澳门政府连续修建了三座污水处理厂，第一座污水处理厂位于澳门半岛，于 1995 年 11 月投入运行；第二座污水处理厂位于凼仔，于 1996 年 11 月建成；第三座污水处理厂位于路环，目前正在进行设备安装。三座污水处理厂总处理能力为 100 万人口的污水量，而澳门目前人口仅 45 万，预计可应付未来 20 年的发展需要。

澳门半岛污水处理厂设计处理量为 143000m^3/d，目前处理污水 86000m^3/d，所产污泥经浓缩脱水后进行焚烧，每日排出干灰 1.0m^3。每日运行情况见表 3-16。

表 3-16 每日运行情况

处理项目	进水浓度/(mg/L)	出水浓度/(mg/L)	处理量/t	去除率/%
BOD_5	211	24	12.8	87
COD	524	112	28.5	78
SS	311	50	18.1	83

凼仔污水处理厂设计能力为 70000m^3/d，目前处理量为 12000m^3/d，因此三个系列仅一个系列在运行。污水处理采用 UNITANK 工艺，进水 BOD 浓度 500mg/L，COD 浓度 860mg/L，SS 浓度 240mg/L；出水 BOD 浓度<15mg/L、COD 浓度<60mg/L、SS 浓度<15mg/L。每个曝气池平面尺寸为 25m×26m，水深 8m，三个一联，三联九池形成方阵。九个反应池总容积仅 4860m^3，全厂占地仅 1.0hm^2。

路环污水处理厂规模较小，也采用 UNITANK 工艺，仅一个系列。

澳门的三座污水处理厂因环境需要，都将反应池建在室内，水处理间及泥处理间都是全封闭式，所排放的气体都经脱臭处理。污水就近处理，采用布置紧凑的工艺，占地小，构筑物全部封闭于室内，这是三座岛内污水处理厂的共同点，很值得我们中小城市建厂时参考借鉴。

（四）MSBR 工艺

MSBR（Modified Sequencing Batch Reactor）工艺即改良式 SBR 工艺，实质上是 A/A/O 工艺与 SBR 工艺两个系统的串联。MSBR 工艺的反应器可由四个主要部分组成：曝气池、回流污泥浓缩池和两个交替序批处理反应池组成。曝气池又分为好氧区、缺氧区和厌氧区。反应器的运行分六个时段，曝气池的好氧区为连续曝气，缺氧区和厌氧区为达到防止沉淀和良好的混合效果需进行连续搅拌，唯两个 SBR 池交替进行搅拌、曝气和沉淀。浓缩池是该反应器的特色，用于回流活性污泥的浓缩，浓缩后的活性污泥进入厌氧池，其上清液则进入好氧池。反应器一般设计成矩形，图 3-56 为一设计方案。MSBR 工艺是一种可连续进水、高效的污水处理工艺，集合了 A/A/O 与 SBR 的优点，有较大的污水净化潜力和很强的竞争优势。

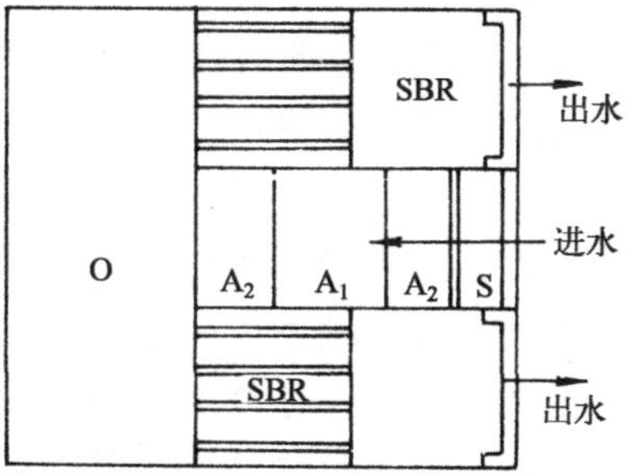

图 3-56　MSBR 设计方案

S—污泥浓缩区；A_1—厌氧区；A_2—缺氧区；O—好氧区；SBR—序批式反应区

七、城市污水的除磷脱氮

2000 年 5 月 28 日新华社发布了我国近海赤潮发生频率加大的消息：国家海洋局日前公布的一项公报称，由于营养盐污染和有机污染逐年加重，90 年代以来，我国近海赤潮发生频率加大，10 年间累计发现 200 多起，平均每年达 20 起。赤潮发生次数较多的有广东、山东、浙江、辽宁和上海近海。长江口、珠江口、辽东湾、杭州湾、莱州湾、大亚湾、汕头-汕尾海域以及天津近海等是赤潮的多发区。1997～1999 年 3 年间，共记录到较大规模的赤潮 48 起，其中渤海和黄海 24 起，东海 10 起，南海 14 起，共造成直接经济损失超过 20 亿元。专家指出，作为一种世界性海洋灾害，近年来，赤潮在我国近海发生的范围越来越大，持续时间越来越长，危害越来越严重，不仅出现在夏季，春、秋两季也时有发生；不仅出现在近海，并有向远海扩展的趋势，而且发现了新的赤潮生物。我国已成为一个赤潮灾害多发的国家。专家指出，根据我国海域当前富营养化总体水平，以及近年来对赤潮发现状况的综合分析，预计今年我国海域赤潮发生频率与去年大体相当，发生次数在 20～30 次左右。自北向南，赤潮的多发区为辽宁、河北、山东沿海以及长江口、杭州湾及珠江口邻近海域。

所谓赤潮，是水体中某些浮游生物爆发性繁殖，引起水质异常和水质恶化的现象。常发生在近海水域，又称红潮。由于赤潮发生的水域有时发出臭味，渔民称其为“臭水”。

通常认为，氮、磷等有机污染物质大量排入海洋，造成海洋富营养化，为赤潮生物大量繁殖提供丰富的营养盐等，这是赤潮泛滥的根源。我国海域赤潮发生的主要因素是氮和磷污染。赤潮是一种严重的全球性海洋灾害。赤潮发生时可使水体严重缺氧，阻碍其他生物正常呼吸；部分赤潮生物体内及其代谢产物含有生物毒素，引起鱼虾、贝类中毒病变；赤潮严重的海域会出现水体恶臭、鱼虾大面积死亡。因此，作为防治赤潮和水体富营养化的主要措施，城市污水除磷脱氮已是当务之急。

（一）生物脱氮技术

传统的活性污泥法能将有机氮化合物转化为氨氮，但不能有效地脱氮。污水生物脱氮技术的基本原理是通过延时曝气（即低负荷活性污泥工艺）完成硝化反应，将污水中的氨氮氧化为硝酸盐，再通过反硝化反应将硝酸盐还原成氮气从水中逸出，完成脱氮过程。

1. 硝化反应

在新鲜污水中，含氮化合物主要是以有机氮，如蛋白质、尿素、胺类化合物、硝基化合物以及氨基酸等形式存在的。在氨化菌的作用下，有机氮化合物分解，转化为氨态氮。以氨基酸为例，其反应式为：

$$RCHNH_2COOH + O_2 \longrightarrow RCOOH + CO_2 + NH_3$$

在硝化菌的作用下，氨转化为亚硝酸氮；亚硝酸氮在硝化菌的作用下，进一步转化为硝酸氮，其反应式为：

$$NH_4^+ + 2O_2 \longrightarrow NO_3^- + H_2O + 2H^+$$

在硝化过程中，氧化 1gNH_4^+-N 为 NO_2^--N 耗氧 3.43g，氧化 1gNO_2^--N 为 NO_3^--N 耗氧 1.14g，所以氧化 1gNH_4^+-N 为 NO_3^--N 共耗氧 4.57g。

硝化菌对环境的变化很敏感，其主要反应条件如下。

(1) 温度

硝化反应的适宜温度是 20～30℃，低于 15℃后硝化速率迅速降低，5℃时，速率极低。

(2) pH 值

1g 氨态氮（以 N 计）完全硝化需碱度（以 $CaCO_3$ 计）7.1g。硝化菌适宜的 pH 值为 8.0～8.4。

(3) 溶解氧

溶解氧浓度不应低于 1.0mg/L。

(4) 泥龄

泥龄一般取硝化菌最小世代期的 2 倍以上。根据有关资料，泥龄（以 SRT 表示）计算的参考公式如下：

① 英国经验公式（英国 Hawker Siddeley Water Engineering Ltd. 提供）

$$SRT = 3.05 \times (1.127)^{20-t}$$

式中 SRT——泥龄，d；

t——硝化池反应温度，℃。

② 法国经验公式

$$SRT = \frac{\rho_{TKN} + 1.5}{\rho_{TKN}} \times \frac{1.094^{15-t}}{0.126}$$

式中 ρ_{TKN}——出水 TKN（总凯氏氮）的质量浓度，mg/L。

③ 瑞典经验公式（瑞典 Environmental Technology AB 提供）

$$SRT = \frac{1}{Kn}, \quad Kn = 0.18e^{0.12(t-15)}$$

④ 一般常用计算公式（据《给水排水设计手册》第五册）

$$Un=[0.47e^{0.098(t-15)}]\times\left[\frac{\rho_N}{\rho_N+10^{(0.051t-1.158)}}\right]\times\left[\frac{\rho_{O_2}}{K_{O_2}+\rho_{O_2}}\right]\times[1-0.833(7.2-pH)]$$

$$SRT=(2\sim3)\times\frac{1}{Un}$$

式中　ρ_N，ρ_{O_2}——分别为硝化池中硝酸盐氮和好氧区 O_2 的浓度，mg/L；

K_{O_2}——好氧区的硝化系数；

pH——硝化池的 pH 值。

如果取设计最低温度为 10℃，进水中 TKN 浓度为 40mg/L，出水的 TKN 浓度为 10mg/L；硝化池中 $\rho_N=20$mg/L，pH＝7.2；好氧区 $K_{O_2}=1.3$mg/L，$\rho_{O_2}=2$mg/L，则分别用四种公式计算泥龄 SRT，其结果分别为 10.1d，14.3d，10.1d，(12～17.4d)。

2. 反硝化反应

反硝化反应是在缺氧条件下，由反硝化菌将硝酸盐和亚硝酸盐还原成为气态氮的过程。污水中的含碳有机物可以作为反硝化过程的电子供体。转化 1gNO_3^--N 为 N_2 时，需要 BOD 约 3g，同时产生 3g 碱度（以 $CaCO_3$ 计）。

反硝化反应的主要条件如下。

(1) 温度

最适宜温度是 20～40℃，当温度达 3℃时，反硝化反应将完全停止。

(2) pH 值

适宜的 pH 值为 6.5～7.5。

(3) 溶解氧

溶解氧浓度应保持在 0.5mg/L 以下。

(4) 碳源

一般认为，如要维持较高的反硝化反应速率，设计中只考虑有 1/3 的 BOD 在缺氧池中被氧化，即 BOD/TKN 值宜大于 5～6。

3. 前置缺氧反硝化工艺（Anoxic/Oxic 工艺）

图 3-57 所示前置缺氧反硝化工艺与传统曝气工艺相比，可节省约 10%的电耗。因此，早在 80 年代，英国许多污水处理厂都进行了改造。他们把原有曝气池的前部（约为 1/6 池容）改为缺氧池，取消原有曝气器，为防止沉淀，在缺氧池内配以适量的搅拌装置。此举收到了良好的脱氮效果，在总氮浓度下降的同时，出水氨氮浓度降至 7mg/L 以下。

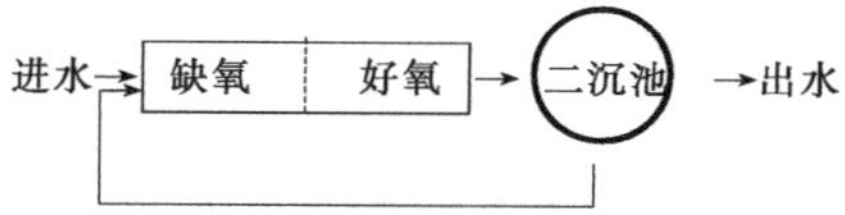

图 3-57 前置缺氧反硝化工艺流程

（二）生物除磷技术

1999 年，据深圳某报报道：据联合国环境规划署的全球水质监测报告，目前全世界约有 30%～40% 湖泊水库出现富营养化。而我国主要淡水湖泊和四大河流都受到不同程度的磷污染并出现富营养化。据对全国 55000km 河段的调查，不符合饮用水和渔业用水标准的有 47700km，占 85.9%。污染严重、鱼虾绝迹的河段有 24000km。巢湖磷含量超标 3.4 倍，太湖因含磷过多而导致蓝藻爆发，云南滇池由于磷污染而使湖水超过国家 5 类水质标准，不能饮用。我国沿海近海水域，由于含磷过多，造成藻类和浮游生物爆发性繁殖，多次发生赤潮，使近海滩涂养殖业遭受巨大损失。

因此，我国《污水综合排放标准》（GB 8978—1996）确定的磷酸盐排放标准非常严格，此标准扩大到所有排污单位。我国新建的城市污水处理厂都要进行除磷处理和硝化处理。

近年来，国内外学者一直在对除磷机理进行不懈的研究，以图发现更科学和可靠的工艺来提高生物除磷的去除率。生物除磷工艺通常包括一个厌氧段和一个好氧段（见图 3-21）。在厌氧段，除磷菌水解所贮存的聚合磷酸盐产生能量以吸收污水中的有机物；在好氧段，它氧化所吸收的有机物产生能量，吸收更多污水中的磷以合成磷酸盐，最后随剩余污泥排放。通常认为生物处理工艺不能达到可靠除磷效果的原因在于反硝化菌所带来的不利影响，人们提出了许多工艺以控制进入厌氧池回流污泥中硝酸盐氮的浓度。然而事实并非完全如此，在许多实验中，污水内含有充足的挥发性有机酸，而除磷效果仍然不稳定，

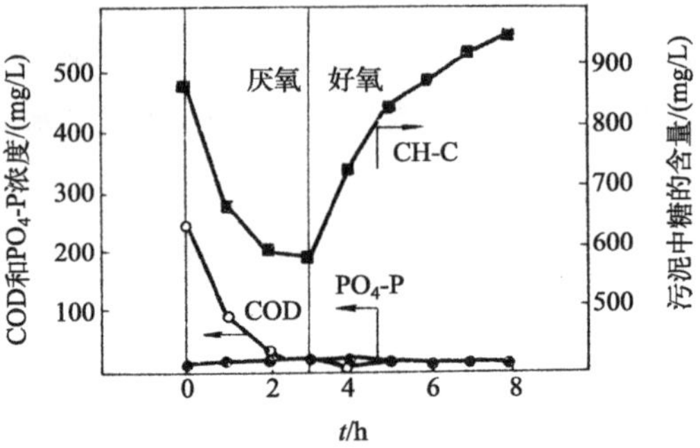

(a)

MLSS 6406mg/L; VSS 5964mg/L;

P/MLSS 2.24%; CH/VSS 36.6%;

底物 10mmol/L CH_3COONa;

低P污泥，pH=6.2~6.4

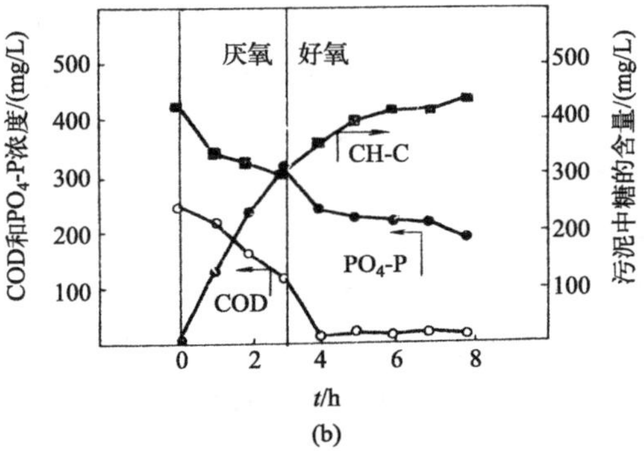

(b)

MLSS 6268mg/L; VSS 4414mg/L;

P/MLSS 9.24%; CH/VSS 34.6%;

底物 10mmol/L CH_3COONa;

高P污泥，pH=6.2~6.4

图 3-58 CH 含量不同的活性污泥吸收醋酸时降解 CH 和释放磷的情形

现有的生物除磷假说无法解释这些现象。

早在 1987 年国外学者就发现活性污泥所含糖类物质（Carbohydrate）在厌氧条件下降解又在好氧条件下再生的现象，并指出污泥中的糖类物质（CH）的厌氧降解是为利用所吸收的醋酸合成厌氧反应产物提供还原能力。1994 年又有学者发现，活性污泥能够利用所含 CH 作能源在厌氧状态下吸收醋酸而不释放磷。

刘延华高级工程师经过长期试验研究，指出在厌氧条件下活性污泥降解细胞内 CH，同时释放磷，这两个过程同时存在（见图 3-58）。所产生的能量被用于吸收进水中的有机物。当污泥中 CH 含量低时，污泥降解 CH 少而释放磷较多；当污泥中 CH 含量高时，污泥降解 CH 多而释放磷较少。试验表明，当污泥 CH 含量高于 25%时，污泥吸收有机物时降解 CH 而不释放磷（见图 3-59）。据此，刘延华提出了生物除磷糖控制（CHC）工艺，此新工艺在天津纪庄子污水处理厂进行了小型试验。

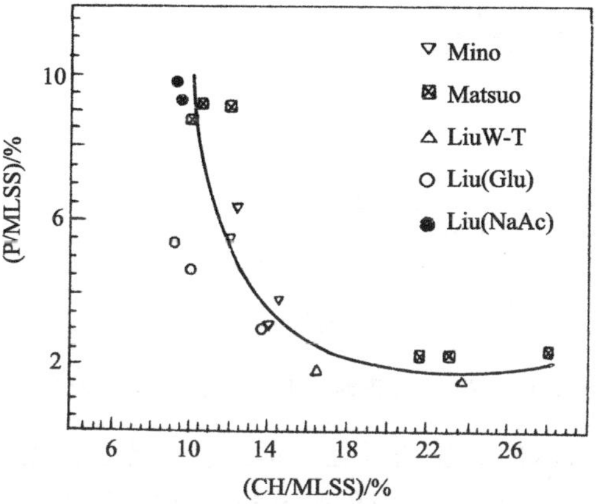

图 3-59　厌氧段结束时污泥 CH 含量与其除磷能力的关系❶

1. 生物除磷糖控制（CHC）工艺

本工艺的目的即在于获得一种可有效降低活性污泥和微生物体内

❶ 各试验点的来源参见本书参考文献（与相应作者名对应）。

含糖量的生物除磷脱氮方法，以提高生物除磷的效果。

为了实现上述目的，在主流生物除磷工艺系统中增设一糖降解池，以使厌氧过程末端的含糖量降到10%以下。经过糖降解并充分吸收有机物的活性污泥经反硝化脱氮后，其体内吸收的有机物被部分利用，因此转入好氧池进行好氧吸磷时，微生物用体内吸收的有机物合成、积累的糖量也不会过高。含糖量已受到控制的活性污泥回流到厌氧段放磷时，可以保证正常的糖降解、有机物吸收和磷释放，从而提高生物除磷的效果。

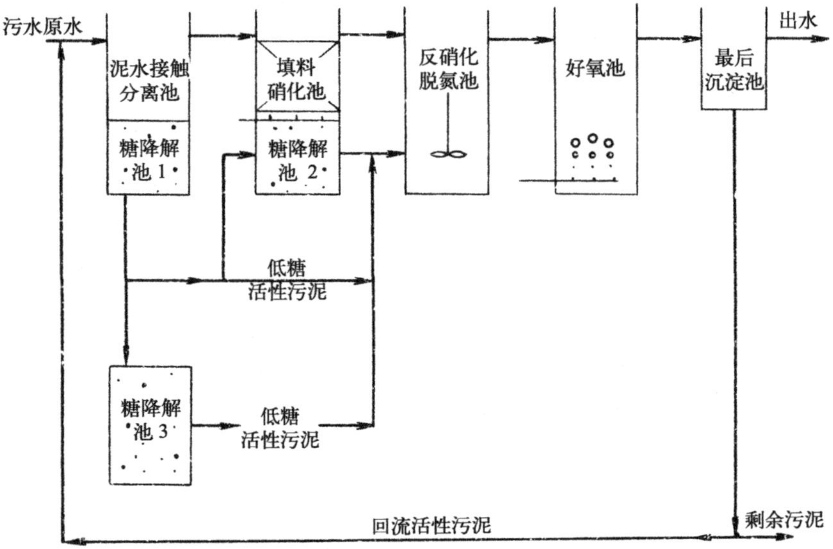

图 3-60 生物除磷糖控制（CHC）工艺流程图

从图 3-60 所示的流程图可见，本工艺系统是由泥水接触分离池、糖降解池、填料硝化池、反硝化脱氮池、好氧池和最后沉淀池组成的自流系统。泥水接触分离池为带有污泥区的泥水沉降池，位于污水原水初沉池的下游，其主要作用是使污水原水与回流活性污泥接触并沉降分离，沉降后的污泥进入污泥区。糖降解池为污泥池，位于泥水接触分离池的下游并带有用于调节污泥流量的控制装置。糖降解池除单独设池外（糖降解池 3），还可以将泥水接触分离池的污泥区扩大作为糖降解池（糖降解池 1），或者将填料硝化池扩充并与之分隔作为糖降解池（糖降解池 2），或者同时将扩大原泥水接触分离池和与填料硝化池互相分隔的填料硝化池扩充池作为糖降解池。填料硝化池为污水池，位于泥水接触分离池的下游，池中装填有生长着硝化菌生物膜的填料并安装有曝气充氧装置，其主要作用是对来自泥水接触分离池的上清液进行硝化处理。反硝化脱氮池为泥水混合池，位于糖降解池和填料硝化池的下游，池中装有搅拌器，其主要作用是使经过糖降解的活性污泥与硝化后含 NO_3^- 的出水混合进行反硝化反应。好氧池也是泥水混合池，位于反硝化脱氮池的下游，池中装有曝气充氧装置，好氧吸磷和去除剩余有机物的过程即在此进行。最后沉淀池为带有污泥区的泥水沉降池，位于好氧池的下游，在此沉降分离后的活性污泥进入污泥区，回流污泥管线中装有泥浆泵。

本工艺方法主要包括厌氧接触分离、糖降解、好氧硝化、缺氧反硝化、好氧吸磷和沉降分离等工艺，即首先使含磷氮营养物的污水原水与回流活性污泥在厌氧条件下接触并沉降分离；沉降分离后的污水上清液在好氧条件下进行硝化，沉降分离后的污泥则在厌氧条件下经糖降解后与硝化后的污水混合，并在缺氧条件下进行反硝化；反硝化后的污泥、水在好氧条件下吸磷后进行沉降分离，沉降后的上清液即为已去除磷氮营养物的出水，沉降分离后的一部分含高磷污泥回流，与污水原水重复接触，其余含高磷污泥以剩余污泥形式排出处理系统。

2. 天津纪庄子污水处理厂小型试验

该厂小型试验采用图 3-60 所示的流程，具体工艺过程如下。

(1) 厌氧接触分离

来自污水原水初沉池的含有磷氮营养物的污水原水和含聚磷菌、硝化菌和反硝化菌的回流活性污泥同时送入泥水接触分离池相互接触，在厌氧条件下，污水中 70%以上的有机物被活性污泥快速吸收，同时，微生物体内的糖快速降解。由于回流活性污泥中的含糖量已受到控制，故微生物将同时释放磷。微生物释放出的磷进入泥、水分离后的上清液，泥、水分离后的污泥则进入泥水接触分离池的污泥区，进一步进行糖降解和释放磷。

（2）糖降解

进入泥水接触分离池污泥区的污泥送入糖降解池并在厌氧条件下进一步糖降解。通过控制装置可调节糖降解池的污泥流量和污泥在糖降解池内的停留时间，从而使活性污泥含糖量在厌氧过程的末端降低到10％以下。

（3）好氧硝化

泥水接触分离池上清液送入填料硝化池，在好氧条件下由填料硝化菌生物膜进行反硝化，污水中的氨氮（NH_4^+/NH_3）变成NO_3^-。由于上清液中的有机物绝大部分也被活性污泥吸收，所以很适合硝化菌硝化，硝化速度很快，因此池容可以减小。

（4）缺氧反硝化

经过糖降解的活性污泥和硝化后含NO_3^-的污水同时送入反硝化脱氮池混合，并在缺氧条件下进行反硝化，NO_3^-变成N_2而逸入大气（脱氮）。在反硝化过程中，反硝化菌利用的有机物并不是污水中的有机物，而是在厌氧过程中体内吸收积累的有机物。因此，不仅反硝化速度可以加快，而且可最大限度地限制下一步好氧过程中糖的大量合成，有利于厌氧时释放磷。

（5）好氧吸磷

将反硝化脱氮后的泥水混合液送入好氧池，在好氧条件下，微生物将代谢体内吸收的未被降解的有机物，并吸收磷合成聚磷。同时，微生物还将合成一定数量的糖，供回流到泥水接触分离池后降解体内糖、吸收有机物和释放磷。在此过程中，由于微生物体内合成的糖是从厌氧时吸收积累的有机物转化而来的，而厌氧时吸收积累的一部分有机物已在反硝化脱氮过程中被反硝化菌所利用，因此，微生物体内合成的糖将受到限制。

（6）沉降分离

将好氧吸磷后的污泥送入最后沉淀池并在此沉降分离，分离后的上清液即为已去除磷氮营养物的出水，分离后的大部分含高磷活性污泥回流至泥水接触分离池，其余部分以剩余污泥形式排出。

3. CHC 工艺的试验设备

试验采用天津市纪庄子污水处理厂初沉池出水，试验规模如下：

厌氧混合区，500mm×280mm×1000mm

泥水分离区，500mm×500mm×1000mm

硝化区，500mm×480mm×1000mm

反硝化区，500mm×500mm×400mm

N/ND 区，500mm×500mm×600mm

泥水分离区，500mm×500mm×1000mm

所用试验设备如下：

计量泵（Q=100L/h）	1 台
计量泵（Q=50～70L/h）	1 台
搅拌器	3 台
鼓风机	1 台

4. 试验结果

试验用天津纪庄子污水处理厂初沉池出水，其 COD 含量为 207～337mg/L；TP 含量为 4.36～7.37mg/L。在运行中，发现模型设计中二沉池有明显缺陷，造成污泥浓度不足，而污泥回流受设备及工艺限制，使糖降解条件不佳。为此，调整进水流量，按 60L/h 运行，取得较好效果。试验记录见表 3-17。

表 3-17 试验记录

日期	COD 含量/(mg/L)		TP 含量/(mg/L)	
	进水	厌氧段末端	进水	出水
1999.4.1			5.68	0.63
1999.4.2			6.54	0.40
1999.4.3			9.09	0.26
1999.4.4	260.7	63.07	7.47	0.27
1999.4.5	212.2	48.97	6.46	0.571
1999.4.6	260.5	164.2	7.37	0.672
1999.4.7	239.6	82.8	5.10	0.734
1999.4.8	337.2	79.63	5.31	0.369
1999.4.9			4.61	0.45

反应器按糖降解工艺运行的结果，其除磷效率绝大部分在90%以上，最低为86%，最高达97%。在厌氧段去除COD的效果也特别明显，一般COD的去除率都在70%以上。试验表明，进水中的有机物大部分可以在厌氧条件下被去除，而好氧反应的作用在于实现聚磷酸盐和CH的再生。由于有很大一部分进水COD未经氧化，直接以厌氧反应产物的形式被去除，无疑厌氧/好氧工艺比传统工艺将大大节省供氧量。

5．结论

试验研究结果证实，在厌氧条件下，微生物倾向于利用降解体内的糖提供能量维持生活，而不倾向于利用聚磷水解提供能量吸收有机物，只有当活性污泥中的含糖量降到10%以下时，微生物才会利用聚磷水解提供能量吸收有机物，同时释放磷。

换言之，活性污泥含糖量很高时，微生物虽然也可能吸收有机物，但不能除磷；只有当含糖量低于10%，才能取得满意的除磷效果。由此可见，活性污泥和微生物体内含糖量的高低将是决定生物除磷效果的关键因素。一般来说，微生物体内糖的降解只有在厌氧条件下才能发生；在缺氧（有NO_3^-）时，微生物体内含糖量基本不变；而在好氧时，微生物体内合成、积累糖。厌氧时糖的降解又可分为快速和慢速两个过程。快速过程伴随着有机物的吸收和磷的释放，但含糖量远远高于10%时，聚磷并不水解或水解速度极慢；慢速过程是在微生物吸收足够的有机物、水中可利用的有机物耗尽之后进行的，其降解量随厌氧时间的增长而增加。微生物体内糖的合成、积累和降解变化过程，为控制活性污泥含糖量，进而提高生物除磷效果提供了可能性。

（1）污泥CH含量对除磷能力的影响

本次试验说明在厌氧条件下，活性污泥降解细胞内CH，同时释放磷，这两个过程所产生的能量被用于吸收进水中的有机物，以及将其转化为可贮存的聚合物（PHAs）。当以葡萄糖为进水有机物时，约有一半被吸收的葡萄糖以污泥CH的形式贮存于细胞内，约另一半则被转化为厌氧反应产物；当以醋酸盐为进水有机物时，厌氧反应中污泥CH含量不但没有上升，而且随着醋酸盐的吸收而迅速下降。因此，在厌氧反应时间相同的条件下，加入醋酸盐更易将污泥 CH 含量降到一个低水平。所以，在可比的运行条件下，作为主要进水有机物，葡萄糖比醋酸盐更易于导致污泥 CH 含量的上升。而当活性污泥以 CH 做厌氧代谢能源时，活性污泥能够利用所含 CH 作能源在厌氧状态吸收醋酸而不释放磷，它在好氧段不再吸收磷而只进行 CH 的合成。因此，要达到可靠的除磷效果必须避免活性污泥使用 CH 作为厌氧代谢的能源。也就是说，必须对厌氧段活性污泥进行 CH 的控制（Carbohydrate Control，简称 CHC)，才能有效地提高生物除磷的能力。

（2）生物除磷的两种极端状态

早在 1987 年，Mino 在实验中发现活性污泥所含 CH 在厌氧下降解又在好氧下再生的现象，他指出污泥中的 CH 的厌氧降解是为微生物利用所吸收的醋酸合成 PHB 提供还原能力，并提出除磷菌在厌氧段降解 CH 的模式：

$$CH_2O+\frac{1}{12}C_6H_{10}O_5(CH)+0.44HPO_3+0.023H_2O \longrightarrow$$

$$1.33CH_{1.5}O_{0.5}(PHB)+0.17CO_2+0.44H_3PO_4$$

1994 年，Satoh 发现活性污泥能够利用所含 CH 作能源在厌氧状态下吸收醋酸而不释放磷，并提出了污泥厌氧代谢模式：

$$CH_2O+0.208C_6H_{10}O_5(CH) \longrightarrow$$

$$2CH_{1.5}O_{0.5}(PHB)+0.25CO_2+0.54H_2O$$

以上两个代谢模式分别代表了活性污泥微生物利用聚磷或者 CH 作厌氧代谢能源的情形。两个模式都表明在吸收有机物时降解污泥中的 CH，高磷低 CH 污泥降解 CH 较少，释放磷较多；低磷高 CH 污泥降解 CH 多，释放磷较少。有资料表明，当污泥 CH 含量高于 25%时，污泥吸收有机物同时降解 CH 而不释放磷，证明污泥 CH 是它在厌氧条件下吸收有机物的独立能源。

以上两个反应式分别代表了除磷工艺运行的两极状态：即除磷到达理想的高效和除磷现象的消失。介于二者之间的中间状态则是两种模式代谢过程的综合效果，或在特定生长状态下微生物选择了不同代谢模式。

(3) 生物除磷工艺的糖控制(CHC)条件

实验研究结果显示了活性污泥 CH 含量对其厌氧代谢模式和除磷能力的影响，活性污泥中 CH 的厌氧降解和好氧合成的总结果是污泥 CH 含量的下降或上升。在厌氧状态下，活性污泥吸收进水中的有机物同时降解所含 CH 释放磷；在好氧状态下，又实现污泥 CH 和聚磷酸盐的再生。总之，许多研究都证明污泥 CH 代谢在生物除磷工艺中起着主导作用，总结 CH 对活性污泥除磷能力的影响及其控制将对除磷新工艺的设计有很好的指导作用。

根据研究结果，提出如下控制条件：

① 在进水水质一定的条件下，延时厌氧反应能使污泥 CH 降到较低的水平。实验表明，将污泥 CH 含量在厌氧段结束时降到 9%左右是实现高效生物除磷的重要前提。

② 由于反硝化可消耗掉一部分 COD(或 PHAs)，减少了可被用于 CH 合成的碳源，因此也有利于污泥 CH 含量的控制。

③ 游离氧是污泥 CH 再生的必要元素，在缺氧状态下污泥 CH 合成十分不明显，因此将好氧反应的溶解氧浓度控制在较低水平或者控制好氧反应时间，都将有利于控制污泥 CH 的好氧合成。

④ 污泥厌氧吸收 COD 的程度越高越有利于控制污泥 CH 的合成。

(4) 生物除磷糖控制(CHC)工艺将比传统活性污泥法消耗更少的氧

在糖控制(CHC)工艺的厌氧段活性污泥能去除大部分进水中的 COD，与传统活性污泥法相比，COD 的去除方式发生了根本性变化，进水中的有机物大部分可以在厌氧条件下被去除，而好氧反应的作用在于实现聚磷酸盐和 CH 的再生。由于有一部分进水 COD 未经氧化直接以厌氧反应产物的形式被去除，所以，生物除磷糖控制(CHC)工艺比传统活性污泥法大大节省了供氧量。

在可比的泥龄和好氧反应时间的运行条件下，糖控制(CHC)工艺与传统活性污泥法中的活性污泥用于细胞物质合成和细胞活性维持所耗氧量是基本相同的。如果不考虑厌氧反应对硝化菌活动的不利影响，硝化作用所耗氧量也应该是相同的。因此，活性污泥所含聚磷的代谢和糖类物质的代谢以及在厌氧段可能发生的反硝化反应是造成这两个工艺耗氧量差别的主要因素。

厌氧、好氧两种代谢过程使一部分进水 COD 不经充分氧化而形成了活性污泥的聚合物成分（包括 PHAs 和 CH），这是使糖控制(CHC)工艺节省需氧量的一个主要原因。而且可以看出，活性污泥中的除磷菌越多，工艺所消耗的氧就越少。当然，耗氧量的多少还受厌氧时间的影响，因为厌氧时间直接影响厌氧段聚磷酸盐(PP)的水解程度。

除此之外，使糖控制（CHC）工艺耗氧量节省的另一个因素是可能在厌氧段发生的反硝化反应，来自回流污泥的 NO_x 氧化去除了一部分进水中的 COD。

（三）典型生物除磷脱氮工艺流程

污水生物脱氮的基本原理是在好氧条件下通过硝化反应先将氨氮氧化为硝酸盐，再通过缺氧条件下（溶解氧浓度很低）的反硝化反应将硝酸盐氧化还原成气态氮从水中去除。在污水生物除磷工艺中，通过厌氧段和好氧段的反复运行，利用活性污泥的超量磷吸收作用，使细胞含磷量相当高的细菌群体能在处理系统的基质竞争中取得优势，剩余污泥的含磷量可达到 8%以上，使得进入剩余污泥的总磷量增大，处理出水磷的浓度明显降低。

所以，所有生物除磷脱氮工艺都包含着好氧、缺氧和厌氧三个工况，目前比较典型的工艺如图 3-61～图 3-67 所示。

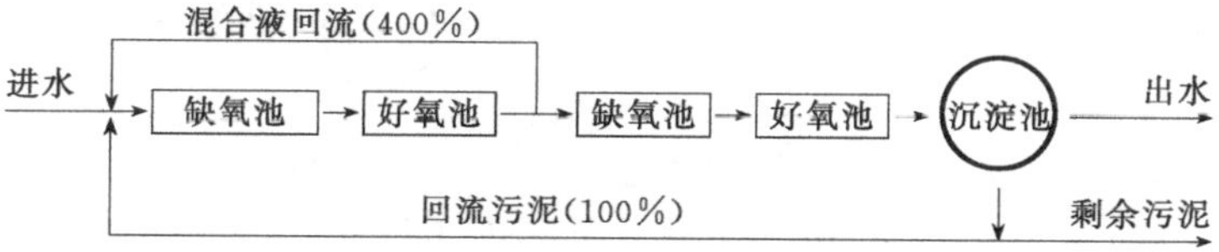

图 3-61　四段 Bardenpho 脱氮工艺

图 3-62　五段改良 Bardenpho 除磷脱氮工艺

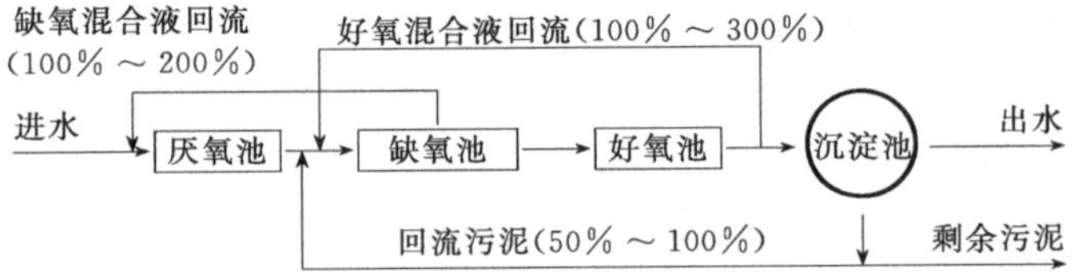

图 3-63　UCT 除磷脱氮工艺

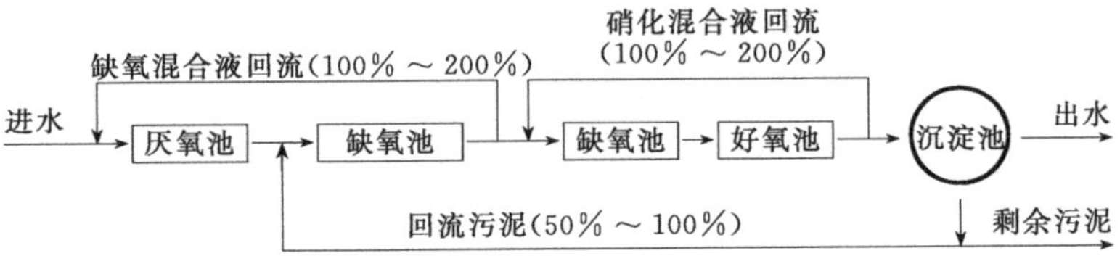

图 3-64　改良 UCT 工艺

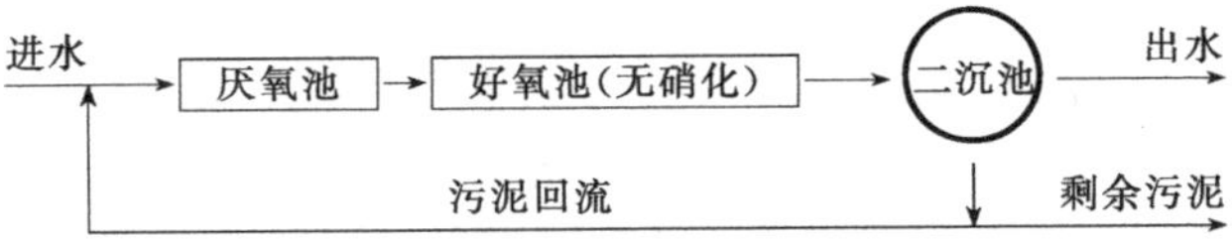

图 3-65　无硝化过程的 A/O 工艺

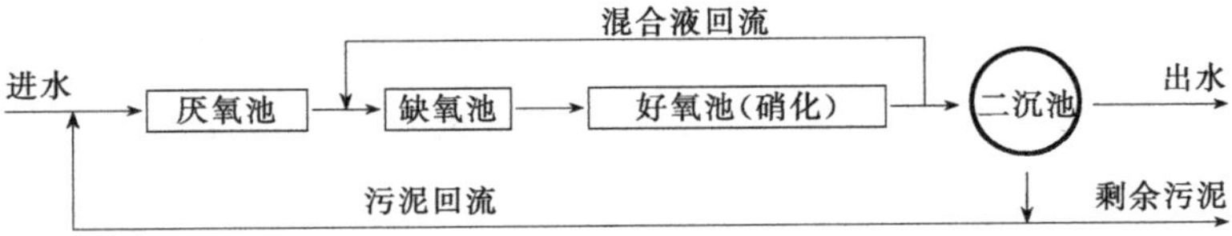

图 3-66　具有硝化反硝化过程的 A/A/O 工艺

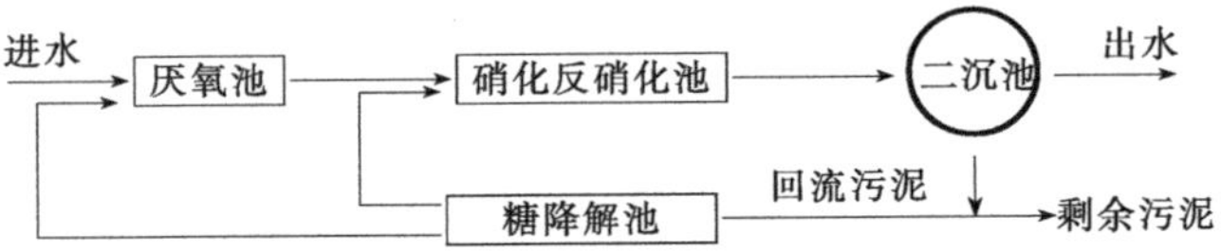

图 3-67　糖控制 CHC 工艺

总之，生物除磷脱氮工艺很多，AB 工艺、氧化沟、SBR 工艺都可包含厌氧、缺氧和好氧三个工况，可根据工程实际进行调配组合。

(四) 工程实录 (昆明市第二污水处理厂)

昆明市第二污水处理厂对出水水质要求高：BOD_5 和 SS 浓度均 <15mg/L，TN、TP 的去除率须在 80%以上，为此设计采用了“多

格串联厌氧池和同心圆形降解池”之A/A/O新工艺（参见图3-68）。该厂于1996年建成投产，设计流量$Q=10\times10^4m^3/d$；进水水质：BOD浓度180mg/L，SS浓度250mg/L，TN浓度45mg/L，TP浓度5mg/L；出水水质：BOD浓度≤15mg/L，SS浓度≤15mg/L，TN浓度≤8mg/L，TP浓度≤1mg/L。

1. 进水泵房

进水泵房的前池是粗格栅井，分为2格，每格宽2m，长9m，深6.7m，每格前后均设ϕ1.5m铸铁闸门，可以全开通水，也可以全闭断水，互为备用。北侧的前池设有固定格栅，采用链条传动、耙齿在栅条上移动清污的格栅机；南侧前池采用链条传动、连续筛滤式的翻转格栅。栅条间距均为40mm，用定时器定时控制或由液位计水位控制运行，信号输送到PLC系统，显示运转启闭状态和发出事故警鸣。

进水泵采用5台潜污泵，置于集水池中。集水池尺寸为5.8m×8m×9m，水泵单机流量0.43m^3/s，4用1备。PLC系统可以根据水位控制水泵的开停，也可使泵按交替方式运行。其中1台泵的出水管上装有电控阀，可以在控制水位中起到微调作用。如果来水量大于设计流量，水位异常升高时，将通过溢流道溢出，溢流水位是3.40m。

提升上来的污水由三个渠道通过细格栅拦污。渠道长3.7m，宽4.6m，深1.6m，每条渠道前后均设插板闸门，也可以采取2用1备的运行方式。细格栅采用阶梯格栅，栅条间距6mm，细格栅后设有脱水输渣机，将栅渣送往运渣井。

进水泵房的能力可以满足近期和远期水量的要求。水泵和粗、细格栅均为全自动工作，水泵的运行由PLC控制，粗、细格栅的动作情况传送到PLC显示，所以进水泵站实际上是全自动无人管理的泵站。

2. 沉砂池

经细格栅筛滤后的污水流入两个平流沉砂池，每个沉砂池分2格，工艺尺寸28m×（2.2+2.2）m×2.1m。两个沉砂池中间设有输砂沟，沟槽断面为0.35m×0.5m。每个沉砂池安装一套带2台潜污泵的桥式移动除砂装置，用泵将沉积在池底的砂粒提升到输砂沟槽，借槽底0.7%的坡度汇集到砂水分离器（安装在进水泵房内）进行脱水。沉砂池4个格的进出水口均设置插板闸，以备维修清池时使用。

桥式移动除砂装置全自动工作，其工作状态信号输送到PLC系统，可显示除砂装置的运转启闭状态和发出警鸣。螺旋砂水分离器的运转由除砂装置的控制箱控制，可以确保同步工作。

沉砂池在水量为$10\times10^4 m^3/d$及$15\times10^4 m^3/d$时，水深改变，停留时间均为1.56min，池内流速通过下游咽喉式节流设施控制，可以始终保持在0.3m/s左右，这样既能去除较大的砂粒，又能防止可降解有机物沉淀，使其顺利进入后续的生物处理设施。

整套沉砂池装置可以保证如下沉砂率：砂粒直径≥0.149mm，去除率80%；砂粒直径≥0.211mm，去除率90%；砂粒直径≥0.29mm，去除率98%。

除砂率的测定方法是：在同一个沉砂池进出口各取一个水样，水样经过滤和干燥后用显微镜测量砂粒尺寸。

3. 流速控制和流量计量设施

污水从沉砂池出来到厌氧池的渠道上要通过流速控制设施和巴氏流量计。

(1) 沉砂池流速控制设施

设计中采用节流方法，通过沉砂池出水渠直线段上的咽喉式节流构筑物在水量变化时对沉砂池水位的调节，达到维持沉砂池中0.3m/s流速的要求。

咽喉式节流装置由明渠突缩口、明渠段、明渠渐放口三部分组成，其中明渠突缩口起主要节流作用，明渠段起稳定流速作用，明渠渐放口起联接咽喉式节流构筑物与巴氏计量槽作用。上游直线段起到逐渐降低污水流速，使水流以较好的水力条件流入巴氏计量槽的作用。

(2) 巴氏（Parshall）计量槽

巴氏计量槽设在沉砂池后、厌氧池前的渠道上，水头损失小、精度高、操作简便、不易沉积杂物，主要参数按设计最大流量$15\times10^4 m^3/d$选定如下：测量范围3024～172800 m^3/d；喉宽1200mm；总长3320mm。

由于下游是自由流，所以只需测定上游水深，巴歇尔槽式托马逊堰的水深采用传压计测量。流量计不仅在表盘上显示流量，同时可将信号传输到控制室的记录仪上。配套安装的取样器由真空泵控制工作，它既可用定时器控制取样，也可根据流量计的信号按比例取样。

4. 厌氧池

污水厂生物除磷脱氮工艺流程见图3-68。

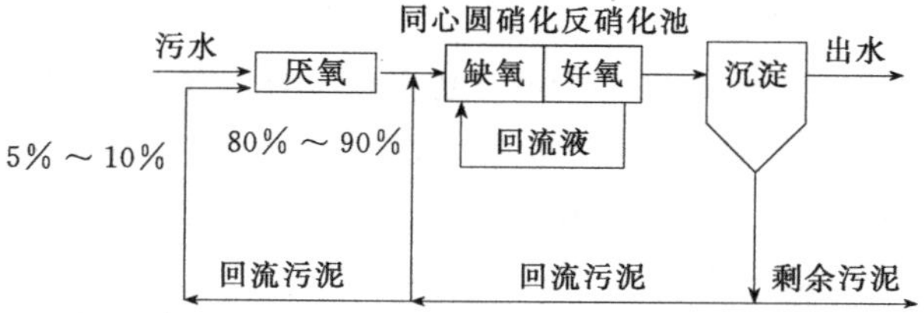

图3-68　污水厂生物除磷脱氮工艺流程

来自沉砂池的污水与占进水量5%～10%的回流污泥混合后进入2组平行的厌氧池，每组厌氧池分3格，每格尺寸19.45m×19.45m×4.5m，3格呈串联式，在每格顶部设一个垂直搅拌器（功率3kW，叶轮直径3m），每组池容积4426.1m^3。厌氧池的停留时间约为2.12h（$Q=10\times10^4\ m^3/d$）和1.42h（$Q=15\times10^4\ m^3/d$）。搅拌器由PLC系统控制，每组厌氧池设一个水位控制仪，出水各经一个长13.75m的堰流到出水渠，在渠里出水与占进水量90%的回流污泥混合后流向硝化及反硝化池。

厌氧池出水混合液经配水井分别流至4座直径70m的圆形硝化和反硝化池。首先混合液进入池中间的缺氧区进行反硝化，缺氧区直径39.6m（容积4762m^3）。池内设2台水平搅拌器（功率8.8kW/台），以保持水质均匀，避免沉积。搅拌器的运转由PLC控制，气态氮从池中逸出。

反硝化区的污水继续进入池外圈的硝化区（或称曝气区）。硝化区用转刷充氧，每池设10台转刷，长9m，功率40kW，转刷除充氧外，还具有推流和混合作用。PLC系统根据安装在每个池子中溶氧仪传输来的DO值控制转刷的启动数量。由于目前来水的BOD_5值较低，每池只安装8台转刷，另外通过隔墙开口处的电动可调整堰控制由硝化区向反硝化区提供回流的混合液，最大回流比是400%。

由于污水厂出水最终将排入滇池，对除磷有较高的要求，故设有化学除磷的追加处理措施，即生物除磷去除率为60%，化学除磷率定为20%。

5. 化学除磷加药间

化学除磷加药间的作用是将$Fe_2(SO_4)_3$药剂投入到回流污泥中，以形成磷酸铁沉淀。

除磷加药间建筑面积130m^2（包括药品库50m^2），投药量约为每处理1kg磷投加$Fe_2(SO_4)_3$ 12kg，可满足3～4天的药剂量。另外包括60m^2的工作间，内设2座3m×3m×1.8m溶药池（可以交替使用，采用钢筋混凝土结构，内衬玻璃钢防腐层）和ϕ2.0m加药罐2个、提升泵2台、空压机1台、投药泵2台（1用1备）及20m^2值班室。加药间的投药量可以由人工调节，其工作状态信号输送至PLC系统，可显示投药泵的运转启闭状态和发出警报。

6. 沉淀池

污水由沉淀池配水井分别流至4座沉淀池（每池直径53m），有效容积4961.4m^3，总高度8.25m，水力停留时间4.76h（$Q=10\times10^4$ m^3/d）或3.17h（$Q=15\times10^4$ m^3/d），沉淀池的表面负荷为0.47$m^3/(m^2\cdot h)$（$Q=10\times10^4$ m^3/d）或0.708$m^3/(m^2\cdot h)$（$Q=15\times10^4$ m^3/d）。

沉淀池采用中心配水、周边收水的形式，设有单臂周边传动刮泥机及刮渣设施，刮泥机采用连续运行方式，及时将池内沉淀污泥经ϕ0.6m输泥管送到回流污泥泵房的集泥池中。

经过沉淀处理的污水经收水堰通过出水渠排至出水闸井中。根据需要调节闸门，使出水既可排到盘龙江，也可排至明通河拦河闸下，入河处均设有出口八字闸井。厂内回用水也可以由出水闸井用管道送至回用水滤站进行再处理。

7. 回流污泥泵房

回流污泥泵房采用半圆环形的布置方案，同沉淀池配水井两座构筑物巧妙地合建在一起，用弧形中隔墙隔开。回流污泥泵房内径6.9m，外径12.5m，集泥池面积43m^2，有效水深2m，集泥池的有效容积相当于一台污泥泵运行 3.30min 的容积。潜污泵直接安装在集泥池中，4 座沉淀池到集泥池的进泥管均单独设置闸门，闸门关闭时可防止集泥池中污泥倒灌至放空时的沉淀池中，污泥采用非淹没出流至回流污泥渠道。

回流污泥泵选用 5 台潜污泵（4 用 1 备），每台流量 0.434m^3/s，扬程 49kPa；集泥池中还设有 2 台水位控制仪，PLC 系统根据水位控制仪传输的水位信号来控制污泥泵的运转。为了避免不均匀磨损，潜污泵将以依次循环开停方式运行。

8. 剩余污泥泵房

剩余污泥泵房设有 6.75m×4.5m×2.64m 的污泥池，池内设 3 台潜污泵，提升的污泥通过地下输泥管道排至污泥浓缩池进行污泥处理。

泵的运转采用定时器控制，每台泵的流量 $Q=1550m^3/d$，扬程 $H=59kPa$。

9. 污泥浓缩池

2 座污泥浓缩池直径 15m，有效水深 3m，水力停留时间 15.7h（$Q=10\times10^4\ m^3/d$）或 11.57h（$Q=15\times10^4\ m^3/d$），池总高为 7.34m，每座池有效容积 530m^3。采用的浓缩池容积较大是由于带式压滤机不是 24h 连续工作，用以调节储泥量。

每座浓缩池上设置 1 台中心传动刮泥机，将污泥刮至池中部泥斗，并带有刮浮渣的设施。刮泥机按全自动方式工作，其工作状态信号传送到 PLC 系统，可显示刮泥机运转的启闭状态和发出警报。

浓缩池污泥采用 3 台 CT 型污泥泵提升到脱水机房前的调质池，每座浓缩池有 1 台排泥泵对应，2 用 1 备。污泥泵由定时器控制运转，其工作状态信号输送到 PLC 系统，可显示污泥泵运转的启闭状态和发出警报。

10. 污泥脱水机房

污泥脱水机房为污泥终置构筑物，工艺流程见图 3-69。

① 调质池的作用是调匀污泥，使进入带式压滤机的污泥浓度比较均衡。调匀污泥靠调质池内的垂直搅拌器。

调质池的长、宽、深均为 3m，搅拌器自池顶垂直安装，由水位控制仪控制运转，以防水位太低或太高时损坏搅拌器的轴杆。在实际运行中泥位太高时自动停止浓缩池污水泵工作，泥位太低时自动停止压滤机进料泵工作，用以调控调质池泥位。

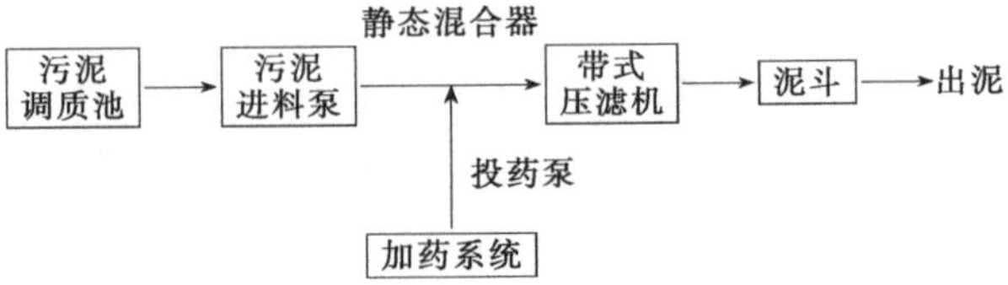

图 3-69　污泥终置工艺流程

② 污泥进料泵将调质池的污泥提升到脱水机房楼上的带式压滤机内，采用偏心螺旋进料泵 2 台（1 用 1 备），流量 7～45m^3/h，扬程 150kPa。

③ 加药系统包括加药罐、投药泵和静态混合器等。

加药罐按全自动方式工作，首先在位于顶部的池子内将聚合物粉末与水混合，并进行搅拌，使聚合物溶解，然后将配好的聚合物贮存在底部的池子里。加药罐投药能力为 8kg/h。

投药泵将药液提升送到安装在污泥调质池与带式压滤机之间污泥管上的静态混合器，使药液与污泥混合。投药泵的运转由带式压滤机的电器控制箱控制，速度可手动调节，投药泵流量 $Q=0.74\sim3.65m^3/h$。

④ 带式压滤机带宽 2.3m，工作能力 40m^3/h，设 2 台（1 用 1 备）。脱水机房后面设有污泥罩棚，以备雨天暂时储存之用。

压滤机还配有反冲洗水泵 2 台，及时用厂内回用水冲洗滤布。

压滤机滤后的尾水同浓缩池上清液一道返回污水处理系统。

（五）化学除磷

1. 基本原理

化学除磷的基本原理是通过投加化学药剂形成不溶性磷酸盐沉淀物，然后通过固液分离将磷从污水中除去。一般固液分离可在初沉池或二沉池中进行。由于化学药剂投加点的不同，化学除磷的沉淀工艺可分为前置沉淀、同步沉淀和后置沉淀三种形式。前置沉淀的药剂投加点在初沉池之前，同步沉淀的药剂投加点在曝气池之前或之后，后置沉淀是在二级处理的出水中投加药剂，沉淀物需另设澄清池或滤池进行固液分离。

化学除磷投加的药剂有铝盐、铁盐或石灰等。由于前置沉淀使总污泥量增加很多，后置沉淀所需投资增大，因此，一般都选用同步沉淀。由于污泥量与药剂投加量有关，药剂投加量可取原污水和曝气池活性污泥混合液进行烧杯试验确定。通常采取原污水间隔性连续取样进行短期试验，按不同药剂不同加药量试验处理效果，根据试验结果得出出水磷浓度与加药量的关系曲线，据此确定投加药剂的品种和药量。

2. 工程实录（挪威 VEAS 污水处理厂）

VEAS 污水处理厂是挪威最大的污水处理厂，日处理污水最高可达 650000m^3/d，工程分二期建成，一期工程于 1983 年建成通水，厂内投资为 4 亿克朗（1983 年价），厂外输送管道投资达 8 亿克朗（1983 年价）；二期工程于 1995 年建成，投资 15 亿克朗（1995 年价）。目前全厂职工 39 人，年运行费 7 千万克朗（相当于 9500000 美元）。

污水处理采用化学沉淀及硝化反硝化工艺，如图 3-70 所示。总停留时间仅 4h，出水去除率分别为：BOD 去除 95%，TN 去除 70%，TKN 去除 85%，TP 去除 95%。

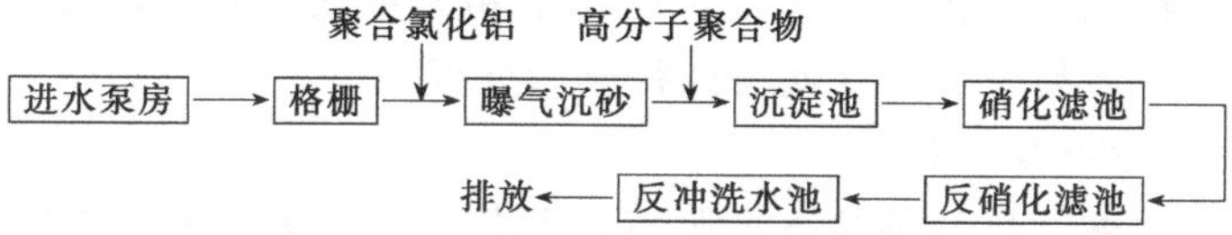

图 3-70 VEAS 污水处理厂水处理流程

VEAS 污水处理厂的出水排入距厂 700m 外的挪威海峡湾中，出水口埋深达 50m，以尽可能地减少对环境的影响。其除磷要求很高。

VEAS 污水处理厂每天产生干污泥 130t，先通过滚筒式污泥浓缩机将污泥含水率由 97%降至 94%，然后进入 4 座污泥厌氧消化池，每座容积为 6000m^3，所产沼气全部用来发电，余热回收，其电力可满足全厂用电量的50%，目前每天发电48000kW·h，发电机装机容量2000kW。

污水处理厂为了节省用地和保温，除污泥消化池外，其余构筑物都建于地下岩石中。

按该厂旱季流量300000m^3/d计算，其处理1m^3污水的运行费为0.087美元（合人民币0.72元）。其运行费能如此节省，主要在于重视能源回收，每年节省的电费十分可观，也相应降低了运行费用。

关于污泥产沼气量，按其130t干污泥计，每日进入消化池污泥约2170m^3，则1m^3产沼气约11m^3。如按污泥含水率96%计，则1m^3污泥产沼气仅7.4m^3，与我国已建消化池产气率差距不大，估计是化学沉淀之故。

八、污泥处理与处置

对城市污水处理厂来说，污泥的处理和处置可以说是考核污水处理厂运行成绩的重要标志。污水处理的目的是使污染物与污水分离，使污水得以再生，保护水环境，保护生态。在这一点上说，干污泥（含水率为0%计）的量越多说明污水处理得越好。而污泥处理与处置是为了防止污泥污染环境。污水处理厂的污泥有两类，即初沉污泥和活性污泥（对不设初沉池的污水处理厂来说，当然就只有活性污泥的处理了）。污泥处理可分为几种阶段，首先是污泥浓缩，其目的是为了减小污泥的体积；其次是污泥稳定和无害化；最后是污泥脱水。脱水后的污泥易于运送，就可进行最后处置了。

（一）污泥浓缩与脱水

污泥浓缩的目的是缩小污泥的含水率。关于含水率，可以举例说明之，一般土壤含水率在30%以下可认为是干土，大于40%则可认为是湿土。关于污泥含水率与污泥体积的关系可见表3-18所示。图3-71显示了不同含水率时污泥的状态。可见，沉淀池的排泥控制十分重要。排泥不当或排水不排泥，会使污泥体积成倍增加。同时，排出的污泥如何输送，也必须认真对待。因为污泥中固体含量的不同，其在管中流动的阻力会有很大的差别。表3-19列出了各种污泥浓度在不同流速时的阻力增大系数。

表 3-18 污泥含水率与体积变化

含水率/%	98	96	92	84	68
体积/m^3	100	50	25	12.5	6.25

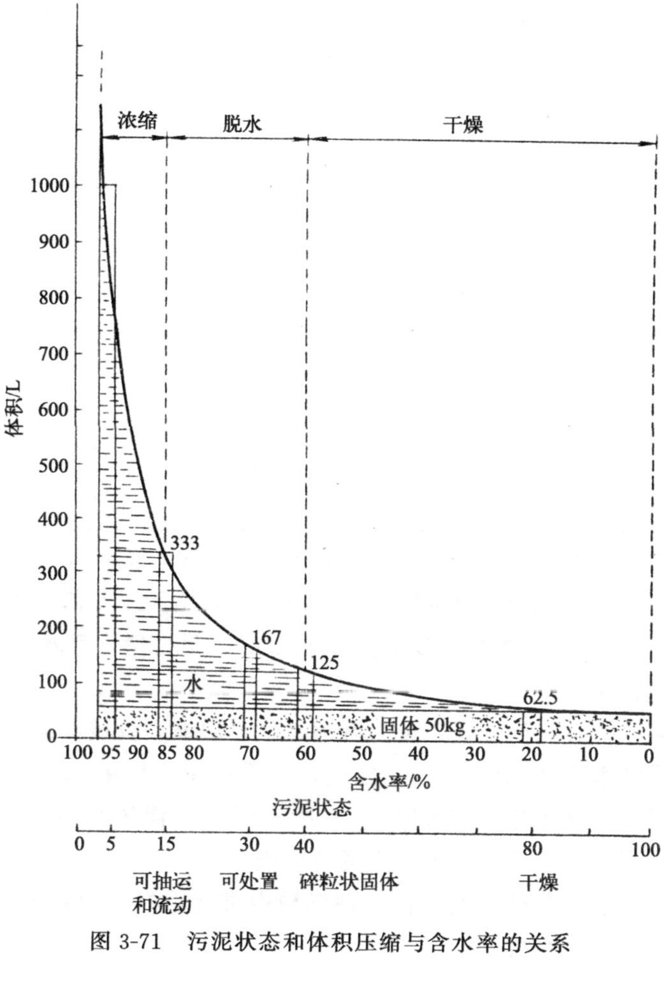

图 3-71 污泥状态和体积压缩与含水率的关系

表 3-19 污泥管路压力损失增大系数

流速/(m/s)	污泥浓度/(g/L)							
	25	30	35	40	45	50	55	60
0.42	3	3.5	4	4.5	5	5	6	7
0.52	2.5	3	3.5	4	4.2	4.5	5.2	6
0.58	2.0	2.5	3	3.4	3.6	4	4.6	5.5
0.66	1.7	2	2.3	2.7	3	3.4	4	4.6
0.75	1.3	1.5	1.8	2.1	2.4	2.8	3.4	4
0.83	1.2	1.4	1.6	1.9	2.2	2.6	3.1	3.6
0.92	1.1	1.2	1.4	1.7	2	2.3	2.8	3.3
1.0	1	1.1	1.3	1.5	1.7	2	2.5	3
1.08	—	—	1.2	1.4	1.6	1.9	2.3	2.8
1.16	—	—	—	—	—	1.8	2.2	2.7
1.25	—	1	—	1.3	1.5	1.7	2.1	2.6
1.33	—	—	1.1	1.2	1.4	1.6	1.9	2.3
1.42	—	—	—	—	1.3	1.5	1.8	2.1
1.50	—	—	—	—	—	1.4	1.7	2
1.58	—	—	1	1.1	1.2	1.3	1.6	1.9
1.66	—	—	—	—	—	1.2	1.5	1.7
1.75	—	—	1	1	—	—	1.4	1.6

从表 3-19 中可见，当污泥浓度为 40g/L 时，流速由 1.0m/s 降至 0.42m/s 时阻力增大系数由 1.5 增至 4.5，增大了 2 倍；当流速为 1.0m/s，污泥浓度由 40g/L 增至 60g/L 时，阻力增大系统由 1.5 增至 3.0，差了 1 倍。

污泥浓缩有三种方式：重力浓缩、气浮浓缩和机械浓缩。一般初沉池污泥含水率在 92%～98%之间，可采用重力浓缩。活性污泥的含水率很高，达 99%～99.5%，一般宜进行气浮浓缩或机械浓缩。但目前国产污泥浓缩机较少，大都依赖进口。

污泥脱水设备目前主要在三种机械中进行选择，即带式压滤机、箱式压滤机和离心机。

带式压滤机是利用辊筒和滤布挤压污泥以获得脱水效果，见图 3-72 所示。缺点是操作环境差。

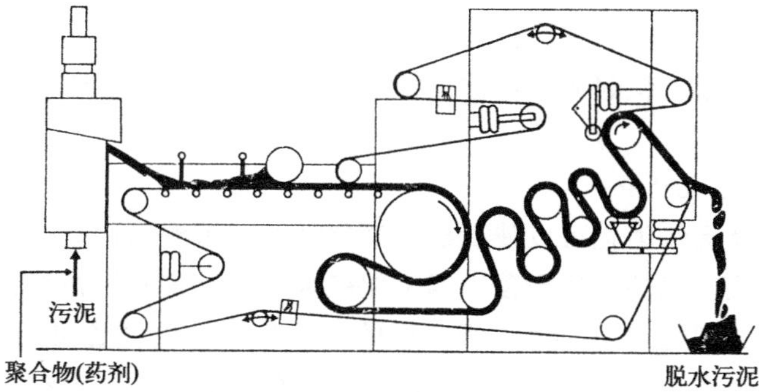

图 3-72　带式压滤机

箱式压滤机在工业上用得较多，如图 3-73 所示，它有很大的过滤面积，可以预涂助滤剂帮助过滤，封闭箱允许较高的压力和较大的推动力。污泥的干固体程度可高达 35%，但过滤机的体形非常大，而且必须每次打开清洗。它也像带式压滤机一样在很大程度上依赖于恒定的污泥成分。

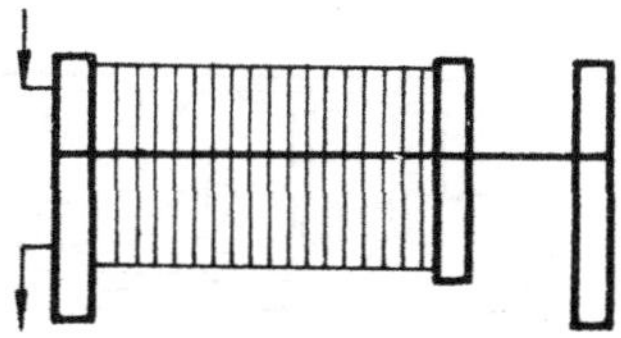

图 3-73　箱式压滤机

卧式螺旋离心机可以看作是一个旋转的沉降槽，内装一个螺旋输送器，在高达 4000 倍重力的离心力场中将固体分离，螺旋输送器将分离出的固体连续排出（如图 3-74）。污泥通过中心进料管被引入转子，离心力立即将它们甩到周边，形成一个浅池。由于污泥中的固体颗粒比水重，

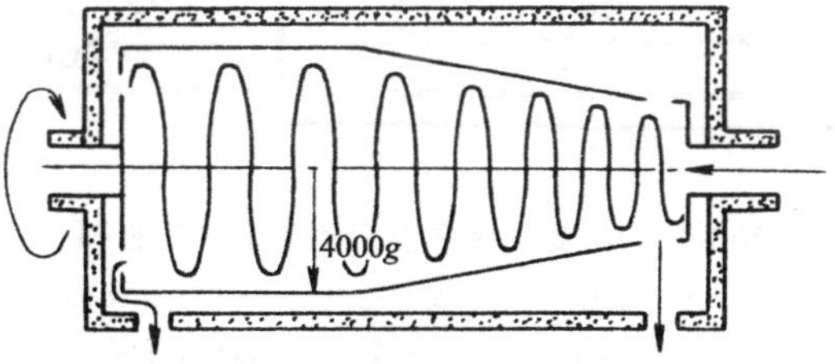

图 3-74　离心脱水

它们在转子壁上沉淀，剩下的水形成内环。当更多的料进入时，水环变得更深，直至它通过转子大端的堰板开始溢流。

在转子壁上积起的固体被螺杆连续输送至锥体段，通过小端上的排放口排出。

（二）污泥消化

污泥经厌氧消化可以使有机物消化分解，污泥不再腐败；同时通过中温消化，大部分病原菌、蛔虫卵被杀灭并作为有机物被分解。由此，污泥达到稳定、无害，所产生的生物能——沼气还可加以利用。目前，我国中小型污水处理厂一般都不设初沉池，污泥也不进行消化处理，实际上对污泥的最后处置是不利的。

污泥消化常采用二级中温消化，消化池的池形有圆柱形、卵形等。卵形消化池有很多优点，但造价较高。图 3-75 为二级中温消化

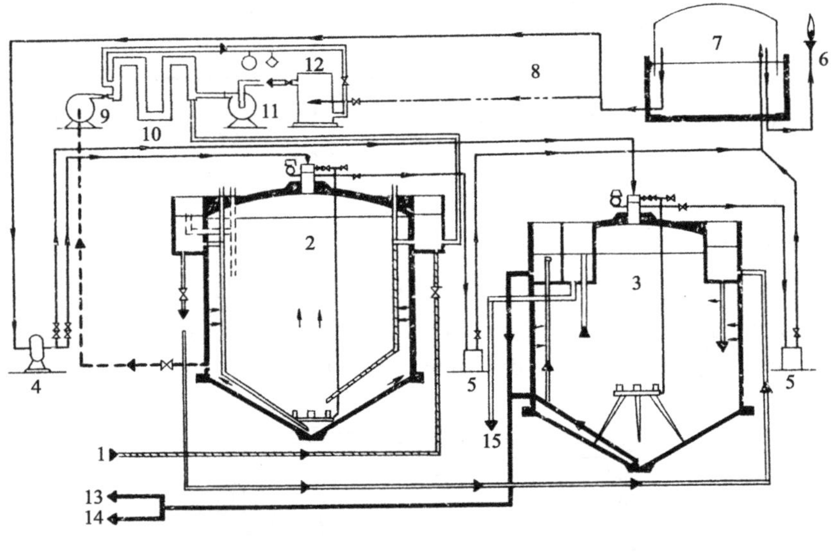

图 3-75　污泥二级中温消化的工艺流程图

1—生污泥入口；2——级消化池；3—二级消化池；4—沼气压缩机；5—冷凝水贮罐；6—沼气燃烧器；7—储气柜；8—沼气管线；9—循环污泥泵；10—热交换器；11—热水泵；12—沼气锅炉；13,14—消化污泥出口；15—浮渣排出口

的工艺流程图。图中 1 为生污泥入口，2 为一级消化池，3 为二级消化池，4 为沼气压缩机（用来进行沼气搅拌），5 为沼气管路上的冷凝水贮罐，6 为沼气燃烧器，7 为储气柜，8 为通往锅炉的沼气管线，9 为循环污泥泵，10 为热交换器，11 为热水泵，12 为沼气锅炉，13,14 为消化污泥出口，15 为浮渣排出口。该工艺系统的消化池不排上清液，消化污泥直接脱水。

污泥消化池的运行由控制室进行控制。在运行中，控制室应对生污泥的投配、污泥加热、沼气搅拌及安全监测进行有效的控制。

1. 污泥投配

一般经浓缩后的污泥含水率在 96%左右，由于污泥介质的特殊性，其计量存在困难。法国巴黎 ACHERES 污水处理厂第一、二、三期工程的污泥投配都不理想，第四期工程（规模为 $Q=600000\text{m}^3/\text{d}$）的污泥投配计量采用一容积为 10m^3 的污泥高位投配池，达到了计量的目的，但操作程序复杂。现在采用单螺杆泵配以橡胶捏阀可收到良好的效果（参见图 3-76）。

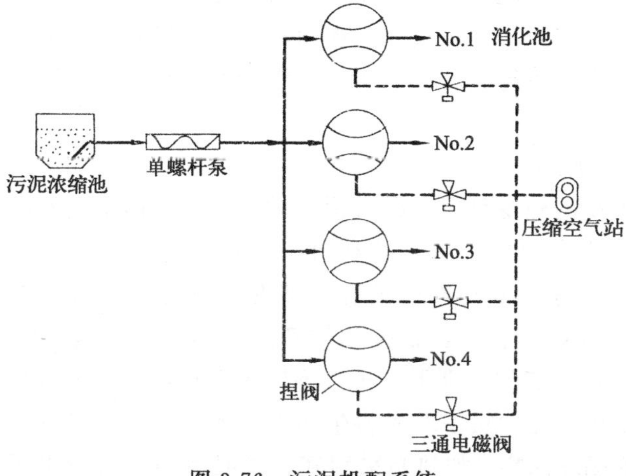

图 3-76　污泥投配系统

单螺杆泵是以螺旋推进的方式排送液体的，它没有枝状叶片，不会被污泥中的纤维杂质堵塞。在多台泵并联运行时，不需要设止回阀，从而解决了污泥管路设止回阀时因污泥中杂质堵塞而致只逆不止的问题。该泵还具备在转速一定的情况下其排送流量均匀稳定的特点，可以用时间控制计量。因此，在投泥系统的设计中利用该泵的上述特点，并配以橡胶阀，可以使投泥计量更趋简单实用。

捏阀的外壳为铸铁制成，用于承受管道压力，内层为高强橡胶衬里，能承受 0.6MPa 以上的压力。如在内衬中充入压缩空气，使橡胶衬里扩张并紧紧相贴以阻断管道流体。由于橡胶衬里接触面积较大，所以，纤维和颗粒不能影响该阀的密闭性。当释放阀体内衬中的压力时，管路流体正常通行。该污泥投配系统克服了其他类型的阀门在污泥系统中由于污泥杂质的影响而常关闭不严且不宜频繁启闭的缺点，并同时具有操作简便、严密性好、易于开闭和特别适于实现自控的优点。

该污泥投配系统由计算机按设定的时间程序进行控制并完成操作。其作用原理为：当三通电磁阀开启时，0.4～0.6MPa 压力的压缩空气作用在橡胶阀上，此时污泥管路断流；当三通电磁阀关闭，并同时打开橡胶阀侧的管路排气，使污泥管路流通。这样依次对三通电磁阀进行控制，也就实现了对 4 个一级消化池的轮流投泥。计算机准确的时间操作使投泥计量过程变得简单，控制过程容易掌握，而且使多次少量投泥的运行过程得以实现，无疑为消化池的运行创造了良好的条件。

2. 污泥加热

加热系统的热源可以由沼气锅炉供给，也可由沼气发动机的余热与沼气锅炉联合提供。沼气发动机一般可回收约 40%左右的热能，带动发电机时另有 40%左右的能量转变为电能。总的能源利用率可达 80%。在实际运转中，根据沼气产量的多少，在满足消化池加热和尽量多生产电能的原则下，可按不同组合搭配开动发电机和锅炉。

消化池中污泥加热采取先将生污泥投入消化池，然后再从池中抽出混合污泥循环加热。加热是采用套管式泥-水逆流热交换器在池外进行的，热交换器设计时采用泥-水传热系数为 3560kJ/(h · m^2 · ℃)，每台热交换器设计换热能力可达 3.35GJ/h，可设计成连续运行。每个热交换器应分别设在管廊内靠近每个一级消化池池壁的地方，单独为每个一级消化池加热，独立运行，互不干扰。在布局上各热交换器单元的工艺管路布置相似，要力争使污泥管路流程最短，从而减轻污泥管路的维护和管理工作，也为操作人员提供便于整齐划一的管理模式。由于热交换器是该系统的关键设备，所以必须配备较完善的热水调节和污泥循环设施，以保证系统功能的顺利完成。

热水循环和控制是维持热交换器正常运转的主要保证。为使热交换器内管中污泥不致形成结块，运行中应严格控制热水水温，一般设计控制进口水温为70℃，出口水温为60℃，此时热水流量应满足要求。每台热交换器的热水循环可由统一调配的热水泵完成，每台热交换器的流量和温度都通过安装在进水管上的三通调节阀控制，三通调节阀通过调节流量以控制水温。对热源而言，当进入热交换器的水温高于或低于设定工作温度时，该阀都将提示减少或增加热量，即当水温处在工作调节区时，阀门按照水温实现热水旁路的分流调节，使进入热交换器的水温保持基本稳定。

污泥循环和控制是维持热交换器正常运转的另一个因素。每台热交换器配备1台专用的热污泥泵，这种泵型的设计采用旋涡技术，介质是通过机械转动产生的正压和负压排送的，污泥颗粒与叶片不会形成激烈摩擦，因而不会改变污泥颗粒状态，是一种污泥专用泵型。每台污泥循环泵流量可达170m^3/h。消化池中的污泥通过热交换器加热升温到40℃后，再返回消化池，将热量带回消化池内，以保证消化池内污泥温度。

在加热循环系统中，数台并联工作的沼气发电机组和并联工作的沼气锅炉组成供热热源单元，由热交换器、热水循环泵及热污泥循环泵组成循环加热单元（见图3-77）。它们均通过对温度控制点的检测，由计算机进行统一控制，保证系统在最佳状态下工作。

3. 污泥的热平衡分析

污泥消化池所需热源应由污泥本身的生物能提供，但在北方地区对此往往有疑虑。现以天津市东郊污水处理厂为例进行热平衡分析。天津市地处华北，冬季气温较低，污泥加热所需能耗较大，所以其污泥热平衡分析有一定代表性。

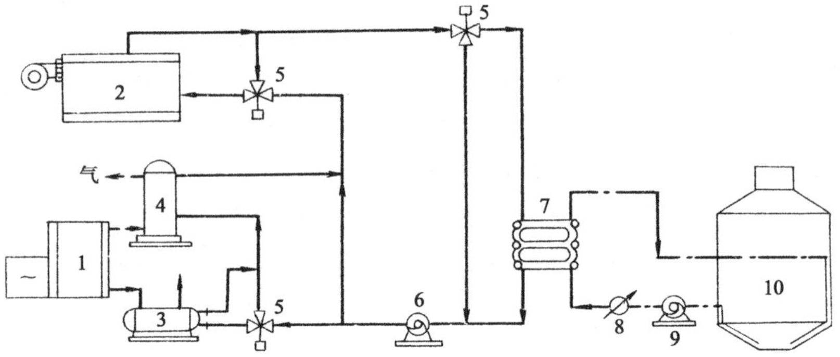

图 3-77 污泥加热系统

1—沼气发电机组；2—沼气锅炉；3—水-水换热器；4—气-水换热器；
5—三通调节阀；6—热水循环泵；7—热交换器；
8—污泥流量计；9—热污泥循环泵；10—消化池

（1）污泥泥质

我国的城市污水中工业废水占较大的比重，而且污泥中有机物含量也低。根据天津纪庄子污水处理厂实测结果，1985～1990 年污泥中有机物含量平均为 59.17%，而且冬季高（60%～70%）夏季低（50%）。污泥中碳水化合物占 34%～52%，蛋白质占 27%～56%，脂肪占 9%～20%。沼气中甲烷含量与污泥成分有关，一般碳水化合物产生的沼气中甲烷含量仅 50%，脂肪与蛋白质产生的沼气中甲烷含量则可达 70%。全年泥温为 10.3～26.6℃。

天津东郊污水处理厂根据纪庄子污水处理厂的运行经验，污泥消化池分解有机物的产气系数设计值取 0.82m^3/kg，污泥中含泥率为 40kg/m^3，有机物含量取 55%。因有机物降解率与污泥中有机物含量有密切关系，本设计取较低值为 30%～45%。

总之，该污泥与国外发达国家污水处理厂不同，污泥中成分差别较大，发达国家污泥中有机物含量一般在 70%～80%，有机物中蛋白质和脂肪占 60%～85%，有机物降解率高达 50%以上。对此，应有足够的认识，并在污泥加热设计中予以考虑。

（2）污泥浓度与热平衡

东郊污水处理厂设有 5 台 284kW 的沼气发电机及 4 台沼气锅炉，用来为污泥加热提供热源。污泥加热采用套管式热交换器，污泥经泥泵抽吸出消化池，加热后再排入消化池，连续循环。

污泥消化的重要条件是保持消化池内一定的温度。污泥浓度高，单方污泥的产气率就高，而且体积也小，需用的加热量也少。因此，东郊污水处理厂用污泥浓度计来控制初沉池的排泥浓度，并经污泥浓缩池来保证污泥的浓度。

现就污泥浓度与热平衡的计算说明如下。

每 m^3 污泥的固体含量为 40kg，消化过程中降解的有机物为：

$$(40\times0.55\times0.30)\text{kg}=6.6\text{kg}$$

每 m^3 污泥的产气量为：

$$(6.6\times0.82)\text{m}^3=5.412\text{m}^3$$

每 m^3 污泥的热焓为：

$$(5.412\times5.5\times10^3)\times4.1868\text{kJ}=124.62\times10^3\text{kJ}$$

污泥将借此热能对自身进行加热。

取热效率为 80%（含消化池及加热系统的热损失），每 m^3 污泥可获得的热量为 99.73×10^3kJ，每 m^3 污泥升温 1℃ 需 4186.8kJ 热能，则污泥由 10.3℃ 升温至 34.12℃，以满足中温（33～35℃）消化的需要。

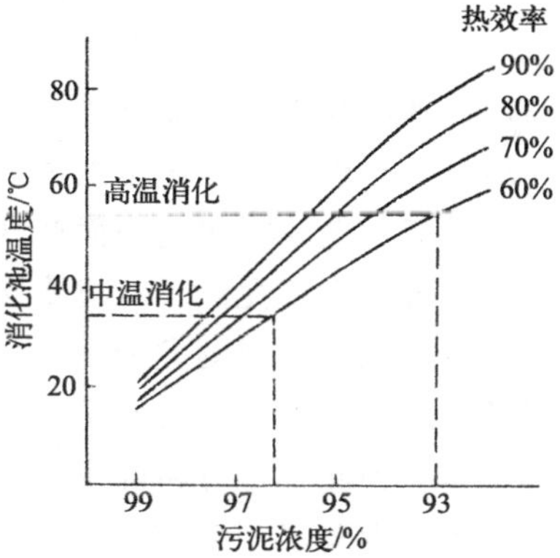

图 3-78　污泥浓度与热平衡的关系

经对不同固体含量原污泥的热平衡进行测算，其结果如图 3-78 所示。从图中可查出各种污泥浓度所能达到的消化池温度，该图的测算条件如下：

① 用沼气作污泥加热的燃料，沼气热焓取 $23\times10^3\text{kJ/m}^3$；

② 环境温度 0℃；

③ 原污泥温度 10℃；

④ 污泥中挥发性有机物含量55%；

⑤ 消化过程中挥发性有机物降解率取45%；

⑥ 挥发性固体产气率取0.82m^3/kg。

(3) 全年气温的影响

根据纪庄子污水处理厂运行记录，全年泥温变化较大，每日2460m^3污泥的总需热量（含热损失）为(67.1～242.5)×10^6kJ，差别很大，而污泥中有机物含量根据实测也有较大差异，同时，采用发电机余热或用沼气锅炉供热其结果也不一样。据国外提供的两种设备的性能如下：

① 单燃料沼气发电机

每台功率　284kW

沼气用量　3312m^3/d

回收热量　34.37×10^6kJ/d

② 沼气锅炉

每台供热量　75.36×10^6kJ/d

沼气用量　3648m^3/d

现将全年污泥的热平衡按全厂每日产2460m^3污泥（含水率96%）计算，结果如表3-20所示。

从以上分析中可见污水处理厂全年运行变化很大，冬季需热量大而产气量高；夏季需热量小而产气量低。因此，在热平衡计算中应根据污水处理厂全年泥温、有机物含量等情况的变化进行设计，而掌握当地污水污泥的特征则尤为重要。天津东郊污水处理厂设计时总结了纪庄子污水处理厂的运行经验，当然两厂不属于同一排水系统，肯定有所差异。为此根据分析除个别月份外，发电机余热均可满足供热要求，但还是设置了4台沼气锅炉，作补充供热用。污泥消化池热平衡设计还有待投产运行后验证。

(4) 污泥消化系统首次投产的热平衡设计

在初步设计中，对消化池首次起动的供热方案，曾考虑采用燃烧石油气给污泥加热，至施工图设计中为节省投资，改由燃煤的生活采

表 3-20　全年热平衡分析

月　份	1	2	3	4	5	6	7	8	9	10	11	12
气温/℃	0.5	1.4	3.8	12.8	23.0	26.5	29.9	30.4	26.2	22.7	10.0	1.8
泥温/℃	10.6	10.3	11.0	13.5	19.0	22.4	25.2	26.6	22.7	19.6	13.5	10.8
需热量/10^6kJ	239.61	242.50	234.64	206.59	147.30	111.44	81.60	67.10	105.38	141.24	207.32	237.26
有机物含量/%	65	68	64	62	64	57	54	50	52	59	64	70
有机物降解率/%	40	45	40	40	40	35	30	30	30	35	40	45
产气量/m^3	20984	24674	20664	20000	20664	16088	13063	12103	12595	16654	20664	25412
用发电机供热/10^6kJ	217.73	256.01	214.41	207.52	214.41	166.93	135.54	125.58	130.68	172.80	214.41	263.6
用锅炉供热/10^6kJ	433.50	—	426.89	—	—	—	—	—	—	—	—	—
污泥产气率/(m^3/m^3)	8.53	10.03	8.40	8.13	8.40	6.54	5.31	4.92	5.12	6.77	8.40	10.33

暖锅炉房供热。首次起动时间应在非采暖季节进行，而且仅供给一个消化池的热量，第二个消化池将由第一个消化池所产沼气提供热源。第二个消化池的启动加热考虑了 2 个方案：

① 第一方案　结合沼气发电机运行调试，用发电机余热供热。

在春、秋季节泥温取 13.5℃，由于消化池保温较好，热损失所占比例较少，计算中忽略之。每日产泥 2460m^3，4 天产泥 9840m^3，装满一池。污泥需热量为：

$$9840\times(35-13.5)\times4.1868\text{kJ}=885.76\times10^6\text{kJ}$$

每台发电机供热 34.37×10^6kJ/d，用沼气 3312m^3/d，则第二个消化池供热用气为：

$$(211560\div8208\times3312)\text{m}^3=85366\text{m}^3$$

要求第一个消化池单方污泥产气率为：

$$(85366\div9840)\text{m}^3/\text{m}^3=8.68\text{m}^3/\text{m}^3$$

② 第二方案　用沼气锅炉供热。

每台锅炉供热 75.37×10^6kJ/d，用沼气 3648m^3/d。第二个消化池供热用气为：

$$(211560\div18000\times3648)\text{m}^3=42876\text{m}^3$$

要求第一个消化池单方污泥产气率为：

$$(42876\div9840)\text{m}^3/\text{m}^3=4.36\text{m}^3/\text{m}^3$$

为此，设计建议第一个消化池用生活采暖锅炉供热；第二个消化池利用第一个消化池所产沼气用沼气锅炉供热；第三个消化池再利用前 2 个池的沼气，用沼气发电的余热进行启动。

若首次加热启动在夏季进行，泥温可达 26℃，则第二个消化池需热量为：

$$9840\times(35-26)\times4.1868\text{kJ}=370.78\times10^6\text{kJ}$$

再用发电机余热供热，则用气量为：

$$(88560\div8208\times3312)\text{m}^3=35734\text{m}^3$$

此时，要求第一个消化池的单方污泥产气率仅为：

$$(35734\div9840)\text{m}^3/\text{m}^3=3.63\text{m}^3/\text{m}^3$$

显然，夏季启动消化池较为有利。

(5) 关于污泥循环加热

该厂消化池采用外加热，4 个 ϕ28.8m 的一级消化池各备 1 台套管式热交换器。污泥循环泵将污泥由消化池内吸出（35℃），再压入热交换器内加热后（40.5℃）仍回流入消化池内与生污泥混合。此种工艺运行较为可靠，关键设备是污泥循环泵，引进已在法国大型污水处理厂运行已久的 WEMCO 污泥泵。

如果采用将生污泥预加热，在冬季污泥由 10℃升至 35℃，需升温 25℃，加温设备比较复杂。

关于东郊污水处理厂污泥升温的工艺参数说明如下。

当污水处理厂处理污水达最高流量 560000m^3/d 时，污泥量将达 2870m^3/d（含水率 96%）。泥温由 10℃升至 35℃时需热量为 300.40×10^6kJ。

按天津市极端最低气温－23℃计算，4 座一级消化池总的热损失为 14.97×10^6kJ/d，故总需热量为 315.37×10^6kJ/d。则循环污泥量为：

$$(75325\div5.5)\text{m}^3=13696\text{m}^3$$

设 4 台污泥泵，泵的排泥量为（13696÷4）m^3/d＝3424m^3/d。实际配 5 台泵，4 台工作，另 1 台备用。

泵的性能：流量 170m^3/h，污泥相对密度 1.05，温度 35℃，扬程 58.84×10^3Pa（6mH_2O），功率 15kW，转速 1450r/min。

热交换器泥管 ϕ200mm，流速 1.5m/s，进水水温 70℃，出水 60℃，热水流量 4×80m^3/h，套管直径 ϕ250mm。

1 个二级消化池只搅拌不加热。5 个消化池组成梅花形，中心为控制室，并设管廊，全部管道设在管廊内。

需要说明的是在此特殊工况时，供热热源将开动 4 台锅炉、1 台发电机，总用气量将达（3648×4＋3312）m^3/d＝17904m^3/d，需要单方污泥产气率为（17904÷2870）m^3/m^3＝6.24m^3/m^3。

(6) 关于消化池热平衡的诸因素分析

污泥加热由于含水率高、需热量大，比水加热的问题要多，而主要优点是污泥中挥发性固体的热焓高，有效利用可使污泥加热的能源完全自给。现将利用沼气加热污泥的诸因素按重要性排序如下：

① 污泥浓度，即污泥中的固体含量；

② 挥发性固体含量，即产气量；

③ 沼气中的甲烷含量，即沼气产热量；

④ 原污泥温度；

⑤ 消化池的保温材料；

⑥ 环境温度。

当然环境温度也影响污泥温度，但这又与污水管道埋深有关。如沈阳市污水管道埋深大，虽气温低，但其污泥温度仍高于天津。因此，不能片面强调东北、华北地区气温低，而对沼气利用不进行全面的热平衡分析，造成污泥处理方案的能源利用不合理。

4. 沼气搅拌

污泥搅拌有机械搅拌、射流器搅拌和沼气搅拌三种方式。有资料表明，搅拌方式与池型有关。我国目前常推荐采用沼气搅拌方式。采用沼气搅拌需设置沼气压缩机，从防火安全考虑，压缩机房应设在控制室（楼）的顶层，此机房宜加大加多窗户，以防一旦有爆炸险情，可将影响范围减至最小。压缩机房内应每个消化池设 1 台沼气压缩机，其中 1 台二级消化池所用压缩机因开机时间少，可用来作备用。为了保障沼气压缩机组的工作安全，在沼气压缩机进口设置了过滤器，以截住沼气中的杂质，减少机械磨损。在进口安装了压力计，对机组进口负压值进行检测保护。在机组出口上安装了气体温控阀和气体压力阀，并纳入计算机中显示和控制，可以保护设备本身和用气设备。出口上还安装了 1 个凝水器，当压缩沼气冷却时将冷凝水排除（见图 3-79）。

在沼气搅拌管路设计上，其特点是一台压缩机只为一个消化池服务，与产气管路完全分开，不通过储气罐。这样设计的优点是管路短、损失小、故障少，与产气管路及储气罐互不干扰，避免影响储气罐工作。

沼气搅拌器为 24 根不锈钢钢管，由消化池顶进入消化池底部，组成直径 3.65m 的搅拌圆环。这种搅拌器吃水深度大，气体压力大，能形成较强的上升速度，搅拌效果显著。这种搅拌器是法国 Degremont 公司的定型产品，每台搅拌器 24 根管在消化池顶以上部分均安装了通气工作指示浮球，一旦发生阻塞等事故，浮球就会落下，提醒检修。搅拌器的检修可在工作的同时进行。在控制室中安装了1台多级离心泵D6—25，水泵流量$2m^3/h$，扬程3MPa，通过管道将高压水送到各消化池池顶，可对各搅拌管进行高压清洗，排除阻塞故障。

上述设备及安全设施的安装和完善，对保证搅拌效果、提高消化池污泥消化速率和消化程度、多产沼气有着十分重要的作用。

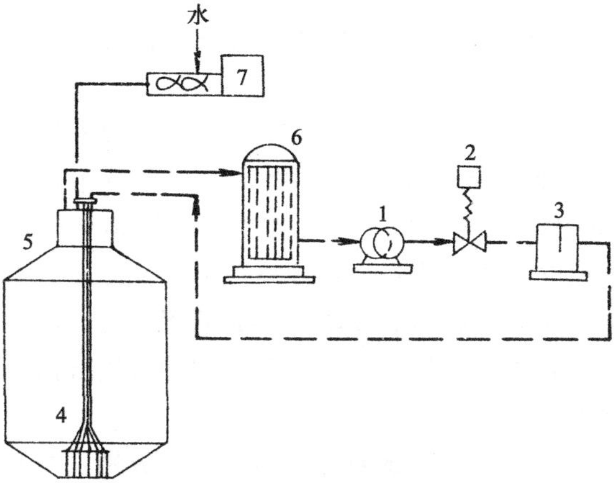

图 3-79 沼气搅拌系统

1—沼气压缩机；2—压力阀；3—凝水器；4—沼气搅拌器；
5—消化池；6—过滤器；7—高压冲洗泵

搅拌设施是否安装、调试成功，应在安装后进行清水试验。试验时在任意点投加示踪剂，用空气进行搅拌30min，然后在任何点取样，其浓度应该均匀。

5. 安全监测

设有消化池的污泥处理区，一般在污水处理厂内属于禁止烟火的区域，吸烟者禁止进入。为避免使用可燃气体的环境发生意外事故，在控制室中设有报警器、通风机和闭路电视、监视器，建筑也应按防火规范采取措施，以保障生产中的安全。

沼气是一种可燃性混合气体，按体积分数计，甲烷约占60%，二氧化碳约占35%，还有一些其他气体。经有关单位试验，如空气中含有5%～15%的甲烷时，遇明火会引起爆炸；含量增加到25%～30%时，对人畜有一定的麻醉作用；含量达70%时能使人窒息。二氧化碳也是一种危害人畜的气体，当含量占空气体积的1.74%时，人畜呼吸加深加快；含量占10.4%时，人不能忍受超过30s时间；含量占30%时；人便立即麻痹死亡。

根据以上情况，可设定报警器的报警浓度。从计算知二氧化碳为控制浓度的首要因素，其含量为1.74%时，空气中甲烷含量占空气体积的3%左右，此时，沼气含量占空气体积的4.9%，上述数值为控制的最高极限。

在控制室中应采用公安部定型产品JTQB—QB型探测可燃气体报警器，按设备性能设定甲烷气体在空气中含量为1%时报警，此时，被检气体沼气含量最大可达2%左右。实际运行中，报警含量可根据运行经验和有关消防技术规定调整。各个探测器分别安装在控制室各层距可能漏气点较近的墙或墙柱形成的拐角处，因为这种地方是沼气上升时的主要通道。其中应有2个探测器将用气部位的测量值传到计算机，实现自动控制检测。

在控制室内各车间设防爆型轴流通风机，分别安装在一至五层使用沼气和安装沼气管路的地方。在控制室的各层应装两个闭路电视监视器，监视器由处理厂中心控制室控制，对主要设备实施巡回监视，一方面实现危险环境的无人自动操作，另一方面可补充巡检间隙对设备工作情况的了解，保证万无一失。

6. 工艺特点

由于在我国污泥消化处理尚未普及，有关研究、实践的经验也不多，现将前述污泥二级中温消化工艺的特点总结于后，以供读者在实践中参考。

① 该工艺流程所投配的浓缩污泥有几点特点：首先其投配量是用时间来控制的，其次是生污泥不加热，最后是投泥与排泥是同时进行的，排泥完全由投泥量控制——因为排泥是溢流式的，投多少泥就排多少泥。

② 该工艺不设排上清液的设施，也不排上清液。上清液是在脱

水机房内排出的。

③ 污泥加热和沼气搅拌采用的是“one by one”方式，每个消化池都有自己专用的一套加热与搅拌设备，使控制操作简便。

④ 在正常情况下，该工艺的各个系统工作是连续的，尤其是沼气搅拌系统是进行连续搅拌的，这也是没有上清液的原因。

⑤ 污泥加热是通过给循环污泥加热来完成的，热交换时污泥升温仅 5.5℃，用保持总热量来控制泥温，使污泥加热变得十分容易。

⑥ 该工艺所用阀门、泥泵、水泵、气泵及专用设备的型号已在多个污水处理厂经过考验。

最后，该工艺在结合我国国情方面和设备国产化方面尚需做大量工作。

7. 消化池工艺设计示意图

图 3-80 为 5 座大型污泥消化池平面布置示意图。其中 4 座一级消化池，1 座二级消化池，组成梅花形，中心为污泥控制室（楼），为五层钢筋混凝土框架结构，顶层为沼气压缩机房。控制室与消化池有管廊连接。管廊解决管道检修、保温及附属设备的安装问题。

图 3-81 为某大型污水处理厂消化池剖面图，中心为沼气搅拌用的由直径 30mm 不锈钢管组成的环形沼气搅拌器。

图 3-82 为消化池沼气搅拌器平面示意图。

（三）沼气利用

众所周知，目前我国不但缺乏污水处理厂的建设资金，而且更缺乏污水处理厂的运行费用。有的污水处理厂建成后因缺运行费而停产，有的建成后因缺运行费而开工不足。而按目前我国的技术水平，利用沼气解决污水处理厂 30％的能源需求是可以做到的。在运行费用中，污水处理厂的电费开支始终占了很大部分。对采用污泥消化、沼气发电的大型污水处理厂来说，建立图 3-83 所示的良性循环显然是很有必要的。

1. 沼气利用的途径

沼气利用途径很多，目前在实际工程中主要有用于沼气发电和用沼气发动机带动鼓风机二种途径，这二种途径所产生的余热都进行回收，供给消化池进行污泥加热。在北方，冬季气温低造成水温、泥温低，所需热源总量大，则需增设沼气锅炉供热。

(1) 沼气发电

沼气发电技术复杂，投资大，其推广应用的关键是发挥沼气发电效益高的优势。但沼气发电搞了几十年，由于种种原因，发电并网始

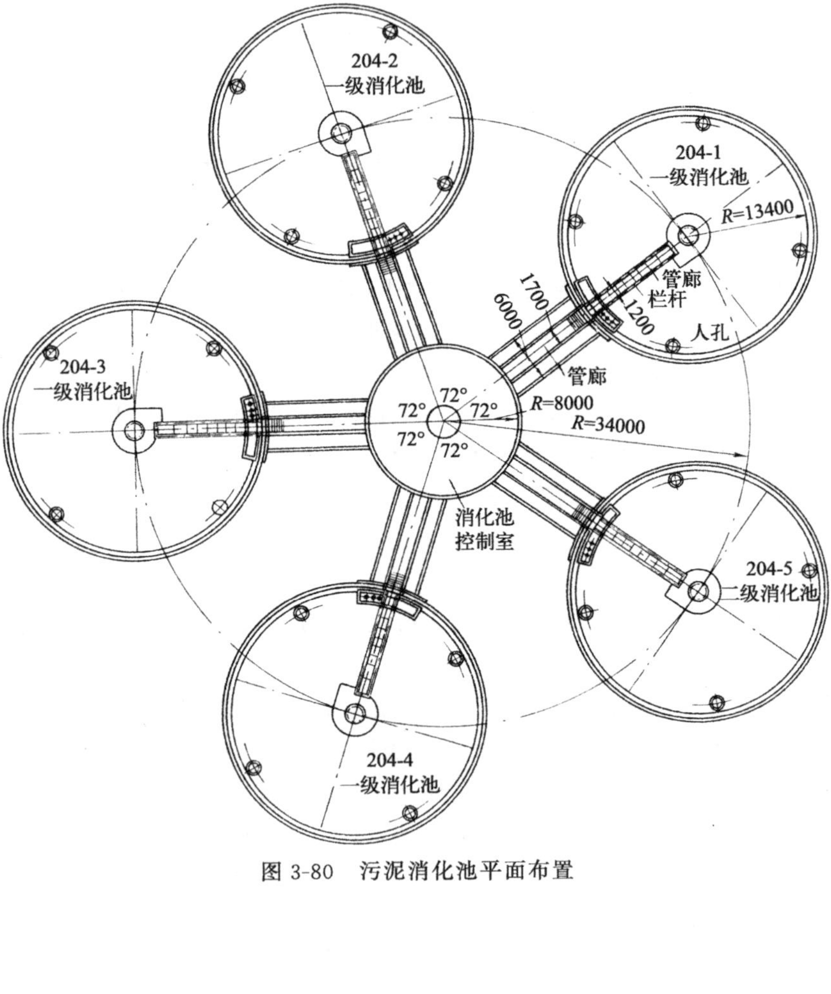

图 3-80　污泥消化池平面布置

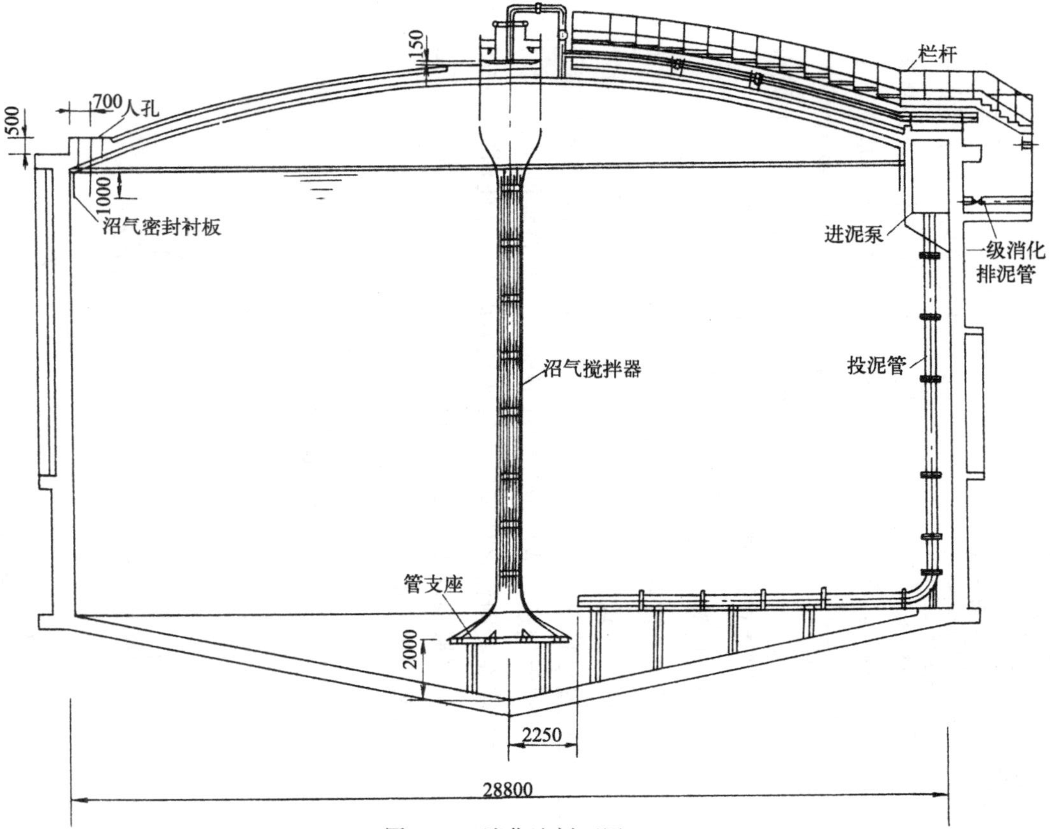
150
700
人孔
500
1000
沼气密封衬板
栏杆
进泥泵
一级消化
排泥管
沼气搅拌器
投泥管
管支座
2000
2250
28800

图 3-81 消化池剖面图

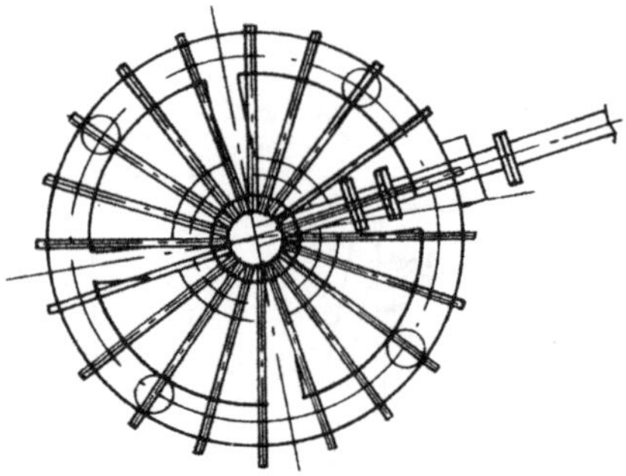

图 3-82 沼气搅拌器平面图

终不能成功，造成效益差，投资不能回收。在当地电力部门支持下，1998 年 10 月 12 日天津东郊污水处理厂沼气发电并网运行获得成功，有了零的突破。其实此项技术在发达国家及南斯拉夫已经十分成熟，我国在这方面的专家也有不少，相信天津能办的事其他大城市肯定也有能力办到。

（2）沼气发动机带动鼓风机

此种方式目前已被多数工程所接受，但在发达国家采用较少。在我国，往往采用此方式后鼓风机的数量增多，有设备闲置问题。另外鼓风机房的位置与总变电站应相距较近，而与污泥处理区及沼气储气柜位置一般又相距较远，造成沼气管线及余热回收热水供应管过长。总之，沼气利用在我国污水处理厂内实践经验尚少，已建消化池缺乏长期运行经验，照搬国外经验也不是可取之举。因此，有待进一步总结改进，不宜采用单一的方式。

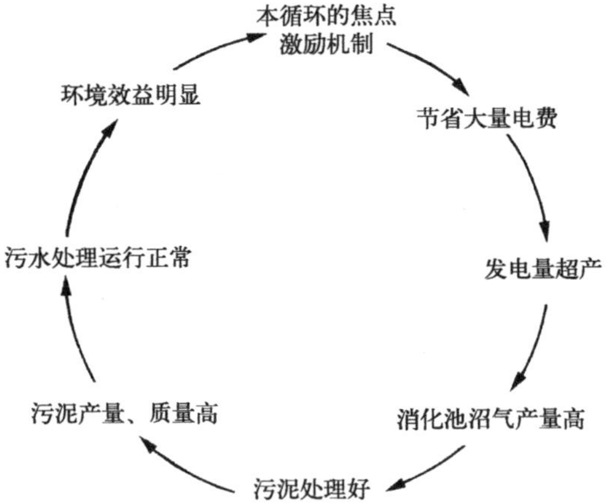

图 3-83 污水处理厂运行管理的良好机制

（3）燃料电池

日本大阪市把污泥消化所产沼气用于燃料电池，已取得可观效益。燃料电池的工作过程是电化学反应过程。燃料电池由正极、负极和两极之间的电解质组成。工作时，从外部向负极供给燃料（精制沼气，CH_4 含量 90%以上），向正极供给氧化剂（空气）。电解质能使正负离子在两极之间定向运动，燃料在负极分解产生带正电荷的氢离子和带负电荷的电子，氢离子通过电解质向正极运动，而电子则沿着外电路移动到正极，外电路中的负载就得到连续不断的电流。同时，在正极氧化剂中的氧与氢离子和电子结合，形成水分子。据报道，大阪市已有 4 座 200kW 燃料电池在运行，年发电量达 528 万度。一般燃料电池的能量转换效率可高达 80%以上。

2. 沼气利用的脱硫技术

沼气中含有硫化氢，会腐蚀输气管道和用气设备。沼气脱硫可用吸收法。吸收法一般采用逆流操作，即在吸收设备中，被吸收的气体由下向上流动，而吸收剂则由上而下流动，当气液相接触时，利用气体中的不同组分在同一液体中的溶解度不同，可使气体中的一种或数种溶解度大的组分进入到液相中，使气体中各组分相对浓度发生改变，这个过程称为吸收。

污水处理厂沼气脱硫可采用湿法二级逆流式洗涤吸收塔，塔径根据沼气量选定，用 $Na_2CO_3 \cdot NaOH$ 溶液喷淋。沼气通过时，H_2S 溶于喷淋液，从而达到沼气脱硫的目的。每去除 1kg H_2S 约需 4～8kg Na_2CO_3，用药量与沼气温度有关。

沼气脱硫也可采用干式吸附法。我国部分污水处理厂曾从国外引进整套脱硫设备。脱硫塔直径 1100～1600mm。干式脱硫可用氧化铁或氢氧化铁为脱硫剂。

3. 沼气发电效益的试分析

华北地区某污水处理厂设计中曾对发电量进行过分析，现摘录供参考。

该厂日产污泥 2460m^3，污泥含水率 96%，污泥中挥发成分含量 55%，消化过程中有机物降解率最低为 30%时，单方污泥产沼气

5.4m^3，日产沼气最低为13300m^3。如果有机物降解率提高后，预计日产沼气可达24354m^3，即单方污泥产沼气9.9m^3。这从国内外消化池的运行经验中可以得到证明，只要消化池温度控制好，污泥搅拌充分，单方污泥的产气率提高是可以得到保证的。由于该污水处理厂从国外引进沼气锅炉及全套沼气搅拌装置，使污泥加热得到保证，同时从沼气搅拌装置的“锂元素搅拌效果试验”结果可证明：在消化池任意点投入锂元素后，经过沼气搅拌30min后，实测结果表明全池锂元素分布已十分均匀。因此，可以预期单方污泥的产气率将远远超出5.4m^3。但为说明问题，本文仍先以单方污泥产沼气5.4m^3进行分析。该厂所记录的气温及污泥温度见表3-21。

表3-21 污水处理厂全年各月气温及污泥温度

年 份	1987年							1988年				
月 份	6	7	8	9	10	11	12	1	2	3	4	5
气温/℃	26.5	29.9	30.4	26.2	22.7	10.0	1.8	0.5	1.4	3.8	12.8	23.0
泥温/℃	22.4	25.2	26.6	22.7	19.6	13.5	10.8	10.6	10.3	11.0	13.5	19.0

（1）消化池的需热量

消化池污泥主要用沼气发电机的余热进行加热，余热不足时，用沼气锅炉的热量进行补充。有关设计参数如下：

中温二级消化　33～35℃

消化池直径　28.8m

一级消化池　4座

二级消化池　1座

全年气温　0.5～30.4℃

全年泥温　10.3～26.6℃

消化池全年各月有关热量及每日总需热量的计算见表3-22。

表3-22 消化池有关热量计算

月 份	1	2	3	4	5	6	7	8	9	10	11	12
气温/℃	0.5	1.4	3.8	12.8	23.0	26.5	29.9	30.4	26.2	22.7	10.0	1.8
泥温/℃	10.6	10.3	11.0	13.5	19.0	22.4	25.2	26.6	22.7	19.6	13.5	10.8

续表

月　份	1	2	3	4	5	6	7	8	9	10	11	12
热损失/(MJ/h)	371.0	361.3	335.4	238.6	129.0	92.1	54.8	49.4	94.6	132.3	268.8	356.7
污泥加热热量/(MJ/h)	9613	9743	9441	8369	6008	4551	3345	2746	4421	5753	8369	9529
总需热量/(MJ/d)	239610	242499	234637	183985	147292	111436	81600	67102	108380	141237	207318	237258

可见，消化池的最大需热量是在每年的 2 月份，每日需供热 242499MJ；最小需热量在每年的 8 月份，每日需供热 67102MJ。

(2) 沼气发电机及沼气锅炉的不同组合工况

污水处理厂共引进沼气发电机 5 台，每台发电机功率为 284kW，用沼气 138m³/h，4 台工作 1 台备用；沼气锅炉 4 台，每台供热 3140MJ/h，3 台工作 1 台备用。

表 3-23　沼气发电机及锅炉的不同工况

项　目	工况一	工况二	工况三	工况四
每台发电机的沼气用量/(m^3/d)	3312	3312	3312	3312
发电机运行台数/台	4	3	2	1
每台发电机回收热量/(MJ/d)	34365	34365	34365	34365
每台锅炉的沼气用量/(m^3/d)	—	3648	3648	3648
锅炉运行台数/台	—	1	2	3
每台锅炉的供热量/(MJ/d)	—	75362	75362	75362
沼气总用量/(m^3/d)	13248	13584	13920	14256
总供热量/(MJ/d)	137460	178458	219455	260452

从表 3-23 中可知，工况一、二、三的沼气用量接近每日产气量 13300m^3，唯工况四的沼气用量略微超过，其所需沼气量 14256m^3/d 折合污泥单方产气率为 5.8m^3。从天津纪庄子污水处理厂运行经验来看，1987 年该厂消化池全年处理污泥 235962m^3（含泥 6.09%），在沼气搅拌不充分的情况下，全年总产沼气 1118143m^3，折合单方产气率为 4.74m^3。所以，如加强搅拌及提高管理水平，单方污泥产气率提高至 5.8m^3 是完全可能的。

现将几种污泥的产气率进行比较之，见表 3-24。

表 3-24 污泥产气率比较

项　　目	纪庄子污水厂	本设计	可望达到	预期
含泥率/(kg/m^3)	60.9	40	40	40
挥发成分含量/%	55	55	55	55
有机物降解率/%	—	30	30	45
产气系数/(m^3/kg)	—	0.82	1.0	1.0
单方污泥产气率/(m^3/m^3)	4.74	5.41	6.60	9.90
沼气产量/(m^3/d)	—	13309	16236	24354

全年每月发电工况及所需供热量见表 3-25。

表 3-25 全年发电工况及热量计算

月　　份	1	2	3	4	5	6	7	8	9	10	11	12
需热量/(GJ/d)	239.6	242.5	234.6	206.6	147.3	111.4	81.6	67.1	108.4	141.2	207.3	237.3
工况类别①	四	四	四	三	二	一	一	一	一	二	三	四
供热量/(GJ/d)	260.4	260.4	260.4	219.4	178.5	137.5	137.5	137.5	137.5	178.5	219.4	260.4

① 工况类别见表 3-23。

(3) 全年发电量及年收益

根据以上分析，全年 6～9 月份发电机余热供污泥加热已有富余，而每年冬季则需开 2～3 台沼气锅炉才能满足污泥加热的需要。

再将全年各种运行工况的发电量说明如表 3-26。

表 3-26 全年各工况的发电量

项　　目	工况一	工况二	工况三	工况四
全年运行天数/d	120	60	60	120
每台发电机功率/kW	284	284	284	284
每日发电量/kW·h	6816	6816	6816	6816
全年发电量/kW·h	3271680	1226880	817920	817920
全年总发电量/kW·h	6134400			

再将发电机各种工况的余热回收效益说明之，见表 3-27。

表 3-27　发电机各工况的余热回收

项　　目	工况一	工况二	工况三	工况四
全年运行天数/d	120	60	60	120
每台发电机回收热量/(GJ/d)	34.37	34.37	34.37	34.37
全年回收热量/GJ	16495.3	6185.7	4123.8	4123.8
全年回收总热量/GJ	30928.7			

(4) 关于沼气发电效益的分析

从以上分析中可见，影响效益的主要因素是污泥温度和沼气产量，如按外商测算的沼气预期产量 24354m^3/d 组合沼气发电机和沼气锅炉的运行工况，则沼气发电的效益将更为显著。

计算表明，由于余热回收，沼气锅炉即使在冬季极端低温达－23℃时也只需运行 2 台就可以了，而沼气用量仅为 20544m^3/d，为测算预期产气量 24354m^3/d 的 84%。实际运行中，极端最低气温出现的几率极小，出现时其历时也很短，一般气量储备充足就可应付。因此，5 台发电机有 4 台可全年发电，全部设备费不到 7 年即可回收。可见沼气发电不是得不偿失，而是有很高的经济效益的。

按新的工况计算用气量及效益见表 3-28。

表 3-28　新工况的用气量及效益

项　　目	工况 A	工况 B	工况 C	工况 D
发电机运行台数/台	4	4	4	4
锅炉运行台数/台	—	1	2	3
每日沼气用量/(m^3/d)	13248	16896	20544	24192
每日发电量/kW·h	27264	27264	27264	27264
每日回收热量/GJ	137.4	137.4	137.4	137.4
全年发电量/kW·h	9951360			
全年回收热量/GJ	50173.3			

注：工况 A 要求单方污泥产沼气 5.40m^3，工况 B 要求单方污泥产沼气 6.87m^3，工况 C 要求单方污泥产沼气 8.35m^3，工况 D 要求单方污泥产沼气 9.83m^3。

（四）污泥处置

城市污水处理厂建成投产后每天产生大量污泥，如何处置应在污水处理厂建成前就予以落实。目前的出路有三个：一是填埋；二是制成复混肥用于农业，但此方式的前提是上游生产废水必须达标排放，以保证污泥的重金属含量不超标；三是焚烧，由于将产生二噁英，已遭不少专家反对。

填埋是目前污泥处置的主要方法，可以与城市垃圾联合建填埋场。

污泥堆肥是应积极开发的主攻方向，其过程是将消化污泥再经动态发酵制成颗粒状有机复混肥，把污泥作为农业肥料的资源。

污泥焚烧不但费用高，其废气中的二噁英将造成二次污染，不是可取之举。关于二噁英，比利时曾发生震惊世界的肉鸡污染事件，其罪魁祸首就是二噁英。据报道，比利时污染鸡的脂肪中二噁英的含量高达 600×10^{-6}mg/kg，而国际一般标准为动物脂肪中含量不超过 5×10^{-6}mg/kg。超标如此惊人，各国新闻界竞称为“鸡门事件”或“二噁英门事件”。

二噁英（Dioxin）是一类含氯有机化合物的通称，有几百种之众，其毒性也不同，有强有弱。其中以氯化三环芳香烃类化合物毒性最为突出，其毒性是氰化钠的 130 倍，砒霜的 900 倍，有“世纪之毒”之称。

二噁英进入人体有两条通道，一是通过呼吸系统，再有就是通过食物链进入人体。问题在于它一旦进入人体则不易分解和排泄出体外，这是由二噁英的化学物理性质决定的。二噁英在人体内累积达到一定数量时，就会导致其沉积的组织发生癌变。二噁英不仅具有致癌性，据美国公布的结果显示，二噁英还有生殖毒性、免疫毒性和内分泌毒性。

二噁英如此可怕，它来自何方？

自然界没有天然的二噁英，二噁英是人类活动人为造成的，它无任何用途又难以为生物降解，目前所知的 210 种二噁英是工业生产过程中无意制造的副产品，如在制造杀虫剂、除草剂中产生，在金属冶炼过程中产生，在造纸业以氯气进行漂白时产生，在柴油发动机的尾气中产生。最重要的来源是垃圾焚化炉，据报道，自然环境中的二噁英 95％是从焚化炉的烟囱中散发出来的。

联合国环境计划署公布的一份报告指出，焚烧垃圾是二噁英产生的最大来源。报告显示，在15个主要发达国家中，由于日本政府对焚烧垃圾没有采取任何管制措施，造成日本每年排放二噁英高达3981g，名列榜首；美国年排放量为2744g，排名第二；瑞典是发达国家中二噁英排放控制取得成效最好的国家，每年排放量仅为22g。德国自开始对垃圾焚烧采取管制措施后，5年来二噁英的排放量减少到原来的1/4以下。

对二噁英的许多化学性质目前仍未完全确定，据报道，它在750℃以上的高温下会快速分解，而降温时又会自动迅速合成。而在一般环境下，氧化和水分解几乎不可能，因此给二噁英的防治带来困难。此外，由于二噁英结构复杂，要检测环境中的二噁英含量是非常困难的。据说，监测一个二噁英数据，需耗费数万元之巨。由于二噁英的难降解性，为避免地球被二噁英包围，各国政府都应对垃圾焚烧采取管制措施。焚烧垃圾如此，焚烧污泥也同样应该严格控制。

第三节　城市污水处理的技术装备

回顾90年代，可以说是我国城市污水处理技术高速发展的年代。80年代初，我们认为我国污水处理技术与发达国家差距不大，理由是各种城市污水处理工艺我们都明白，也进行过总结，尤其是我们于1984年建成了天津纪庄子污水处理厂，其规模达到日处理污水260000m^3，所有设备都是国产的，出水水质良好，似乎更加证明了这一点。改革开放给全国带来了无限生机，各行业都加大了技术和装备的引进力度。纪庄子污水处理厂为了降低电耗，于1985年引进了微孔曝气器和单级高速离心风机，使电耗下降50%；污泥脱水引进了带式压滤机，与国产脱水滤机安装在同一车间内，后来由于参观者络绎不绝，厂家被迫将国产脱水滤机又买了回去，原因是其与进口设备无法相比。随着许多城市污水处理厂的修建，我们与国外的交往日益频繁，发现我国与发达国家在城市污水处理技术上的差距是不小的。首先，我们设计、安装、调试和运行经验不足，初期建的污水处理厂其污泥管路经常堵塞，污泥处理系统始终不能正常运行，就连当时认为最简单的格栅拦污设备也设计不合理，由于没有细格栅，给后续处理构筑物带来许多困难；其次就是污水、污泥处理设备与进口设备相比差距太大；最后在自控仪表上更是自叹不如。所以，到了 90 年代，我们引进了不少技术和设备，各种工艺、多种设备都相继来到了中国，出国考察、交流和进修者日益频繁，这从发表的论文数量中可见一斑。总体而言，进入 2000 年可以说差距缩小了很多，但由于污水、污泥处理设备是机电产品的集成，设计研究也要有经验的积累，所以与发达国家相比，目前还是有不小的差距。

一、格栅拦污设备

污水处理所用格栅品种很多，名称、分类也很难一致。表 3-29 可供参考。

表 3-29　格栅除污机的分类

按格栅形式分	弧形格栅		
	平板格栅	倾斜式	
		垂直式	
按齿耙传动方式分	臂　式	伸缩臂	
		旋回臂	
		摆　臂	
	链　式	湿式回转链	
		干式回转链	爬　式
			高链式
	钢丝绳索　式	二索式	
		三索式	
		四索式	
	液　压		
按除污机安装形式分	固定式		
	移动式	悬　挂　式	
		移　动　式	
按齿耙功能分	除　草　耙		
	除　污　耙		
	除　漂　木		
阶梯式格栅			
鼓式筛			

近年来新设计的格栅一般都采用机械清污，但目前已建成投入运行的机械格栅中，有不少工程的运行功能不佳。如某地当年建设两座污水泵站，第一座泵站所选格栅型式投产后不能令人满意，第二座即另选型式并换了供货厂家，结果还是问题不少。这里除加工安装的质量外，其所选设计型式也是重要原因。

当设置格栅的水渠深度小于 2m 时，可采用弧形曲面格栅，此类格栅的机械运动部件一般较简单，且不浸泡在污水中，维护检修方便，运行也可靠，大都用在污水处理厂进水泵房的出水侧。而设在污水处理厂进水泵房前的格栅，此类格栅一般都在地面以下，深度少则4～5m，多则达7～8m，运行、维护比较困难，若用人工清污则劳动强度很大。

东南亚某地曾从欧洲引进安装了数台链传动后耙式格栅（见图3-84所示），规格如下：

格栅宽度：1766mm；　　栅条间距：29mm；

流　　量：1575L/s；　　最大流速：0.9m/s。

上述格栅投入运行后，由于耙齿断裂、栅条变形，清污效果差，耙起的垃圾落回到水渠中等故障从未中断。分析该机失败的主要原因是：

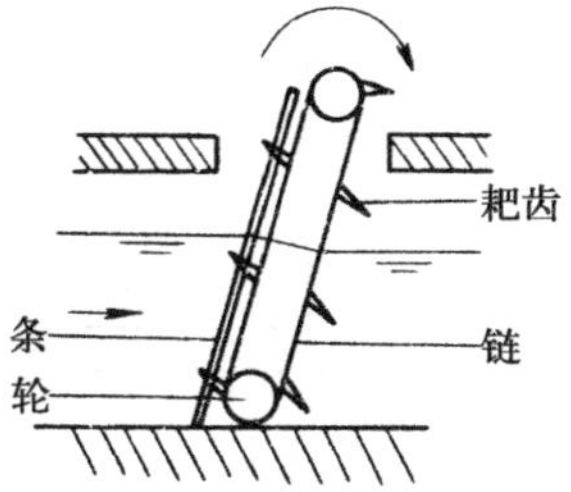

图 3-84　链传动后耙式格栅

① 链传动耙式格栅有前耙及后耙两种，一般都用于清除细小漂浮物，对粗大污物则效果很差。许多污物刮起后重新掉落至水中，截污能力很不理想。

② 污水中的沉积物聚于渠底，耙齿缺乏挖掘功能，渠底污物不能清除。耙齿卡断或变形，造成耙齿与栅条不能匹配。

③ 清污效果差，造成杂物聚积过多，水位差增大，栅条受压超过设计负荷，使栅条变形。

④ 水下的传动元件容易腐蚀，使更换磨损与腐蚀零件造成很高的维护费用。

⑤ 需经常保养，停机检修的频率高，尤其为检修链轮等部件还需排除渠底积水。

1991年该地在第二期工程中接受教训，采用了钢索牵引耙斗式格栅（图3-85），格栅规格如下：

格栅宽度　2700mm；

流　　量　3000L/s；

栅条间距　20mm；

最大流速　1.0m/s。

据介绍，这种用钢索牵引的耙斗式格栅清污机的优点如下：

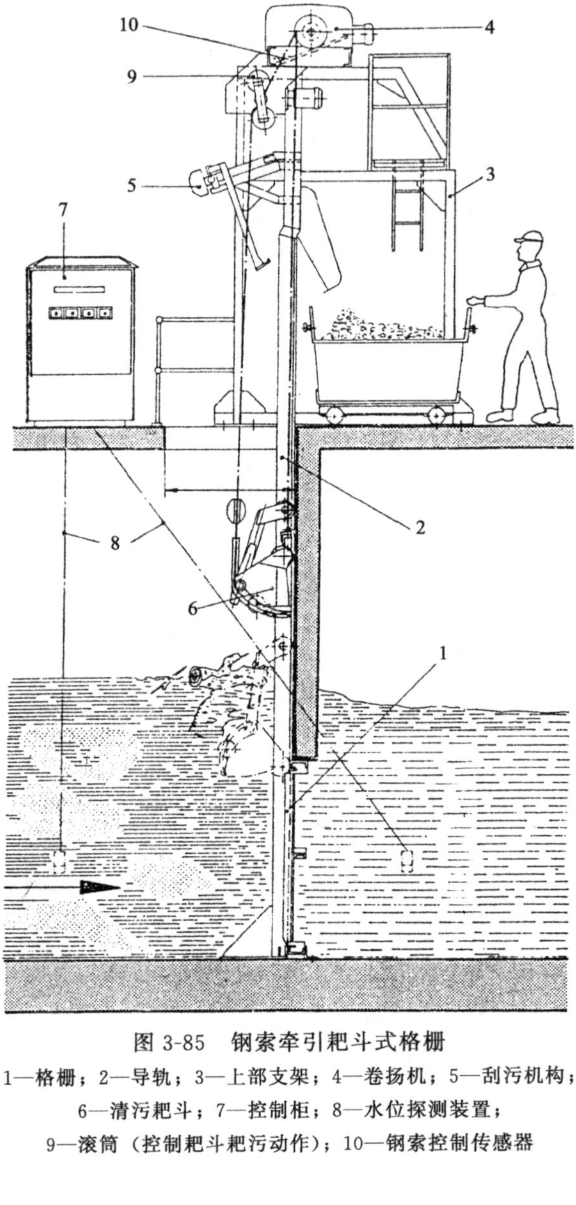

图 3-85　钢索牵引耙斗式格栅

1—格栅；2—导轨；3—上部支架；4—卷扬机；5—刮污机构；6—清污耙斗；7—控制柜；8—水位探测装置；9—滚筒（控制耙斗耙污动作）；10—钢索控制传感器

① 运动元件均在水面以上，维护保养工作较少，零件更换不频繁，因此维护费用较低。

② 清污耙斗的容量大，粗大杂物也同样可以耙起，无污物耙起后重新落入水中的弊病。

③ 格栅可倾斜也可垂直安装，有相同的清污效果。

④ 耙斗可到达渠底耙抓渠底沉积物。

图 3-85 为钢索牵引耙斗式格栅清污机示意图。图 3-86 显示了其耙斗上升到排污口时，清污刮渣机构的动作情景——污物浮渣将随耙斗上升而被刮出斗外。图 3-87 则显示了耙斗下落到渠底后，将要挖掘沉积物并将其耙起的情景。两图直观地显示了此种格栅清污机的刮耙挖掘功能。

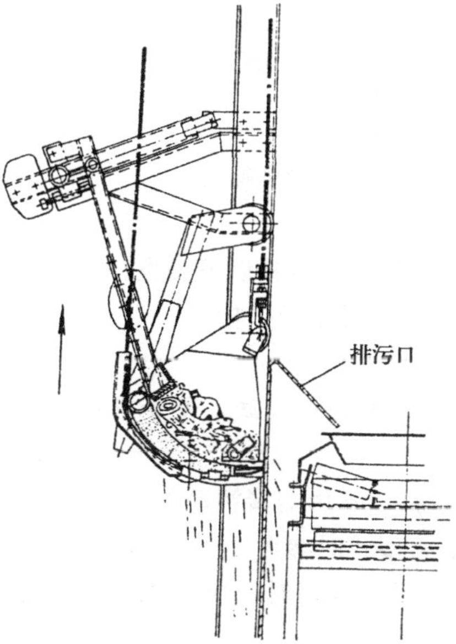

图 3-86 耙斗上升到排污口

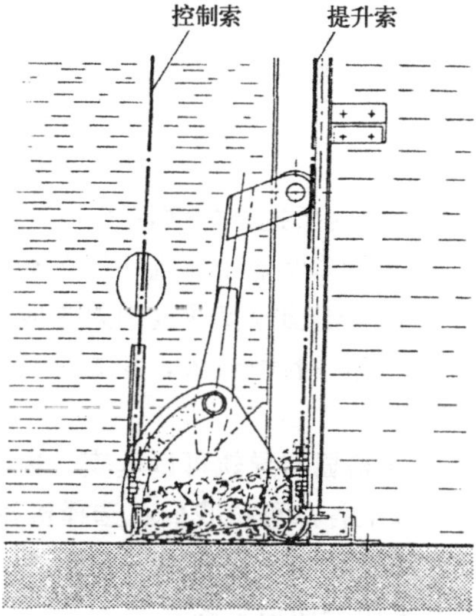

图 3-87 耙斗下落到渠底

图 3-88 为此种格栅的耙斗构造示意。耙斗在钢索控制下下落，刮耙发挥抓斗作用，将浮渣杂物抓入斗内。

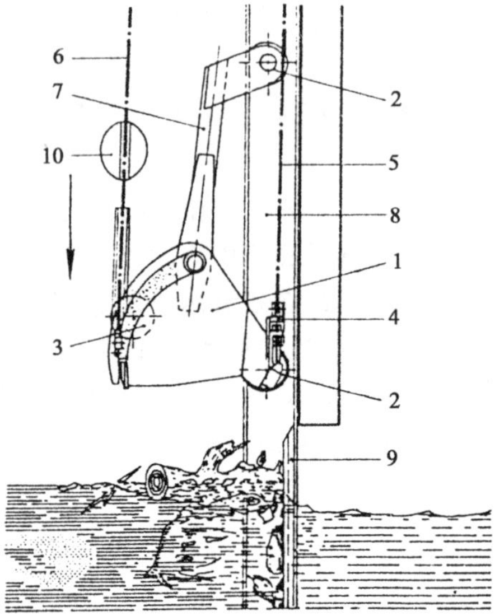

图 3-88 耙斗构造

1—耙斗；2—定向滚轮；3—限位滚轮；4—钢索紧固件；5—提升索；
6—控制索；7—耙斗挖掘导杆；8—滚轮用导轨；
9—格栅；10—平衡重

从该地所选格栅清污机的型式中我们可以得到以下启发：

① 所选设备除导轨外都在水面以上，便于维护检修。

② 全部动作仅通过钢索完成，构造简单。

③ 耙斗容积较大，挖掘能力强，且可到达渠底，便于抓挖渠底沉积物。

④ 格栅与导轨可以垂直，也可倾斜，不影响清污动作与功能。

以上各点可供我们在选择机械格栅型式时参考。当然，当格栅拦截的浮渣杂物十分复杂，且经常出现特大重物时，应考虑设多道格栅，采用分而治之的方案。

二、沉砂设备

中小型污水处理厂常采用涡流式沉砂池。图 3-89 为一种效率较高的除砂系统。该系统集沉砂、提砂、输送、砂液浓缩、砂水分离于一个完整的系统内。

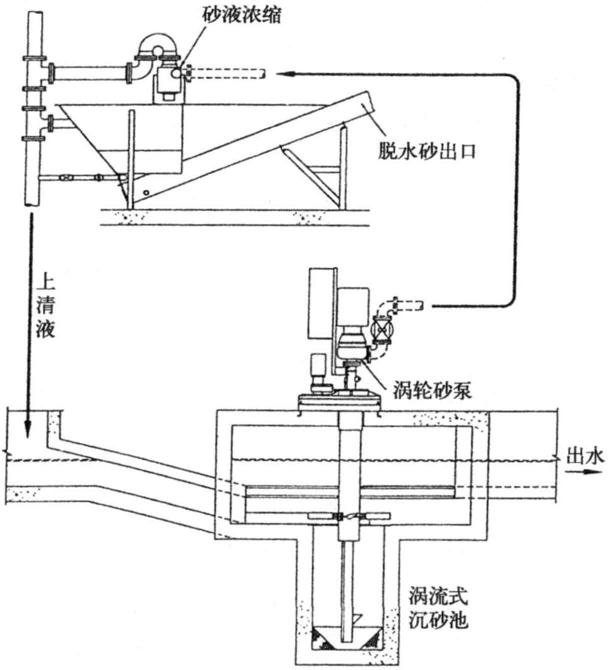

图 3-89 一种效率较高的除砂系统

沉砂及除砂设备的分类见表 3-30。

表 3-30 各种沉砂、除砂设备

工艺单元	处理构筑物		处理设备		配套设备
	名称	形式	类别	名称	
沉砂	平流式沉砂池 涡流式沉砂池 曝气沉砂池	长方形 方形 圆形	吸砂机	行车式气提吸砂机 行车式泵吸除砂机 涡流式除砂机	砂水分离器 洗砂装置
			刮砂机	链板式刮砂机 链斗式刮砂机 行车式刮砂机 提耙式刮砂机 悬挂式中心传动刮砂机	

各种刮砂、吸砂和砂水分离设备详见《水工业工程设计手册·水工业工程设备》(中国建筑工业出版社，2000 年 3 月)。

三、排泥设备

表 3-31 列出了各种排泥设备。一般刮泥机用于初沉池，吸泥机用于二沉池。

表 3-31　排泥设备一览表

<table>
<tr><th>池　型</th><th colspan="3">排 泥 形 式</th><th colspan="2">设 备 名 称</th></tr>
<tr><td rowspan="7">平流式沉淀池</td><td colspan="2" rowspan="5">行车式</td><td rowspan="3">吸泥机</td><td rowspan="2">泵/虹吸</td><td>多　吸　管</td></tr>
<tr><td>单吸管扫描</td></tr>
<tr><td colspan="2">虹吸行车式吸泥机，泵吸式吸泥机</td></tr>
<tr><td rowspan="4">刮泥机</td><td colspan="2">抬耙式刮泥机</td></tr>
<tr><td colspan="2">提板式刮泥机</td></tr>
<tr><td colspan="2" rowspan="2">链板式</td><td colspan="2">单列链牵引式刮泥机</td></tr>
<tr><td colspan="2">双列链牵引式刮泥机</td></tr>
<tr><td rowspan="10">辐流式沉淀池</td><td rowspan="6">中心传动</td><td rowspan="2">垂架式
悬挂式</td><td rowspan="2">吸泥机</td><td colspan="2">多吸管水位差自吸式吸泥机</td></tr>
<tr><td colspan="2">单管多吸口水位差自吸式吸泥机</td></tr>
<tr><td rowspan="2">垂架式</td><td rowspan="4">刮泥机</td><td colspan="2">曲线型刮板刮泥机</td></tr>
<tr><td colspan="2">直线型刮板刮泥机</td></tr>
<tr><td rowspan="2">悬挂式</td><td colspan="2">曲线型刮板刮泥机</td></tr>
<tr><td colspan="2">直线型刮板刮泥机</td></tr>
<tr><td colspan="2" rowspan="4">周边传动</td><td rowspan="2">刮泥机</td><td colspan="2">曲线型刮板刮泥机</td></tr>
<tr><td colspan="2">直线型刮板刮泥机</td></tr>
<tr><td rowspan="2">吸泥机</td><td colspan="2">带集泥板多管水位差自吸式</td></tr>
<tr><td colspan="2">大扁嘴多管水位差自吸式</td></tr>
</table>

(一) 索式刮泥机

初沉池具有运行可靠、效率高（一般可去除悬浮固体 50%和去除生化需氧量 25%，而耗电量很少)、管理方便等优点，在污水处理设施中可一次投资、长期受益。在一些发达国家的污水处理工程中，他们宁可加大建设费用，增加初沉池沉淀时间，提高去除率，以减轻曝气负荷，节省污水处理厂总的运行费用，获得最大的利润。当然，原水浓度低时另当别论。另外，二沉池也是污水生物处理的重要构筑物，其运行好坏直接影响出水水质。因此，初沉池和二沉池的设计对污水处理厂的占地和投资都有很大的影响。尽管矩形沉淀池有很多优点，而天津两座大型污水处理厂和沈阳北部污水处理厂（处理量 400000m^3/d)，其初沉池和二沉池都采用了圆形，而没有采用占地紧凑的矩形沉淀池，其原因除圆形池结构受力合理、施工方便和可节省土建投资外，主要是考虑到圆形沉淀池的刮泥机制作方便、运行可靠和维修工作量少。

国外目前出现一种用于矩形沉淀池的索式刮泥机（见图 3-90)，这种刮泥机的构造简单，制造容易，维修方便，可充分发挥矩形沉淀池的优越性。这种牵索式刮泥机的刮泥板置于沉淀池的底部，刮板中间设导向滑套在轨道上滑行。滑轨用经过防腐处理的木材制成，固定在沉淀池的底板上，刮泥板两端设置行走轮，以保证刮泥板平稳滑行。导向滑套上装有牵引转向装置，当牵索正向牵引时，刮板将池底污泥刮向前方；当牵索反向牵引时，转向托架自动将刮泥板抬起，滑回后方原位处。

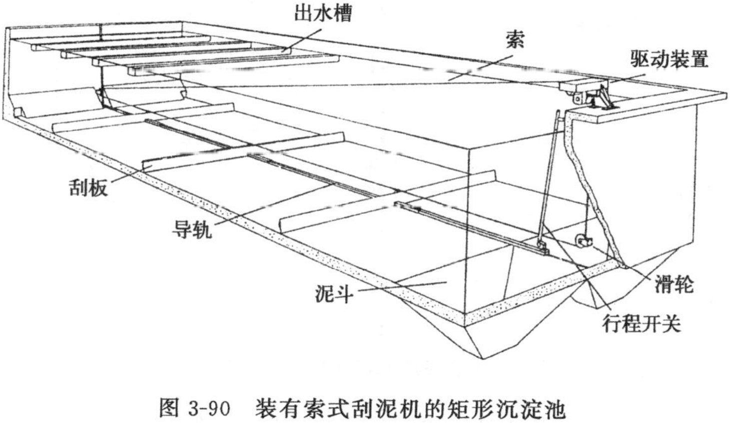

图 3-90　装有索式刮泥机的矩形沉淀池

图 3-91 示出索式刮泥机的构造及刮泥板与导轨的局部。

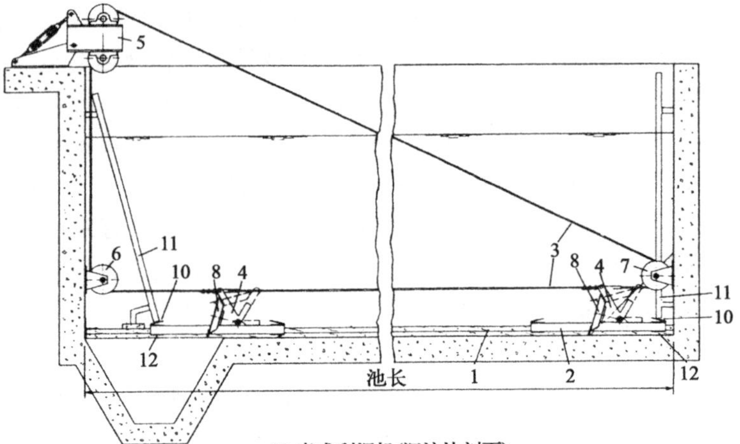

(a) 索式刮泥机(沉淀池剖面)

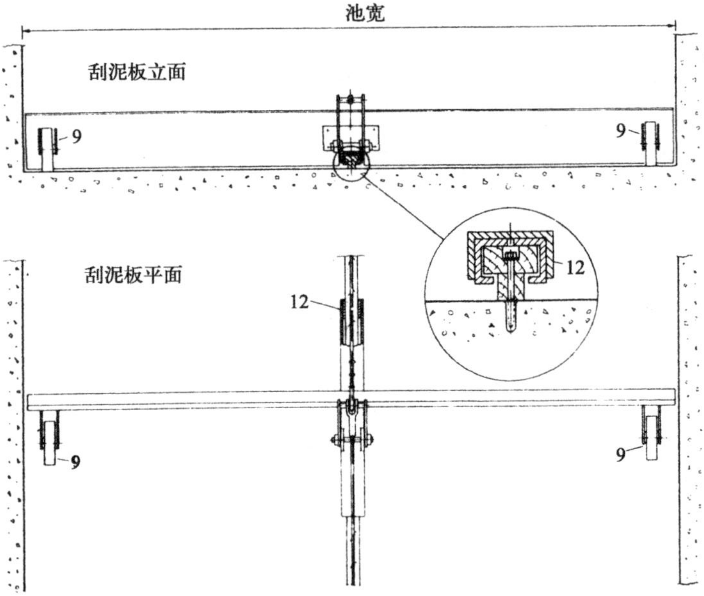

(b) 刮泥板与导轨

图 3-91　索式刮泥机的构造示意图

1—木制导轨；2—导向滑套；3—牵引索；4—转向托架；5—驱动装置；6—前端滑轮；7—后端滑轮；8—刮泥板；9—行走轮；10—行程开关；11—行程开关传感装置；12—固定在导向滑套内的滑靴

刮泥机的驱动装置实际上是一台小型卷扬机，卷扬机的正反牵引动作由前后两个行程开关控制。刮泥板行走时，前行刮泥，后退复位，往复进行，逐步将污泥推入泥斗。刮泥板每次行走的距离都略大于刮泥板的间距，以保证前面的刮泥板接收后面刮泥板推来的泥，再继续推往前方，实现多块刮泥板的接力式刮泥动作。

图 3-92 表示了刮泥机的刮泥过程：

（a）刮泥机开始刮泥，刮泥板开始向前刮行；

（b）刮泥板完成向前刮推的一个行程，污泥被推入泥斗；

（c）刮泥板抬起并向后退行至起始位置，当再次刮泥时，刮泥板将自动下落。

通常刮泥板的行走速度为 0.5～1.0m/min。

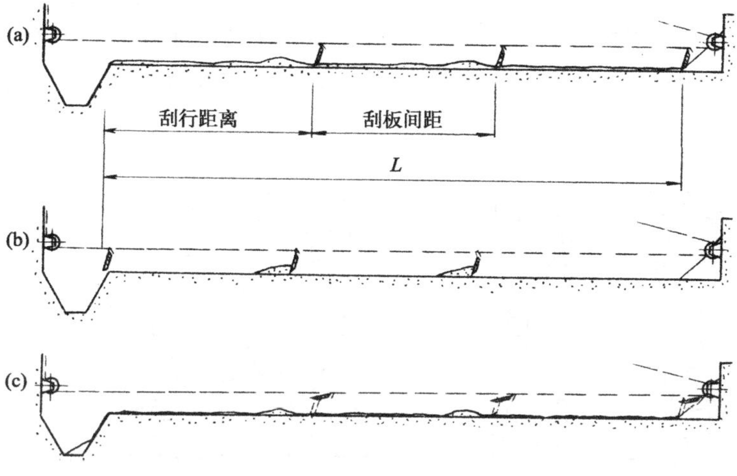

图 3-92　刮泥板的刮泥过程

图 3-93 为刮泥板的转向装置，在刮泥板处于刮泥和后退的不同状态时控制其起落和运行。

采用索式刮泥机的污水处理厂，由于初沉池及二沉池都是矩形，可以与曝气池连成一体，布置紧凑，水头损失也小，省去许多管道，将节省较多的投资费用。笔者在瑞典所见到的建在岩石中的污水处理厂，设置一条矩形廊道，将初沉池、曝气池及二沉池布置在内，索式

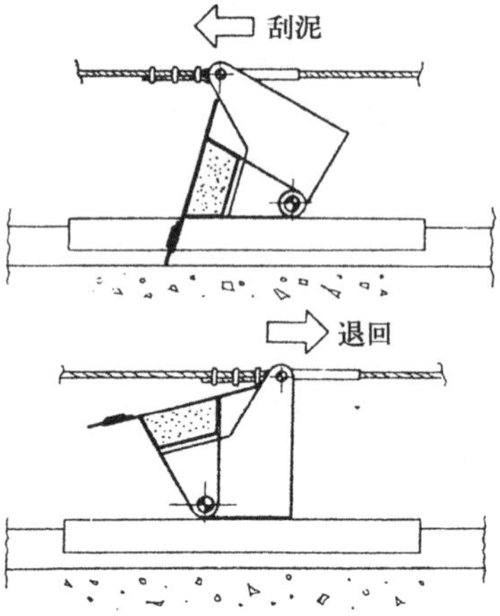

图 3-93　刮泥板的转向装置

刮泥机用时间继电器自动控制，管理方便，维修容易，已经在多座污水处理厂中使用，效果很好。

其他各种形式刮泥机见《水工业工程设计手册》。

（二）排泥捏阀

污水处理厂的排泥管道较易发生堵塞现象，尤其在闸门位置，各种杂物通过闸门时会淤积或钩挂在闸门处，或造成闸门启闭困难，或造成堵塞，影响生产。天津东郊污水处理厂使用了一种橡胶捏阀，可设在压力排泥管道上。这种捏阀具有启闭方便，不易堵塞的优点，直径为 40～200mm，其工作原理见图 3-94。

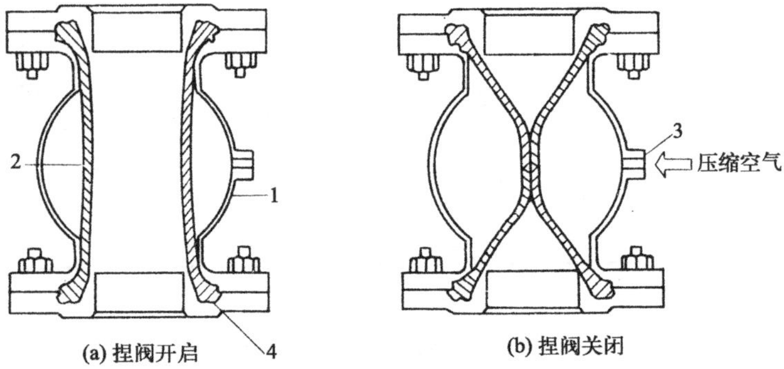

图 3-94　排泥捏阀的开启与关闭

1—阀体；2—内套筒；3—压缩空气入口；4—套筒端部

捏阀为由铸铁与橡胶组成的双层结构，阀体 1 由铸铁制成，内套筒 2 为橡胶制品，污泥可流畅地通过内套筒排出。阀门的关闭是利用压缩空气来完成的，当压缩空气经入口 3 进入阀体后，橡胶套筒在气压的作用下捏扁，阻断污泥流。套筒端部 4 应局部加强，以承受较大的局部应力。此乃这种阀体设计的关键。

这种排泥捏阀的优点除不易堵塞外，还有操作方便的特点，特别适宜自动排泥装置，尤其是当有现成的压缩空气来源时。这种产品在天津东郊污水处理厂使用 2 年多没有发生过任何故障。

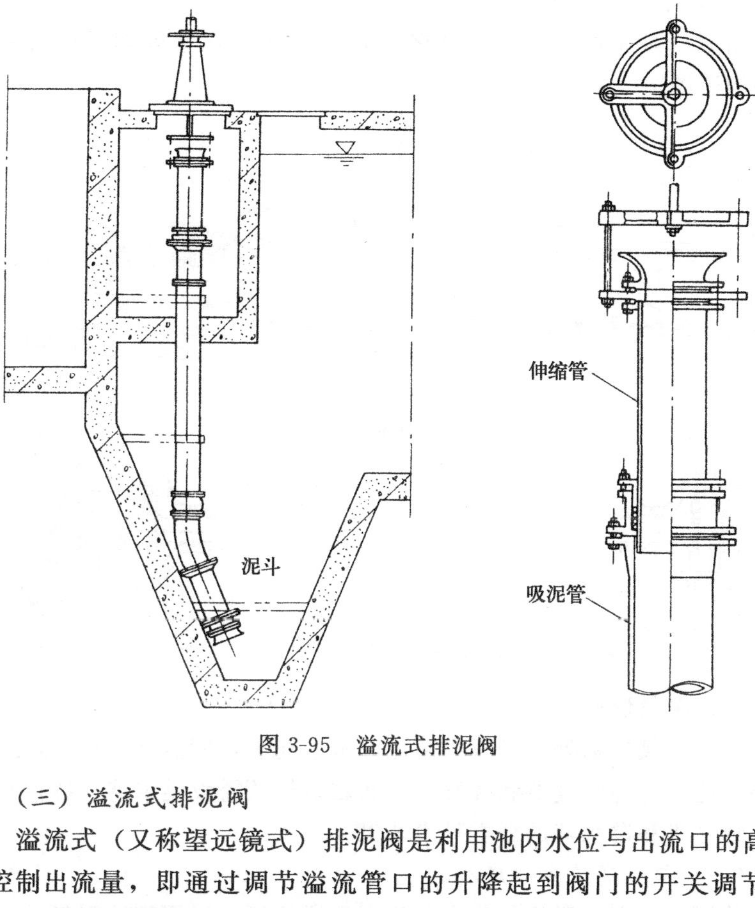

图 3-95　溢流式排泥阀

（三）溢流式排泥阀

溢流式（又称望远镜式）排泥阀是利用池内水位与出流口的高差来控制出流量，即通过调节溢流管口的升降起到阀门的开关调节作用。这种方式结构简单，而且耐用。图 3-95 为溢流式排泥阀的一种布置形式，利用水位差排出沉淀池或消化池的污泥，如图所示只要池内水位高于设在溢流竖管（升降套管）的出流口，沉积在集泥斗中的污泥就被压至出流口溢出。这种方式的优点是通过溢流口位置的上、下移动，可调节污泥溢流量。通常溢流阀在调节合理后就很少再去操作。但为使启闭机螺杆等运动副动作灵活，还是要求能定期操作，并清除粘附的污物，使污泥保持畅通地流出。当溢流口提升超过池内水位时溢流管就停止排泥。

（四）单螺杆排泥泵

用螺杆泵压送污泥比较可靠，图 3-96 为某污水处理厂所用单螺杆泵构造图。

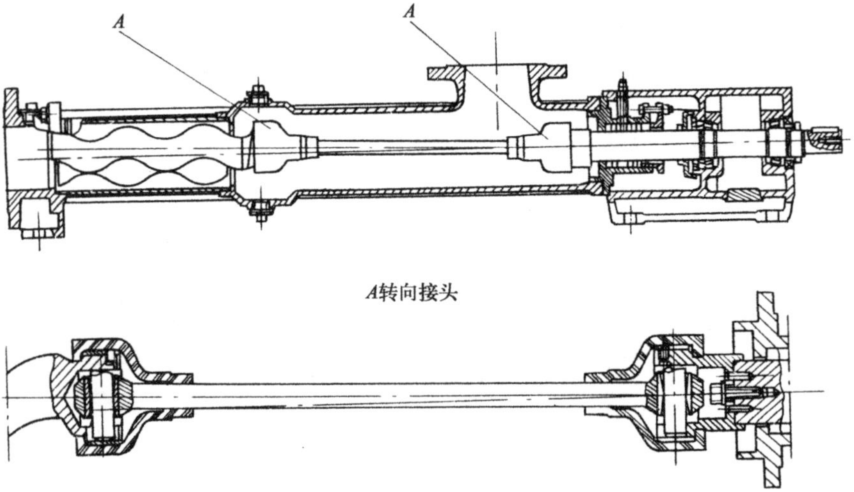

图 3-96　单螺杆排泥泵

四、曝气设备

污水好氧生物处理过程中需往污水中充氧，所需曝气设备除鼓风机外，还有各种曝气器和曝气机，间歇曝气还需设滗水器。各种曝气器、曝气机和滗水器的分类见表 3-32。

（一）单级高速离心风机

单级高速离心风机的优点已为大家所认识，采用鼓风曝气的污水处理厂达一定规模的，很可能采用高速离心风机。现将该设备在选型中的几个关键技术问题说明之。

表 3-32 各种曝气器、曝气机和滗水器一览

处理构筑物		处理设备		配套设备
名称	型式	类别	名称	
曝气池	鼓风曝气	微孔曝气器	盘式曝气器 球式曝气器 钟罩式曝气器 平板式曝气器 软管式曝气器	空气除尘装置 清洗装置
	表面曝气	立轴式表面曝气机	泵形叶轮表面曝气机 倒伞形叶轮表面曝气机 平板形表面曝气机	
		卧轴式表面曝气机	转刷曝气机 转碟（盘）曝气机	
	水下曝气	水下曝气设备	泵吸式曝气机 自吸式射流曝气机 供气式射流曝气机 自吸式螺旋曝气机	
	水下搅拌	水下搅拌机	潜水搅拌机	
氧化沟	表面曝气	立轴式表面曝气机	倒伞形曝气机 泵形叶轮曝气机 平板曝气机	
		卧轴式表面曝气机	转碟（盘）曝气机 转刷曝气机	
SBR 反应池	长方形	滗水器	旋转式滗水器 虹吸式滗水器 套筒式滗水器	
鼓风机	速度型	单级高速离心风机 多级离心风机		
	容积型	罗茨鼓风机		

1. 高速风机的供油系统及启动方式

高速风机的供油系统（图 3-97）是设备安全运行的关键。在正常状态下，风机的供油是靠变速箱的低速轴上所带动的主油泵供给的，所以实际上油泵是由风机自身带动的，不需另有动力，其优点是即使突然停电，只要风机转动，则供油系统将继续工作，可避免一般风机突然停电后电动油泵停止供油，风机因惯性继续旋转而烧坏轴瓦之虞。

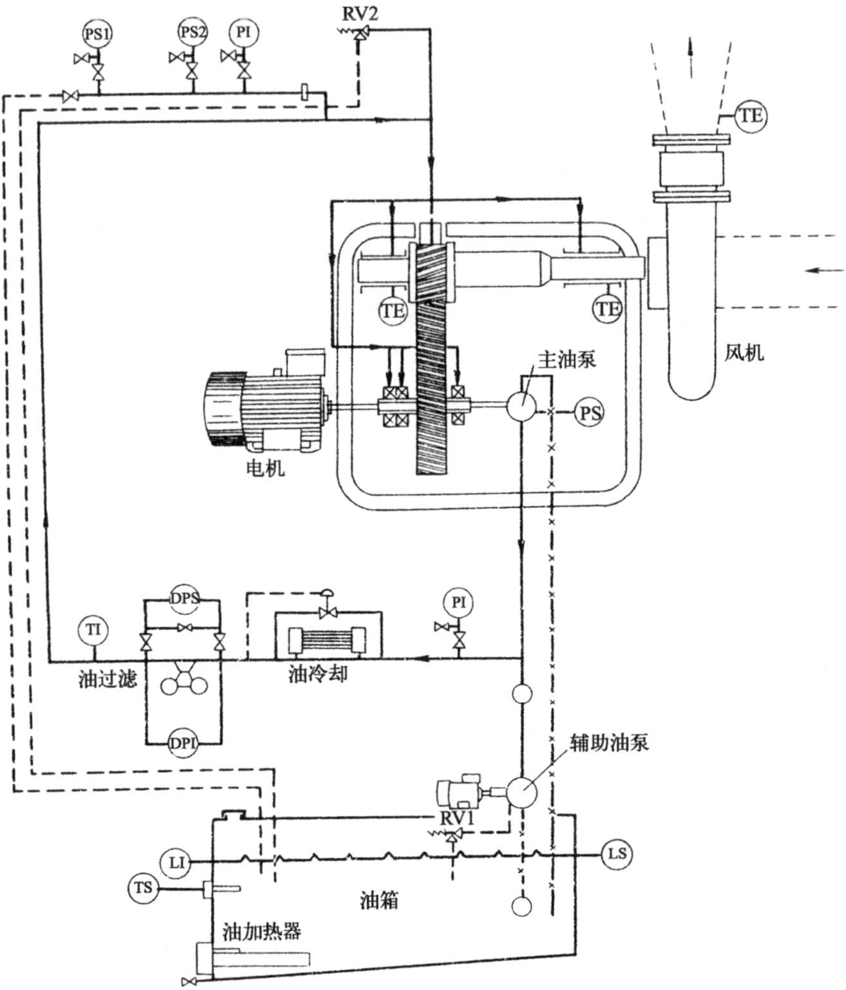

图 3-97 高速风机供油系统

鼓风机的启动是由一个可编程序控制器来控制的。风机启动前，先令电动辅助油泵启动，供油系统投入运行，使油温油压达到一定值；同时要求将进风口可调导叶片全部关闭，进风管及出风管的所有阀门都开启，唯与外部风管相连的逆止阀除外。风机启动时，放空阀也应开启，启动后放空阀即渐渐关闭，压缩空气将逐渐进入出风管经逆止阀入外部管道。导叶片也随后慢慢开启，使风量调节到需要的位置上，风机的启动才告完成。

所以，在设备选型中一定要弄清主油泵及辅助油泵的位置。另外，根据笔者选用过的几座污水处理厂风机性能的体会，采用水冷却明显优于风冷却；风机外壳为铸铁时的噪音明显低于钢板焊接的风机。

2. 高速风机的控制设计

用鼓风曝气处理污水，其鼓风机的容量较大，耗电量几乎占全厂的60%以上。为了节省电力，不少污水处理厂已改用带有可调导叶片的单级高速离心鼓风机，优点是：

① 可根据曝气池的负荷来调节风量，设置溶解氧自动控制装置，以减少不必要的能量损耗。

② 可适应全年气温有较大的变化，当空气密度改变时调节风量，避免电机超负荷运行。

③ 设备重量轻，易损部件少，壳体内不需要润滑，维修工作量小。

④ 与多级离心风机相比，在节能、防喘等方面更为有利。

这种鼓风机的运行涉及供油、防喘和进风量调节等系统。下面以投入运行的某污水处理厂的控制程序为例（参见图 3-98～图 3-101），说明其控制设计的要点，供参考。

(1) 初启例程

高速离心鼓风机启动前应检查是否满足以下四个先决条件：

① 油箱内油温是否正常？油温过低指示灯应显示，同时打开电加热器（电加热器一般由人工操作）。

② 检查停机程序是否完整。

③ 应急停机是否正常？即鼓风机发生故障时能自动停车。

④ 确认全部开机信号皆在关闭状态，否则指示灯应显示。

满足上述条件后，可选择鼓风机运行的控制方式：人工控制、现场自动控制或遥控。其控制流程见图 3-98。

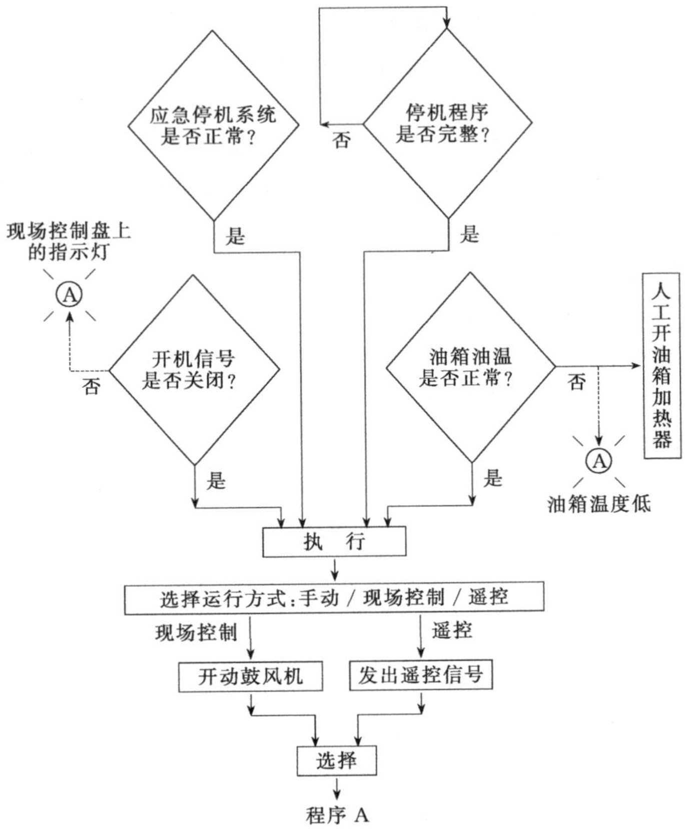

图 3-98　风机控制流程（一）

（2）主程序 A 段

主程序 A 段具有四个判断功能(如图 3-99)：

① 鼓风机的进出口阀门是否打开？如已打开，则指示灯应显示；未打开，应在 2min 后执行程序 C。

② 为防止喘振的发生，启动时应打开出风管道上的放空阀。如已打开，则指示灯应显示；未打开，应在 2min 后执行程序 C。

③ 鼓风机启动时进风导叶片也应关闭。一般导叶片沿进风口圆周设置，用环形杠杆或齿圈进行同步传动。如已关闭，则指示灯应显示；

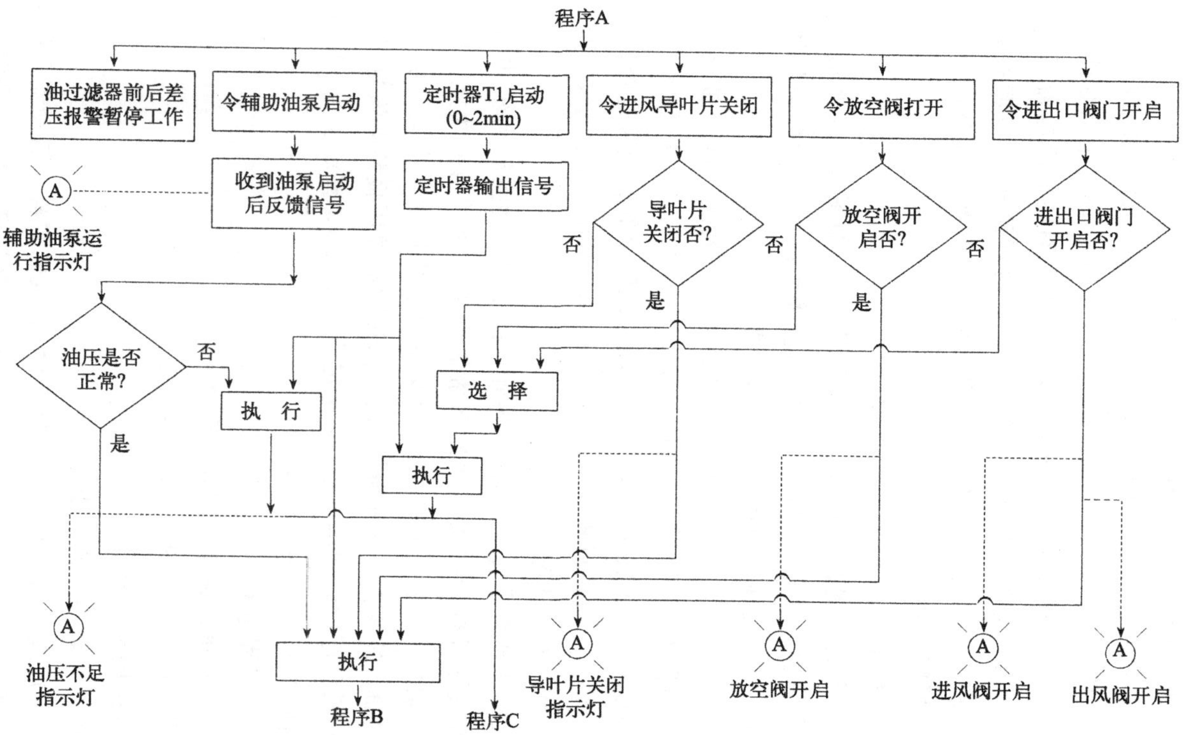

图 3-99 风机控制流程(二)

未打开，应在 2min 后执行程序 C。

④ 鼓风机启动前应先开动辅助油泵，油泵投入运行后，指示灯应显示。如油压不正常，则应在 2min 后执行程序 C。同时指示灯显示。

为保证判断功能的执行时间，主程序 A 段设有时间继电器 T1，其整定值为 2min。程序还要求油过滤器差压应得到控制，如过滤器前后压差超过整定值时，应发出警报。但启动时主油泵、辅助油泵将同时工作，故差压报警应暂停。

(3) 主程序 B 段

B 段程序是控制鼓风机主马达启动的关键，如图 3-100 所示。程序要求，主马达启动器发出启动信号后，应接到信号的反馈，以证实风机已启动。如未接到反馈信号，则 60s 后即执行停机程序 C。

鼓风机接到反馈信号后，应逐步加速至额定转速。加速时间最快不得<60s，即 60s 后系统才执行以下程序。此时，指示灯应显示。

鼓风机达到额定转速后，程序将判断出风管上的逆止阀是否打开。如未打开，则 20s 后执行程序 D；如已打开，10s 后出风管上的放空阀将回复到起始的关闭状态。

鼓风机达到额定转速后，进风导叶片回复到自动控制状态，其开启角度将由执行机构依据曝气池内溶解氧探头发回的信号决定。同时 10min 后辅助油泵即停止工作，润滑及冷却系统将由与主马达相联的主轴泵供油。鼓风机进入正常运行状态，过滤器差压报警即恢复工作。

在 B 段程序中时间继电器 T2 整定值为 60s，T3 整定值为 10min，T4 整定值为 10s，T5 整定值为 20s。

(4) 停机程序 C

程序 C 的执行条件为下列情况之一：

① 鼓风机启动时导叶片没有关闭；

② 放空阀没有打开；

③ 鼓风机进出口阀门没有打开。

当主程序发出执行 C 程序的指令后，鼓风机主马达启动器即接到停机信号，同时辅助油泵也停止工作，鼓风机将逐渐减速，直到完全静止。控制过程如图 3-101 所示。

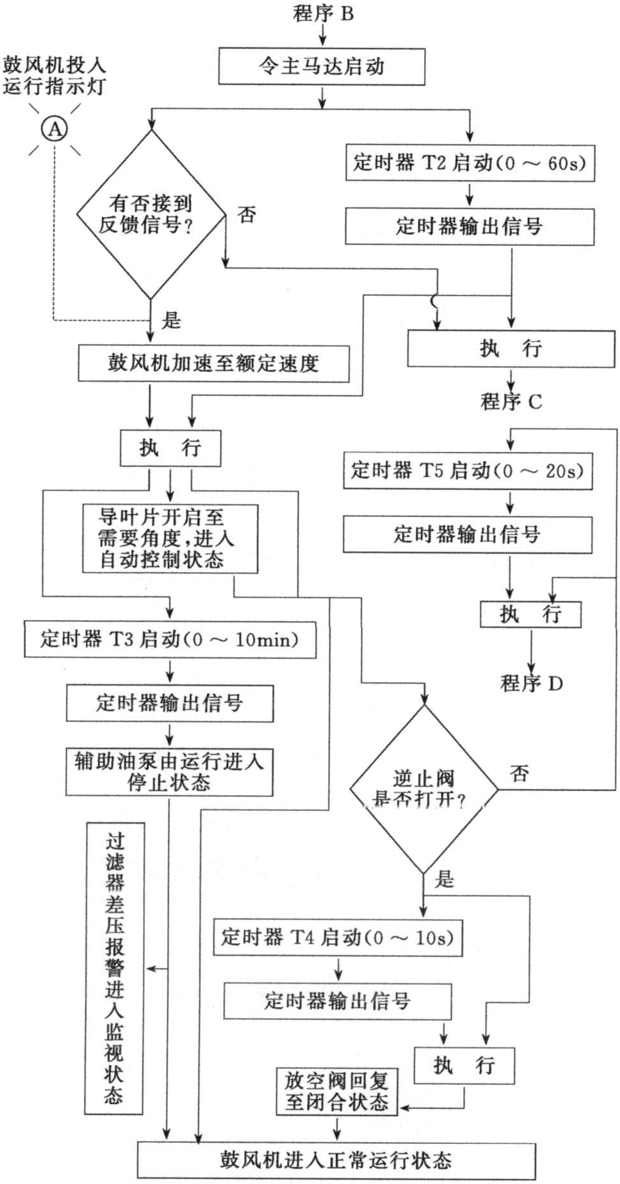

图 3-100 风机控制流程(三)

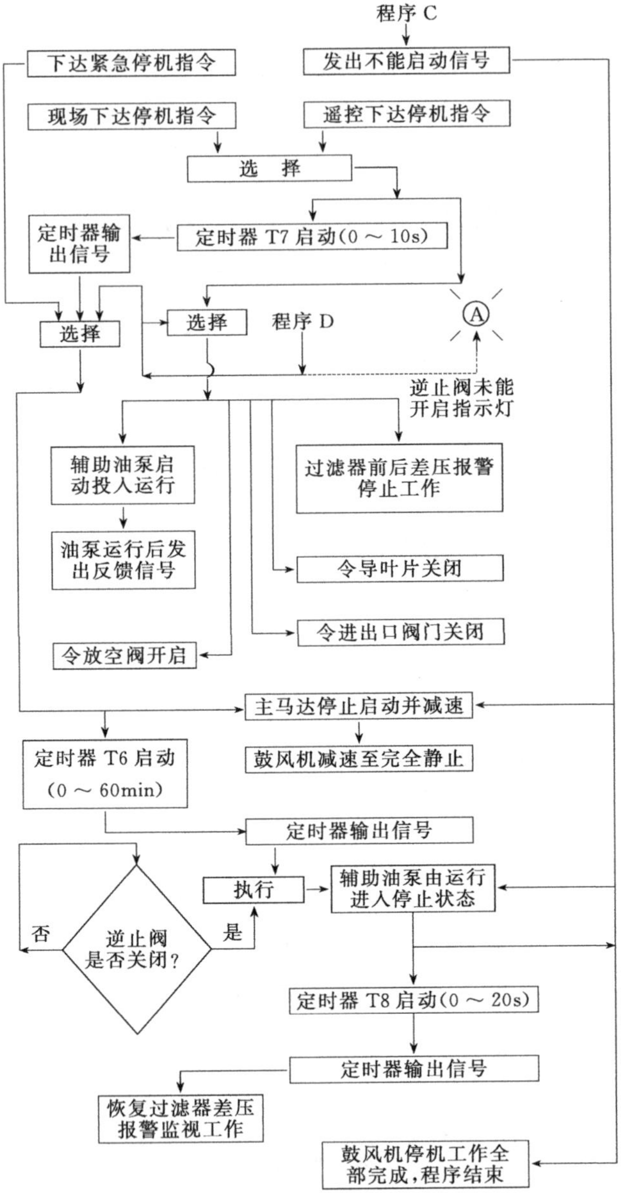

图 3-101　风机控制流程(四)

如操作人员按动紧急停机按钮，则主马达及辅助油泵也将停止工作。

当鼓风机达到额定转速后而逆止阀没有打开，系统即执行 D 程序，辅助油泵将再次启动，而放空阀将打开，导叶片将关闭，风机进出口阀门也将关闭，同时系统将下达主马达停车的指令。为保证主机安全，设置继电器 T6 整定值为 60min，即 60min 后辅助油泵再停止工作。当操作人员下达遥控停机指令或现场控制的停机指令时，系统也将执行 D 程序，实现停机。

3. 鼓风机的功率计算

鼓风机的功率 N（单位为 kW）可用下式表示：

$$N=\frac{k}{k-1}\times\frac{\rho QRT}{6120\eta}\left[\left(\frac{p_2}{p_1}\right)^{\frac{k-1}{k}}-1\right]$$

式中　k——气体的定压比热容与定容比热容之比，空气为 1.4；

ρ——空气的密度，kg/m³；

Q——鼓风机排出的空气流量换算成吸入状态的体积，m³/min；

R——气体常数，对于空气为 29.27；

T——绝对气温，K；

p_2——排出空气的绝对压力，Pa；

p_1——吸入空气的绝对压力，Pa；

η——鼓风机的总绝热效率。

天津纪庄子污水处理厂引进英国 Bryan Donkin 公司产高速离心鼓风机 2 台，其性能如下：

风量　36000m³/h（15℃，1.0133×10^5Pa 干空气）；41850m³/h（40℃，1.0133×10^5Pa，相对湿度 80%）

进口（过滤器）损失　−700Pa

出口压力　65000Pa

大气压力　1.0133×10^5Pa

气　温　40℃

相对湿度　80%

查得水蒸气分压为 0.059×10^5Pa，则鼓风机进口压力为：

$(1.0133\times10^5-700-0.059\times10^5)\text{Pa}=0.9473\times10^5\text{Pa}$

并算得空气密度 ρ 为 1.095kg/m^3。

计算鼓风机的轴功率：

$$N=\frac{1.4}{1.4-1}\times\frac{1.095\times698\times29.27\times313}{6120\times0.8}\left[\left(\frac{94730+65000}{94730}\right)^{\frac{1.4-1}{1.4}}-1\right]\text{kW}$$

$$=805\text{kW}$$

式中 $Q=41850\text{m}^3/\text{h}=698\text{m}^3/\text{min}$

$T=(273+40)\text{K}=313\text{K}$

上述计算与厂商提供的轴功率 795kW 十分接近。

4. 供气量计算

英国厂商提供的风量在标准状态下为 $36000\text{m}^3/\text{h}$，在 40℃、相对湿度 80%时为 $41850\text{m}^3/\text{h}$。其供气量的换算可按下式进行：

$$Q_{40}=\frac{p_{15}T_{40}}{p_{40}T_{15}}\times Q_{15}$$

式中 $p_{15}=1.0133\times10^5\text{Pa}$

$T_{15}=(273+15)\text{K}=288\text{K}$

$p_{40}=0.9473\times10^5\text{Pa}$

$T_{40}=(273+40)\text{K}=313\text{K}$

$Q_{15}=36000\text{m}^3/\text{h}$

代入可得：

$$Q_{40}=\frac{1.0133\times10^5\times313}{0.9473\times10^5\times288}\times36000\text{m}^3/\text{h}=41850\text{m}^3/\text{h}$$

5. 离心式鼓风机的风压换算

用鼓风曝气的大型污水处理厂常采用离心式鼓风机，而离心式鼓风机必须根据其性能曲线来选定型号，目前产品样本中的性能曲线一般都是用标准风压来表示的。如处理厂当地的实际大气压与标准风压差异较大时，则应在设计中进行风压换算。

在污水处理厂鼓风机房的设计中，设计风压应略大于曝气池水深加管路及曝气器的压力损失。这里提出的供气压力为相对压力，即要求鼓风机增加的压力。鼓风机实际的供气压力 p_2 为：

$$p_2=p_1+\Delta p$$

式中　p_1——鼓风机的进口压力；

Δp——鼓风机的压升。

由于厂商提供的鼓风机风压（即 Δp）为标准风压，即进口风压（p_1）为 1.0133×10^5Pa 时的风压。如污水处理厂地处高原地区，必须将其设计风压换算成等效的标准风压。

根据工程热力学，鼓风机的绝热压缩功为：

$$h=\frac{kRT}{k-1}\left[\left(\frac{p'}{p}\right)^{\frac{k-1}{k}}-1\right]$$

式中　k——空气的绝热指数；

R——气体常数；

T——绝对气温，K；

p——鼓风机进口压力，Pa；

p'——鼓风机出口压力，Pa。

现令 EAP（Equivalent Air Pressure）为换算后当风机进口气压为 1.0133×10^5Pa 时的出口压力（单位为 Pa）。同时设：

T_1＝污水处理厂实际大气绝对温度；

T＝风机性能曲线标准状态的绝对温度；

p_1＝污水处理厂当地的实际大气压力产生的风机进口压力；

p_2＝鼓风机实际的供气压力。

由于风压换算中其压缩功相等，则可得：

$$\frac{kRT_1}{k-1}\left[\left(\frac{p_2}{p_1}\right)^{\frac{k-1}{k}}-1\right]=\frac{kRT}{k-1}\left[\left(\frac{\text{EAP}+1.0133\times10^5}{1.0133\times10^5}\right)^{\frac{k-1}{k}}-1\right]$$

则
$$\left(\frac{\text{EAP}+1.0133\times10^5}{1.0133\times10^5}\right)^{\frac{k-1}{k}}=\frac{T_1}{T}\left[\left(\frac{p_2}{p_1}\right)^{\frac{k-1}{k}}-1\right]+1$$

即
$$\frac{\text{EAP}+1.0133\times10^5}{1.0133\times10^5}=\left\{\frac{T_1}{T}\left[\left(\frac{p_2}{p_1}\right)^{\frac{k-1}{k}}-1\right]+1\right\}^{\frac{k}{k-1}}$$

所以
$$\text{EAP}=1.0133\times10^5\times\left\{\frac{T_1}{T}\left[\left(\frac{p_2}{p_1}\right)^{\frac{k-1}{k}}-1\right]+1\right\}^{\frac{k}{k-1}}-1.0133\times10^5$$

设计中，可用换算所得的 EAP 来确定鼓风机的设计容量。

例：设某污水处理厂所用鼓风机性能曲线的标准状态为 $t=15℃$，$p=1.0133\times10^5$ Pa，当地实际环境为 $t_1=25℃$，$p_1=0.812\times10^5$ Pa。求 $\Delta p=0.65\times10^5$ Pa 时的换算风压。

设 $k=1.4$，则 $k/(k-1)=3.5$，$(k-1)/k=0.286$

$$\begin{aligned}EAP &=1.0133\times10^5\times\left\{\left(\frac{25+273}{15+273}\right)\left[\left(\frac{0.812+0.65}{0.812}\right)^{0.286}-1\right]+1\right\}^{3.5}\\&\quad-1.0133\times10^5\\&=0.847\times10^5\ (\text{Pa})\end{aligned}$$

换算风压与实际风压相差：

$$\frac{EAP-\Delta p}{\Delta p}=\frac{0.847-0.65}{0.65}\times100=30\%$$

故必须经换算后，才能根据性能曲线选用鼓风机的型号。

（二）微孔曝气

微孔曝气头的构造和安装见图 3-102。

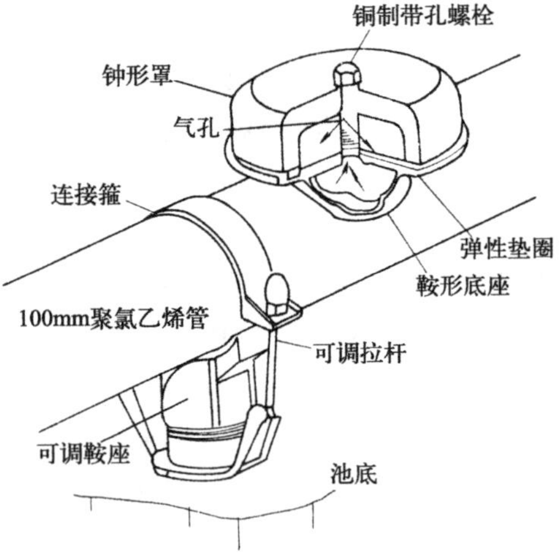

图 3-102　微孔曝气头的构造与安装示意图

1985 年天津纪庄子污水处理厂从英国引进微孔曝气器，这是我国应用微孔曝气最早的城市污水处理厂。有关情况介绍如下。

该厂从英国引进微孔曝气的曝气头外形是一个用氧化硅和氧化铝烧成的钟形罩，直径为178mm，其上布满了许多平均孔径为150μm的细孔，在正常情况下每分钟可扩散出500万个以上直径为2mm的气泡（气泡直径与水压有关，此处是指气泡在水面下450mm处的直径），气泡与污水的接触面积比通常使用的穿孔管（孔径3～6mm）产生的大气泡接触面积多16～32倍，所以微孔曝气可节省能耗约60%。

曝气头的配气管为强化的聚氯乙烯管，用卡具与曝气池底板进行锚固。为了调整曝气头的高程，使其保持同一水平面，固定卡具的底座是一个可升降的调节器。配气管的间距通常为300～750mm。

每个微孔曝气头的有效供气量为0.25～0.75L/s，为了在运行中调整各池各段的气量，在池内每根供气竖管上都装有孔板流量计及调节阀，管理人员可随时用便携式差压计测调气量，使全池每个曝气头的气量均匀。曝气头的钟形罩要待配气管安装完毕并经反复喷吹，将尘土、碎屑全部吹净后方可安装。必须指出，微孔曝气头的安装精度十分关键，在英国一般要求全池曝气头表面的高差不超过±5mm，因为曝气头表面的水压力直接影响其散气量。为此，曝气头安装完成后，要在池内放水，令水面升至曝气头顶面以上25～50mm处，进行三项检验：

① 检查调整曝气头的高程；

② 所有水下接口是否漏气；

③ 调整每个曝气头的供气量为0.25～0.35L/s，检查所有曝气头的水面是否都布满小气泡。

微孔曝气最大的缺点是容易堵塞，在英国为了防止堵塞采取了以下措施：

① 空气在进入鼓风机之前先进行过滤，并禁止油雾进入供气系统。

② 采用塑料配气管。输气干管如采用钢管，则要求管内壁作严格的防腐处理。

③ 在配气管的端部设置气压排水管，以排除管内积水。

④ 执行严格的安装规程。

⑤ 避免钢铁工业废水直接进入处理厂。每个曝气头的供气量不得低于 0.236L/s。

⑥ 临时停气时间不超过 2～4h。曝气池暂停使用时，要在池内灌以水深为 1.2m 左右的清水或较清洁的处理水，同时供给少量空气，使设备处于完好状态。

⑦ 经使用过的曝气头上会有一层泥膜，故未清洗干净就不能干放，更不能在阳光下晒干。

⑧ 为了管路安全和避免曝气头产生负压，供气干管上的闸阀的启闭要缓慢。

采取上述措施后，在正常情况下，微孔曝气头能连续运行 10 年以上，不需更换养护。对长期使用后堵塞的曝气头，可进行酸洗或放进砖窑回炉再生，也可用高压水枪冲洗。

目前，天津纪庄子污水处理厂部分曝气头已出现堵塞现象，但仍在使用。这种曝气头的缺点是对空气过滤有一定要求。要求进入鼓风机的空气，经过滤后达到用黑色性试验确定的过滤效率为 94%以上，或达到标准的亚甲基蓝试验所确定的过滤效率为 95%以上。

亚甲基蓝试验是指英国尘埃试验标准 BS 2831，该标准包括 3 种不同的灰尘粒径的过滤标准：0.03～2.0μm，2～14μm 和 8～40μm。微孔曝气主要采用第一种 0.03～2.0μm 的标准。

（三）微孔曝气配气管的排水管设计

微孔曝气器有较高的充氧效率，目前已被广泛应用在污水处理厂曝气系统中。但为避免微孔的堵塞，曝气器配气管中的积水应及时排出。现拟就其排水管的构造原理及设置方法的设计作一介绍，供大家参考。

曝气器配气管的积水主要来自三个方面：

① 鼓风机将空气压缩后进入曝气系统，压缩后的空气温度将会很高，通常达 60～90℃。热空气进入配气管，由于配气管在污水中，管壁温度通常比热空气低很多，热空气中的水蒸气将在管中结露，此冷凝水将存积在配气管中，需要排出。

② 管道接口的渗漏，尤其在鼓风机因停电而停止鼓风时，上部

管道接口渗入的污水将流至下部配气管内，需借专门的排水管将其排出。

③ 鼓风机停机时，污水通过曝气器的微孔流入配气管，而当鼓风机再次开动时，由于污水存积在管底，压缩空气只能在管的上部通过曝气器的微孔排出，而污水同样也只能依靠专设的排水管才能排出。

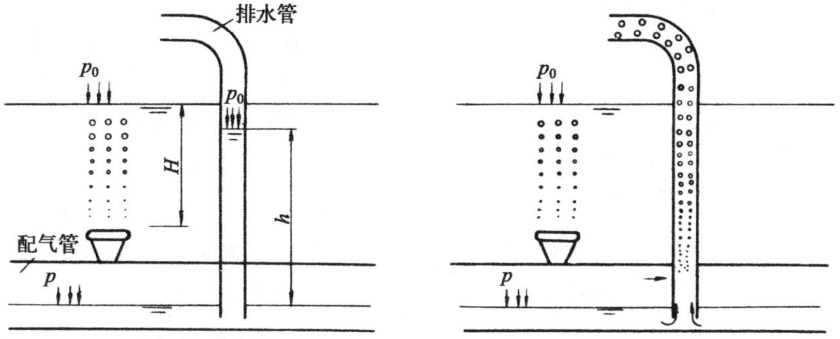

图 3-103　排水管设计原理

一般配气管内的积水，可利用气管内的气压排出，但如设计不当，仅把排水管引出曝气池水面以上时，就会因气压不够而不能将积水引出。图 3-103(a) 为排水管的气压平衡示意，可以看到，配气管中的气压可用下式表示：

$$p=p_0+(H+0.2)\rho g=p_0+h\rho g$$

式中　p——配气管内的气压，Pa；

ρ——水的密度，kg/m^3；

p_0——大气压力，Pa；

H——微孔曝气器以上水深，m；

h——排水管的水柱高度，m；

0.2——假定的微孔曝气器的阻力损失，m。

如图 3-103(b)所示，空气进入配气管后气水混合，积水才能排出。因此，配气管内的气压受曝气池的水深控制，排水管内水柱高度由气压决定，一般情况下是不易直接将积水排出的。为了将积水排出，必须增大 h 值，令其超出曝气池的水深，才能迅速将积水抽出。较好的方法是令压缩空气进入排水竖管内，使气水混合，即：

$$p=p_0+\rho' h' g$$

式中 ρ'——气水混合后的密度，kg/m^3；

h'——排水管内气水混合后的上升高度，m。

当 $\rho'<\rho$ 时，则 $h'>h$。

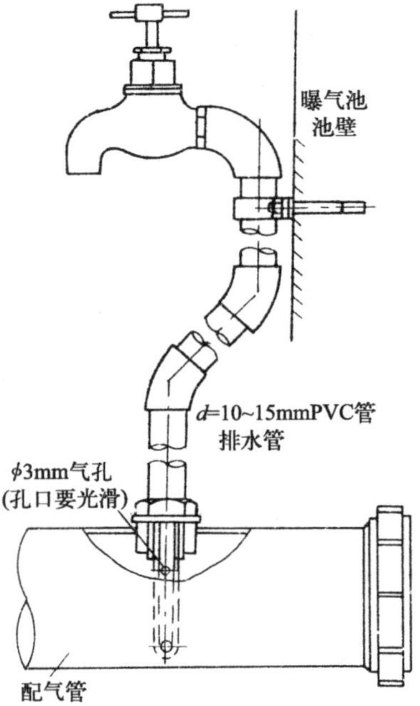

图 3-104 排水管安装示意图

具体作法是在插入配气管内的排水管上开一个进气孔，令压缩空气由此进入排水管内，使气水混合，流体密度减轻，气水混合体将迅速上升，从而排出积水。

根据运行经验，如加强管理，必须定时进行排水。由于配气管内的积水一般水量不大，故排水管可采用内径 10～15mm 的 PVC 管，管内进气孔一般取 3mm 即可。

图 3-104 为某污水处理厂曝气池内微孔曝气器配气管及排水管的安装示意图。

（四）转刷曝气机

图 3-68 所示昆明市第二污水处理厂设计选用了 A/A/O 工艺，有 4 座直径 70m 的反应池，在每池的圆环形曝气池上设有 10 台长 9m 的转刷曝气机，建成后运行中收到了节能效果。现介绍如下。

1. 充氧效率

不同曝气设备在标准条件下，在清水中所测出的充氧动力效率是明显不同的，见表 3-33。

表 3-33 曝气设备的充氧动力效率（单位：kg/kW・h）

穿孔管	微孔曝气	表曝机	转刷曝气	资料来源
1.05	2.55	1.85		HAWKER SIDDELEY 公司
	2.70	1.2～1.7	1.8～2.0	PASSAVANT 公司

众所周知，由于污水中存在着溶解性有机物，特别是某些表面活性物质，诸如短链脂肪酸和乙醇等，这些物质的分子属两亲分子（一端亲水，另一端疏水），它们将聚集在气、液界面上，阻碍氧分子的扩散转移。然而，由于机械曝气的动力作用，将驱赶两亲分子的聚集而消除氧转移过程的阻力。根据德国 PASSAVANT 公司的测试，各种曝气设备在污水中充氧的修正系数 α 如下：

微孔曝气系统　$\alpha=0.5\sim0.7$

表面曝气机　　$\alpha=0.85\sim0.95$

转刷曝气机　　$\alpha\approx1.0$

所以在污水处理厂实际的操作条件下，各种曝气设备充氧的动力效率为：

微孔曝气系统　1.4～2.0kg/(kW・h)

表面曝气机　　1.1～1.6kg/(kW・h)

转刷曝气机　　1.8～2.0kg/(kW・h)

2. 投资费用

一般情况下，采用微孔曝气，由于需安装大量管道和曝气头，并需设置鼓风机，所以其设备投资将高于转刷曝气。通常土建费用在投资中占的比例较大，昆明第二污水处理厂为了节省用地和投资，采用转刷曝气的反应池水深达 4m（据有关资料介绍，采用转刷曝气最大水深可达 6m），布置成外环（曝气池）内圆（缺氧池）的同心圆形池，曝气池混合液可通过隔墙上的旋转门直接回流向缺氧池。由于结构紧凑，节省了大量土建费用。这与一般采用转刷曝气机的氧化沟因水深较浅而占地较大有显著的差别。

3. 操作维护

新型的转刷曝气机不仅可以根据自动控制系统的指令间歇启闭曝

气机，而且还可以配以双速电机改变转刷的转速以及调节叶片的浸入深度，操作灵活简便。

转刷曝气机还有维护简单和维护成本低的优点，一般只需每月检查一次油位，每年换油一次和每年检查一次，全部维护工作可以停机不停水，更不需将曝气池排空。根据调查，转刷曝气机的故障停机现象是非常罕见的。

4. 先进产品技术简介

(1) 叶片

转刷曝气机的叶片最先是用镀锌钢片做成，稍后便改用不锈钢叶片，但使用中仍存在下列问题：

① 叶片的刚度大而弹性不够，变形后不易复原，并有折断现象；

② 在污水中，尤其在静止污水中易发生腐蚀问题；

③ 在运行中吸振量范围较窄，易受周期性负荷影响，材料疲劳发生折断；

④ 重量较大，使变速箱、轴承、主轴负荷增加，缩短使用寿命；

⑤ 价格昂贵。

近年开发的新产品已开始采用强化玻璃钢（GRP），用这种材料制成的转刷叶片不但有更佳的弹性和防腐性能、更大的吸振能力、更好的抗周期性疲劳负荷、更广的工作温度范围（－20～50℃），而且重量较轻。

(2) 主轴

PASSAVANT 公司研制的转刷采用了该公司专用的最佳主轴与叶片的直径比，即叶片直径 1000mm 时主轴采用直径 355mm 优质无缝钢管，钢管壁厚 10mm，轴上各圈叶片紧密排列，互相联锁，每圈 12 片，每米 6.67 圈。

(3) 联轴器与轴承

联轴器应采用重工作制，是一种高强度调心橡胶联轴器，以吸收振动和起调心作用。

轴承应能吸收温度变化产生的伸缩，设计最大吸收量达 25mm，是目前同类产品中的最高值。

(4) 导流板

在曝气池的廊道内，转刷的下游可设置横跨水流的导流板（可用碳钢制作），可增加充氧量15%以上。

转刷曝气机外形结构见图3-105。

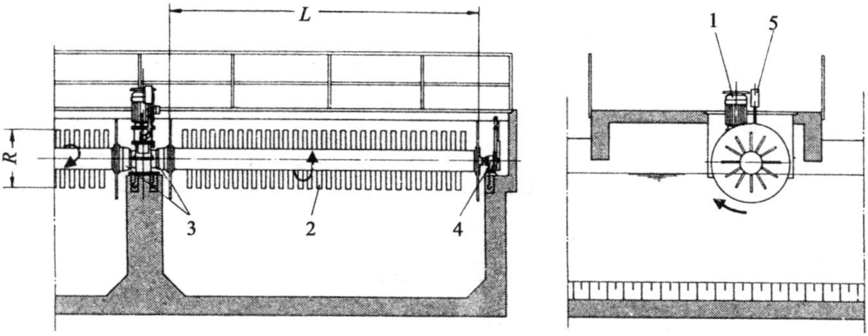

图3-105 转刷曝气机外形结构

1—电机；2—转刷；3—软轴联接器；4—边轴承；5—湿度过滤器

根据以上分析介绍可以看出，转刷曝气机同其他曝气设备一样，都有它的特点和适用范围，关键在设计者如何因地制宜地根据工艺要求来布置和选用。昆明第二污水处理厂由于系瑞典贷款选用了瑞典ML公司产品，其环形曝气池选用转刷曝气机，污水A/A/O工艺脱磷脱氮的效果尚待运行中进行总结分析，但所选转刷曝气机从充氧效率、运行成本、布置紧凑和节省投资等方面来看是令业主十分满意的。

(五) 浮动式表面曝气机

采用间歇曝气（SBR）工艺的反应池，常选用浮动式表曝机。这种型式的曝气机可随水位变化而升降，而且有较好的充氧、提升和搅拌功能。图3-106为浮动式表面曝气机的构造示意图。

这种曝气机的充氧动力效率可达1.2～1.5kg/(kW·h)，反应池水深可超过3m，服务面积的直径可达15m范围。

五、污泥浓缩与脱水设备

污泥浓缩与脱水设备的分类见表3-34。

表 3-34 污泥浓缩与脱水设备分类

处理构筑物		处理设备		配套设备
名称	形式	类别	名称	
污泥浓缩池	方形 圆形	浓缩刮泥机	中心传动浓缩刮泥机 周边传动浓缩刮泥机	
污泥浓缩间		机械浓缩机	带式浓缩机 卧式螺旋离心浓缩机	
污泥脱水间		压滤机	带式压滤机 板框压滤机 厢式压滤机	加药装置，空压机，清洗泵，污泥泵（螺杆泵），污泥输送设备
		离心脱水机	卧式螺旋离心脱水机	

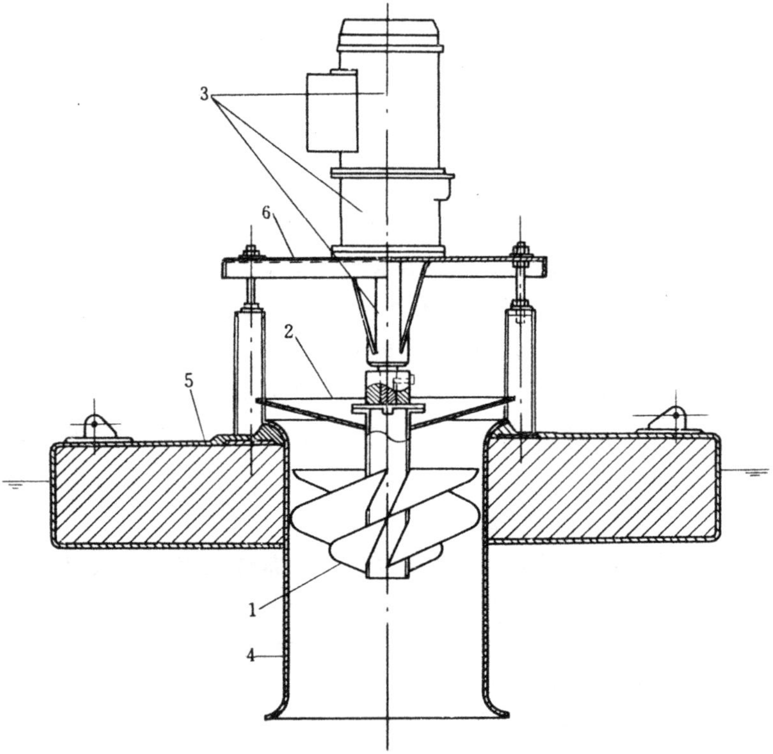

图 3-106 浮动式表面曝气机

1—螺旋式叶轮；2—碟式挡板；3—变速马达；4—导流筒；5—浮体；6—支架

对于初沉污泥或初沉污泥与剩余活性污泥（排入初沉池）的混合污泥，其浓缩习惯上还用浓缩池。近年来，有的污水处理厂从国外引进了浓缩刮泥机，一般收到了较好的效果。图 3-107 所示为一种中心传

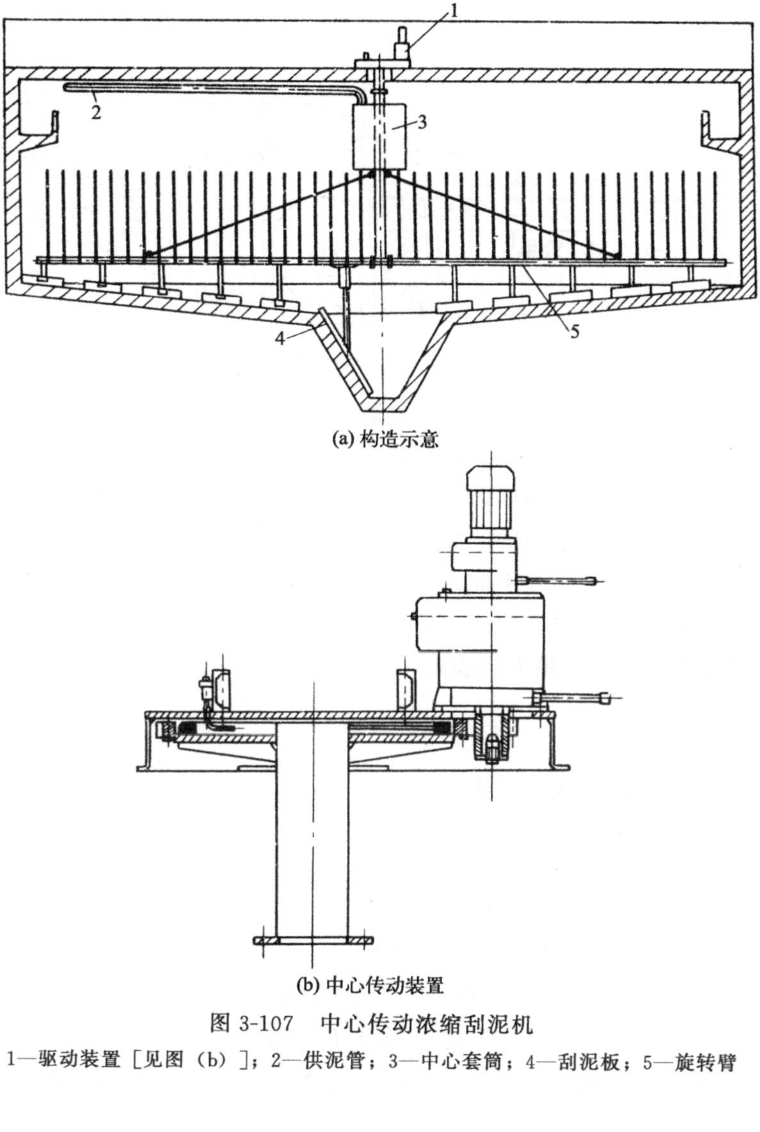

(a) 构造示意

(b) 中心传动装置

图 3-107　中心传动浓缩刮泥机

1—驱动装置［见图（b）］；2—供泥管；3—中心套筒；4—刮泥板；5—旋转臂

动浓缩刮泥机。

目前，不少污水处理厂采用了带式压滤机进行污泥脱水（见图3-108）。带式压滤机的生产厂家较多，有的产品质量也比较稳定。缺点是车间内环境较差。

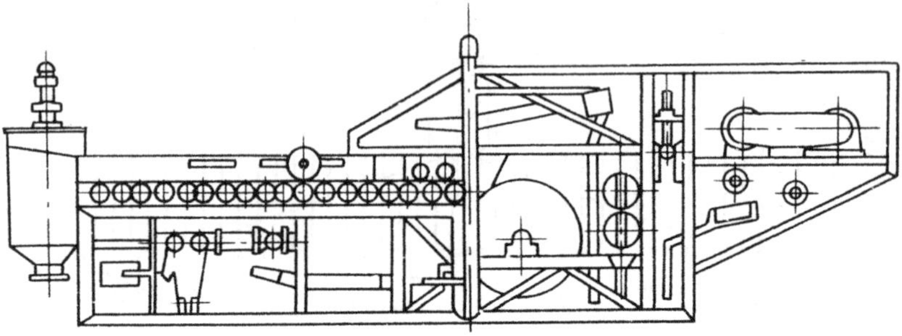

图 3-108　带式压滤机

压滤机分三个工作区域，即絮凝、脱水、挤压。在絮凝区，污泥与有机聚合物充分混合反应；在脱水区，污泥中的游离孔隙水在滤架上被排出；污泥进入挤压区后，受到构成夹角的两块滤网的挤压形成“夹饼”，顺着交错排列的圆筒缠绕一个行程。而圆筒的直径和交错排列将根据压滤机的型号不同而有所不同。污泥脱水效率则取决于污泥夹饼上所受到的有效压力 p_e 和挤压时间。

表面压力 p_e 可用下式表示：

$$p_e = K\frac{2T}{LD}$$

式中　T——滤网张力，N；

L——滤网宽度，m；

D——圆筒直径，m；

K——机械阻力系数。

可见，p_e 可通过围绕圆筒的滤网张力进行调整，并随着圆筒直径的减小而增大。而挤压时间则取决于滤网卷压的有效面积大小和滤网转动的速度。图 3-109 为滤网张力 T 与表面压力 p_e 的关系。

当污泥在带式压滤机中运行时，污泥夹饼在其被逐渐压实的过程中，因剪切应力的作用，使水从污泥层的一面和另一面先后交替流出。应该指出，压力过大，污泥表面的粘着力破坏，污泥出现蠕变，夹饼将从侧面被挤出。

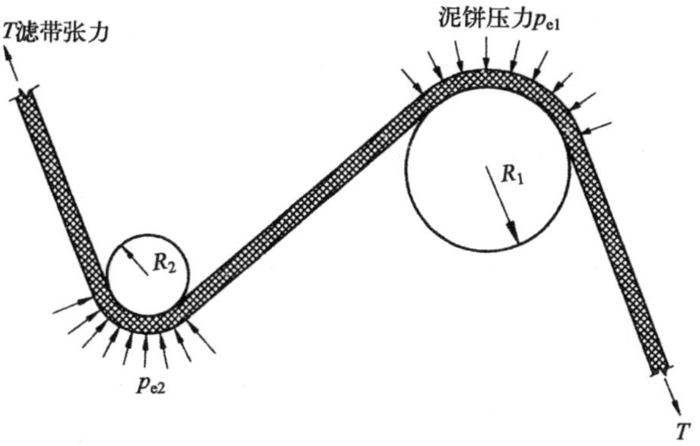

$R_1>R_2$，则 $p_{e1}<p_{e2}$

图 3-109 滤网张力与泥饼压力的关系

法国所产污泥带式压滤机是较早进入我国市场的产品。其最大装置的带宽为 3m，生产能力见表 3-35。

表 3-35 带式压滤机性能

污泥的性质和来源	污泥浓度/(g/L)	型号	生产能力[1]/[kg/(m·h)]	泥饼干燥度/%	聚合物用量[2]/(kg/t)
初次消化的城市污泥(挥发性固体含量≤50%)	60～90	ST	400～500	30～35	1.5～3
		HD	600～800	34～38	
新鲜的城市混合污泥(初沉污泥含量≥65%)	50～60	ST	250～400	25～31	3.5～5.5
		HD	400～550	26～33	
新鲜的城市混合污泥(初沉污泥含量=50%)	35～45	ST	150～300	20～26	4～6
混合的城市消化污泥(初沉污泥含量=50%)	20～30	ST	120～250	19～24	5～6

续表

污泥的性质和来源	污泥浓度/(g/L)	型号	生产能力①/[kg/(m·h)]	泥饼干燥度/%	聚合物用量②/(kg/t)
延时曝气的城市污泥	18～25	ST	100～150	16～21	4～7
		SL	80～130	14～19	
物化处理的城市污泥(配置 $FeCl_3$ 浓度 ≤50mg/L)	60～80	ST	300～450	29～35	2～4
		HD	400～700	30～35	
纺织与化工的低浓度生物污泥	25～40	ST/SP	80～150	15～20	4～7
牛奶场、延时曝气污泥	20～25	ST,SL	80～120	12～16	4～7

① 生产能力以干污泥计。

② 以处理每吨悬浮固体的消耗量计。

近年来,离心脱水机由于操作环境较带式压滤机有所改善,采用离心脱水机的污水处理厂逐渐多起来,同时,国产离心脱水机也呈上升势头。图 3-110 为离心脱水机的示意图。

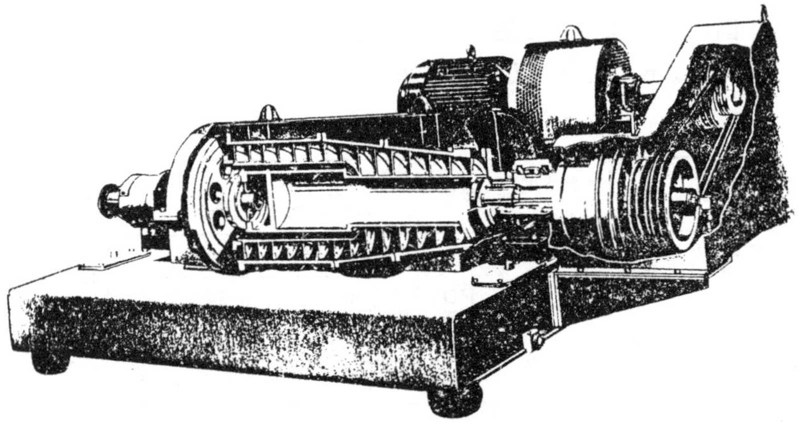

图 3-110 离心脱水机

六、污泥厌氧消化处理设备

污泥厌氧消化所用设备很多，主要的有消化池污泥搅拌设备、污泥加热设备和沼气加压、沼气脱硫及沼气利用等各种设备，其分类见

表 3-36。

表 3-36　污泥厌氧消化处理设备分类

处理构筑物		处理设备		配套设备
名称	形式	类别	名称	
污泥消化池	厌氧	消化池搅拌设备	机械搅拌设备 沼气搅拌设备 污泥循环搅拌设备	火烟消焰器 冲洗用高压泵
		消化池热交换设备	板式热交换设备 管式热交换设备 螺旋式热交换设备	软水设备 恒温控制阀
污泥控制间 沼气压缩机房 沼气发电机房		沼气利用设备	沼气净化脱硫设备 沼气压缩机 沼气发电机 沼气发动机 沼气锅炉 沼气贮气设备 沼气燃烧器	

某污水处理厂有一级消化池 4 座，二级消化池 1 座，现将其污泥消化系统所用主要设备清单列出如下。

沼气搅拌设备 5 套，安装在消化池内。

热泥循环泵 4 台，每台流量 $170m^3/h$，扬程 6m。

循环污泥电磁流量计 4 台，每台量程 $0\sim175m^3/h$。

可燃气体报警装置 2 套。

循环污泥温度变送器 4 个。

沼气压缩机 5 台，单台流量 $652m^3/h$（标准状态），进口压力 0.11MPa，出口正常压力 0.29MPa，出口最大压力 0.4MPa，电机功率 55kW。

水-泥热交换器 4 台，单台换热能力 3350MJ/h。

热水循环泵 4 台，单台 $Q=116m^3/h$，$H=18m$。

三通道恒温控制阀 4 个。

热水系统温度指示计 8 个。

沼气流量计 5 个，量程 0～400m^3/h。

进泥橡胶阀 4 个。

电磁阀 4 个。

消化污泥泵 1 台，Q=116m^3/h，H=18m。

消化污泥电磁流量计 1 个，量程 0～200m^3/h。

冲洗用高压泵 1 台，Q=2m^3/h，H=297m。

软水设备 1 套，产水量 4m^3/h。

6m^3 的软水箱 1 个。以上设备安装在消化池控制室内。

安全阀 5 个，压力范围－686.5～3922.7Pa。

消焰器 5 个。

沼气流量控制器每个消化池 24 个，以上设备安装在消化池顶。

超声波液位计 1 台，安装在二级消化池出泥井上。

沼气罐 2 个，每个直径 22m，容积 5000m^3，湿式低压型。

沼气罐钟罩高度传感器 2 个。

沼气锅炉 4 台，每台产热量 3140MJ/h，工作压力 0.4MPa，最高温度 110℃。每台带一个燃烧器，每台燃烧器耗气量 152m^3/h（标准状态）。

锅炉水回路泵 4 台。

三通道恒温控制阀 4 个，安装在每台锅炉回水管上。温度传感器安装在 4 台锅炉出水总管上。

沼气发电机 5 台，每台发电功率 284kW，耗气量 138m^3/h（标准状态），热回收效率 45%。

发电机水回路泵 5 台。

三通道恒温控制阀 5 个，安装在发电机水回路管上。

温度控制器 9 个，与恒温阀配套。

七、检测仪表

污水处理厂的在线检测仪表十分重要，它是运行管理的依据。由于仪表失灵，造成情况不明，会导致指挥失误。表 3-37 所列仪表配置可供参考。

表 3-37　城市污水处理厂主要工艺单元在线仪表配置

仪表种类＼主要工艺单元	粗格栅	进水泵房	原水检测	沉砂池	细格栅	初沉池	生物池	鼓风系统	回流污泥	剩余污泥	二沉池	污泥浓缩	污泥消化	污泥脱水	沼气系统	加氯消毒	出水检测
电磁流量计			○						○	*			○	*			
超声波时差流量计																	○
超声波多普勒流量计			*							○							○
差压式气体流量计								*									
热质气体流量计															*		
超声波液位计	*	*			*		○		*	*			*				
压力式液位计		○							○	○							
超声波污泥界面计						○					○	○					
温度计			*					*					*				
压力计								*							*		
膜电极式溶氧仪							*										
磨电极式溶氧仪							○										
pH 计			*										*				*
氧化还原电位仪							○										
电导率仪																	
固体悬浮物测定仪				○			○										*
浊度仪																	○
沼气监测报警仪															*		
H_2S 监测报警仪															*		
漏氯报警仪																*	

注：表中 * 表示一般要求，○表示特殊需要。同类仪表如选用○后应取消 * 。

八、化验设备

化验仪器、设备的配置，应满足城市污水处理厂的工艺要求，做到配置合理、使用可靠，能满足不断提高城市污水处理厂的生产管理水平。其配置数量应根据城市污水处理厂的常规化验项目、规模和处理级别来确定。表 3-38 可供参考。

表 3-38　城市中小型污水处理厂化验设备配置

序号	设备名称	<200000m^3/d 二级处理厂配置数量	序号	设备名称	<200000m^3/d 二级处理厂配置数量
1	酸度计	1～2	16	生化培养箱（BOD）	1～2
2	分光光度计	1～2	17	电热恒温培养箱	1～2
3	紫外可见分光光度计	1	18	电热恒温水浴锅	1～3
4	COD测定仪	1～2	19	马福炉	1
5	水分测定仪	1	20	磁力搅拌器	2
6	测汞仪	1	21	蒸馏水器	1
7	溶解氧测定仪	2	22	离心机	1
8	原子吸收分光光度计	1	23	物理天平	2
9	气相色谱仪	有特殊需要时设置	24	分析天平	2～3
10	原子荧光光度计	有特殊需要时设置	25	生物显微镜	1～2
11	总有机碳（TOC）测定仪	有特殊需要时设置	26	真空泵	2～3
			27	灭菌器	1
12	电感耦合等离子发射光谱仪（ICP）	有特殊需要时设置	28	多联电炉	2
13	浊度仪	1	29	电冰箱	2
14	电导率仪	1	30	冷藏箱	1～2
15	电热恒温烘干箱	1～2			

九、污水泵、搅拌器

城市污水处理厂使用潜水排污泵及潜水搅拌器越来越普遍，这是由于潜水动力装置有节省土建投资、安装检修方便等原因。有的污水处理厂采用周边进水周边出水的沉淀池，投产后配水不匀，影响处理效果，厂方在配水槽内安装潜水搅拌器解决了问题。但潜水排污泵和潜水搅拌器的产品质量各厂家差异较大。笔者多次考察过名牌厂的生产车间和质量检验部门，他们对潜水排污泵和潜水搅拌器出厂前都进行三项检验：①产品的气密性试验；②产品的绝缘性能试验；③产品的性能试验。其中产品性能试验要测试流量、压力、电压、电流和功率等数据。试验在试验车间进行。

某生产厂家的试验车间有三个，其规模如下：

1 号车间有 20 个泵位，专门进行中小型泵的试验。2 个集水池容量分别为 1500L 和 5500L，可进行流量为 1200L/s 的试验，扬程可达 150m，功率可达 100kW。试验误差范围±1%。

2 号车间有 11 个泵位，可进行大型离心泵和小型轴流泵的试验。其集水池容量为 $100m^3$，可进行流量 3000L/s 的试验，扬程可达 400m，功率可达 600kW。试验误差控制在±1%内。

3 号车间有 2 个泵位，集水池容量为 $450m^3+50m^3$，可进行流量 6000L/s 的试验。大型轴流泵和潜水搅拌器试验在此进行。扬程可达 40m，功率可达 600kW。误差同样在±1%内。

各种水泵的性能规格见《水工业工程设计手册》及有关厂商的样本资料。

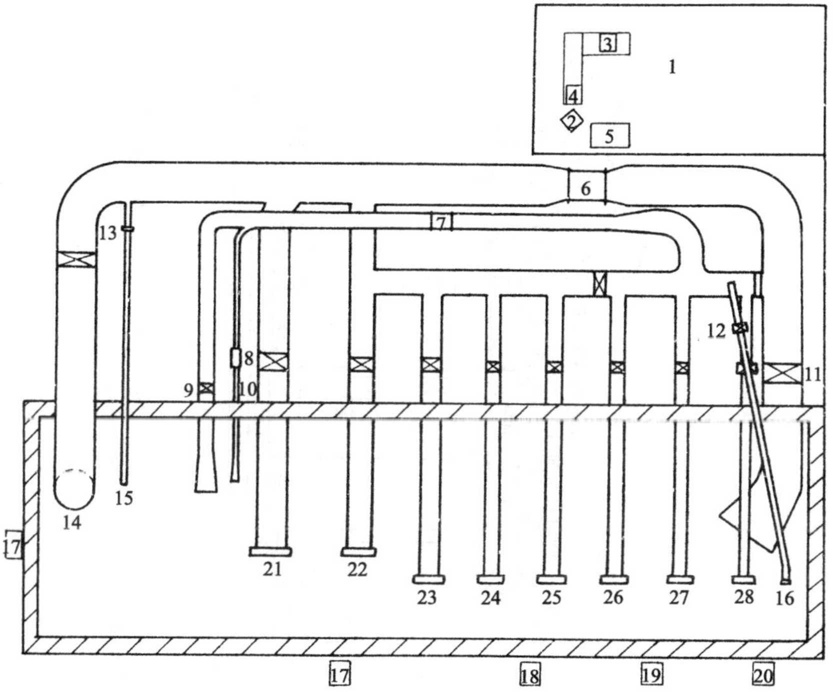

图 3-111　潜水泵试验车间平面图

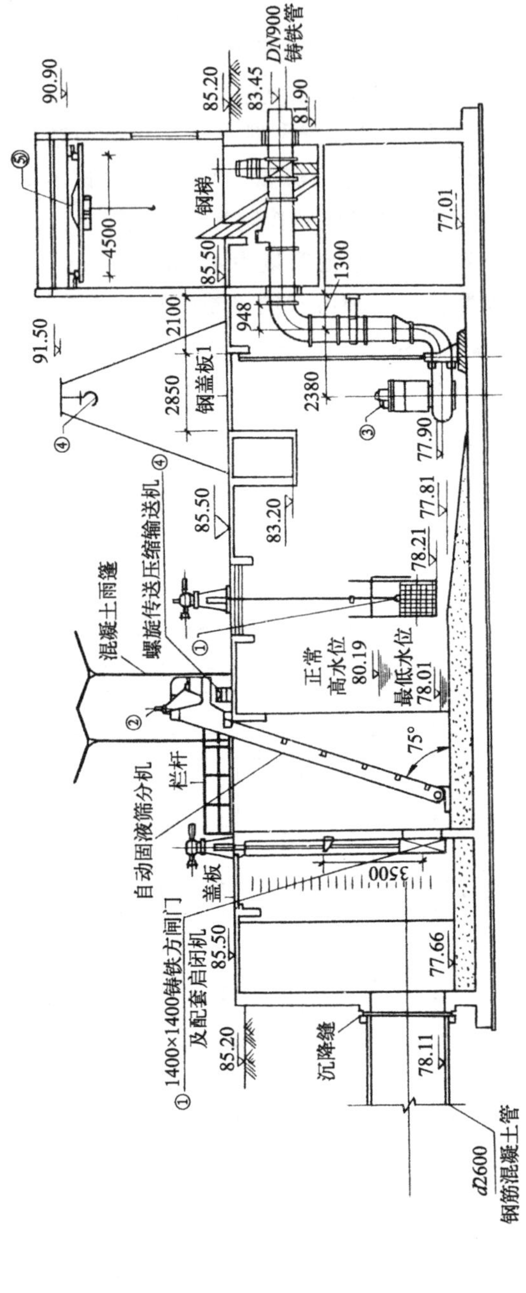

图 3-112　污水处理厂进水泵房设计图

图 3-111 为该厂 2 号试验车间平面简图。图中 1 为控制室，2 为工具柜，3 为绘图机，4 为计算机，5 为控制盘，6～8 为流量计，9～13 为控制阀，14 为轴流泵泵位，15、16 为高扬程水泵泵位（扬程分别为 640m 和 250m 水柱），17～20 为供电控制柜，21～28 为各种 C 型潜水泵的泵位。

图 3-112 为某污水处理厂进水泵房设计图。图中①为进水闸；②为格栅除污机；③为潜水泵；④为检修用起吊支架；⑤为桥式吊车。

预旋转潜水排污泵（Pre-rotation Pump）是一种应用广泛的污水泵。该泵利用水流入口预旋转原理，使泵入口的速度三角形得到修正而改变性能曲线，可满足低流量的匹配要求，从而可不改变泵的转速而达到对流量的调节，减少泵的频繁启动。该泵的另一特点是采用螺旋/离心叶轮，有高效、不易堵塞的功能。该泵的吸水坑设有专门设计的预旋转盆。图 3-113 为该种排污泵的构造图。其中的螺旋/离心叶轮具有高效节能的特点，2 为不易堵塞的螺旋体，3 为易装卸的接口，4 为易保养的可换内衬套，5 为

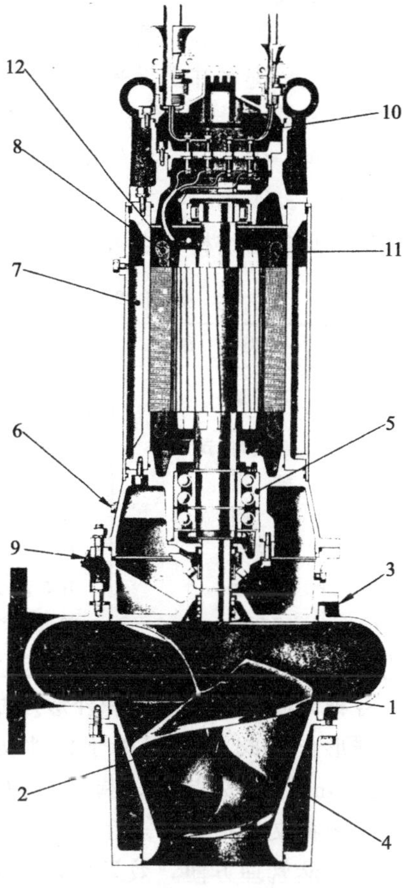

图 3-113　预旋转潜水排污泵构造

1—螺旋/离心叶轮；2—螺旋体；3—接口；4—可换内衬套；5—轴承；6—换油装置；7—冷却系统；8—高等级绝缘；9—保养装置；10—电缆入口装置；11—温度、湿度传感装置；12—电动马达

可运行 50000～100000h 的轴承，9 为易操作的保养装置，12 为高效率电动马达。因而具有高效节能、维护保养方便的特点。

十、闸阀

闸阀的种类很多。闸门有方形闸、圆形平板闸、弧形闸门等，一般污水处理厂进水井上设平板铸铁闸门。阀门多用在污水处理厂的构筑物内或管路上。阀门按阀体结构和功能可分为截止阀、蝶阀、球阀、止回阀、安全阀、排气阀等；按驱动动力分为手动阀、电动阀、液动阀和气动阀等；按工作压力可分高压阀、中压阀和低压阀。

某些阀门的结构特点可参见表 3-39。

表 3-39　阀门分类及其结构形式

序　号	类　　别	结　构　形　式
1	闸　阀	明杆楔式，暗杆楔式，明杆平行式，暗杆平行式，单闸板，双闸板
2	截止阀、节流阀	直通式，角式，直流式，平衡直通式，平衡角式
3	蝶　阀	垂直板式，斜板式，杠杆式
4	球　阀	浮动直通式，固定直通式，三通式
5	隔膜阀	截止式，闸板式
6	止回阀	升降直通式，升降立式，旋启单瓣式，多瓣式
7	安全阀	弹簧封闭式，弹簧不封闭式，微启式，全启式
8	减压阀	薄膜式，杠杆式，活塞式

各种阀门的具体规格和外形尺寸见有关手册。

球形止回阀是专门用于污水处理的阀门，这种阀门的直径为 80～200mm，有效果好、检修方便的优点。笔者参加的国际招标项目中，招标文件指定要求在污水污泥管路上采用此种止回阀。工程投产后，果然管理方便，效果良好。图 3-114 为该止回阀构造图，上部为可拆卸的检修口。图中所示尺寸见表 3-40。

表 3-40　球形止回阀尺寸（单位：mm）

管道直径	A	C	D	H	K	L
100	220	125	170	200	19	300
200	340	250	315	335	20	500

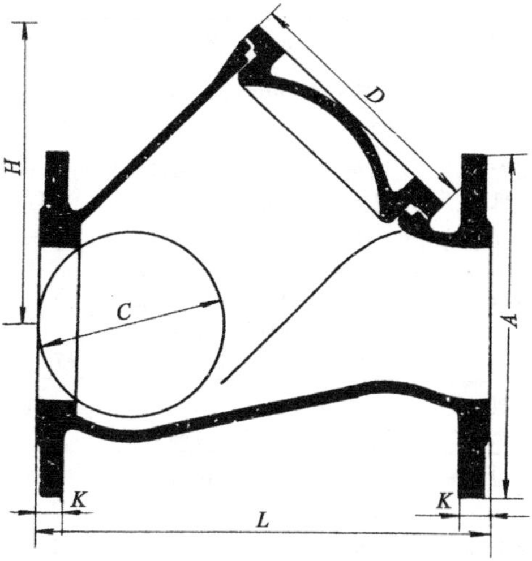

图 3-114　球形止回阀

十一、工程实录（某大型污水处理厂引进污水处理设备清单）

某大型污水处理厂 1992 年利用外国政府贷款，引进污水处理设备。其设备清单及价格分别介绍如下。

1. 污水处理厂设备供货清单（见表 3-41）

表 3-41　某污水处理厂进口设备供货清单

部位	序号	设备名称	规　　格	数量	附　注
格栅沉砂池	1	机械直格栅	流量 $1.54m^3/s$，栅距 40mm	4 台	进水泵站
		配套控制柜		4 台	进水泵站
	2	机械弧形格栅	流量 $1.16m^3/s$，栅距 15mm，功率 0.75kW	5 台	沉砂池
	3	螺旋压榨机	直径 300mm，能力 2～$4m^3/h$，功率 1.1kW	2 台	进水泵站　1 沉砂池　1
	4	浮球式液位开关		19 个	粗格栅　8 细格栅　5 进水泵站　6

续表

部位	序号	设备名称	规　　格	数量	附　注
格栅沉砂池	5	吸砂桥配套设备 驱动装置	桥行程 30m，宽 12m＋壁厚	2 台	沉砂池
		控制柜 空压机	气量 $185m^3/h$（标准状况），压力 30kPa	2 台 6 台	沉砂池 沉砂池
		限位开关		4 个	沉砂池
	6	鼓风机	风量 $3000m^3/h$（标准状况），压力 24kPa，功率 37kW	3 台	沉砂池
	7	曝气头	VIBRAIR GM 型	670 个	沉砂池
	8	空压机	气量 $185m^3/h$（标准状况），压力 30kPa，带隔音罩	3 台	沉砂池
	9	卧式电动集砂泵	流量 $60m^3/h$，扬程 13m，功率 15kW	3 台	沉砂池
	10	砂水分离机	能力 20t/d，宽 0.65m，长 6.5m，功率 1.5kW	2 台	沉砂池
	11	超声波流量计		1 台	计量槽
初沉池	1	混合污泥泵	流量 $170m^3/h$，扬程 10m，功率 9kW	9 台	初沉污泥泵站
	2	空压机	气量 $12m^3/h$(标准状况)，压力 0.8MPa，功率 4kW	3 台	初沉污泥泵站
	3	浮球式液位计		9 个	初沉污泥泵站
	4	电磁流量计		3 台	初沉污泥泵站
	5	超声波流量计		6 台	计量槽
	6	气动橡胶阀	直径 150mm	6 个	初沉污泥泵房
	7	电磁阀		6 个	初沉污泥泵房
	8	手动套筒阀	直径 150mm	6 个	初沉污泥泵房
	9	手动速启阀	直径 150mm	6 个	初沉污泥泵房
生物处理	1	透平空压机	风量 $5625 \sim 12000m^3/h$（标准状况），进风压 101.3kPa，出风压 197.5kPa，并带所有附件、过滤器、消声器以及挠性连轴节	5 台	空压机房
		配套电机	400kW，电压 10kV，转速 3000r/min	5 台	空压机房
		配套分控箱		5 台	空压机房
		配套总控柜		1 台	空压机房

续表

部位	序号	设备名称	规　　格	数量	附　注
生物处理	2	水下搅拌器	流量 5000m^3/h，功率 13.5kW	9 台	SDAO 曝气池
	3	水下搅拌器	流量 1200m^3/h，功率 3.1kW	36 台	普通曝气池 12 SDAO 曝气池 24
	4	内回流潜水泵	流量 2000m^3/h，扬程 2～3m，功率 37kW	12 台	SDAO 曝气池
	5	曝气头	膜式，直径 320mm	10560 个	曝气池
	6	曝气头配管及支架		1 套	曝气池
	7	空气流量计	最小 500m^3/h，最大 15000m^3/h（均为标准状况）	23 个	曝气池
	8	溶解氧测定仪	量程 0～10mg/L	12 个	曝气池
	9	氧化还原电位测定仪		6 个	曝气池
	10	温度和压力测定仪	温度和压力传感器各 6 个		空气管线
	11	电动蝶阀	直径 250mm	3 个	曝气池
	12	电动蝶阀	直径 200mm	6 个	曝气池
	13	电动蝶阀	直径 400mm	3 个	曝气池
	14	回流污泥流量计	超声波式	6 个	曝气池
	15	活性污泥流量计	电磁式（量程 0～45m^3/h）	6 个	回流污泥泵
	16	浮球式液位开关		24 个	回流污泥泵
	17	污泥界面计		6 个	二沉池
污泥浓缩	1	空压机	风量 12m^3/h，（标准状况）压力 0.8MPa	2 台	浓缩污泥泵
	2	气动橡胶阀	直径 150mm	4 个	浓缩污泥泵
	3	电磁阀		4 个	浓缩污泥泵
	4	柱塞泵	流量 5～50m^3/h，扬程 30m，功率 11kW	6 台	浓缩污泥泵
	5	电磁流量计	量程 0～85m^3/h	2 台	浓缩污泥泵

续表

部位	序号	设备名称	规　格	数量	附　注
污泥厌氧消化池	1	沼气搅拌收集设备	池容 $7000m^3$，直径 25.6m	5 套	消化池
	2	消化池安全保护设备		5 套	消化池
	3	液位传感器	防爆型	1 台	二级消化池
	4	压力释放和真空破坏阀		5 个	消化池
	5	灭火装置	直径 200mm	5 台	消化池
	6	沼气压缩机 配套电机	气量 $772m^3/h$（标准状况），压力 180～300kPa 防爆型，功率 55kW	5 台 5 台	消化池控制 消化池控制
	7	污泥循环泵	流量 $200m^3/h$，扬程 16m，功率 37kW	5 台	消化池控制
	8	气动橡胶阀	直径 200mm	4 个	消化池控制
	9	电磁阀		4 个	消化池控制
	10	pH 计	量程 5～9	4 个	消化池控制
	11	温度传感器	带电子调节器，量程 0～45℃	4 个	消化池控制
	12	温度指示计	量程 0～45℃	4 个	消化池控制
	13	温度指示计	量程 0～100℃	8 个	消化池控制
	14	流量指示计	量程 $85m^3/h$	4 个	消化池控制
	15	电磁流量计	量程 $0～200m^3/h$	1 个	消化池控制
	16	沼气流量计	量程最小 $100m^3/h$，最大 $300m^3/h$（均为标准状况）	5 个	消化池控制
	17	甲烷检测器		1 个	消化池控制
	18	硫化氢检测器		1 个	消化池控制
	19	三通控制阀		4 个	消化池控制
沼气利用	1	沼气发电机组 配套热回收系统	功率 284kW，电压 380V，频率 50Hz	4 套 4 套	沼气发电机房 沼气发电机房

续表

部位	序号	设备名称	规　　格	数量	附　注
沼气利用	2	沼气锅炉及燃烧器	产热量 4.6×10^6 kJ/h	4 套	沼气锅炉房
		配套沼气增压器		4 台	沼气锅炉房
	3	三通控制阀		4 个	沼气锅炉房
	4	自动点火气体燃烧器	能力 1000m³/h	1 个	单独设置
	5	温度传感器		9 个	沼气发电机房 沼气锅炉房
	6	电子调节器		8 个	沼气发电机房 沼气锅炉房
	7	甲烷探测器		2 个	沼气发电机房 沼气锅炉房
	8	硫化氢探测器		2 个	沼气发电机房 沼气锅炉房
	9	防爆型位置测量计	量程 0～10m	2 个	贮气柜
污泥脱水	1	柱塞泵	流量 3.8～23m³/h，扬程 20m	8 台	脱水机房
	2	柱塞泵	流量 20m³/h，扬程 20m	2 台	脱水机房
	3	计量泵	流量 48～220L/h，扬程 20m	8 台	脱水机房
	4	二次稀释装置	带电磁阀和流量计	8 套	脱水机房
	5	带式压滤机	带宽 3m，工作能力 230kg/(m·h)	8 台	脱水机房
	6	聚合物调制系统	能力 350kg/d，带进料机、搅拌器、贮水槽各 2 个	1 套	脱水机房
	7	空压机	气量 8m³/h（标准状况），压力 0.7MPa，带贮气罐和减压器	4 台	脱水机房
	8	超声波液位计	量程 0～5m	1 个	脱水机房
	9	浮球液位计		7 个	脱水机房
	10	流量指示器		10 个	脱水机房

续表

部位	序号	设备名称	规　　格	数量	附　注
控制系统	1	计算机	内存4MB,硬盘40MB,软盘驱动器1.2MB	2台	中控室
		配套通讯卡		1个	中控室
		键盘		1个	中控室
		针式打印机	80列	1台	中控室
		彩色打印机	132列	1台	中控室
		不间断电源		1台	中控室
	2	PLC	满足工艺要求的全套设备	4台	中控室
	3	软　件	MS-POS	1套	
	4	软　件	SUPERVEIL	1套	
	5	模拟屏	长4m,高2.2m	1个	中控室
	6	传输网络电缆	必要时提供PLC放大器		
	7	探头和传感器间电缆			

2．进口设备分项价格表（见表3-42）

表3-42　进口设备分项价格表

序号	项　　目	价格/FRF	序号	项　　目	价格/FRF
1	粗、细格栅	2110000	10	沼气发电系统	10080000
2	除砂设备	2370000	11	污泥带式压滤脱水机	9100000
3	初沉设备	955000	12	中控系统	6854000
4	生物处理设备	27820000	13	备品备件	3370000
5	浓缩池	539000	14	三次设计联络	1910000
6	污泥循环泵	460000	15	安装调试(800工日)	2696000
7	沼气压缩机	3810000	16	技术文件	449000
8	沼气搅拌、燃烧系统及仪表	4480000	17	运费及保险	2130000
9	沼气锅炉	561000		总　　计	79694000

注：设备价格以法国法郎（FRF）表示。表中数据为1992年价格，1FRF≈1.35元人民币。

第四节　城市污水处理厂的施工图设计

城市污水处理厂的施工图设计主要是完成各单项构筑物、建筑物的施工详图和安装大样，总体设计的管线详图、附属构筑物的施工详图，以及电气、仪表与自控、室内外给排水、采暖通风的线路详图、设备安装大样，还有工艺、土建、非标机械、电气、仪表与自控和采暖通风各专业的施工图设计说明书，最后完成污水处理厂的运转管理说明书。至于安全防火、劳动卫生、环境保护和抗震（地震区）、防洪（地区要求）、植被保护（地区要求）等应有专门篇章加以说明之。

一般大型污水处理厂如涉及污泥消化、沼气利用、再生水利用和施工条件复杂时，施工图设计的图纸总量将在1500张以上。此时，对图纸分类编目将很重要，一般可分总目录、分目录和专业图纸目录三个层次才便于管理。中小型污水处理厂可参照办理，适当减少层次即可。施工图设计的深度应能满足土建施工、设备安装、零件加工及施工预算的编制要求。

一、施工图设计内容及深度

1. 污水处理厂总平面

① 污水处理厂平面图　比例(1∶200)～(1∶500)，包括风玫瑰图、等高线、坐标轴线、构筑物、围墙、绿地、道路等的平面位置，注明厂界四角座标及构筑物四角座标或相对位置，构筑物的主要尺寸，各种管渠及室外地沟尺寸、长度、地质钻孔位置等，并附构筑物一览表、工程量表、图例及有关说明。

② 污水、污泥工艺流程断面图　采用比例竖向(1∶100)～(1∶200)，表示出生产工艺流程中各构筑物及其水位标高关系，主要规模指标。

③ 工程规模较大或构筑物较多者，应绘制建筑总平面图，并附厂区主要技术经济指标。

④ 竖向布置图　对地形复杂的污水厂应进行竖向设计，内容包括厂区原地形、设计地面、设计路面、构筑物标高及土方平衡数量图表。

⑤ 厂内管渠结构示意图　表示管渠长度、管径（渠断面）、材料、闸阀及所有附属构筑物，节点管件、支墩，并附工程量及管件一览表。

⑥ 厂内排水管渠纵断面图　表示各种排水管渠的埋深、管底标高、管径（断面）、坡度、管材、基础类型、接口方式、排水井、检

查井，交叉管道的位置、标高、管径（断面）等。

⑦ 厂内各种管渠附属设备的建筑安装详图　采用比例(1∶10)～(1∶50)。

⑧ 管道综合图　当厂内管线布置种类多时，对于干管干线进行平面综合，绘出各管线的平面布置，注明各管线与构筑物、建筑物的距离尺寸和管线间距尺寸。管线交叉密集的部分地点应适当增加断面图，标明各管线间的交叉标高，并注明管线及地沟等的设计标高。

⑨ 绿化布置图　比例同污水处理厂平面图。表示出植物种类、名称、行距和株距尺寸，种栽位置范围，与构筑物、建筑物、道路的距离尺寸，各类植物数量（列表或旁注），建筑小品和美化构筑物的位置、设计标高。如无绿化投资，可在建筑总平面图上示意，不另出图。

2. 厂外管渠

① 平纵断面图　一般采用比例横向(1∶1000)～(1∶2000)，纵向(1∶100)～(1∶200)。图上包括纵断面图与平面图两部分，上下对应，并绘出地质柱状图，其他内容同初步设计，末页附工程量表。

② 各种小型附属构筑物详图　包括排水井、跌水井、雨水井、排水口等。

③ 倒虹管涵以及穿越铁路、公路等详图　采用比例(1∶100)～(1∶500)。

3. 单体构筑物设计图

① 工艺图　总图比例一般采用(1∶50)～(1∶100)，分别绘制平面、剖面图及详图，表示出工艺布置、细部构造，设备、管道、阀门、管件等的安装位置和方法，详细标注各部尺寸和标高（绝对标高）。引用的详图、标准图并附设备管件一览表以及必要的说明和主要技术数据。

② 建筑图　总图比例一般采用(1∶50)～(1∶100)，分别绘制平面、立面、剖面图及各部构造详图，节点大样，注明轴线间尺寸各部分及总尺寸、标高，设备或基座位置、尺寸与标高等，留孔位置的尺寸与标高，标明室外用料做法、室内装修做法及有特殊要求的做法。引用的详图、标准图并附门窗表及必要的说明。

③ 结构图　总图比例一般采用(1∶50)～(1∶100)，绘出结构整

体及构件详图、配筋情况，各部分及总尺寸与标高，设备或基座等位置、尺寸与标高，留孔、预埋件等位置、尺寸与标高，地基处理、基础平面布置、结构型式、尺寸、标高，墙柱、梁等位置及尺寸，屋面结构布置及详图。引用的详图、标准图，汇总工程量表，主要材料表、钢筋表（根据需要）及必要的说明。

④ 采暖、通风、照明、室内给水安装图　表示出各种设备、管道、线路布置与建筑物的相关位置和尺寸，绘制有关安装详图、大样图、管线透视图，并附设备一览表、管件一览表和必要的设计安装表说明。

⑤ 辅助建筑　包括综合楼、维修车间、锅炉房、车库、仓库、宿舍、各种井室等，设计深度参照单体构筑物。

4. 电气

① 厂（站）高、低压变配电系统图和一、二次回路接线原理图　包括变电、配电、用电启动和保护等设备型号、规格和编号。附设备材料表，说明工作原理、主要技术数据和要求。

② 各构筑物平面、剖面图　包括变电所、配电间、操作控制间电气设备位置，供电控制线路敷设，接地装置，设备材料明细表和施工说明及注意事项。

③ 各种保护和控制原理图、接线图　包括系统布置原理图，引出或引入的接线端子板编号、符号和设备一览表以及动作原理说明。

④ 电气设备安装图　包括材料明细表，制作或安装说明。

⑤ 厂区室外线路照明平面图　包括各构筑物的布置，架空和电缆配电线路、控制线路及照明布置。

⑥ 非标准配件加工详图。

5. 自动控制

需要表示出带有关工艺流程的检测与自控原理图，仪表及自控设备的接线图和安装图，仪表及自控设备的供电、供气系统图和管线图，控制柜、仪表屏、操作台及有关自控辅助设备的结构布置图和安装图，仪表间、控制室的平面布置图，仪表自控部分的主要设备材料表。

6. 非标准机械设备

① 总装图　标明机械构造部件组装位置、技术要求、设备性能、

使用须知及其注意事项，附主要部件一览表。

② 部件图（组装图） 标明装配精度和必要的技术措施（如防潮、防腐蚀及润滑措施等）。

③ 零件图 标明工件加工详细尺寸、精度等级、技术指标和措施。

二、工艺、建筑、结构、电气和自控等专业的设计配合

应该说，城市污水处理厂的初步设计主要是工艺设计，其他专业是配合工艺要求，提出相应的设计方案，解决主要技术问题，满足工程概算的编制、主要设备订货和工程招标的要求；而施工图设计则主要是土木建筑的结构设计和工艺、电气及自控等设备的安装设计。一般经过审查批准的初步设计（采用两阶段设计时应相当于技术设计）其工艺方案已经落实，所谓初步设计深度满足编制施工图设计要求，主要是指工艺（各单项构筑物）、电气（变配电间）、自控（中心控制室、分控室）、采暖（锅炉房）及建筑（综合楼）等专业能给结构专业提供设计条件；而为满足设备安装设计，又要求土木建筑结构专业再反过来提供条件，这是每项设计中的正常过程。一般工程资金到位后，要求设计单位提供设备订货清单和主要单项构筑物的施工图，首先是地下结构的开槽图。施工图设计中要强调各专业的协同工作，并建立图纸会签制度。有无设计大型构筑物，尤其是地下结构的能力是考核设计资质的主要内容之一。施工图设计中各专业为结构设计提供条件（必须强调按国家规定应是书面材料）后如有变更（实际工程中常有发生），应书面通知有关专业。设计条件一经提供，即成为相关专业共同采用的设计依据，不得随意更改。由于不按照设计条件或所提条件不充分、不正确，从而造成相关专业设计间的矛盾，引起设计修改、返工或造成工程质量事故，责任者要承担一切责任。

三、污水处理厂构筑物的结构设计

结构设计应按国家标准 GBJ 69—84《给水排水工程结构设计规范》进行。该规范对矩形水池、圆形水池、圆形沉井、矩形沉井、泵房和管道的设计荷载、静力计算及构造要求作了规定。

给水排水工程结构的特点主要是与水接触。根据构筑物和管道的工作条件，具体情况和要求也是不同的。例如水池、水槽作为贮水和配水使用，必须要求防止渗漏，抗渗是设计的重要内容之一。水池在很多情况下是属于水处理构筑物，还有个抗侵蚀的问题。当然在一般情况下，抗侵蚀与抗渗是有密切联系的，抗渗得到保证时，抗侵蚀的条件也是良好的。当构筑物露明修建时，寒冷地区冻融对结构物的危害不能忽视，结构设计必须考虑抗冻问题。

对于钢筋混凝土结构，在各种受力条件下都做到不出现裂缝是不现实的，在很多情况下必然是允许出现裂缝。但针对给水排水工程结构的工作条件，就需要考虑到高湿度、各种气候影响结构的耐久性，因此，结构设计就必须重视抗裂问题（包括在某些条件下控制裂缝出现和限制裂缝开展宽度），保证结构的正常工作条件（防止渗漏）及一定的使用年限（国外一般考虑为 50 年期限）。对给水排水工程设施进行结构设计时，除必须满足强度要求外，并应根据其工作条件，分别满足稳定、变形以及抗渗、抗冻、抗裂、抗侵蚀性等有关要求，以保证结构的正常工作条件和必要的耐久性。此外，对于一些岸边构筑物、高位水池、建于地下水位以下或地面水面以下的构筑物等，必须重视结构的整体稳定性，包括抵抗倾覆、滑动（沿基底或深层）和上浮。

给水排水工程的建造场地的地质勘察资料和地区气象资料，对结构设计是十分重要的。前者包括工程地质资料和水文地质资料，这是结构设计中确定荷载条件、验算地基承载力和各项稳定性指标、合理进行基础设计、确定抗渗要求等必需的依据；后者对于露明构筑物，确定其可能承受的温度荷载等同样是必要的，在很多情况下，温度荷载会对结构设计起控制作用。

应该指出，我国的混凝土工程设计标准在市政工程、建筑工程、公路工程、铁路工程和水利工程中是有差别的，非市政工程设计单位在进行污水处理构筑物结构设计时应执行 GBJ 69—84 标准。

对大型沉淀池、消化池，当水压力产生的环向拉应力很大时，一般将采用预应力混凝土结构。目前我国已建有不少无粘结预应力混凝土水池。采用无粘结预应力混凝土结构的设计应按国家标准 JGJ/T92—93 执行。

图 3-115 为某污水处理厂消化池无粘结预应力钢筋布置图。

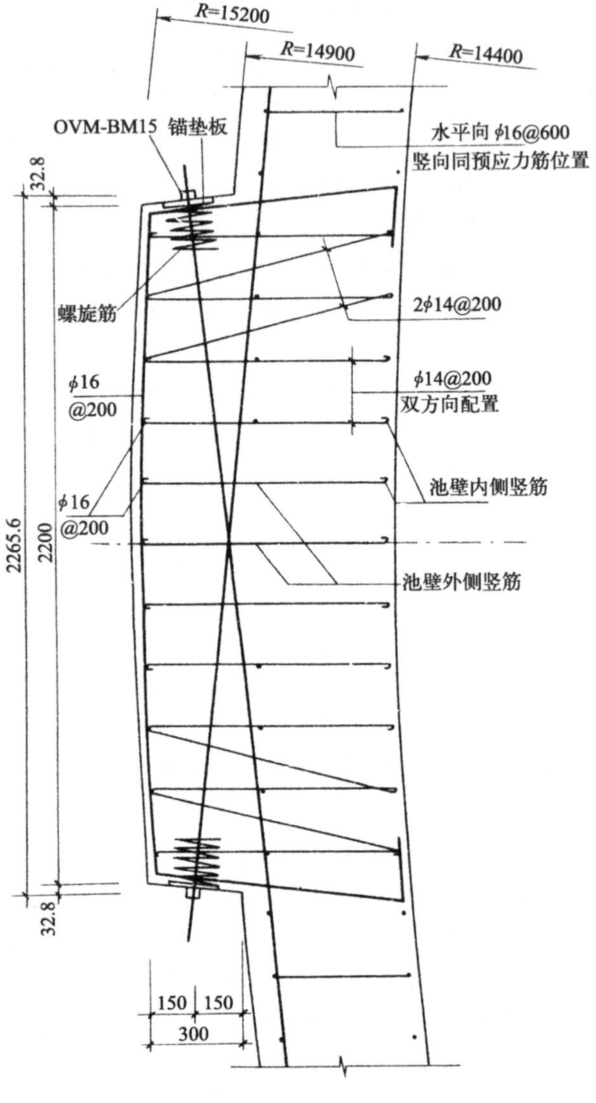

(a) 池壁预应力筋锚固详图

图 3-115　某厂消化池无粘结

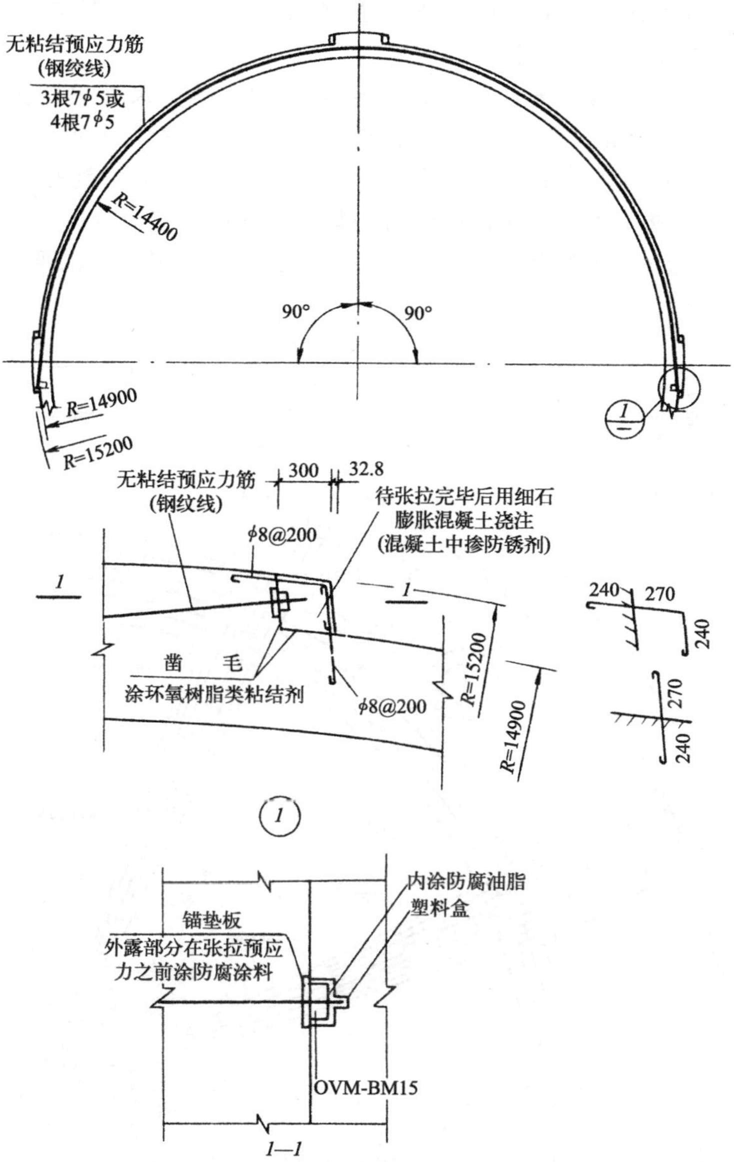

(b) 每根预应力筋布置图

预应力配筋图

图 3-116 为该消化池球形壳顶（厚 150mm）配筋图（图中①、②、③……为钢筋编号，略）。

图 3-117 为该消化池池壁与球壳顶配筋图。图中尺寸单位为 mm，高程单位为 m（黄海水平）。材料采用混凝土底板，Ⅰ级和Ⅱ级钢筋。钢筋加固混凝土净保护层（球壳顶为 20mm，池壁为 30mm），钢筋接头采用焊接，位于同一截面处钢筋焊接数量应不大于总数量的 50%。钢筋遇洞口时截断，并与洞口加固钢筋焊牢；遇投

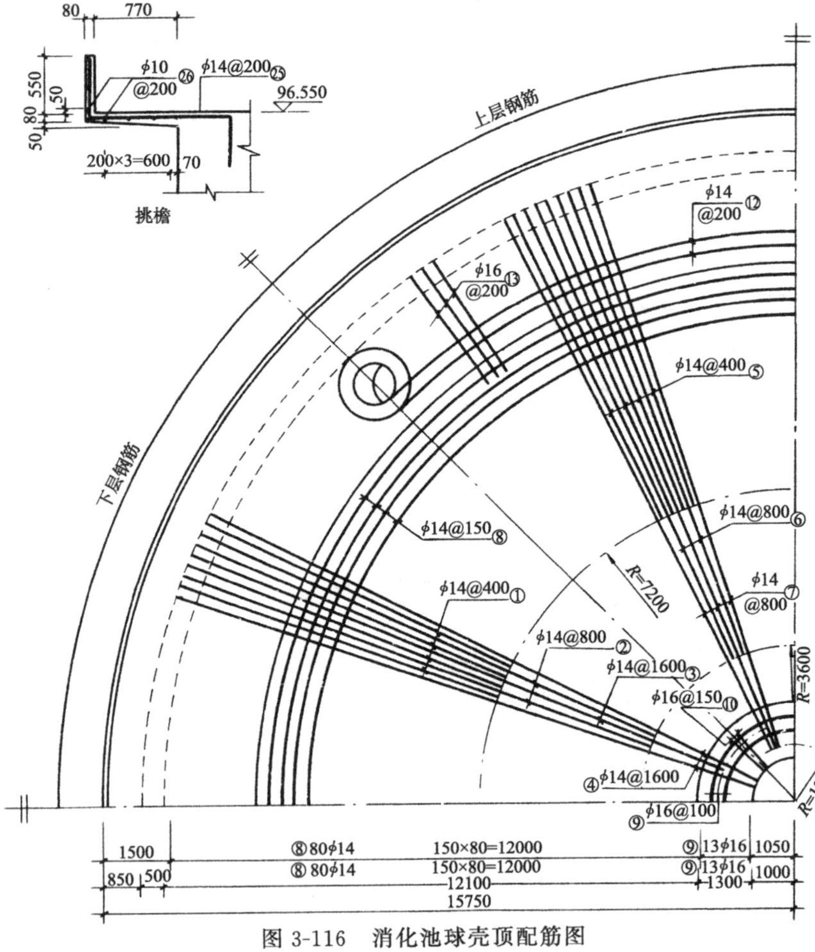

图 3-116　消化池球壳顶配筋图

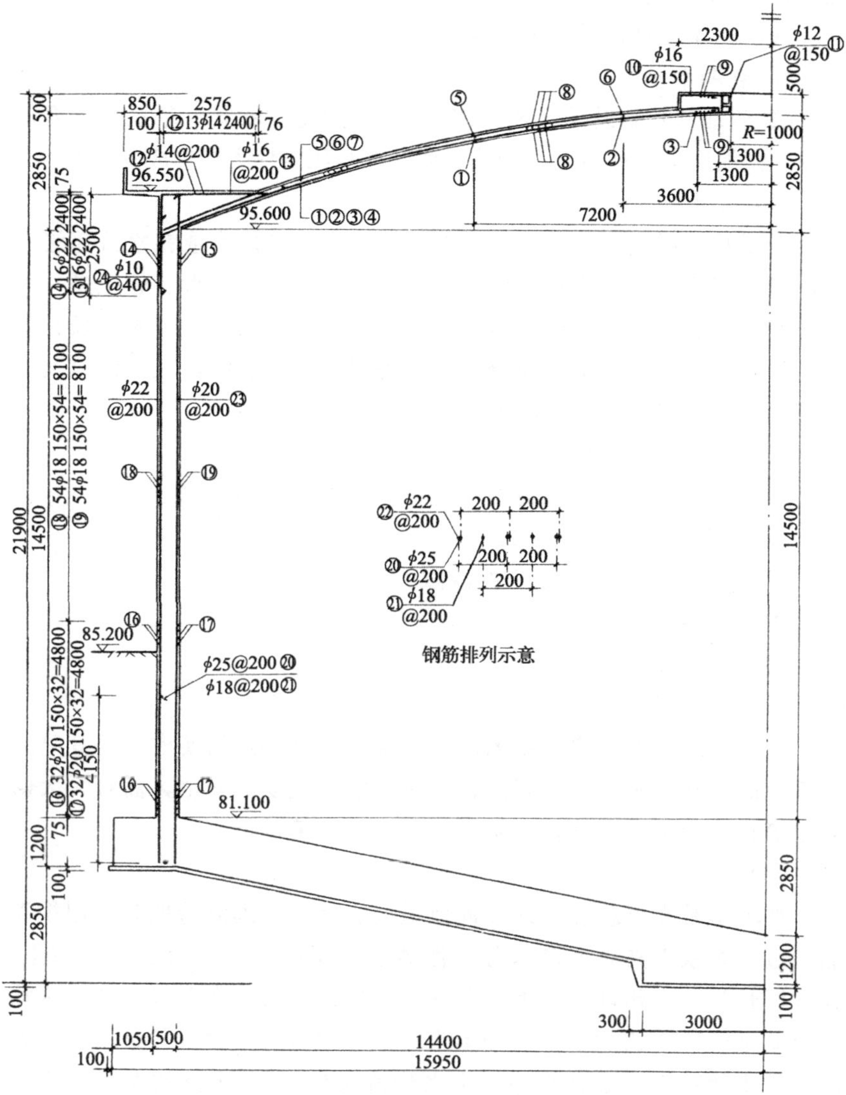

图 3-117 消化池池壁、球壳顶配筋图

泥排泥槽时钢筋弯折45°插入槽内侧。球壳顶配筋在管廊处有加强钢筋。

四、污水处理厂构筑物的软基处理

1. 软弱地基

《建筑地基基础设计规范》GBJ 7—89 规定：软弱地基系指主要由淤泥、淤泥质土、冲填土、杂填土或其他高压缩性土层构成的地基。

(1) 软土

淤泥及淤泥质土总称为软（粘）土。它是在静水或在水流速缓慢的环境中沉积，经生物化学作用形成，且成土年代较近。软土是一种可塑性很强的土，是承载能力低、压缩变形大、变形持续时间长、结构性强的土。天然软土主要分布在沿海滩地一带、河口三角洲以及内陆河、湖、港汊地区及其附近。

软土有如下特征指标：

① 小于 0.075mm 粒径的土粒占土样总重的 50%以上；

② 天然孔隙比大于 1.0；

③ 天然含水量大于该土的液限；

④ 压缩系数高；

⑤ 渗透系数小；

⑥ 灵敏度在 3～4 之间。

在软土地基上，建筑物的设计与施工有其特殊的要求，尤其是地基基础的设计和施工比较复杂，不仅影响建筑物的安全，而且大大影响建筑物的造价。因此，必须充分注意，审慎进行。

(2) 冲填土

冲填土是在整理和疏通江河航道或有计划地围海造地时，用挖泥船通过泥浆泵将夹有大量水分的泥砂吹送至岸上洼地形成的沉积土。在我国长江、广州珠江、上海黄浦江两岸以及天津海河等沿江地区均分布着不同性质的冲填土。冲填土由于形成时土中含有大量水分（如以粘性土颗粒为主形成的冲填土水分就难排出），土体初期常处于流动状态，需经相当长的时间固结，强度才能逐渐提高，因而这类土属于强度低和压缩性较高的欠固结土，此类土常须经预压法处理后才能用作地基。但一些冲填土形成年代较久，成分中含砂量较多，排水条件好，固结度较高，经计算地基承载力和变形都能满足拟建建筑物要求时，可直接用作地基。

(3) 杂填土

杂填土是由人类活动而任意堆填的建筑垃圾、工业废料、生活垃圾等杂物形成的。杂填土组成物质杂乱，成因很不规则，分布极不均匀，结构松散，并普遍存在于古老城镇区域。具有强度低、压缩性高、均匀性差等特性，还具有浸水湿陷性。当杂填土中存在有机质含量较大的生活垃圾和对基础有侵蚀性的工业废料时，不宜作建筑物地基；当其厚度不大时，可采用换土处理。对以建筑垃圾或工业废料为主要成分的杂填土，则在适当处理后可作为建筑物地基使用；若查明其均匀性和密实度较好，地基承载力和变形又能满足拟建建筑物要求时，也可不经处理直接用作地基。

(4) 其他高压缩性土

饱和松散粉细砂，包括部分粉土地基也属于软弱地基范畴。在动力荷载反复作用下将会液化，基坑开挖时会发生管涌。

2. 地基处理

在污水处理工程中，常遇到软弱地基。必要时可采用桩基，即在污水处理厂的构筑物底板下打入钢桩、混凝土桩或钻孔灌注桩，提高地基的承载力。而当构筑物荷载不大时，为节省投资，常尽量不采用桩基而对地基进行处理。

地基处理的目的就是要采取适当的措施，如换垫、夯实、预压、振冲、挤密和胶结等方法，对地基土进行加固，以改善地基土的强度、压缩性、透水性、振动性和特殊土地基的特性。常用的几种方法如下所述。

(1) 换填法

将基础底面以下处理范围内的软弱土层部分或全部挖去，然后分层换填强度较高的砂、碎石、素土、灰土及其他性能稳定和无侵蚀性的材料，并夯压或振实至要求的密实度为止。

适用范围：淤泥、淤泥质土、湿陷性黄土、素填土、杂填土地基及暗沟、暗塘等的浅层处理。

(2) 强夯法

将重锤从高处自由落下，对土进行强力夯击并反复多次，从而达到提高地基土的强度并降低其压缩性的处理目的。

适用范围：碎石土、砂土、低饱和度的粉土和粘性土、湿陷性黄土、杂填土和素填土等地基。

(3) 砂石桩法

砂石桩法的原理是用振动或冲击荷载在软弱地基中成孔后，将砂石挤压入土中，形成大直径的密实砂桩，达到加固地基的目的。

适用范围：松散砂土、素填土和杂填土等地基。

(4) 预压法

预压法的原理是在建筑物建造前，对建筑场地进行预压，使土体中的水通过砂井或塑料排水带排出，土体逐渐固结，地基发生沉降，同时强度逐步提高。预压法分为加载预压法和真空预压法两种。

适用范围：淤泥质土、淤泥和冲填土等饱和粘性土地基。

(5) 深层搅拌法

深层搅拌法是用于加固饱和软粘土地基的一种新方法。其原理是利用水泥、石灰或其他材料作为固化剂的主剂，通过特别的深层搅拌机械，在地基深处将软土和固化剂（水泥或石灰的浆液或粉体）强制搅拌，利用固化剂和软土之间产生的一系列物理-化学反应，使软土硬结成具有整体性、水稳定性和一定强度的优质地基，从而达到提高地基的强度和增大变形模量的目的。

适用范围：淤泥、淤泥质土、粉土和含水量较高且地基承载力标准值不大于 120kPa 的粘性土等地基。当用于处理泥炭土或地下水具有侵蚀性时，应通过试验确定其适用性。

采用深层搅拌加固地基应注意在同一场地同一土层内打深层搅拌桩，必须所有搅拌桩完成后才能进行基坑的开挖。切勿在 1 号池完成搅拌桩后，在进行 2 号池搅拌桩作业的同时开挖 1 号池基坑，因为搅拌作业是在软弱土层内进行的，很容易造成同一地基的互相影响。浙江某水厂就曾发生在已开挖基坑浇注垫层时因旁池搅拌作业使基坑土上涌滑动，导致已成形搅拌桩断裂的事故。

五、污水处理厂构筑物的抗浮措施

污水处理构筑物中有很多是地下式水池，在地下水或地面积水存在的情况下，水池无水时失稳浮起的事故时有发生。究其原因，无非是抗浮措施不力或对地下水位的监视失误。某大型污水处理厂原设计设有抗浮拉锚，后提出为避免一般拉锚需水池上浮变形后拉锚才出现应力的缺点，改设预应力拉锚，但这样会增大投资；为节省投资又取消拉锚设计，改设盲沟控制空池检修时的地下水位，防止失稳浮动。结果因在施工中管道漏水，地下水位急骤上升，使直径 55m 的圆型水池浮起 1m 多，混凝土底板局部开裂。而邻近水池底板上因浇有混凝土配重就平安无事。

中小型污水处理厂反应池、沉淀池等构筑物一般都置于地面以下一定深度，当地下水位较高时，一般都应有抗浮措施。对于空池检修机会较少的水池，可在底板上设置安全泄水孔，视底板厚度约按 60～100m^2 面积设置 1 个泄水孔，以备万一地下水位上升时木板将被顶起，导致地下水涌出。抗浮安全泄水孔的具体做法见图 3-118。

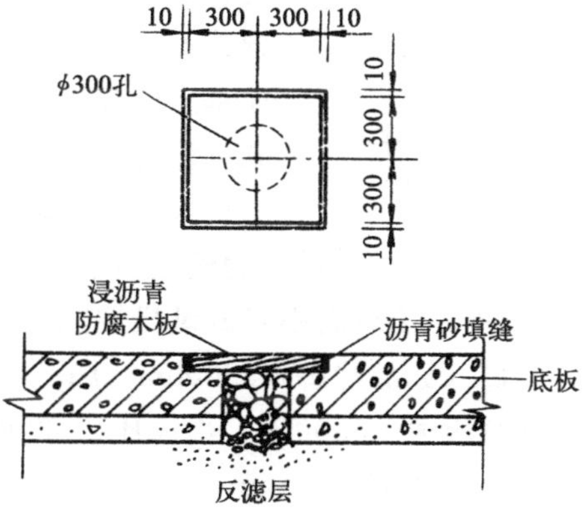

图 3-118 抗浮安全泄水孔详图

六、污水处理厂大型设备的基础设计

某大型污水处理厂（设计能力 400000m^3/d）从国外引进功率为 1000kW 的单级高速离心鼓风机。根据外方公司要求，该设备的基础应置于一座钢筋混凝土的坞式结构中，周边及底面需设置高级隔振材料。我们根据计算修改了该项设计，将鼓风机基础直接置于地基上，开始遭到外方代表的反对，经与其专业工程师多次答辩，最终外方公司同意取消坞式结构，并称这是该公司第一次在国外工程中不按公司图纸要求施工。此举节省造价近百万元。现将有关该项设计的方法、参数介绍如下。

设计动力机器基础的基本目标是限制其振动幅度，以满足机器本身和附近设备、仪器的正常运转。对一般的风机基础设计，习惯做法是要求大块式混凝土基础的重量至少为机器重量的3～5倍。由于增加基础质量，可以降低基础的自振频率，这对于中频和高频机器是可行的。但当基础的自振频率低于机器的扰力频率时，在机器启动和停止运转过程中必然要通过共振区，造成短时间内基础振动会瞬时加大。因此，设计机器基础应尽可能避免出现基础共振现象。对于天然地基，可以加大基础和地基土的接触面积来加大阻尼比；对于隔振基础可设置阻尼器。关于基础与机器发生共振时的最大振幅计算，以该污水处理厂鼓风机基础（尺寸见图3-119）设计为例进行说明。

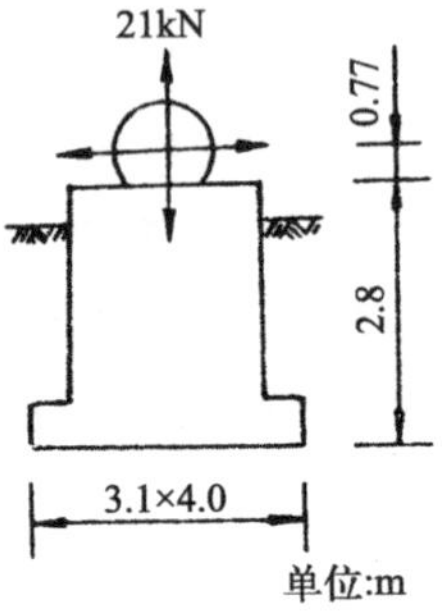

图3-119　鼓风机基础尺寸图

1. 所用单级离心式鼓风机性能

风量（标准状态）$39000m^3/h$；

进风压力－1500Pa，出风压力65000Pa；

风机转速7895r/min；

电机转速1450r/min；

电机功率1000kW；

设备重量120kN，转子重量20kN，基础重量820kN。

计算振幅时采用的扰力与转子的制造偏心有关，德国DIN4024以线速度形式的值来控制，将该值定为固定常数，即取：

$$l_o\omega = 0.15cm/s$$

式中　l_o——制造偏心距，cm；

ω——转子转动的角速度，1/s。

《制氧机等动力机器基础勘察设计暂行条例》中规定，对高速转动的机器，扰力P可用下式计算：

$$P=0.25W_o\left(\frac{n}{3000}\right)^{1.5}$$

式中　W_o——转子重量，kN；

n——机器转速，r/min。

本设计扰力为：

$$0.25\times20\times(7895/3000)^{1.5}=21(\text{kN})$$

2. 地基土的剪切模量

各类土的剪切模量 G 见表 3-43。

表 3-43　各类地基土剪切模量

类　　别	剪切模量 G/MPa	类　　别	剪切模量 G/MPa
匀密的石英砂	12～20	湿软的淤泥质土	9～15
含云母的细砂	16	干软的淤泥质土	17～21
柏林砂(e=0.53)	17～24	干淤泥质土	25～35
含有机质的砂土	10	粘　　土	12～30
密实的砂砾	70	砂 质 粘 土	12～30

3. 基础的折算半径

(1) 垂直振动

$$r_z=\sqrt{BL/\pi}$$

式中　B——基础宽度，本例为 3.1m；

L——基础长度，本例为 4.0m。

则　　$r_z=\sqrt{3.1\times4/\pi}=1.99$ (m)

(2) 水平振动

$$r_x=1.99\ (\text{m})$$

(3) 扭转振动

$$r_\psi=\sqrt[4]{LB^3/3\pi}=1.89(\text{m})$$

(4) 质量惯性矩（转动惯量）

$$I_\psi=m(r_\psi^2/4+h^2/3)$$

式中　m——基础总质量，kg；

h——基础高度，m。

本例中 $m=96$kg，$h=2.8$m，经计算得 $I_\psi=330\text{kg}\cdot\text{m}^2$

4．计算土的弹性刚度

（1）垂直振动

$$K_z = 4Gr_z/(1-\mu)$$

式中　G——土的剪切模量，取 15000kPa；

μ——泊松比，取 0.3。

则 $K_z = 4\times15000\times1.99/(1-0.3) = 170571(\mathrm{kN/m})$

（2）水平振动

$$K_x = \frac{32(1-\mu)Gr_x}{7-8\mu} = 145356\ \mathrm{kN/m}$$

（3）扭转振动

$$K_\psi = F_\psi GB^3/(1-\mu)$$

式中　F_ψ——系数，与基础长宽比（L/B）有关，详见下表。

L/B	1.0	2.0	3.0	5.0	10.0
F_ψ	3.64	2.35	1.82	1.38	1.01

现 $L/B = 4/3.1 = 1.29$，用插入法得 $F_\psi = 3.27$。

则 $K_\psi = 3.27\times15000\times3.1^3/(1-0.3) = 2087500(\mathrm{kN\cdot m/rad})$

5．计算固有频率

固有频率的计算公式如下：

$$f_n = \frac{1}{2\pi}\sqrt{\frac{K}{m}}$$

式中　K——不同振动情况下土的弹性刚度，kN/m；

m——基础总质量，kg。

（1）垂直振动固有频率

$$f_{n(z)} = \frac{1}{2\pi}\sqrt{\frac{K_z}{m}} = \frac{1}{2\pi}\sqrt{\frac{170571}{96}} = 6.78(\mathrm{Hz})$$

（2）滑动固有频率

$$f_{n(x)} = 6.26\mathrm{Hz}$$

（3）扭转振动固有频率

$$f_{n(\psi)} = 23.72\mathrm{Hz}$$

6．计算阻尼比

(1) 垂直振动阻尼比

$$D_z = 0.425/\sqrt{B_z}$$

式中 B_z 为质量比，用下式表示：

$$B_z = \frac{1-\mu}{4} \times \frac{W}{\rho r_z^3}$$

式中 W——机组总重，本例约为 94t；

ρ——土的密度，此处取 $1.8\mathrm{t/m^3}$。

据有关文献分析，阻尼是影响动力机器基础动态反应的重要参数。共振时由于阻尼作用，振幅将得到控制。根据实测资料，阻尼与下列因素有关：

① 基础底面积对阻尼影响较大，当基底静压力相同而底面积不同时，阻尼比随基底面积增加而增大。

② 基础底面积相同，则阻尼比随静压力的增加而减小。

③ 岩石类地基土较粘土、砂土的阻尼比小很多。

④ 基础增加埋深将显著提高阻尼效果。

现 $$B_z = \frac{1-0.3}{4} \times \frac{94}{1.8 \times 1.99^3} = 1.16$$

阻尼比用下式计算：

$$D_z = 0.425/\sqrt{B_z} = 0.425/\sqrt{1.16} = 0.395$$

(2) 水平振动阻尼比

$$B_x = \frac{7-8\mu}{32(1-\mu)} \times \frac{W}{\rho r_x^3} = 1.36$$

阻尼比 $$D_x = 0.288/\sqrt{B_x} = 0.247$$

(3) 扭转振动阻尼比

$$B_\psi = \frac{3(1-\mu) I_\psi}{8\rho r_\psi^5} = 1.99$$

阻尼比 $$\begin{aligned} D_\psi &= 0.15/[(1+B_\psi)\sqrt{B_\psi}] \\ &= 0.15/[(1+1.99)\sqrt{1.99}] \\ &= 0.036 \end{aligned}$$

7. 计算共振频率

共振频率的计算公式如下：

$$f_r=\frac{f_n}{\sqrt{1-2D^2}}$$

分别以各种振动情况下的固有频率 f_n 和阻尼比 D 代入，可求得各种振动的共振频率。

(1) 垂直振动共振频率

$$f_{r(z)}=\frac{f_{n(z)}}{\sqrt{1-2D_z^2}}=8.17(\mathrm{Hz})$$

(2) 水平振动共振频率

$$f_{r(x)}=\frac{6.26}{\sqrt{1-2\times0.247^2}}=6.68(\mathrm{Hz})$$

(3) 扭转振动共振频率

$$f_{r(\psi)}=\frac{23.72}{\sqrt{1-2\times0.036^2}}=23.75(\mathrm{Hz})$$

8. 计算最大振幅

(1) 垂直振幅

扰力折算 $F_{o(z)}=P[f_{n(z)}/f]^2$

式中 f——鼓风机频率，求得为 7895/60=131.5 (Hz)；

P——扰力，前已求得本设计扰力为 21kN。

故 $F_{o(z)}=21\times(6.78/131.5)^2=0.056(\mathrm{kN})$

静变位 $x_z=F_{o(z)}/K_z=(0.056\times10^3/170571)\mathrm{mm}=0.00033\mathrm{mm}$

对于任一种振动情况，动力放大系数 N 可根据运动微分方程解得：

$$N=\frac{1}{\sqrt{[1-(f_r/f_n)^2]^2+4D^2(f_r/f_n)^2}}$$

当 $f_r/f_n=1$ 时，$N'=\frac{1}{2D}$

对于垂直振动，现 $f_{r(z)}/f_{n(z)}=8.17/6.78=1.20$

则 $N=0.96$

对于旋转式机器，其动力放大系数

$$N'=N(f_r/f_n)^2=0.96\times1.2^2=1.38$$

同时　　$1/(2D_z)=1/(2\times0.395)=1.27$

取　$N'=1.38$

则　　$x_{max}=(0.00033\times1.38)\text{mm}=0.00046\text{mm}$

(2) 水平振幅

扰力折算$F_{o(x)}=21\times(6.26/131.5)^2=0.0476(\text{kN})$

静变位$x_x=(0.0476\times10^3/145356)\text{mm}=0.00033\text{mm}$

求得放大系数　$N=1.835$。则

$$N'=1.835\times(6.68/6.26)^2=2.09$$

$$1/(2D_x)=1/(0.247\times2)=2.02$$

则　　$x_{max(x)}=(0.00033\times2.09)\text{mm}=0.00069\text{mm}$

(3) 扭转振幅

扰力折算　　$F_{o(\psi)}=21\times(23.75/131.5)^2=0.685(\text{kN})$

共振时的扭转力矩：

$$M=0.685y$$

式中 y 为扰力至基础底面的距离，本设计中 $y=(0.3+2.5+0.77)\text{m}=3.57\text{m}$。

则　　$M=0.685\times3.57=2.45(\text{kN}\cdot\text{m})$

静变位　$x_\psi=M/K_\psi=2.45/2087500=0.0000011$ (rad)

因　$f_{r(\psi)}/f_{n(\psi)}\approx1.0$

取　　$N'=1/(2\times0.036)=13.9$

则　　$x_{max(\psi)}=0.0000011\times13.9=0.000015(\text{rad})$

(4) 鼓风机最大水平振幅

$$\begin{aligned}x_{max}&=x_{max(x)}+x_{max(\psi)}\\&=0.00069+0.000015\times3.57\times10^3\\&=0.055\ (\text{mm})\end{aligned}$$

以上计算未计入基础周围土壤的阻尼作用，实际振幅将小于计算值。

(5) 最大振速

$$(0.055\times23.75)\text{mm/s}=1.3\text{mm/s}<4.5\text{mm/s}$$

符合外方要求，也满足高速制氧机设计规定振动速度≤5mm/s的标准。

七、污水处理厂的设备安装

城市污水处理厂的设备种类很多，有机械、电气、自控设备，还有污水、污泥、沼气、压缩空气等处理系统。应该在安装前按系统分各单项构筑物进行组织，要按有关规范和程序进行安装。

1. 机电设备一般的安装要求

① 依照设计要求和图纸规定浇筑机械基础。

② 基础的混凝土标号、基面位置高程应符合说明书和技术文件规定。

③ 混凝土强度应符合龄期后的规定，即使赶工安装，其强度也不应低于设计强度的75%。

④ 地脚螺丝依照原机的出厂说明书要求预埋，有关参数应符合规定要求。保证安装后机械的稳固性。

⑤ 安装好的机械应严格符合外形尺寸的公称允许偏差，不允许超差。

⑥ 基础施工后要求平整坚实，并有隔离吸振的措施，防止运转中产生谐振现象。

⑦ 污水或清水池预埋件水平度及平整度要符合设计规范。

⑧ 地脚螺丝位置应准确，螺纹、长度、垫圈螺母都要合格。

2. 污水、污泥处理各种机电设备安装后试车运转要求

① 启动运转要平稳，运转中无振动和异常声响。启动时注意依照有标注箭头方向旋转。

② 各运转啮合与差动机构运转要依照规定同步运行，并且没有阻塞、碰撞现象。

③ 在运转中保持动态所应有的间隙，无抖动晃摆现象。

④ 在试运转之前或之后以手动或自动操作，全程动作各5次以上，动作准确无误，不卡、不抖、不碰。各传动件运行灵活（包括链条与钢丝绳等柔质机件不碰、不卡、不缠、不跳槽），并保持紧张

状态。

⑤ 各限位开关运转中动作及时，安全可靠。

⑥ 电机运转中温升在正常值内。

⑦ 滚动轮与导向槽轨各自啮合运转，无卡齿、发热现象。

⑧ 一般空车运转 2h，带负荷运转 4h，保证运转正常，不振颤、不抖动、无噪异声、不卡塞，各传动灵活可靠。

⑨ 各部轴承注加规定润滑油，应不漏、不发热，升温小于 60℃。

⑩ 运转中要测定转速、功率及其他电压电流等参数，应符合设计规定，并填登记录表格。

3. 压缩机、风机、泵的安装

泵和鼓风机是污水处理厂的重要设备，设备的安装是指从设备开箱起至试运转工程验收为止。按我国习惯，试运转所需动力、油料和介质等均由建设方供应，如另有分工应在合同中协商规定。

压缩机、风机、泵的安装及验收可参照国家标准 GB 50275—98《压缩机、风机、泵安装工程施工及验收规范》进行。

4. 非标准机械的安装

非标机械的安装可参照制造厂所提供的随设备出厂的说明书、装配图和技术要求进行。表 3-44、表 3-45、表 3-46 所列格栅除污机、中心传动刮泥机、闸门和表 3-47、表 3-48 所列管件等安装允许偏差可供参考。

表 3-44 格栅除污机安装允许偏差

项目	允许偏差					
	角度偏差	错落偏差/mm	中心线平行度/mm	水平度/mm	不直度/mm	平行度/mm
格栅除污机与格栅井	符合设计要求		<1/1000			
格栅、栅片组合		<4				
机架				<1/1000		
导轨					0.5/1000	两导轨间≤3
导轨与栅片组合						≤3

表 3-45 中心传动刮泥机机座及主要部件安装允许偏差

项目	允许偏差/mm				
	径向	垂直度	水平度	同轴度	间隙
中心柱管与设计定位中心	<20				
中心柱管		≤1/1000			
中心转盘与调整机座			<0.5/1000		
中心竖架		<0.5/1000			
中心柱管上的轴承环与中心转盘				<1/1000（d 轴）	
轴瓦与水下轴承环					间隙均匀，单边调整在5～8之间
刮臂			对称水平：<1/1000；两刮臂高差<20		

表 3-46 进出水口闸门安装允许偏差

项目		允许偏差/mm	检验频率		检验方法
			范围	点数	
闸板垂直度		2	每个	2	1m 靠尺量测
闸板流水平面高程		±10	每个	1	用水准仪测量
钢丝网水泥闸门预制	长与宽	±5	每个	4	用尺丈量
	对角线	±10			
方正对角线		±3	每个	2	用尺丈量

表 3-47 铸铁管件安装允许偏差

项目	允许偏差/mm	检验频率		检验方法
		范围	点数	
管道高程	±10	每节点	2	用水准仪测量
中线位移	10	每节点	2	用尺量
立管垂直度	每米 2，且不大于 10	每节点	2	用垂线和尺检验

表 3-48 钢管安装允许偏差

项目		允许偏差/mm	检验频率		检验方法
			范围	点数	
管道高程		±10	每节点	2	用水准仪测量
中线位移		10		2	用尺量
立管垂直度		每米 2，且不大于 10		2	用垂线和尺检验
对口错口壁厚/mm	2.5～5	0.5	每口	1	用尺量
	6～10	1		1	
	12～14	1.5		1	
	≥16	2		1	

第五节 城市污水处理厂的施工监理

国务院办公厅关于加强基础设施工程质量管理的通知中指出：基础设施项目的施工，必须由具备相应资质条件的监理单位进行监理。监理单位必须配备足够的合格的监理人员。未经监理人员签字认可，建筑材料、构配件和设备不得在工程上使用或安装，不得进入下一道工序的施工，不得拨付工程进度款，不得进行竣工验收。监理人员要按规定采取旁站、巡视和平行检验等形式，按作业程序即时跟班到位进行监督检查，对达不到质量要求的工程不得签字，并有权责令返工，有权向有关主管部门报告。对未能履行职责的监理单位，要依法降低其资质等级，直至吊销营业执照；对未能履行职责的监理人员，要取消其执业资格；对因失职造成重大工程质量事故的监理单位和监理人员，要追究法律责任。

一、工程监理的前期工作

作为城市基础设施的污水处理厂建设，其工程监理必须规范化，因此建议在工程开工前建设方应落实下列事项：

① 确定具备相应资质的建设工程监理事务所，明确总监理工程师、驻地监理工程师和专业监理工程师多名，以便在工地设监理工程师办公室。同时必须以书面形式通知工程承包商。

② 监理单位制订污水处理厂工程监理实施细则，明确工程的质量要求、进度计划及计量规定，掌握工程质量控制程序，筹备召开工程开工会议。

③ 签订监理合同，做好监理工程师资质报批工作，为建设单位提供必要的报批材料。

④ 制订监理人员行为规定及细则，要求监理人员热情服务、信守合同、执行规范、遵守道德。

⑤ 检查工程试验室的建立和人员、设施的配备情况。

⑥ 落实必要的通讯、交通工具。

二、工程索赔

实行 FIDIC 条款，索赔是承包工程实施过程中经常发生的事。按 FIDIC 规定，承包商应在引起索赔的事件第一次发生后的 28 天内，将要求索赔的意向书面通知监理工程师。为此，监理工程师应做好以下工作。

1. 监理工程师处理双方提出的索赔必须以合同为依据

尽管监理工程师受雇于业主，但当遇到索赔时，则必须以完全独立的第三方身份，站在客观、公正的立场上审查索赔要求的正当性。监理工程师必须对合同条件、协议条款等有详细的了解，以合同为依据公平处理合同双方的利益纠纷。除合同另有规定外，合同文件的组成和解释顺序如下：

① 协议条款。

② 合同条件。

③ 洽商、变更、说明、确认双方权利、义务的纪要协议。

④ 中标通知书、投标书和招标文件。

⑤ 工程量清单或预算书和图纸。

⑥ 标准、规范和其他有关技术资料、技术要求。

2. 监理工程师必须注意资料的积累

同施工企业、建设单位研究技术问题、进度和其他重大问题的会议，应有会议纪要，作为正式文档资料；同时建立严密的监理日志，做到处理索赔时以事实和数据为依据。

3. 及时、合理地处理索赔

监理工程师还必须注意双方索赔计算的合理性。如由于业主的原因造成工程停工，承包方提出索赔，机械停工损失按机械台班单价计算，人工窝工按工日工资单价计算显然是不合理的。机械停工由于不发生运行费用，应按折旧费加以补偿；同样对于人工窝工，承包方可以考虑将工人调剂到别的工作岗位，实际补偿应是工人由于更换工作地点及工作内容造成的工作效率的降低而发生的费用。

4. 加强主动监理，减少工程索赔

监理和承包商是为完成同一工程的不同分工，在实际工作中应提倡主动监理、事前控制，将预料到的可能要发生的问题通知承包商，以避免可能因返工而造成的成本上升，杜绝承包商想方设法通过索赔来弥补工程成本上升造成的利润损失的行为。

5. 索赔费用的计算方法

(1) 实际费用法

承包商某项索赔工作的实际开支（直接费），再加上应得的间接费和利润，即是应得的索赔金额。由此可以看出，承包商系统、准确地积累和记录资料非常重要。

(2) 总费用法

多次发生索赔后，索赔金额＝实际总费用－投标估算费用。

(3) 修正的总费用法

在总费用法的基础上，去掉一些不合理的因素：时段应仅限于受影响的时间，不是整个工期；索赔对象是某项工作的实际工程量，而不是所有工作的全部数量。即：

索赔金额＝某项工作调整后的实际费用－该项工作报价费用。

6. 业主向承包商提出的反索赔

反索赔是指由于承包商不履行或不完全履行约定的义务，业主向承包商提出的索赔。

(1) 工期延误反索赔

一般确定违约费用时考虑以下因素：

① 业主的盈利损失。

② 工期延长而引起的贷款利息。

③ 增加的监理费用。

④ 租用其他建筑的费用。

(2) 施工缺陷反索赔

承包商的施工质量不符合技术规范的要求，或承包商未在规定期限内完成修补工作，业主有权雇佣其他人员来完成工作，其费用由承包商承担。

(3) 承包商不履行保险费用的索赔

如果承包商不能按约定投保险，业主可投保并保证保险有效，其保险费用可在应付给承包商的款项中扣回。

(4) 对超额利润的索赔

如果工程量增加很多（超出有效合同价 15%），而承包商并不增加固定成本，合同价应由双方讨论调整，收回部分超额利润。

(5) 指定分包商的付款索赔

承包商未能提供已向指定分包商付款的合理证明时，业主可直接按监理工程师的证明书，将承包商所欠工程款付给指定分包商，并如数从承包商的任何款项中扣回。

(6) 业主合理终止合同或承包商不正当放弃工程的索赔

在这种情况下，业主有权收回由新的承包商完成工程所需的工程款与原合同未付部分的差额。

三、污水处理厂工程质量检验评定标准

下面提供的是天津市对污水处理工程质量的检验评定标准 TBJ 104—91，可供参考。

(1) 主要检查项目

在以下各表中的项目栏标有△者均为主要检查项目，其合格率应达到 100%。

(2) 非主要检查项目

合格率均应达到 70%，且不符合本标准要求的点其最大偏差应在允许偏差的 1.5 倍以内。

(3) 构筑物预制壁板安装允许偏差（见表 3-49）

表 3-49 预制壁板安装允许偏差

<table>
<tr><th rowspan="2">序 号</th><th rowspan="2" colspan="2">项 目</th><th rowspan="2">允许偏差/mm</th><th colspan="2">检查频率</th><th rowspan="2">检 验 方 法</th></tr>
<tr><th>范围</th><th>点数</th></tr>
<tr><td>1</td><td colspan="2">杯口十字线</td><td>3</td><td rowspan="6">每块板</td><td>2</td><td>经纬仪检验</td></tr>
<tr><td>2</td><td colspan="2">杯口底高程</td><td>±2</td><td>1</td><td>水准仪检验</td></tr>
<tr><td rowspan="2">3</td><td rowspan="2">预制壁板弹线</td><td>中 线</td><td>2</td><td rowspan="2">1</td><td rowspan="2">钢尺量，拉小线</td></tr>
<tr><td>高程线</td><td>2</td></tr>
<tr><td>4</td><td colspan="2">预制壁板中线与杯口十字线</td><td>2</td><td>1</td><td>木板尺检验</td></tr>
<tr><td>5</td><td colspan="2">预制壁板垂直度</td><td>≤5</td><td>1</td><td>经纬仪检验</td></tr>
</table>

（4）整体式结构模板允许偏差（见表 3-50）

表 3-50 整体式结构模板允许偏差

<table>
<tr><th rowspan="2">序号</th><th rowspan="2" colspan="2">项 目</th><th rowspan="2">允许偏差/mm</th><th colspan="2">检验频率</th><th rowspan="2">检 验 方 法</th></tr>
<tr><th>范围</th><th>点数</th></tr>
<tr><td rowspan="2">1</td><td rowspan="2">相邻两板表面高低差</td><td>刨光模板钢模</td><td>±2</td><td rowspan="11">每个构筑物（或构件）</td><td rowspan="2">4</td><td rowspan="2">用钢尺量</td></tr>
<tr><td>不刨光模板</td><td>±4</td></tr>
<tr><td rowspan="2">2</td><td rowspan="2">表面平整度</td><td>刨光模板钢模</td><td>±3</td><td rowspan="2">4</td><td rowspan="2">用 2m 直尺检验</td></tr>
<tr><td>不刨光模板</td><td>±5</td></tr>
<tr><td>3</td><td>垂直度</td><td>墙、柱</td><td>0.1%H 且不大于 6</td><td>2</td><td>用垂线或经纬仪检验</td></tr>
<tr><td rowspan="2">4</td><td rowspan="2">模内尺寸</td><td>基础</td><td>+10
−20</td><td rowspan="2">3</td><td rowspan="2">用尺量，长宽高各计 1 点</td></tr>
<tr><td>梁、板
墙、柱</td><td>+3
−8</td></tr>
<tr><td rowspan="3">5</td><td rowspan="3">轴线位移</td><td>基础</td><td>15</td><td rowspan="3">4</td><td rowspan="3">用经纬仪测量纵、横各计 2 点</td></tr>
<tr><td>墙</td><td>10</td></tr>
<tr><td>梁柱</td><td>8</td></tr>
<tr><td>6</td><td colspan="2">预留孔位移</td><td>10</td><td>每孔</td><td>1</td><td>用尺量</td></tr>
<tr><td>7</td><td colspan="2">预埋件位移</td><td>5</td><td>每件</td><td>1</td><td>用尺量</td></tr>
</table>

注：表中 H 为构筑物高度。

（5）钢筋加工允许偏差（见表 3-51）

表 3-51　钢筋加工允许偏差

序号	项目		允许偏差/mm	检验频率		检验方法
				范围	点数	
1	冷拉率		不大于设计规定	每根（每一类型抽查10%且不少于5根）	1	用尺量
2	受力钢筋成型长度		+5，−10		1	用尺量
3	弯起钢筋	弯起点位置	±20		1	用尺量
		弯起高度	0，−10			
4	箍筋（宽、高）		0，−5		2	用尺量，宽、高各计1点

（6）钢筋焊接允许偏差（见表 3-52）

表 3-52　钢筋焊接允许偏差

序　号	项　目		允　许　偏　差
1	绑条对称焊接接头中心的纵向偏移		≯0.5d
2	钢模、钢模对焊接头中心的纵向偏移		0.1d
3	接头处钢筋轴线的曲折		≯4度
4	接头处钢筋轴线的偏移		≯0.1d且不大于3mm
5	焊缝高度		≮0.05d
6	焊接宽度		≮0.1d
7	焊缝长度		≮0.5d
8	咬肉深度		≯0.05d且不大于1mm
9	焊缝表面上气孔及夹渣	在2d长度上	不多于2个
		直　径	不大于3mm

注：1. 表中d为钢筋直径（mm）。
　　2. 本表供抽查焊接接头质量时使用，不计点。

（7）钢筋安装允许偏差（见表 3-53）

表 3-53 钢筋安装允许偏差

序 号	项 目		允许偏差/mm	检验频率		检 验 方 法
				范 围	点数	
1	顺高度方向配置两排以上受力钢筋的排距		±5	每个构件或构筑物	2	用尺量
2	受力钢筋间距	梁、桩	±10		2	在任意一个断面量取每根钢筋间距最大偏差值计 1 点
		板、墙	±10		2	
		基 础	±20		4	
3	箍筋间距		±20		5	用尺量
4	保护层厚度	梁、柱	±5		5	用尺量
		板、墙	±3			
		基 础	±10			

(8) 现浇混凝土结构允许偏差（见表 3-54）

表 3-54 现浇混凝土结构允许偏差

序号	项 目		允许偏差/mm	检验频率		检 验 方 法
				范围	点数	
1	△混凝土抗压强度		按 GBJ 107—87 标准			标准养护
2	△混凝土抗渗性能		不小于设计规定	每台班 2 组	12 块	标准养护
3	轴线位移		20	每座	4	用经纬仪测量
4	各部底板高程		±20	每座	4	用水准仪测量
5	尺寸	长、宽、直径	≮0.5%且不大于 50mm	每座	2	用尺量
6	构筑物厚度	<200mm	±5	每座	4	用尺量
		200～600mm	±10			
		>600mm	±15			
7	墙面垂直度		≯0.15%H	每座	4	用垂线量测
8	麻面面积		≤1%	每侧	1	用尺量计算麻面面积与总面积的比值
9	预埋件位置		±5	每件	1	用尺量
10	预留孔位移		±10	每件	1	用尺量

注：H 为墙的高度。本表规定同时适用于沉井预制阶段的质量检验。

(9) 构件安装允许偏差（见表 3-55）

表 3-55 构件安装允许偏差

序号	项目		允许偏差/mm	检验频率		检验方法
				范围	点数	
1	平面位置		10	每一个构件	1	用经纬仪测量
2	相邻两构件支点处顶面高差		±10		2	用尺量
3	焊缝长度		不小于设计规定		抽查焊缝10%，每处计1点	
4	行车梁	中线偏差	5		1	用垂线或经纬仪测量
		顶面高程	0，−5		1	用水准仪测量
		相邻两梁端顶面高差	≯3		1	用尺量

(10) 底板混凝土浇筑允许偏差（见表 3-56）

表 3-56 一沉池底板混凝土浇筑允许偏差

序号	项目	允许偏差/mm	检查频率		检验方法
			范围	点数	
1	△混凝土抗冻性能	不小于设计规定	5组	15块	标准养护
2	△混凝土抗渗性能	不小于设计规定	1组	6块	标准养护
3	△混凝土抗压强度	按 GBJ 107—87 标准			标准养护
4	轴线位移	5	每个池	4	用经纬仪测量，纵横各2点
5	高程	±10	每5m	1	做方格网，每5m用水准仪测量1点，不得有倒坡
6	尺寸	±10	分格与整体	3	用尺量，长、宽各1点，高每5m计1点
7	麻面	1%	每一侧面	1	麻面面积与每一侧面总面积之比

(11) 梁、顶板混凝土浇筑允许偏差（见表 3-57）

表 3-57　消化池梁、顶板混凝土浇筑允许偏差

序号	项　　目	允许偏差/mm	检查频率		检验方法
			范　围	点数	
1	△混凝土抗压强度	按 GBJ 107—87 标准			标准养护
2	△混凝土抗冻性能	不小于设计规定	5 组	15 块	标准养护
3	轴线位移	10	每个梁板	2	用经纬仪测量，纵横各 1 点
4	断面尺寸	+10，−3		2	用尺量，宽、高各计 1 点
5	顶面支撑面高程	±5		2	用水准仪测量
6	梁侧向弯曲	(1/1000) L	每个梁	1	沿构件全长拉线量测
7	平整度	5	每个梁板	1	用弧长 2m 的弧形尺检查
8	麻　面	1%	每个侧面	1	麻面面积与每个侧面总面积之比

注：表中 L 为梁的长度。

(12) 消化池气密性试验

加强对防腐防漏工艺操作，确保无遗漏空白。

试气前必须对所有管道堵头进行严密性检验，确保无漏气。

气密性试验压力应为消化池工作压力的 1.5 倍。

消化池池子试气允许偏差见表 3-58。

表 3-58　消化池池子试气允许偏差

项　　目	允许偏差试验压力降/%	检查频率		检验方法
		范围	点数	
一昼夜试验气压降	<15	每个池	1	带水试验后，水不抽除用空气压缩机供气，安装虹吸管和仪表检验

注：外观检验使用肥皂水涂抹池顶混凝土表面试气，特别注意接茬、预埋件、人孔等部位，检查发现有无漏气部位。

第六节　城市污水处理厂项目的总承包

城市污水处理厂的建设如纳入国际工程的概念，则其项目的实施将按咨询、融资、采购、工程承包、管理和培训等几个步骤。一般分

两个阶段实施：工程咨询和工程承包。

工程咨询：包括对项目前期的投资机会研究、预可行性研究、可行性研究、环境评价、项目评估、勘测、设计、招标、监理和管理等，是知识密集型的劳动。目前，我国各大型市政工程设计院都从事此项业务。

工程承包：包括对项目的工程施工、设备采购和安装调试。目前，我国都由工程公司进行投标后进行承包，也有一些工程（如世界银行贷款项目）将施工图设计与工程施工交由中标的工程公司（一般都与设计院联合）承包完成。

目前，国内外都在发展“交钥匙工程”（即进行设计—施工—设备采购、安装总承包）和 BOT（Build—Operate—Transfer，即建造—运营—移交）方式的总承包，下面予以简单介绍。

一、“交钥匙工程”

“交钥匙工程”是指业主将设计与建造总包给承包商，而承包商则承担了较大的责任和风险。此类工程一般采用总价合同的形式。总价合同也称包干合同，要求承包商按招标文件要求报出总价，在此总价下完成合同规定的全部项目。总价合同可以有以下三种方式。

1. 固定总价合同（Firm Lump Sum Contract）

承包商的报价以详细的设计图纸及计算为基础，并考虑到一些费用的上升因素，如图纸及工程要求不变动则总价固定，但当施工中图纸或工程质量要求有变更，或工期要求提前，则总价也应改变。这种合同适用于工期较短，对工程项目要求十分明确的项目。承包商将承担全部风险，可能为许多不可预见的因素付出代价，因之一般报价较高。

2. 调价总价合同（Escalation Lump Sum Contract）

在报价及订合同时，以招标文件的要求及当时的物价计算总价合同。但在合同条款中双方商定：如果在执行合同中由于通货膨胀引起工料成本增加达到某一限度时，合同总价应相应调整。这种合同业主承担了通货膨胀这一不可预见的费用因素（Unpredicatable Cost Elements）的风险，承包商承担其他风险。一般工期较长时才采用这种形式。

3. 固定工程量总价合同（Lump Sum on Firm Bill of Quantities Contract)

即业主要求投标人在投标时按单价合同办法分别填报分项工程单价，从而计算出工程总价，据之签订合同。原定工程项目全部完成后，根据合同总价付款给承包商。如果改变设计或增加新项目，则用合同中已确定的单价来计算新的工程量和调整总价，这种方式适用于工程量变化不大的项目。

这种方式对业主有利，一是可以了解投标人投标时的总价是如何计算得来的，便于业主审查投标价，特别是对投标人过度的不平衡报价可以在合同谈判时压价；二是在物价上涨情况下，增加新项目时可利用已确定的单价。

二、BOT 总承包

BOT 总承包的运作一般经历以下五个阶段。

1. 项目的提出与招标

拟采用 BOT 模式建设的基础设施项目，大型项目由中央政府部门审批，一般项目均由地方政府审批，往往委托一家咨询公司对项目进行了初步的可行性研究，随后颁布特许意向，准备招标文件并公开招标。BOT 模式的招标程序与一般项目招标程序相同，包括资格预审、招标、评标和通知中标。

2. 项目发起人组织投标

发起人往往是强有力的咨询公司和大型的工程公司的联合体，它们申请资格预审并在通过资格预审后购买招标文件进行投标。BOT 项目的投标显然要比一般工程项目的投标复杂得多，需要对 BOT 项目进行深入的技术和财务的可行性分析，才有可能向政府提出有关实施方案。BOT 项目的资金一般来自两个方面：一方面是项目公司股东的股本金，大约占整个资金的 10%～30%；余下的 70%～90%则向金融机构融资，因而事先要与金融机构接洽，使自己的实施方案特别是融资方案得到金融机构的认可，才可正式递交投标书。在这个过程中，项目发起人常常要聘用各种专业咨询机构（包括法律、金融、财会等）协助编制投标文件，要花费一大笔投标费用。

3. 成立项目公司，签署各种合同与协议

中标的项目发起人往往就是项目公司的组织者。项目公司参与各方一般包括项目发起人、大型承包商、设备材料供应商、东道国国营企业等。在国外有时当地政府也入股。此外，还有一些不直接参加项目公司经营管理的独立股东，如保险公司、金融机构等。我国在BOT试点阶段，国家曾规定：一律以外方独资模式组建项目公司。

项目发起人一般要提供组建项目公司的可行性报告，经过股东讨论后签订股东协议和公司章程，同时向当地政府工商管理和税务部门注册。

项目发起人首先和政府谈判、草签特许权协议，然后组建项目公司，完成融资交割，最后项目公司与政府正式签署特许权协议。然后项目公司与各个参与方谈判签订总承包合同、运营养护合同、保险合同、工程监理合同和各类专业咨询合同等，有时需独立签订设备供货合同。

4. 项目建设和运营

这一阶段项目公司主要任务是委托工程监理公司对总承包商的工作进行监理，保证项目的顺利实施和资金支付。有的工程（如发电厂、高速公路等）在完成一部分之后即可交由运营公司开始运营，以早日回收资金。同时，还要组建综合性的开发公司进行综合项目开发服务，以便从多方面赢利。

在项目部分或全部投入运营后，即应按照原定协议优先向金融机构归还贷款和利息。同时也考虑向股东分红。

5. 项目移交

在特许期满之前，应做好必要的维修以及资产评估等工作，以便按时将BOT项目移交给政府运行。政府可以仍旧聘用原有的运营公司或另组运营公司来运行项目。

第四章　城市中小型污水处理厂的运行与管理

城市污水处理厂更确切地说是城市再生水厂。水工业在 21 世纪将成为最大的工业。我国水资源的人均占有量名列世界第 110 位，为世界人均占有量的 1/4，而天津、宁夏、上海、北京、河北和山东的水资源人均占有量又不足全国人均占有量的 1/6。再生水对缺水地区是多么重要，因为污水是稳定可靠的水资源。但是，由于众所周知的原因，大量污水没有得到再生。据报道，黄浦江水每年的黑臭天数已超过 200 天，淮河、海河、辽河、滇池、巢湖、太湖的污染也是警报频传。污水处理和再生已成为我国可持续发展的必然之举。

一、城市污水处理厂的性质与任务

城市污水处理厂是城市建设的重要组成部分，是城市生产和人民生活不可缺少的公共设施。污水处理厂按规定建成后，其运营费用在城市维护费用中列支，所以污水处理厂过去一直是事业单位，按企业办法进行管理。今后应由政府招标，委托运营公司进行管理，政府对运营公司进行严格的考核。这样污水处理厂作为再生水厂，今后不应再吃“皇粮”。

城市污水处理厂的任务是：认真贯彻为生产、为人民生活服务的方针，充分发挥现有设施效能，按设计要求处理好城市污水，减少污染，改善环境；为工农业生产提供更多可用的水利资源；为国家创造一定的物质财富。

城市污水处理厂的业务范围是：以处理城市生活污水为主，城市的工业废水要按照“污水排入城市下水道水质标准”，各工厂企业首先自行处理，达到排放标准后方可排入城市下水道和污水处理厂。

随着我国城市污水处理事业的发展，城市污水处理厂应积极为城市提供再生水，以弥补水资源的不足。污水处理厂成为再生水厂，将意味着污水处理不仅有其环境效益和间接的经济效益，而且将有着巨大的直接经济效益。此外，污水处理厂将是城市污水的水质监测站，它可以对上游的污染源进行在线监测，为水环境的保护管理提供有效的支持。

二、城市污水处理厂的运行与管理

污水处理厂运行管理人员必须熟悉本厂处理工艺和设施、设备的运行要求与技术指标，运行管理人员和操作人员应按要求巡视检查构筑物、设备、电器和仪表的运行情况。各岗位应有工艺系统网络图、安全操作规程等，并应示于明显部位。操作人员应按时做好运行记录，数据应准确无误。操作人员发现运行不正常时，应及时处理或上报主管部门。

城市污水处理厂必须加强水质和污泥管理，应对各项生产指标、能源和材料消耗等准确计量，至少应达到国家三级计量合格单位的标准。

1. 污水泵房的运行管理

泵房应根据进水量的变化和工艺运行情况而调节水量，保证处理效果。进水量太小时，可适当提高开泵水位以减少水泵启动次数。水泵在运行中，必须严格执行巡回检查制度，并注意下列要求：

① 应注意观察各种仪表显示是否正常、稳定。

② 轴承温升不得超过环境温度 35℃，总和温度最高不得超过 75℃。

③ 应检查水泵填料压盖处是否发热，滴水是否正常。

④ 水泵机组不得有异常的噪音或振动。

⑤ 集水池水位应保持正常。

运行人员应使泵房的机电设备保持良好状态。操作人员应保持泵站的清洁卫生，各种器具应摆放整齐，应及时清除叶轮、闸阀、管道的堵塞物。泵房的集水池应每年至少清洗一次，同时对空气搅拌装置应进行检修。

泵房应至少半年检查、调整、更换水泵进出水闸阀填料一次，并定期检修集水池水标尺或液位计及其转换装置。备用泵应每月至少进行一次试运转。环境温度低于 0℃时，必须放掉泵壳内的存水。

2. 沉砂池的运行管理

曝气沉砂池的空气量应根据水量的变化进行调节。各种类型的沉砂池均应定时排砂或连续排砂。采用机械除砂的，除砂机械应每日至少运行一次，操作人员应现场监视，发现故障及时采取处理措施。除砂机械工作完毕，应将其恢复到待工作状态。沉砂池排出的沉砂应及时外运，不宜长期存放；清捞出的浮渣应集中堆放在指定地点，并及时清除。沉砂池上的电气设备应做好防潮湿、抗腐蚀处理。

沉砂池宜每年对沉砂颗粒进行化验分析一次，并对沉砂量进行统计。沉砂池每运行 2 年应彻底清池检修一次。

除砂机的限位装置应每月检修一次，应保持排砂管通畅。还应保持沉砂池及贮砂场的环境卫生。

3. 初沉池的运行管理

初沉池操作人员根据池组设置、进水量的变化，应调节各池进水量，使各池均匀配水。初次沉淀池应及时排泥，并宜间歇进行。操作人员应经常检查初次沉淀池浮渣斗和排渣管道的排渣情况，并及时清除浮渣，清捞出的浮渣应妥善处理。刮泥机待修或长期停机时，应将池内污泥放空。采用泵房排泥工艺时，可按污水泵房要求进行管理。当剩余活性污泥排入初次沉淀池时，在正常情况下应控制其回流量。

4. 曝气池与二沉池的运行管理

管理人员按曝气池池组设置情况及运行方式调节各池进水量，使各池均匀配水。曝气池无论采用何种运行方式，应通过调整污泥负荷、污泥泥龄或污泥浓度等方式进行工艺控制。曝气池出口处的溶解氧浓度宜为 2mg/L，除非工艺有特殊要求。运行人员应经常观察活性污泥生物相、上清液透明度、污泥颜色和状态、气味等，并定时测试和计算反映污泥特性的有关项目。因水温、水质或曝气池运行方式的变化而在二次沉淀池可能引起污泥膨胀、污泥上浮等不正常现象，应分析原因，并针对具体情况调整系统运行工况，采取适当措施使其恢复正常。当曝气池水温低时，应采取适当延长曝气时间、提高污泥浓度、增加泥龄或其他方法，保证污水的处理效果。合建式的完全混合式曝气池的回流量，可通过调节回流闸板进行控制。

操作人员应经常排放曝气器空气管路中的存水,等放完后应立即关闭放水闸阀。曝气池产生泡沫和浮渣时,应根据泡沫颜色分析原因,并采取相应措施恢复正常。应每年放空、清理曝气池一次,清通曝气头,检修曝气装置。表面曝气机、射流曝气器等曝气设备应定期进行维修。

操作人员根据二沉池池组设置、进水量的变化，应适时调节各池进水量，使之均匀配水。二次沉淀池的污泥必须连续排放。二次沉淀池刮吸泥机的排泥闸阀应经常检查和调整，以保持吸泥管路畅通，使池内污泥面不得超过设计泥面 0.7m。刮吸泥机集泥槽内的污物应每月清除一次。

5. 鼓风机房的运行管理

运行人员要根据曝气池氧的需要量调节鼓风机的风量。风机及其水冷却、油冷却系统发生突然断电等不正常现象时，应立即采取措施，确保风机不发生故障。长期不使用的风机，应关闭进、出气闸阀和冷却系统，将系统内存水放空。鼓风机的通风廊道内应保持清洁，严禁有任何物品。离心风机工作时，应有适当措施防止风机产生喘振。

风机在运行中，操作人员应注意观察风机及电机的油温、油压、风量、电流、电压等，并每小时记录一次。遇到异常情况不能排除时，应立即停机。通风廊道应每月检修一次。采用帘式过滤器的滤布应每月更换一次，滤袋应三个月更换一次。静电除尘过滤装置应定期清洗、检修。备用的转子或风机应每周旋转 120°或 180°。鼓风机的冷却、润滑系统应定期检修与清洗。

6. 污泥厌氧消化池的运行管理

消化池内应按一定投配率投加新鲜污泥，并自动排放消化污泥。采用池外加温且循环搅拌的消化池，投泥和循环搅拌应同时进行。新鲜污泥投到消化池后应充分搅拌，并应保持消化温度恒定。在产气量不足或在启动期间搅拌无法充分进行时，用沼气搅拌污泥宜采用单池进行，或采用辅助措施搅拌。不能连续搅拌的消化污泥池必须在 2～5h 之内充分混合一次，此时消化池中的搅拌不得与排泥同时进行。消化池应监测产气量、pH 值、脂肪酸、总碱度和沼气成分等数据，并根据监测数据调整消化池运行工况。热交换器长期停止使用时，必须关闭通往消化池的进泥闸阀，并将热交换器中的污泥放空。二级消化池的上清液如不能自动排放，应按设计要求定时排放。消化池前栅筛上的杂物必须及时清捞并外运。消化池溢流管必须畅通，并保持其水封高度。环境温度低于 0℃时，应防止水封结冰。消化池启动初期，搅拌时间和次数可适当减少，而运行数年的消化池的搅拌次数和时间可适当增多和延长。

消化池的各种加热设施均应定期除垢、检修、更换。消化池池体、沼气管道、蒸汽管道和热水管道、热交换器及闸阀等设施、设备应每年进行保温检查和维修。寒冷季节应做好设备和管道的保温防冻工作。热交换器管路和闸阀处的密封材料应及时更换。正常运行的消化池，宜 5 年彻底清理、检修一次。

7. 污泥脱水机房的运行管理

当采用机械设备进行污泥脱水时，应选用合适的化学调节剂。化学调节剂的投加量应根据污泥的性质、消化程度、固体浓度等因素通过试验确定；同时，应按照化学调节剂的种类、有效期、贮存条件来确定备量和贮存方式。化学调节剂应现存现用，药剂的配制应符合脱水工艺的要求。污泥脱水机械带负荷运行前应空车运转数分钟。污泥脱水机在运行中，随污泥变化应及时调整控制装置。污泥脱水完毕，应立即将设备和滤布冲洗干净。

用干化场进行污泥脱水时，污泥应依次投放在干化床上，并根据污泥干化周期晾晒、起运干泥。污泥干化场在雨季应减少使用次数，其滤料应每年补充或更换。

8. 沼气利用的运行管理

沼气柜浮动盖水封应保持水封高度，pH 值小于 6 时应换水，北方地区应有防冻措施。沼气应充分利用，需排放的沼气应用火炬燃烧。沼气管道中的冷凝水罐应定期排放冷凝水。沼气柜运行 5～10 年应进行一次维修，气柜外涂料应是反射性色彩。

沼气脱硫装置中的脱硫剂应定期再生或更换。

沼气发动机的操作人员应每小时巡视一次，检查发动机组（或发电机组）的运行情况，并做运行记录，分析运行状态，发现问题应及时调整或上报主管部门。

沼气发动机在运行中，操作人员应随时掌握负载的变化情况，并应对发动机的最大负荷进行限制。沼气过滤装置应定期清洗。操作人员必须经常检查沼气发动机管路，防止漏气、冷凝水过多而影响供气。

沼气发电机房内的电气设备应每年进行调整和检测一次，沼气发电机系统必须每周检查一次。沼气发动机及调速器必须使用规定型号的润滑油。

沼气发动机系统宜分日保养、周保养、运转额定小时保养。每次保养必须填写保养记录。

发电机余热利用系统的管道、换热器和保温设施应定期进行检修，沼气进气管路上的电磁阀应定期检修。要注意待油温、水温等降到常温时，方可维修发电机。沼气稳压罐、启动气瓶应定期进行检测，主机和附属设备内的水垢应及时消除。发电机的启动系统应定期进行检修。

沼气锅炉的沼气喷嘴应经常清通，锅炉使用中应严格控制供气量，停止使用前应关闭气路闸阀。

9. 监控仪表

污水处理厂现场仪表的检测点应按工艺要求布设，不得随意变动，各类检测仪表的一次传感器均应按要求清污除垢。室外的检测仪表应设有防水、防晒的装置。

操作人员应定时对显示记录仪表进行现场巡视和记录，发现异常情况应及时处理。

污水处理厂应定期检修仪表中各种元器件、转换器和变送器等二次仪表。仪器仪表的维修工作应由专业技术人员负责。引进的精密仪器出现故障时不得自行拆卸。

列入国家强制检定范围的仪器仪表，应按周期送技术监督部门检定修理；非强制检定的仪器仪表，应根据使用情况进行周期检定。仪表经检定超过允许误差时应修理。现场检定发现问题后应换用合格仪表。

污水处理厂监控仪表的各部件应完整、清洁、无锈蚀，表盘标尺刻度清晰，铭牌标记、铅封完好；中央控制室应整洁；微机系统工作应正常；非厂用软件不得上机。全厂厂内仪表表井应清洁、无积水。长期不用的传感器、变送器应妥善管理和保存。

三、城市污水处理厂的安全生产

我国城市污水处理厂目前才数百座，大型城市污水处理厂更是屈指可数，但已发生多起人身安全事故，而且事故性质类同，这应引起管理部门和操作人员的高度重视。污水处理厂有高压电路、高速风机、易燃气体和压力容器等，安全生产特别重要。从以往教训中应该明确：没有安全措施、未经批准不得进入地下井室或管道中。

污水处理厂各岗位操作人员和维修人员必须经过技术培训和生产实践，并经考试合格后方可上岗。

凡是在具有有害气体或可燃性气体的构筑物或容器进行放空清理和维修时，应将甲烷含量（体积分数，下同）控制在5%以下，H_2S含量、HCN和CO的含量分别控制在4.3%、5.6%和12.5%以下，同时含氧量不得低于18%。

污泥处理区域、沼气鼓风机房、沼气锅炉房等地严禁烟火，并严禁违章明火作业；具有有害气体、易燃气体、异味、粉尘和环境潮湿的车间，必须通风；有电气设备的车间和易燃易爆的场所，应按消防部门的有关规定设置消防器材。

启动设备应在做好启动准备工作后进行。电源电压大于或小于额定电压5%时，不宜启动电机。操作人员在启闭电器开关时，应按电工操作规程进行，各种设备维修时必须断电，并应在开关处悬挂维修标牌后方可操作。

雨天或冰雪天气，操作人员在构筑物上巡视或操作时应注意防滑。

污水处理厂各种机械设备应保持清洁，无漏水、漏气等。水处理构筑物堰口、池壁应保持清洁、完好。根据不同机电设备的要求，应定时检查、添加或更换润滑油或润滑脂。各种闸井内应保持无积水。清理机电设备及周围环境卫生时，严禁擦拭设备运转部位，冲洗水不得溅到电缆头和电机带电部位及润滑部位。

厂内各岗位操作人员应穿戴齐全劳保用品，做好安全防范工作。

起重设备应有专人负责操作，吊物下方严禁站人。应在构筑物的明显位置配备防护、救生设施及用品。严禁非岗位人员启闭该岗位的机电设备。

当污水处理厂的变、配电装置在运行中发生气体继电器动作或继电保护动作跳闸、电容器或电力电缆的断路跳闸时，在未查明原因前不得重新合闸运行。在电气设备上进行倒闸操作时，应遵守“倒闸操作票”制度及有关的安全规定，并应严格按程序操作。变压器、电容器等变、配电装置在运行中发生异常情况不能排除时，应立即停止运行。电容器在重新合闸前，必须使断路断开，将电容器放电。如隔离开关接触部分过热，应断开断路器，切断电源，不允许断电时则应降低负荷、加强监视。在变压器台上停电检修时，应使用工作票，如高压侧不停电，则工作负责人应向全体工作人员说明线路有电，并加强监护。

所有高压电气设备应有标示牌。

有关污水处理厂安全操作的规定见国家行业标准《城市污水处理厂运行、维护及其安全技术规程》(CJJ60—94)。

四、城市污水处理厂的水质检测

城市污水处理厂正常运行检测项目见表 4-1 及表 4-2。

表 4-1　污水处理检测项目

序号	项目	周期	序号	项目		周期
1	pH 值	每日一次	10	氨氮	脱氮除磷工艺每日一次	每周一次
2	SS		11	硝酸盐氮		
3	BOD_5		12	亚硝酸盐氮		
4	COD_{Cr}		13	总氮		
5	SV（以%计）		14	有机氮		
6	MLSS		15	磷酸盐		
7	MLVSS		16	总固体		
8	DO		17	溶解性固体		
9	氯化物		18	总有机碳		

续表

序号	项目	周期	序号	项目	周期
19	细菌总数	每周一次	31	铜及其化合物	每半年一次
20	大肠菌群		32	锌及其化合物	
21	蛔虫卵		33	铅及其化合物	
22	烷基苯磺酸钠		34	汞及其化合物	
23	醛类	每月一次	35	六价铬	
24	氰化物		36	总铬	
25	硫化物		37	总镍	
26	氟化物		38	总镉	
27	油类		39	总砷	
28	苯胺		40	有机磷	
29	挥发酸				
30	氢化物				

表 4-2　污泥处理检测项目

序号	项目	周期	序号	项目	周期
1	有机物含量	每日一次	14	锌及其化合物	每季一次
2	含水率		15	铜及其化合物	
3	pH 值		16	铅及其化合物	
4	脂肪酸		17	铬及其化合物	
5	总碱度		18	镍及其化合物	
6	沼气成分	每周一次	19	镉及其化合物	
7	酚类	每月一次	20	汞及其化合物	
8	氰化物		21	砷及其化合物	
9	矿物油		22	硼及其化合物	
10	苯并（*a*）芘		23	总氮	
11	细菌总数		24	总磷	
12	大肠菌群		25	总钾	
13	蛔虫卵				

五、某污水处理厂运转管理说明（摘要）

将某污水处理厂运转管理说明中有关生物处理单元的内容摘录如下，供参考。

（一）本单元功能简述

本单元包括曝气池、二沉池、回流污泥泵房和鼓风机房，它们组成一个有机的整体。

曝气池是全厂的核心构筑物，污水在池中通过微生物的净化作用，达到去除有机污染的目的。普通活性污泥法主要去除碳源有机物，生物脱氮工艺还可同时去除氮源物质。

曝气池的净化水与活性污泥（微生物）的混合液进入二沉池沉淀分离，澄清水（即处理过的水）经计量后排出厂外，沉泥（即活性污泥）又返回曝气池去降解污水中的有机物。

从二沉池返回曝气池的活性污泥需经回流污泥泵房提升，在生物降解过程中产生的剩余活性污泥也从回流污泥泵房排出。

曝气池的生物净化过程需要大量充氧，由鼓风机房提供气源。

（二）主要设施

1. 砼构筑物

（1）4 座曝气池（106-1～106-4）[1]

单池长 68m，宽 64m，水深 5.2m，容积 22600m^3。分 8 条廊道，每条廊道宽 8m，首尾相连。

（2）8 座辐流式二沉池（108-1-1～108-4-2）

单池直径 55m，池边水深 4.5m。

（3）4 座回流污泥泵房（107-1～107-4）

（4）1 座鼓风机房（109）

2. 机械设备和自控仪表

（1）26800 个 DP230 型曝气盘

（2）5 台水下搅拌器（IS401～405）

安装在 106-4 池，单台 Q＝5040m^3/h，N＝13.5kW。

---

[1] 106-1～106-4 和后文的 IS401、FE414 等为构筑物、设备的编号，均按该厂的编制。

(3) 4 台单级高速离心风机 (RB601～604)

安装在鼓风机房，单台风量 39000m^3/h (标准状况)，风压 65000Pa，电机功率 1000kW，电压 6kV。

(4) 4 台电动蝶阀 (CV401～404)

安装在曝气池进风总管上，直径 500mm。

(5) 4 台空气流量计 (FE409～412)

安装在曝气池进风总管上，量程 0～45000m^3/h (标准状况)。

(6) 4 个压力传感器 (PE401～404)

安装在曝气池进风总管上，量程 0～0.11MPa 及 0～0.69MPa。

(7) 4 个温度传感器 (TE403～406)

安装在曝气池进风总管上。

(8) 62 个空气流量指示计 (FI413-01～413-62)

安装在曝气池上的空气支管上，量程 0～3000m^3/h (标准状态) 和 0～5000m^3/h (标准状态)。

(9) 4 个空气流量传感器 (FE414～417)

安装在鼓风机出风管上，量程 0～45000m^3/h (标准状态)。

(10) 2 个 pH 计 (AE412, AE413)

安装在曝气池内。

(11) 11 个溶解氧测定仪 (AE401～411)

安装在曝气池内，量程 0～3mg/L 或 0～10mg/L 或 0～30mg/L。

(12) 2 个温度传感器 (TE401, TE402)

安装在曝气池内。

(13) 4 个污泥浓度传感器 (DE401～404)

安装在曝气池内，量程 2～8g/L。

(14) 16 台螺旋泵 (SP401～416)

单台直径 1400mm，流量 0.41m^3/s，扬程 3.6m。

(15) 20 个浮球液位开关 (LSL401～420)

安装在回流污泥泵房每一个渠道内。

(16) 4 台剩余污泥潜水泵 (P401～404)

安装在回流污泥泵房前池。

(17) 4 台超声波液位计（FE401～404）

安装在曝气池上的回流污泥巴式计量槽上。

(18) 4 台电磁流量计（FE405～408）

安装在剩余污泥潜水泵出水管路上，量程 0～100m^3/h。

(19) 8 台双臂式刮泥机（B501～508）

(20) 8 个泥位计（LE501～508）

安装在二沉池内。

（三）启动

1. 检查各种设备的安装是否符合设计的要求，特别是曝气池中的曝气盘是否在一个高程上，安装高度误差不得超过设计规定值。对各种设备进行空车调试，按照生产厂家的要求操作，达到要求才能转入下一步。

2. 向曝气池中充入清水，开动鼓风机向曝气池供气，对各种设备进行带负荷调试运行，直到各种设备运转正常。

3. 放空清水，通入污水开始培菌。培菌过程是在一个曝气池中进行。通入污水的同时开动鼓风机，鼓风机必须连续供气，不得间断。当污水浸没曝气盘面，同时投加占污水量 2%（体积比）的粪便和 1%过筛的北排污河河泥作为菌种，注意投粪便和污泥时避开曝气盘。培菌开始就不间断对污水进行检测，主要项目有 SV_{30}、溶解氧、pH 值、水、MLSS 和显微镜观察生物相。控制池液溶解氧在 2mg/L 左右，以此调节鼓风机风量。加入污水的速率根据水温和培菌情况决定，开始进水速率较快，污水量达到曝气盘面上 1.5m 左右要放慢进水速度。特别注意 SV_{30} 和镜检两项指标，如 SV_{30} 呈上升趋势，说明培菌进展正常。曝气池水满后进入二沉池，待二沉池水位达到设计水位溢流时，开始排放底泥经回流污泥泵房返回曝气池，污泥回流比为进水量的 100%～200%。当 SV_{30} 达到 10%以上，污泥沉降性能好，显微镜观察出现胶团及固着型纤毛虫类原生动物时，就标志培菌成功，可以转入正常运行。

一个曝气池培菌成功后，可将其活性污泥引至其他曝气池作为菌种，按上述步骤培菌。由于菌种数量增加，培菌速度加快，培菌过程可大大缩短。

（四）控制和操作

1. 曝气池供气量由 PLC 根据池中溶解氧浓度自动调节。若曝气池溶解氧有的高于设定值（2mg/L），有的又低于设定值，则 PLC 调节各个进风总管上的电动蝶阀开度。如果 4 个曝气池溶解氧都大于或小于设定值，PLC 就调节鼓风机进风导叶片允许的开度；若调节幅度超过进风导叶片允许的范围，PLC 会发出开停风机信号，由工作人员现场操作开停风机。同一曝气池内各段渠道的曝气强度可从安装在空气支管上的空气流量指示计看出，根据需要可手动操作支管上的蝶阀调节。

2. 进气总管上的流量、温度和压力信号输入计算机，温度和压力用作修正流量。鼓风机的温度故障、喘振故障和由偏差引起的障碍信号进入计算机。

3. 二沉池泥通过回流污泥泵房连续回流曝气池。螺旋泵的开停由 PLC 根据曝气池中污泥浓度自动控制，泵池液位最低时将自动停泵并发出报警。回流污泥量信号送入 PLC，当流量低于设定值时发出报警；曝气池内污泥浓度低于设定值时也发出报警。回流污泥流量及曝气池污泥浓度设定值根据运行情况决定。

4. 剩余活性污泥从回流污泥泵房前池用潜水泵抽升，PLC 根据二沉池泥位高低控制潜水泵定时开停，流量信号进 PLC。

5. 106-4 池的水下搅拌器连续运行，状态和故障信号进 PLC。

6. 二沉池刮吸泥机连续运行，状态和故障信号进 PLC。

7. 二沉池泥位计信号进入 PLC，当泥位高于设定值时发出报警。

8. 106-4 池按脱氮工艺运行时，需将进水处的闸门关闭。

9. 鼓风机的操作参见生产厂家说明书。

（五）几个关键参数说明

1. 活性污泥（activated sludge）

由污水中的菌胶团、细菌和其他生物在有溶解氧的情况下分解有机物产生的污泥絮体，并通过先前形成的絮体的回流而积累成充分浓度的污泥絮体。其数量以 MLSS（混合液悬浮固体含量）或 MLVSS（混合液挥发性悬浮固体含量）表示。

2．COD（chemical oxygen demand）——化学需氧量

是水中有机物和无机物耗氧能力的一种量度，通常用重铬酸钾作为氧化剂测定所消耗的氧量。

3．BOD（biochemical oxygen demand）——生化需氧量

有机物在规定时间、规定温度和规定条件下进行生化氧化所需要的氧量，通常采用的时间为 5 天，温度 20℃，得出的耗氧量叫 BOD_5，一般简写为 BOD，是评定污水有机污染强度的标准指标。

4．TKN（total kjeldahl nitrogen）——总凯氏氮

有机氮和氨氮之和。

5．污泥负荷（BOD-SS Load）——F_w

每日进入曝气池污水的有机物总量和曝气池中活性污泥总量的比值。即单位量的活性污泥负担的有机物量。

有机物总量在数值上等于每日进入曝气池的污水量与 BOD 浓度的乘积。

活性污泥总量在数值上等于曝气池容积与 MLVSS（或 MLSS）的乘积。在本厂采用的是 MLVSS。

$F_w<0.2$	低负荷
$0.2<F_w<0.5$	中等负荷
$F_w>0.5$	高负荷

6. 容积负荷（BOD-V Load）——F_r

每日进入曝气池污水的有机物总量和曝气池容积的比值，即单位曝气池容积负担的有机物量。

7. 剩余活性污泥（excess activated sludge）

污水中的有机物经生化降解生成 CO_2、无机物或难降解有机物以及合成新的微生物细胞，使生物处理系统的污泥量不断增加，超过系统操作所需活性污泥量，多余的部分必须从系统中排除，这部分就叫剩余活性污泥。

8. 泥龄（sludge age）

是曝气池中悬浮固体（MLSS）经受曝气的时间长短的一种量度，以日表示。其数值为曝气池中悬浮固体总质量与每天进入曝气池

污水的悬浮固体总量之比。

9. 污泥指数（sludge index）——SVI

严格地称为污泥容积指数（sludge volume index），也叫摩尔曼指数（Mohlmen index）。它是指经曝气后的混合液静沉30min后，一克活性污泥所具有的容积（毫升）。它反映活性污泥沉淀的难易程度。在数值上等于1000mL混合液静沉30min后沉淀的污泥容积（ml）与未沉淀之前的混合液浓度（g/L）之比。

10. SV_{30}

曝气池混合液30min静沉后的污泥量，以占混合液的体积百分比表示。

$$SV_{30}=SVI\times MLSS(单位\ g/L)\times 10^{-3}$$

（六）生物处理系统调节说明

1. 曝气

曝气池在停止曝气之后重新开动时要加强曝气，增大曝气量，以便将沉淀的污泥搅拌起来。

正常运行情况下曝气量不要过大，控制溶解氧浓度1～3mg/L，过量的溶解氧将形成小而重的易沉淀絮体，降低絮凝作用，使出水中的悬浮固体含量增加，水质恶化，并导致过量的动力消耗。

2. 污泥回流

在开始阶段，污泥回流比可定为平均小时流量的100%，这是为了避免高峰流量时污泥在二沉池中堆积过多，同时可限制二沉池底污泥的停留时间。若停留时间过长，将导致污泥缺氧，甚至引起反硝化产生氮气泡，使污泥上浮，堵塞出水堰。

3. 污泥指数回流比的确定

污泥指数是反映活性污泥性能的重要指标，作为参数，可作如下判断：

SVI＝100	中等值
SVI＝60	低值，污泥易于沉淀
SVI＝300	高值，污泥很轻，不易沉淀
SVI≥400	产生污泥膨胀

污泥膨胀的特征是污泥不能浓缩，即使延长沉淀时间也不行。

当 SVI＜300，污泥回流比的理论计算值为：

$$R=\frac{100C}{\frac{1200}{\mathrm{SVI}}-C}$$

式中 R——污泥回流比，%；

C——曝气池混合液污泥浓度，g/L。

例如，当 SVI＝150，污泥浓度为 3g/L，则污泥回流比为 60%。

由于一天之内污水水量水质不断变化，为安全起见，推荐污泥回流比高于理论计算值。

4. 剩余污泥排放

由于生化作用，曝气池中的污泥不断增加，当污泥量上升到 SV_{30}＝50%～60%，即 MLSS＝5～6g/L（SVI 为 100）时，过剩污泥必须排除。排泥要连续进行，直到 SV_{30}＝30%～40%，即 MLSS＝3～4g/L 为止。

在曝气系统稳定运转条件下，剩余污泥要定期间歇排放。如果在超负荷期间排除剩余污泥不够量，将出现下列问题：

——处理出水超标

——发出有害的难闻气味

——出现泡沫

——处理设施弄脏

——使污泥浓缩池刮泥机发生故障

（七）故障处理和维护

1. 污泥指数的变化和污泥膨胀

当进水中粘土一类无机物增加，污泥指数下降，这意味着污泥易于沉降，在处理厂运行条件下一般不会出现什么问题。

当污水中有机负荷增加，污泥指数提高，达到污泥膨胀阶段将使二沉池无法工作。污泥膨胀可由丝状菌的繁殖引起，在传统活性污泥法中它抑制其他菌种的生长。污泥膨胀主要是由某些类型的工业废水引起。

一般说来，如果污泥回流比增加到平均污水流量的200%，二沉池中污泥膨胀问题可以减轻。适量加氯可制止污泥膨胀，加氯量通常为按污泥体积计算的10～20mg/L。也可投加石灰之类矿物，如果可能的话投加消化污泥抑制污泥膨胀。消化污泥的投加应在小心测定溶解氧含量的同时缓慢进行，一天的投加量（按质量计）不能超过系统中活性污泥量（按质量计）的1/3。

2.污泥上浮

（1）第一种情况

通常二沉池污泥上浮表示污泥中的氧量不足，一种情况是由于曝气池中供气不足，这时二沉池表面盖满污泥；另一种情况是由于污泥循环不够致使污泥沉积在池中，进而形成缺氧条件，这时污泥块上浮，污泥发酵产生气体将污泥带到池表面。这种池面污泥近黑色并释放有害难闻气味。

处理措施：

——如曝气池中溶解氧过低（比如低于1mg/L）时增大鼓风量

——加大污泥回流比

——防止污泥沉积在处理构筑物中

（2）第二种情况

污泥上浮可由硝化之后的反硝化引起，这是由于水中硝酸盐在细菌作用下被还原为氮气和二氧化碳，这些气泡降低了污泥的相对密度，使其以小片状（几厘米）上浮到水面。当用试管将这种混合液沉淀一段时间（有时是几小时），可以观察到沉淀污泥上浮到水面的现象。

到最后阶段，二沉池表面可被棕色污泥完全盖满，它看起来像深褐色的含奶油的泡沫状糕点，释放出无害的气味。

处理措施：

——降低曝气池的MLSS以提高污泥负荷，不让污水达到硝化阶段

——降低供氧量

——增加污泥回流比

3.泡沫

(1) 第一种情况

泡沫是曝气过程用于含溶解洗涤剂液体时所特有的麻烦。当原污水中洗涤剂含量和处理厂运行条件都处于一般情况，活性污泥搅拌产生的泡沫问题是不重要和无害的。泡沫由于下列因素而加强：

——曝气池液的 MLSS 降低

——鼓风量过大

——气温升高

处理措施：

——泡沫可用喷水较容易地去除

——喷洒少量消泡剂在池面。消泡剂是活性物质，能很快消泡，但其作用不长久，需反复使用

——增加曝气池 MLSS 浓度，这是最简单和最有效的补救措施。一般说来，2.5g/L 的 MLSS 浓度可有效减少泡沫的产生

——如果泡沫反复出现，应通过工厂（特别是食品工厂）将洗涤剂去除一部分才能解决处理厂的泡沫问题。当洗涤剂含量超过 40mg/L 时对生物处理是有害的

(2) 第二种情况

偶尔也发生另一种类型泡沫——浓厚、多脂、外观呈奶油色，它在某些类型洗涤剂生物降解时产生，是某些工业的特征。这些洗涤剂含有溶解性油脂，在预处理中不能去除，进到生物处理系统进行生物降解，释放出油脂，从而形成泡沫并浓缩和浮起，这在曝气系统是无法避免的，它常常与曝气池中污水停留时间过长有关（如负荷不足，晚间低流量）。这些泡沫随后进入二沉池浮于水面，使出水水质恶化。

处理措施：目前对这种类型的泡沫还没有有效的办法。尽管如此，对能促进第一类型泡沫的因素施加影响还是可能的。

4. 颜色和气味

质量好的活性污泥呈深褐色，如果在一定时间内相当比例的工业废水进入原污水，活性污泥的颜色可能改变；污水中含有显著量金属氧化物也会改变污泥颜色。一般说，这不利于水质净化，需要进行调查以便在处理厂或排放这些氧化物的工厂进行预处理。

污泥变为黑色通常意味着腐败过程的开始，这是由于曝气不足或在二沉池中停留时间过长所致。在曝气池中黑色污泥往往放出硫化氢的气味，所有这些污泥都必须清除并形成新的污泥。为防止污泥腐败，必须正确选定曝气池液的溶解氧浓度（始终大于 1mg/L）和污泥回流率。

附录一　城市污水处理及污染防治技术政策[1]

1　总则

1.1　为控制城市水污染，促进城市污水处理设施建设及相关产业的发展，根据《中华人民共和国水污染防治法》、《中华人民共和国城市规划法》和《国务院关于环境保护若干问题的决定》，制定本技术政策。

1.2　本技术政策所称“城市污水”，系指纳入和尚未纳入城市污水收集系统的生活污水和工业废水之混合污水。

1.3　本技术政策适用于城市污水处理设施工程建设，指导污水处理工艺及相关技术的选择和发展，并作为水环境管理的技术依据。

1.4　城市污水处理设施建设，应依据城市总体规划和水环境规划、水资源综合利用规划以及城市排水专业规划的要求，做到规划先行，合理确定污水处理设施的布局和设计规模，并优先安排城市污水收集系统的建设。

1.5　城市污水处理，应根据地区差别实行分类指导。根据本地区的经济发展水平和自然环境条件及地理位置等因素，合理选择处理方式。

1.6　城市污水处理应考虑与污水资源化目标相结合。积极发展污水再生利用和污泥综合利用技术。

1.7　鼓励城市污水处理的科学技术进步，积极开发应用新工艺、新材料和新设备。

2　目标与原则

2.1　2010年全国设市城市和建制镇的污水平均处理率不低于

---

[1] 建设部、国家环境保护总局、科技部文件：关于印发《城市污水处理及污染防治技术政策》的通知（建城［2000］124号）的附件。

50％，设市城市的污水处理率不低于 60％，重点城市的污水处理率不低于 70％。

2.2　全国设市城市和建制镇均应规划建设城市污水集中处理设施。达标排放的工业废水应纳入城市污水收集系统并与生活污水合并处理。

对排入城市污水收集系统的工业废水应严格控制重金属、有毒有害物质，并在厂内进行预处理，使其达到国家和行业规定的排放标准。

对不能纳入城市污水收集系统的居民区、旅游风景点、度假村、疗养院、机场、铁路车站、经济开发小区等分散的人群聚居地排放的污水和独立工矿区的工业废水，应进行就地处理达标排放。

2.3　设市城市和重点流域及水资源保护区的建制镇，必须建设二级污水处理设施，可分期分批实施。受纳水体为封闭或半封闭水体时，为防治富营养化，城市污水应进行二级强化处理，增强除磷脱氮的效果。非重点流域和非水源保护区的建制镇，根据当地经济条件和水污染控制要求，可先行一级强化处理，分期实现二级处理。

2.4　城市污水处理设施建设，应采用成熟可靠的技术。根据污水处理设施的建设规模和对污染物排放控制的特殊要求，可积极稳妥地选用污水处理新技术。城市污水处理设施出水应达到国家或地方规定的水污染物排放控制的要求。对城市污水处理设施出水水质有特殊要求的，须进行深度处理。

2.5　城市污水处理设施建设，应按照远期规划确定最终规模，以现状水量为主要依据确定近期规模。

3　城市污水的收集系统

3.1　在城市排水专业规划中应明确排水体制和退水出路。

3.2　对于新城区，应优先考虑采用完全分流制；对于改造难度很大的旧城区合流制排水系统，可维持合流制排水系统，合理确定截留倍数。在降雨量很少的城市，可根据实际情况采用合流制。

3.3　在经济发达的城市或受纳水体环境要求较高时，可考虑将初期雨水纳入城市污水收集系统。

3.4　实行城市排水许可制度，严格按照有关标准监督检测排入城市污水收集系统的污水水质和水量，确保城市污水处理设施安全有效运行。

4 污水处理

4.1 工艺选择准则

4.1.1 城市污水处理工艺应根据处理规模、水质特性、受纳水体的环境功能及当地的实际情况和要求，经全面技术经济比较后优选确定。

4.1.2 工艺选择的主要技术经济指标包括：处理单位水量投资、削减单位污染物投资、处理单位水量电耗和成本、削减单位污染物电耗和成本、占地面积、运行性能可靠性、管理维护难易程度、总体环境效益等。

4.1.3 应切合实际地确定污水进水水质，优化工艺设计参数。必须对污水的现状水质特性、污染物构成进行详细调查或测定，作出合理的分析预测。在水质构成复杂或特殊时，应进行污水处理工艺的动态试验，必要时应开展中试研究。

4.1.4 积极审慎地采用高效经济的新工艺。对在国内首次应用的新工艺，必须经过中试和生产性试验，提供可靠设计参数后再进行应用。

4.2 处理工艺

4.2.1 一级强化处理工艺

一级强化处理，应根据城市污水处理设施建设的规划要求和建设规模，选用物化强化处理法、AB 法前段工艺、水解好氧法前段工艺、高负荷活性污泥法等技术。

4.2.2 二级处理工艺

日处理能力在 20 万立方米以上（不包括 20 万立方米/日）的污水处理设施，一般采用常规活性污泥法。也可采用其他成熟技术。

日处理能力在 10～20 万立方米的污水处理设施，可选用常规活性污泥法、氧化沟法、SBR 法和 AB 法等成熟工艺。

日处理能力在 10 万立方米以下的污水处理设施，可选用氧化沟法、SBR 法、水解好氧法、AB 法和生物滤池法等技术，也可选用常规活性污泥法。

4.2.3　二级强化处理

二级强化处理工艺是指除有效去除碳源污染物外，且具备较强的除磷脱氮功能的处理工艺。在对氮、磷污染物有控制要求的地区，日处理能力在 10 万立方米以上的污水处理设施，一般选用 A/O 法、A/A/O 法等技术。也可审慎选用其他的同效技术。

日处理能力在 10 万立方米以下的污水处理设施，除采用 A/O 法、A/A/O 法外，也可选用具有除磷脱氮效果的氧化沟法、SBR 法、水解好氧法和生物滤池法等。

必要时也可选用物化方法强化除磷效果。

4.3　自然净化处理工艺

4.3.1　在严格进行环境影响评价、满足国家有关标准要求和水体自净能力要求的条件下，可审慎采用城市污水排入大江或深海的处置方法。

4.3.2　在有条件的地区，可利用荒地、闲地等可利用的条件，采用各种类型的土地处理和稳定塘等自然净化技术。

4.3.3　城市污水二级处理出水不能满足水环境要求时，在条件许可的情况下，可采用土地处理系统和稳定塘等自然净化技术进一步处理。

4.3.4　采用土地处理技术，应严格防止地下水污染。

5　污泥处理

5.1　城市污水处理产生的污泥，应采用厌氧、好氧和堆肥等方法进行稳定化处理。也可采用卫生填埋方法予以妥善处置。

5.2　日处理能力在 10 万立方米以上的污水二级处理设施产生的污泥，宜采取厌氧消化工艺进行处理，产生的沼气应综合利用。

日处理能力在 10 万立方米以下的污水处理设施产生的污泥，可进行堆肥处理和综合利用。

采用延时曝气的氧化沟法、SBR 法等技术的污水处理设施，污泥需达到稳定化。采用物化一级强化处理的污水处理设施，产生的污泥须进行妥善的处理和处置。

5.3　经过处理后的污泥，达到稳定化和无害化要求的，可农田利用；不能农田利用的污泥，应按有关标准和要求进行卫生填埋处置。

6　污水再生利用

6.1　污水再生利用，可选用混凝、过滤、消毒或自然净化等深度处理技术。

6.2　提倡各类规模的污水处理设施按照经济合理和卫生安全的原则，实行污水再生利用。发展再生水在农业灌溉、绿地浇灌、城市杂用、生态恢复和工业冷却等方面的利用。

6.3　城市污水再生利用，应根据用户需求和用途，合理确定用水的水量和水质。

7　二次污染防治

7.1　城市污水处理设施建设，必须充分重视防治二次污染，妥善采用各种有效防治措施。在污水处理设施的前期建设阶段的环境影响评价工作中，应进行充分论证。

7.2　为保证公共卫生安全，防治传染性疾病传播，城市污水处理设施应设置消毒设施。

7.3　在环境卫生条件有特殊要求的地区，应防治恶臭污染。

7.4　城市污水处理设施的机械设备应采用有效的噪声防治措施，并符合有关噪声控制要求。

7.5　城市污水处理厂经过稳定化处理后的污泥，用于农田时不得含有超标的重金属和其他有毒有害物质。卫生填埋处置时严格防治污染地下水。

附录二　城市污水处理工程项目建设标准

编　制　说　明

《城市污水处理工程项目建设标准》是根据国家计委计标〔1987〕2323号《关于制订工程项目建设标准的几点意见》、计综合〔1990〕160号《一九九○年工程项目建设标准、建设用地指标制订计划》和建设部、国家计委（90）建标字第519号《关于工程项目建设标准编制工作暂行办法》的要求，由建设部负责主编，具体由中国市政工程中南设计院编制的。

在编制过程中，编制组收集了大量的生产和建设资料，对国内典型的城市污水处理工程项目进行了深入的调查研究和分析论证，总结了建国以来城市污水处理工程项目建设和生产的经验，遵循艰苦奋斗、勤俭建国的方针，贯彻环境保护、节约用地、节约能源、安全生产和国家发展城市污水处理工程的政策，注重推动技术进步和提高投资效益，多次征求了全国各有关部门、单位及专家的意见，最后召开了全国审查会议，会同各有关部门审查定稿。

本建设标准共分八章：总则、建设规模与项目构成、工艺与装备、配套工程、建筑与建设用地、环境保护与安全卫生、劳动组织与劳动定员、主要技术经济指标。

本建设标准系初次编制，在施行过程中请各单位注意总结经验，积累资料，如发现需要修改和补充之处，请将意见和有关资料寄中国市政工程中南设计院（地址：湖北省武汉市解放公园路45号，邮政编码：430010），以便今后修订时参考。

中华人民共和国建设部

1993年11月18日

第一章　总　　则

第一条　为适应建立社会主义市场经济体制的需要，加强国家固定资产投资与建设的宏观调控，提高城市污水处理工程项目决策和建设的科学管理水平，合理确定和正确掌握建设标准，达到治理水体污染，降低能耗，保护环境，推进技术进步，促进城市污水处理工程项目建设的发展，充分发挥投资效益，制定本建设标准。

第二条　本建设标准是为项目决策服务和控制项目建设水平的全国统一标准，是编制、评估和审批城市污水处理工程项目可行性研究报告的重要依据，也是有关部门审查工程项目初步设计和监督检查整个建设过程建设标准的尺度。

第三条　本建设标准适用于城市污水处理新建工程，改建、扩建工程和工业废水处理工程可参照执行。

第四条　城市污水处理工程的建设，必须遵守国家有关经济建设的法律、法规，执行国家环境保护、节约能源、节约用地等有关政策和排水行业的发展政策。

第五条　城市污水处理工程的建设应统一规划，以近期为主，适当考虑远期发展，按系统分期配套建设，并与城市建设协调发展。城市污水处理厂（以下简称污水厂）建设前应根据城市排水规划先建配套的管渠和泵站或同步建设。二级污水厂宜根据当地环境、技术、经济条件一次建成，当条件不具备时，一、二级处理工程设施可分期建设，分期投产。

第六条　城市污水处理工程应根据城市总体规划或城市排水规划、城市性质、环境质量评价或环境影响报告以及水域功能区的要求进行可行性研究。

第七条　城市污水处理工程的建设，应积极采用经过鉴定并经实践证明是行之有效的新技术、新工艺、新材料和新设备。对于需要引进的先进技术和关键设备，应以提高项目综合效益，推进技术进步为原则，在符合国情和经过充分的技术经济分析的基础上确定。

第八条　城市污水处理工程的建设必须加强和重视净化污水、污泥的资源化或无害化处理。

第九条 城市污水处理工程的管渠建设，在城市新区应采用雨污分流，旧城区改造应从实际出发合理确定。工业废水的水质在达到国家和地方排放标准时，应优先采用与城市污水集中处理的方案。工业废水排入城市下水道前，应在企业内部进行必要的预处理，实行清污分流，提高水的重复利用率，减少排污量，并在排放口设置检测设施。

第十条 城市污水处理工程建设前应落实工程建设资金的来源及构成，以及土地、供电、给排水、交通、通信等配套设施的条件，并采取有效措施确保工程建成后维持正常运行与更新改造所需的费用。

第十一条 城市污水处理工程建设，除执行本建设标准外，尚应符合国家现行的有关标准、定额和指标的规定。

第二章 建设规模与项目构成

第十二条 城市污水处理工程建设规模应根据城市污水处理量和污水处理级别划分下列等级：

一、建设规模（以污水处理量计，单位：万 m^3/d）划分

Ⅰ类： 20～50；

Ⅱ类： 10～20；

Ⅲ类： 5～10；

Ⅳ类： 2～5；

Ⅴ类： 0.5～2。

注：规模的下限含该值，上限不含该值。

二、污水处理级别划分为一级、二级处理。必要时可作三级处理或深度处理。

第十三条 城市污水处理工程建设规模的确定，应综合城市规模、城市性质、城市总体规划、城市排水规划等因素，在研究排放污水量现状的基础上，通过对近年排水资料的分析论证，并结合技术进步，合理确定近期规模，预测远期规模。污水量一般由城市生活污水量、工业废水量及其他水量构成。

第十四条 城市污水处理工程项目由污水管渠系统、泵站、污水

厂构成，宜包括下列设施：

一、污水管渠系统：主要包括管渠及其附属设施等。

二、泵站：主要包括泵房、变配电、通信及生产行政管理与生活福利设施等。

三、污水厂：包括污水处理和污泥处理的生产设施、辅助生产配套设施、生产行政管理与生活福利设施等。

第十五条 污水厂生产设施宜包括下列项目。

一级污水厂：除渣、污水提升、沉砂、沉淀、出水消毒设施，污泥储存和提升设施，污泥浓缩、污泥消化系统、污泥脱水与污泥处置设施等。

二级污水厂：生物处理系统及一级污水厂所列的项目。

水质和（或）水量变化大的污水厂，可设置调节水质和（或）水量的设施。

一、二级污水厂有条件时并应设置污水、污泥资源化工程设施。

第十六条 污水厂辅助生产配套设施宜包括：变配电、生产控制系统、计量、给排水、维修、交通运输（含车库）、试验及化验、仓库、照明、锅炉房、管配件堆场、消防和通信等设施。

第十七条 污水厂行政管理与生活福利设施宜包括：办公室、食堂、浴室、值班宿舍、托儿所、绿化等设施。

第十八条 城市污水处理工程项目的建设内容，应坚持专业化协作和社会化服务的原则，根据生产需要和依托条件合理确定。改、扩建工程项目应充分利用原有设施的能力。

第三章 工艺与装备

第十九条 污水管渠的设置应与城市总体规划相协调，统一规划，分期建设。污水管渠应按远期水量建设。

管渠的材质和最大埋深必须经技术经济论证，并应考虑施工条件和管理的安全性。

第二十条 污水泵站的设置应根据城市总体规划中的排水规划，从工程实际出发，经技术经济比较后确定。泵站的土建部分宜按远期规模建设，水泵机组可按近期水量配置，并应选择高效节能、管理方便的泵机，有条件时可选择潜水泵。

泵站前应设置事故排出口。

第二十一条 污水处理工艺的选择，应根据污水水质与水量、排放水体的环境容量与利用情况，并结合当地的实际情况，经技术经济比较后，优先选用低能耗、低运行费、低投入及少占地、操作管理方便的成熟处理工艺。

第二十二条 污水处理级别应根据污水水质、水体对排水的水质要求等因素，通过技术经济比较后确定。当要求悬浮物和五日生化需氧量处理效率分别为40%～55%和20%～30%时，可选用污水一级处理；当要求悬浮物和五日生化需氧量处理效率不低于80%时，可选用污水二级处理。污水二级处理的出水水质应满足下列要求：

一、$BOD_5 \leqslant 30mg/L$；

二、$SS \leqslant 30mg/L$；

三、$COD_{Cr} \leqslant 120mg/L$。

对排放水体为封闭水域、现已富营养化或存在富营养化威胁的水域以及污水处理后进行再用的，可选用除磷脱氮工艺、三级处理或深度处理工艺。

第二十三条 污水一级处理常规工艺为除渣、沉砂、沉淀和出水消毒等；污水二级处理常规工艺主要为一级处理、生物处理系统等。选择污水深度处理与污水三级处理工艺时，可通过技术经济分析确定；污水深度处理应采用经济实用的工艺。

第二十四条 污水处理工艺与装备，应从国情出发，因地制宜，合理确定。主要工艺装备宜符合下列规定：

一、除渣

新建污水厂宜设置粗、细两道格栅。水泵前必须设置格栅。格栅除污可采用机械或人工清除，栅渣量大于$0.2m^3/d$或有条件时应采用机械清除和皮带输送及其他小型运输工具运输，集中处置。

二、沉砂

污水厂应设置沉砂设施，大于V类规模的污水厂可采用曝气沉砂工艺，机械除砂。污水厂宜设置贮砂池或晒砂场，并注重对砂的处置。

三、沉淀

污水厂应设置沉淀设施，沉淀可分为初次沉淀和二次沉淀。初次沉淀设施的设置应视污水水质和工艺流程确定。

大于Ⅴ类规模的污水厂宜采用机械排泥。初次沉淀应有浮渣撇除设施，二次沉淀的浮渣撇除设施可视水质条件确定。

四、生物处理

生物处理可分活性污泥法和生物膜法两大类。

1.活性污泥法

曝气池供氧方式可分为机械曝气与鼓风曝气；供氧方式的选择应根据污水厂规模、能耗、管理等技术经济条件，并结合当地自然环境等因素，综合考虑确定；大于Ⅲ类规模的污水厂宜采用鼓风曝气，并尽量选用离心式鼓风机和微孔曝气设备。

2.生物膜法

小于Ⅴ类规模的污水厂，污水生物处理可采用生物膜法。生物膜法处理前应经沉砂、沉淀处理。

第二十五条 有合适处理环境的小城市，在符合国家污水稳定塘设计的有关规定时，可采用污水稳定塘处理工艺，但必须设预处理设施。

第二十六条 选择灌溉田作为污水处理工艺时，必须综合考虑污水水质、土地净化能力、土地使用与利用情况、当地自然环境、预处理要求和出水水质要求等因素，经技术经济分析后确定。污水进入灌溉田前必须进行预处理，并严格控制进入灌溉田污水的病原体、重金属元素和难降解有机物，不得对作物生长和人畜食用、土壤、地下水、周围空气带来危害，进入灌溉田的污水水质应符合国家现行的有关农田灌溉水质标准的规定。

第二十七条 沿海、沿江城市可充分利用大水体的环境容量。污水处理选择污水深水排海、排江时，必须经技术经济论证及环境影响评价，并对污水水质、水体功能、环境容量和水力条件及自净能力进行综合分析，合理确定。污水排放前应进行必要的预处理。

第二十八条 污水厂出水消毒工艺应根据污水水质与受纳水体功能要求综合考虑确定，宜采用加氯消毒。

第二十九条 污水处理产生的污泥应进行处理与处置。处理工艺应根据污泥量、污泥性质、最终处置方法及对自然环境影响等因素综合考虑确定。常规处理工艺宜为浓缩、消化、脱水。

第三十条 污泥浓缩应采用重力浓缩。重力浓缩可设搅拌和撇浮渣设施。对比重（密度）接近 $1.0t/m^3$ 的污泥，经技术经济分析，可采用气浮浓缩等行之有效的浓缩方法。

当湿污泥用作肥料时，污泥的浓缩与贮存宜采用湿污泥池。

第三十一条 污水厂宜根据污泥产量、污泥质量、环境要求设置污泥消化设施。消化方式应经技术经济分析后确定，可采用厌氧消化或好氧消化。但一般情况下宜采用中温厌氧消化，污泥的搅拌应充分利用污泥气。

第三十二条 污泥脱水宜采用机械脱水。污泥机械脱水设备的类型，应按污泥的脱水性质和脱水污泥含水率要求，经技术经济比较确定。新建污水厂宜采用带式压滤机。

第三十三条 污泥的处置应根据当地自然环境条件，经技术经济分析后确定，可作为农业、林业、绿化用肥料，或采用卫生填埋等方法。处置的污泥应符合国家现行有关标准的规定。

第三十四条 污水厂的水、气、泥计量设备应以满足生产正常运行管理的需要为原则合理设置。计量设备的选择与位置确定，应根据被测物质的性质、工艺要求等确定。

第三十五条 污水厂、泵站机械设备配置应以节能、高效、方便操作与维护、保证安全生产为原则，并应与生产控制系统相适应。

第三十六条 污水厂、泵站的生产管理及控制的自动化水平，应根据建设规模、污水处理级别、城市性质、经济条件及管理人员素质等因素合理确定。控制系统应在保证污水厂出水水质、节能、经济、安全和适用的前提下，运行可靠，便于维护和管理。

第三十七条 新建的Ⅰ、Ⅱ类规模污水厂的生产管理与控制，宜采用集中管理和监视、分散控制的计算机控制系统。计算机控制系统应能够监视主要设备的运行工况与工艺参数，提供超限报警及制作报表等功能，对有条件的生产过程实现自动控制。

新建的Ⅲ、Ⅳ类规模污水厂的生产管理与控制，宜采用微型计算机数据采集系统或仪表检测系统；在重要工艺环节应设置检测仪表，有条件时可实现单元自动控制。

原有和新建的Ⅴ类及以下规模的污水厂可根据实际情况，采用继电器控制或手动控制。所有自动控制系统，应具有现场手动操作条件。

第四章　配 套 工 程

第三十八条　新建城市污水处理工程的配套设施，应充分利用当地提供的社会化服务和专业化协作条件，按有关标准和规定进行建设；改建、扩建工程应充分利用原有设施的能力。

第三十九条　污水厂、泵站供电应采用二级负荷。当地供电条件困难或负荷较小时，可由一回路 6kV 及以上专用线路供电。对重要的污水厂和泵站以及不能停电的工艺设备，不能满足要求时，应设置备用动力设施。

第四十条　污水厂的生活和辅助生产用水，宜由城市给水管网供给。有条件的污水厂，尤其是缺水地区或大于Ⅲ类规模污水厂的辅助生产、厂区绿化等所需的低质用水，应优先采用符合有关用水水质标准的净化污水。

第四十一条　城市污水处理工程应对易腐蚀的管渠及其附属设施、材料及设备等设施采取相应的防腐蚀措施，应具体分析腐蚀的性质，结合当地的实际情况，因地制宜地选用经济合理、技术可靠的防腐蚀方法，并应达到国家现行的有关标准的规定。

第四十二条　污水厂的维修、运输等设施的装备水平应以满足正常生产需要为原则，合理确定。非经常性维修、运输设备的修理宜考虑专业化协作条件，不应自设全套设施。

第四十三条　污水厂化验设备的配置应以满足生产正常需要为原则，根据常规化验项目、污水厂的规模和处理级别等确定；一个城市有几个污水厂时，应设一个中心化验室。承担工业废水水质监测及独立性较强的污水厂的中心化验室，化验设备可增加气相色谱仪、原子吸收分光光度仪等。

污水厂化验设备的设置应充分考虑专业化协作条件，不宜全套设置。

第四十四条 建设规模为Ⅰ类及以上的污水厂，可设置污水处理水质试验设施，试验应以保证污水厂出水水质、提高管理的科学水平、加强污水净化和污泥资源化或无害化研究为主，试验设备应根据实际需要逐步配套建设，化验设备可适当增加。

第四十五条 污水厂、泵站必须设置消防设施。构筑物、建筑物消防设施的设置标准应符合国家现行的有关规定。

第四十六条 污水厂、泵站的通信设施应充分考虑所在地区现有的通信条件，通信宜采用有线或有线与无线相结合的方式，保证污水厂、泵站以及厂内各生产岗位之间的通信联系并能及时与城市排水管理、主要排水单位、供电等部门取得联系。

第五章 建筑与建设用地

第四十七条 污水厂、泵站的建筑应符合实用、经济、适当注意美观的建设原则，建筑物造型应简洁美观，并应使建筑物和构筑物群体的效果与周围环境相协调。

第四十八条 污水厂、泵站的附属建筑装修标准，应根据城市性质、周围环境及建设规模等条件，按照国家现行标准的规定执行。生产建筑物的装修标准应与附属建筑的装修标准相协调。生产构筑物不宜进行特殊的装修处理。

第四十九条 污水厂的生产与行政管理用房和生活福利设施用房的建筑面积可参照表1所列指标采用。

表1 一、二级污水厂生产和生活设施建筑面积指标（m^2）

建设规模	一级污水厂			二级污水厂		
	生产与行政管理用房	生活福利设施用房	合计	生产与行政管理用房	生活福利设施用房	合计
Ⅰ	2300～2750	1330～1640	3630～4390	3000～4100	1900～2340	4900～6440

续表

建设规模	一级污水厂			二级污水厂		
	生产与行政管理用房	生活福利设施用房	合　计	生产与行政管理用房	生活福利设施用房	合　计
Ⅱ	2000～2300	1220～1330	3220～3630	2670～3000	1740～1900	4410～4900
Ⅲ	1470～2000	880～1220	2350～3220	2000～2670	1250～1740	3250～4410
Ⅳ	920～1470	480～880	1400～2350	1300～2000	680～1250	1980～3250
Ⅴ	650～920	240～480	890～1400	750～1300	340～680	1090～1980

注：1. 生产与行政管理用房包括行政办公、化验、维修、仓库、传达室、堆棚等。中心控制应按需要设置。

2. 生活福利设施用房包括食堂、浴室、值班宿舍等。

第五十条　新建污水厂的职工住宅等设施的建筑面积指标，应按编制定员人数，执行国家或省、自治区、直辖市的现行标准。

第五十一条　污水厂、泵站的生产构筑物应按工艺要求，结合自然与地质条件选择相应的结构形式。对污水处理构筑物、配水井、泵房吸水井等应采用钢筋混凝土结构；加药间、污泥脱水间及辅助建筑宜采用砖混结构，也可根据需要采用框架结构。所有污水处理构筑物均不应有地下水渗入或向外渗漏，其结构和防水要求应符合国家现行标准的规定。在湿陷性黄土、膨胀土、多年冻土及其他特殊地区建设的污水厂、泵站等建（构）筑物，应符合现行的有关专门规范、标准的规定。

第五十二条　城市污水处理工程的建设用地必须根据科学合理、节约用地的原则，执行国家土地管理的有关规定，提高土地利用率。土地征用应以近期为主，结合远期发展，合理征用，不得任意扩大建设用地。

第五十三条　污水厂的总平面布置应以节约用地为原则，根据污水厂各建筑物、构筑物的功能和流程要求，结合厂址地形、气象和地质条件等因素，使总平面布置合理、经济，节约能源，并应便于施工、维护和管理。

生产行政管理和生活福利设施宜集中布置，其位置和朝向应合理，并应与生产建筑物、构筑物保持一定距离。污水和污泥的处理构筑物宜分别集中布置。

第五十四条 污水厂处理单位水量的建设用地不应超过表2所列指标。生产管理及辅助生产区用地面积宜控制在总用地的15%～30%，不应大于30%。

表2 污水厂建设用地指标〔$m^2/(m^3 \cdot d)$〕

处理级别＼建设规模	Ⅰ	Ⅱ	Ⅲ	Ⅳ	Ⅴ
一级	0.3～0.4	0.4～0.6	0.6～0.8	0.8～1.0	1.0～1.4
二级	0.5～0.6	0.6～0.8	0.8～1.2	1.2～1.5	1.5～2.0

注：1.表中指标规模大的取下限，规模小的取上限。

2.表中指标不包括污水厂出水回用需增加的用地。

第五十五条 泵站建设用地面积应根据规模、泵站性质确定。不应超过表3所列指标。

表3 泵站建设用地指标（m^2）

泵站性质＼建设规模	Ⅰ	Ⅱ	Ⅲ	Ⅳ
污水	2000～2700	1500～2000	1000～1500	600～1000
合流	1500～2200	1200～1500	800～1200	400～800

注：1.表中指标为泵站围墙以内，包括整个流程中的构筑物和附属建筑物、附属设施等占地面积。

2.小于Ⅳ类规模的泵站，用地面积按Ⅳ类规模的指标控制。大于Ⅰ类规模的泵站，每增加10万m^3/d，用地指标增加300～400m^2。

第六章 环境保护与安全卫生

第五十六条 污水厂、泵站的建设不应影响周围环境。污水厂出水水质应符合国家和地方现行标准的规定。出水排放点应进行技术经济和环境影响评价合理确定，不得影响现有饮用水水源的水质和水体的使用功能。污泥处理与处置应根据当地环境和技术等条件，进行综合分析确定。

第五十七条 污水厂建设应充分注意环境的绿化与美化，以确保职工的身体健康和提供良好的工作环境；应充分利用道路两侧的空地和其他空地进行绿化，新建污水厂的绿化覆盖率不应小于30％。

第五十八条 城市污水处理工程的水泵、电机、鼓风机、锅炉房风机和其他机械产生的噪声，其控制标准应符合国家和地方现行标准的规定。

第五十九条 污水厂消化池、污泥气（沼气）系统所属设施的消防、电气设备的防爆及电力设备的选择和保护等，应符合国家现行的有关防火、防爆和电力设计标准的规定。

第六十条 污水管道、合流管道、污水厂、泵站的建（构）筑物应根据需要设置通风设施。

第六十一条 Ⅲ类及以上规模的二级污水厂宜设置危险品仓库，危险品仓库与其他建筑物的距离不应小于10m。其他规模的污水厂应根据实际情况确定。

第六十二条 加药间及加氯间的安全防护应符合国家现行有关规定。

第七章 劳动组织与劳动定员

第六十三条 污水厂、泵站和管渠的劳动组织与劳动定员的确定，应以精干、高效、有利生产、提高经济效益为原则，做到分工合理、职责分明、工作效率高。

第六十四条 污水厂常规工艺生产人员、管理与工程技术人员、服务人员的定员比例可参照表4选用。

表4 污水厂常规工艺生产人员、管理与工程技术人员、服务人员定员比例

人员分类	比例(％)
全部职工定员	100
一、生产工人占全部职工定员	70以上
其中：1.直接生产工人占全部职工定员	55以上

续表

人员分类	比例(%)
2.附属、辅助生产工人占全部职工定员	18以下
二、管理与工程技术人员、服务人员占全部职工定员	18～21
其中：1.管理与工程技术人员占全部职工定员	13～14
2.服务人员占全部职工定员	5～7

第六十五条 一、二级污水厂的劳动定员可参照表5选用。

表5 一、二级污水厂定员标准〔人/(万 m^3·d)〕

污水厂级别＼建设规模	Ⅰ	Ⅱ	Ⅲ	Ⅳ	Ⅴ
一	在20万 m^3/d基础上每增加10万 m^3/d增配3～5人	10～6	15～10	20～15	45～20
二	在20万 m^3/d基础上每增加10万 m^3/d增配5～10人	18～10	25～18	32～25	60～30

注：工艺复杂需增加人员时，可按实际需要相应增加。

第六十六条 污水厂厂外泵站生产工人劳动定员可参照每座3～8人确定。厂外污水管理渠养护的生产工人定员可参照每1～1.5km配备1人确定。

第八章 主要技术经济指标

第六十七条 新建城市污水处理工程投资估算，应按国家现行的有关规定编制；评估或审批项目可行性研究报告的投资估算时，可参照本章所列指标，但应根据工程内容与价格等有关变化的实际情况，按照动态管理的原则，进行调整后使用。

第六十八条 一级和二级污水厂、污泥处理、泵站、污水管道工程投资估算指标可参照表6采用。

表 6　城市污水处理工程投资估算指标〔元/(m^3·d)〕

类　　别	建设规模	投资估算指标	类　　别	建设规模	投资估算指标
一级污水厂	Ⅰ	100～140	污泥处理	Ⅳ	180～250
	Ⅱ	140～200		Ⅴ	250～350
	Ⅲ	200～240	污水泵站	Ⅰ	10～15
	Ⅳ	240～340		Ⅱ	15～20
	Ⅴ	340～480		Ⅲ	20～25
二级污水厂	Ⅰ	250～350		Ⅳ	25～40
	Ⅱ	350～500		Ⅴ	40～60
	Ⅲ	500～600	污水管道	Ⅰ	6～10
	Ⅳ	600～850		Ⅱ	10～14
	Ⅴ	850～1200		Ⅲ	14～20
污泥处理	Ⅰ	80～120		Ⅳ	20～28
	Ⅱ	120～150		Ⅴ	28～50
	Ⅲ	150～180			

注：1. 污水厂工程投资估算指标只包括厂区围墙内的设施，不包括征地、拆迁、青苗与破路赔偿、电力增容等费用。

2. 污水管道投资为每公里单位水量（m^3/d）的估算指标。

3. 工程投资估算指标的材料价格采用北京市 1990 年材料预算价格计算，不同时间、地点、人工、材料价格变动，可按工程万元实物指标调整后使用。

4. 表中指标规模大的取低限，规模小的取高限。

第六十九条　城市污水处理工程建筑安装工程投资各分项工程投资所占比例可参照表 7 选用。

表 7　城市污水处理工程各分项工程投资比例（%）

序　号	项　　目		建筑工程	工艺设备	电气设备	管道配件	合计
1	污水厂	一级处理	60	15	10	15	100
2		二级处理	50	28	12	10	100
3	污水泵站		55	25	14	6	100
4	污水管道		10	3	—	87	100

第七十条　污水厂建设工期定额可参照表 8 选用。

表 8　污水厂建设工期定额

污水处理级别	建设规模	工期定额(月)	污水处理级别	建设规模	工期定额(月)
一级污水厂	Ⅰ	24～36	二级污水厂	Ⅰ	32～36
	Ⅱ	20～24		Ⅱ	28～32
	Ⅲ	16～20		Ⅲ	24～28
	Ⅳ	12～16		Ⅳ	18～24
	Ⅴ	8～12		Ⅴ	12～18

注：表中指标规模大的取高限，规模小的取低限。

第七十一条 污水厂电耗不应超过下列指标：一级污水厂处理每吨污水 0.04～0.08kW·h；二级污水厂处理每吨污水 0.15～0.30kW·h，处理每千克五日生化需氧量 1.5～2.0kW·h。

第七十二条 一级和二级污水厂、污泥处理、泵站、污水管道单位水量的材料消耗指标可参照表 9 选用。

表 9 城市污水处理工程各分项工程单位水量 (m^3/d) 材料消耗指标

类别	建设规模	钢材(kg)	水泥(kg)	木材(m^3)	金属管(kg)	非金属管(kg)
一级污水厂	Ⅰ	7～10	48～65	0.007～0.009	3～4	4～6
	Ⅱ	10～15	65～95	0.009～0.013	4～6	6～8
	Ⅲ	15～18	95～115	0.013～0.016	6～7	8～10
	Ⅳ	18～24	115～160	0.016～0.022	7～10	10～14
	Ⅴ	24～34	160～220	0.022～0.030	10～14	14～18
二级污水厂	Ⅰ	22～30	130～185	0.010～0.015	9～13	6～9
	Ⅱ	30～42	185～260	0.015～0.022	13～18	9～12
	Ⅲ	42～52	260～320	0.022～0.025	18～22	12～15
	Ⅳ	52～70	320～450	0.025～0.036	22～30	15～20
	Ⅴ	70～100	450～600	0.036～0.050	30～44	20～30
污水处理	Ⅰ	8～12	45～65	0.003～0.005	2～3	0.8～1.2
	Ⅱ	12～15	65～80	0.005～0.006	3～4	1.2～1.5
	Ⅲ	15～18	80～100	0.006～0.007	4～5	1.5～1.8
	Ⅳ	18～25	100～140	0.007～0.010	5～6	1.8～2.5
	Ⅴ	25～36	140～200	0.010～0.014	6～8	2.5～3.0
污水泵站	Ⅰ	1.2～1.8	4～6	0.0004～0.0006	0.3～0.4	0.16～0.25
	Ⅱ	1.8～2.4	6～8	0.0006～0.0008	0.4～0.6	0.25～0.35
	Ⅲ	2.4～3.0	8～10	0.0008～0.0010	0.6～0.7	0.35～0.45
	Ⅳ	3.0～4.5	10～16	0.0010～0.0016	0.7～1.0	0.45～0.70
	Ⅴ	4.5～7.0	16～24	0.0016～0.0024	1.0～1.5	0.70～1.00
污水管道	Ⅰ	0.18～0.30	1.5～2.5	0.0002～0.0003	0.3～0.4	10～18
	Ⅱ	0.30～0.42	2.5～3.5	0.0003～0.0004	0.4～0.6	18～26
	Ⅲ	0.42～0.60	3.5～5.0	0.0004～0.0006	0.6～0.9	26～38
	Ⅳ	0.60～0.78	5.0～6.5	0.0006～0.0008	0.9～1.2	38～50
	Ⅴ	0.78～1.50	6.5～12.0	0.0008～0.0015	1.2～2.2	50～95

注：1. 表中污水管道的材料消耗为每公里单位水量指标。

2. 表中指标，规模大的取低限，规模小的取高限。

第七十三条 城市污水处理工程项目应按国家现行的有关建设项目经济评价方法与参数的规定进行经济评价。

附 加 说 明

本建设标准主编单位和主要起草人名单

主 编 单 位：中国市政工程中南设计院

主要起草人：李树苑、姚昌仁、王晓京、黄年龙

附件　　条文说明（略）

附录三　国务院办公厅关于加强基础设施工程质量管理的通知（简称二十四条）

各省、自治区、直辖市人民政府，国务院各部委、各直属机构：

基础设施项目，特别是重大基础设施项目的工程质量状况，不仅关系到国家建设资金的有效使用，而且关系到国民经济持续快速健康发展和人民群众生命财产安全。从近年来的情况看，工程质量总体上是比较好的，但由于一些地区、部门和单位忽视工程质量，违反建设程序，执法监督不力，建筑市场混乱，腐败现象严重，造成恶性工程质量事故频发，给国家和人民生命财产造成很大损失。对这些问题必须采取强有力的措施认真加以解决。经国务院同意，现将有关问题通知如下：

一、建立和落实工程质量领导责任制

（一）建立工程质量行政领导人责任制。对基础设施项目工程质量，实行行业主管部门、主管地区行政领导责任人制度。中央项目的工程质量，由国务院有关行业主管部门的行政领导人负责；地方项目的工程质量，按照项目所属关系，分别由各级地方政府行政领导人负责。如发生重大工程质量事故，除追究当事单位和当事人的直接责任外，还要追究相关行政领导人在项目审批、执行建设程序、干部任用和工程建设监督管理等方面失察的领导责任。

（二）建立项目法人责任制。基础设施项目，除军事工程等特殊情况外，都要按政企分开的原则组成项目法人，实行建设项目法人责任制，由项目法定代表人对工程质量负总责。凡没有实行项目法人责任制的在建项目，要限期进行整改。项目法定代表人必须具备相应的政治、业务素质和组织能力，具备项目管理工作的实际经验。项目法人单位的人员素质、内部组织机构，必须满足工程管理和技术上的要求。

（三）建立参建单位工程质量领导人责任制。勘察设计、施工、监理等单位的法定代表人，要按各自职责对所承建项目的工程质量负领导责任。因参建单位工作失误导致重大工程质量事故的，除追究直接责任人的责任外，还要追究参建单位法定代表人的领导责任。

（四）建立工程质量终身负责制。项目工程质量的行政领导责任人，项目法定代表人，勘察设计、施工、监理等单位的法定代表人，要按各自的职责对其经手的工程质量负终身责任。如发生重大工程质量事故，不管调到哪里工作，担任什么职务，都要追究相应的行政和法律责任。

二、严格执行建设程序，确保建设前期工作质量

（五）严格执行建设程序，按照国家规定履行报批手续。基础设施项目建设程序包括：项目建议书、可行性研究报告、初步设计、开工报告和竣工验收等工作环节。严禁任何部门、地区和项目法人擅自简化建设程序和超越权限、化整为零进行项目审批。对违反建设程序和审批权限的，要追究有关单位及其领导人的责任。

（六）严格把好建设前期工作质量关。建设项目的项目建议书、可行性研究报告和初步设计文件，必须按照国家规定的内容，达到规定的工作深度。各级项目审批机关对前期工作达不到规定要求和工作深度的项目不得审批。项目审批机关违反规定审批的，由上级机关追究其直接责任人和领导人的责任。

（七）严格实行项目决策咨询评估制度。建设项目可行性研究报告未经有资质的咨询机构和专家的评估论证，有关审批部门不予审批。重大项目的项目建议书也要经过评估论证。咨询机构要对出具的评估论证意见承担责任。对评估论证意见严重失实的，要依法降低资质等级，直至吊销营业执照。

三、健全工程管理制度，整顿建设市场

（八）必须实行招标投标制。基础设施项目的勘察设计、施工和主要设备、材料采购都要实行公开招标，确需采取邀请招标和议标形式的，要经过项目主管部门或主管地区政府批准。招标投标活动要严格按照国家有关规定进行，体现公开、公平、公正和择优、诚信的原则。

对未按规定进行公开招标、未经批准擅自采取邀请招标和议标形式的，有关地方和部门不得批准开工。工程监理单位也应通过竞争择优确定。

招标单位要合理划分标段、合理确定工期、合理标价定标。中标单位签订承包合同后，严禁进行转包。总承包单位如进行分包，除总承包合同中有约定的外，必须经发包单位认可，但主体结构不得分包。禁止分包单位将其承包的工程要分包。

严禁任何单位和个人以任何名义、任何形式干预正当的招标投标活动，严禁搞地方和部门保护主义，严禁在同一经营实体或同一行政单位直接管辖范围内搞设计、施工、监理“一条龙”作业。对违反规定干预招标投标活动的单位和个人，不论有无谋取私利，都要根据情节轻重作出处理；对转包和违法分包的单位，要依法降低资质等级，情节严重的要依法吊销营业执照，并追究法律责任。

（九）必须实行工程监理制。基础设施项目的施工，必须由具备相应资质条件的监理单位进行监理。监理单位必须配备足够的、合格的监理人员。未经监理人员签字认可，建筑材料、构配件和设备不得在工程上使用或安装，不得进入下一道工序的施工，不得拨付工程进度款，不得进行竣工验收。监理人员要按规定采取旁站、巡视和平行检验等形式，按作业程序即时跟班到位进行监督检查，对达不到质量要求的工程不得签字，并有权责令返工，有权向有关主管部门报告，对未能履行职责的监理单位，要依法降低资质等级，直至吊销营业执照；对未能履行职责的监理人员，要取消其执业资格；对因失职造成重大工程质量事故的监理单位和监理人员，要追究法律责任。

（十）必须实行合同管理制。建设工程的勘察设计、施工、设备材料采购和工程监理都要依法订立合同。各类合同都要有明确的质量要求、履约担保和违约处罚条款。违约方要承担相应的法律责任。

（十一）必须实行竣工验收制度。项目建成后必须按国家有关规定进行严格的竣工验收，由验收人员签字负责。项目竣工验收合格后，方可交付使用。对未经验收或验收不合格就交付使用的，要追究项目法定代表人的责任，造成重大损失的，要追究其法律责任。

（十二）必须把好市场准入关。建设部、国家工商行政管理局和有关行业主管部门，要通过制定规章制度、颁布资质等级标准和执法检查，依法加强对建设市场的监管。各有关部门对参加建设各单位的资质认定和市场准入，要严格把关。对咨询、设计、施工和工程监理执业人员的素质要从严要求。因把关不严造成损失的，要追究有关部门及领导人的责任。

参加建设的单位必须具备与工程建设要求相应的资质等级和业绩，具备足够的技术管理能力和装备水平，严禁无证、越级承揽工程。对违反规定承揽工程的，要依法吊销营业执照并追究法律责任。

（十三）必须实行政企分开。勘察设计、施工单位和工程咨询、工程监理、招标代理等中介服务机构，都要实行政企分开，与行政管理部门脱钩，成为自主经营、自负盈亏、自担风险的法人实体。

四、精心勘察设计，强化施工管理

（十四）工程建设要坚持先勘察、后设计、再施工的原则。严禁搞边勘察、边设计、边施工的“三边”工程。

（十五）工程勘察单位要全面加强对现场踏勘、勘察纲要编制、原始资料收集和成果资料审核等环节的管理，必须对所提供的地质、地震、水文、气象等勘察资料的质量负责。设计单位要严格依据批准的可行性研究报告，按照国家规定的设计规范、规程和技术标准进行工程设计。对违反规定的勘察、设计单位，根据情节轻重，给予依法停业整顿，降低资质等级等处罚，直至吊销资质证书，并对有关责任人给予行政处分，造成重大损失的，要追究法律责任。

（十六）施工单位要严格按照设计图纸和施工标准、规范进行施工，在施工组织设计中要有保证工程质量的措施，努力推广使用有利于提高工程质量的先进技术和施工手段，建立健全现场质量自检体系。对工程的重要结构部位和隐蔽工程要有质量预检和复检制度。实行施工总承包的，总承包单位必须对全部工程质量负责。对违反规定的施工企业，根据情节轻重，给予依法停业整顿、降低资质等级等处罚，直至吊销资质证书，并对有关责任人给予行政处分，造成重大损失的，要追究法律责任。

（十七）材料设备要严格进行质量检验。项目法人和施工单位要对采购的材料和设备质量负责，监理单位要严格检验进场的材料和设备，严禁使用不合格的产品。对违反规定的单位和个人，要依法严肃惩处。

（十八）建设资金要严加管理。各有关部门和银行要健全项目建设资金监管制度，对出现质量事故、存在质量隐患以及缺乏质量安全保障的项目，要停止拨款和贷款。对连续出现严重工程质量事故的地区和部门，有关部门要核减下年度投资并暂停审批新项目。

五、加大执法和监督力度，把好工程质量关

（十九）加强执法力度。要把工程质量管理纳入法制化轨道，建立健全工程质量管理的法律法规。各地区、各部门要严格执法，切实做到有法必依，执法必严，违法必究。各级监察部门要加大对建设领域腐败行为的惩处力度，对玩忽职守、弄虚作假、贪污受贿和截留、挤占、挪用、克扣工程建设资金的单位和个人，给予严厉处罚，构成犯罪的移交司法机关追究刑事责任。

（二十）加强政府监督。要继续发挥各行业主管部门和地方政府质量监督机构的作用，对基础设施和住宅建设实行强制性工程质量监督检查，对在质量监督中发现的问题，各有关单位要及时处理。对使用国家拨款的建设项目和国家重大项目，要派出重大项目稽察特派员进行稽察，并把工程质量作为稽察的重点。对稽察中发现有重大工程质量问题的项目，行业主管部门要及时发出整改通知，限期进行整顿，整改期间暂停拨付建设资金。

（二十一）加强审计监督。审计部门要依据《中华人民共和国审计法》对国家拨款的基础设施建设项目加强审计。对重大项目要进行专项审计和跟踪审计。对审计中发现的问题，要依法严肃处理。

（二十二）加强社会监督。建设项目的施工现场，要将项目法人、勘察设计、施工、监理等单位的名称和责任人姓名挂牌公示。项目主管部门和主管地区政府要公布质量举报电话，自觉接受社会监督。所有单位、个人和新闻媒体都有权举报和揭发工程质量问题。

（二十三）加强报告制度。各地区、各部门要建立工程质量报告制度，加强施工现场检查。各项目法人的质量报告必须如实反映工程质量情况，工程质量负责人和监理负责人要对填报的内容签字负责。

对重大项目的工程质量问题，有关部门和地区要及时报告国务院。对弄虚作假和隐瞒不报的，要追究有关领导责任人和项目法定代表人的责任。

（二十四）加强项目档案工作。所有建设项目都要按照《中华人民共和国档案法》的有关规定，建立健全项目档案。从项目筹划到工程竣工验收各环节的文件资料，都要严格按照规定收集、整理、归档，项目档案管理单位和档案管理人员要严格履行职责。对失职的单位和人员，要依法严肃处理。

各地区、各部门，尤其是各级领导干部必须牢固树立“百年大计，质量第一”的思想，以对国家、对人民、对子孙后代高度负责的精神，妥善处理好发展速度、经济效益与工程质量的关系，把工程质量管理工作摆在重要位置，加强领导，强化管理，采取有力措施，确保工程质量。要加强队伍建设，搞好培训和教育工作，增强职工的质量意识，努力提高工程建设队伍的整体素质。各地区、各部门要按照本通知的要求，对本地区、本部门基础设施项目和其他使用财政债券资金项目的工程质量进行一次全面检查，针对存在的问题采取整改措施，并将检查结果于 1999 年 3 月 31 日前报国家发展计划委员会。

本通知适用于基础设施建设项目和国家投资的建设项目，其他建设项目也要参照执行。

一九九九年二月十三日

附录四　水环境标准体系
(修订情况截止于1996年)

表1　水环境质量标准

序　号	标准名称	标准编号	备　注
1	海水水质标准	GB 3097—82	已修订，待颁布
2	农田灌溉水质标准	GB 5084—91	
3	地面水环境质量标准	GB 3838—88	由 GHZB 1—1999 代替
4	渔业水质标准	GB 11607—89	
5	景观娱乐用水水质标准	GB 12941—91	由 GHZB 1—1999 代替

表2　水污染物排放标准

序号	标准名称	标准编号	备　注
1	污水综合排放标准	GB 8978—88	已修订 GB 8978—96
2	医院污水排放标准	GBJ 48—83	拟废止，执行修订后的 GB 8978
3	造纸工业水污染物排放标准	GB 3544—92	代替 GB 3544—83
4	甜菜制糖工业水污染物排放标准	GB 3545—83	废止，执行 GB 8978
5	合成脂肪酸工业污染物排放标准	GB 3547—83	废止废水部分，执行 GB 8978
6	合成洗涤剂工业污染物排放标准	GB 3548—83	废止废水部分，执行 GB 8978
7	制革工业水污染物排放标准	GB 3549—83	废止，执行 GB 8978
8	甘蔗制糖工业水污染物排放标准	GB 3546—83	废止，执行 GB 8978
9	石油开发工业水污染物排放标准	GB 3550—83	废止，执行 GB 8978
10	石油炼制工业水污染物排放标准	GB 3551—83	废止，执行 GB 8978
11	船舶污染物排放标准	GB 3552—83	
12	电影洗片水污染物排放标准	GB 3553—83	废止，执行 GB 8978
13	梯恩梯工业水污染物排放标准	GB 4274—84	
14	黑索金工业水污染物排放标准	GB 4275—84	
15	火炸药工业硫酸浓缩污染物排放标准	GB 4276—84	
16	雷汞工业污染物排放标准	GB 4277—84	
17	二硝基重氮酚工业水污染物排放标准	GB 4278—84	

续表

序号	标准名称	标准编号	备注
18	叠氮化铅、三硝基间苯二酚铅、DS共晶工业水污染物排放标准	GB 4279—84	
19	兵器工业水污染物排放标准	GB 14470.1～14470.3—93	
20	铬盐工业污染物排放标准	GB 4280—84	废止废水部分，执行GB 8978
21	石油化工水污染物排放标准	GB 4281—84	废止，执行GB 8978
22	硫酸工业污染物排放标准	GB 4282—84	废止废水部分，执行GB 8978
23	黄磷工业污染物排放标准	GB 4283—84	拟废止废水部分，执行修订后的GB 8978
24	船舶工业水污染物排放标准	GB 4286—84	
25	纺织印染工业水污染物排放标准	GB 4287—92	代替GB 4287—84
26	钢铁工业水污染物排放标准	GB 13456—92	代替GB 4911—85废水部分
27	轻金属工业污染物排放标准	GB 4912—85	废止废水部分，执行GB 8978
28	重有色金属工业污染物排放标准	GB 4913—85	废止废水部分，执行GB 8978
29	海洋石油开发工业含油污水排放标准	GB 4914—85	
30	沥青工业污染物排放标准	GB 4916—85	废止废水部分，执行GB 8978
31	磷肥工业水污染物排放标准	GB 15580—95	代替GB 4917—85
32	铁路货车洗刷废水排放标准	GB 5469—85	废止，执行GB 8978
33	合成氨工业水污染物排放标准	GB 13458—92	
34	肉类加工工业水污染物排放标准	GB 13457—92	
35	烧碱、聚氯乙烯工业水污染物排放标准	GB 15581—95	
36	航天推进剂水污染物排放标准	GB 14374—93	

表3 基础标准

序号	标准名称	标准编号	备注
1	水质词汇（第一部分和第二部分）	GB 6816—86	
2	水质词汇（第三部分～第七部分）	GB 11915—89	
3	制定地方水污染物排放标准的技术原则与方法	GB 3839—83	

表4 方法标准

序号	标准名称	标准编号	采用的或相等的国际标准	备注
1	工业废水总硝基化合物的测定 分光光度法	GB 4918—85		

续表

序号	标准名称	标准编号	采用的或相等的国际标准	备注
2	工业废水总硝基化合物的测定 气相色谱法	GB 4919—85		
3	水质-pH值的测定 玻璃电极法	GB 6920—86		
4	水质-总铬的测定	GB 7466—87		
5	水质-六价铬的测定 二苯碳酰二肼分光光度法	GB 7467—87		
6	水质-总汞的测定 冷原子吸收分光光度法	GB 7468—87	ISO 5666/1,2,3	
7	水质-总汞的测定 高锰酸钾-过硫酸钾消解法双硫腙分光光度法	GB 7469—87		
8	水质-铅的测定 双硫腙分光光度法	GB 7470—87		
9	水质-镉的测定 双硫腙分光光度法	GB 7471—87		
10	水质-锌的测定 双硫腙分光光度法	GB 7472—87		
11	水质-铜的测定 2,9-二甲基1,10菲啉分光光度法	GB 7473—87		
12	水质-铜的测定 二乙基二硫代氨基甲酸钠分光光度法	GB 7474—87		
13	水质-铜锌铅镉的测定 原子吸收分光光度法	GB 7475—87	ISO 8288—86	
14	水质-钙含量的测定 EDTA滴定法	GB 7476—87	ISO 6058—84	
15	水质-钙和镁含量的测定 EDTA滴定法	GB 7477—87	ISO 6059—84	
16	水质-铵的测定 钠氏试剂比色法	GB 7479—87		
17	水质-铵的测定 蒸馏和滴定法	GB 7478—87	ISO 5664—84	
18	水质-硝酸盐氮的测定 酚二磺酸分光光度法	GB 7480—87		
19	水质-铵的测定 水杨酸分光光度法	GB 7481—87		
20	水质-氟化物的测定 茜素磺胺锆目视比色法	GB 7482—87		
21	水质-氟化物的测定 氟试剂分光光度法	GB 7483—87		
22	水质-氟化物的测定 离子选择电极法	GB 7484—87		

续表

序号	标　准　名　称	标准编号	采用的或相等的国际标准	备　　注
23	水质-总砷的测定　二乙基二硫代氨基甲酸银分光光度法	GB 7485—87	ISO 6595—82	
24	水质-氰化物的测定-第一部分　总氰化物的测定	GB 7486—87	ISO 6073/1—84	
25	水质-氰化物的测定-第二部分　氰化物的测定	GB 7487—87	ISO 6073/2—84	
26	水质-5 日生化需氧量的测定　稀释与接种法	GB 7488—87	ISO 5815—85	
27	水质-溶解氧的测定　碘量法	GB 7489—87	ISO 5813—83	
28	水质-挥发酚的测定　蒸馏后4-氨基安替比林分光光度法	GB 7490—87		
29	水质-六六六、滴滴涕的测定　气相色谱法	GB 7492—87		
30	水质-亚硝酸盐的测定　分光光度法	GB 7493—87	ISO 6777—84	
31	水质-阴离子表面活性剂的测定　亚甲蓝分光光度法	GB 7494—87	ISO 7875/1—84	
32	水质-五氯酚的测定　气相色谱法	GB 8972—88		
33	水质-五氯酚的测定　藏红 T 分光光度法	GB 9803—88		
34	水质-苯胺类的测定　*N*-(1-萘基)乙二胺偶氮分光光度法	GB 11889—89		
35	水质-苯系物的测定　气相色谱法	GB 11890—89		
36	水质-凯氏氮的测定	GB 11891—89		
37	水质-高锰酸盐指数的测定	GB 11892—89	ISO 8467—86	
38	水质-总磷的测定　钼酸铵分光光度法	GB 11893—89	ISO 6878/1—86	
39	水质-总氮的测定　碱性过硫酸钾消解紫外分光光度法	GB 11894—89		
40	水质-苯并(*a*)芘的测定　乙酰化滤纸层析荧光分光光度法	GB 11895—89		
41	水质-氯化物的测定　硝酸银滴定法	GB 11896—89		
42	水质-游离氯和总氯的测定　*N*,*N*-二乙基-1,4-苯二胺滴定法	GB 11897—89	ISO 7393/1—86	
43	水质-游离氯和总氯的测定　*N*,*N*-二乙基-1,4-分光光度法	GB 11898—89	ISO 7393/2—86	
44	水质-硫酸盐的测定　重量法	GB 11899—89		

续表

序号	标 准 名 称	标准编号	采用的或相等的国际标准	备 注
45	水质痕量砷的测定 硼氢化钾-硝酸银分光光度法	GB 11900—89	ISO 6595—82	
46	水质-总悬浮物的测定 重量法	GB 11901—89		
47	水质-硒的测定 2,3-二氨基萘荧光法	GB 11902—89		
48	水质-色度的测定	GB 11903—89		
49	水质-钾和钠的测定 火焰原子吸收分光光度法	GB 11904—89		
50	水质-钙和镁的测定 原子吸收分光光度法	GB 11905—89		
51	水质-锰的测定 高锰酸钾分光光度法	GB 11906—89		
52	水质-银的测定 火焰原子吸收分光光度法	GB 11907—89		
53	水质-银的测定 镉试剂 2B 分光光度法	GB 11908—89		
54	水质-银的测定 3,5-Br-2-PADAP 分光光度法	GB 11909—89		
55	水质-镍的测定 丁二酮分光光度法	GB 11910—89		
56	水质-铁、锰的测定 火焰原子吸收分光光度法	GB 11911—89	ISO 7980—86	
57	水质-镍的测定 火焰原子吸收分光光度法	GB 11912—89	ISO 8288—86	
58	水质-溶解氧的测定 电化学探头法	GB 11913—89	ISO 5814—83	
59	水质-化学需氧量的测定 重铬酸钾法	GB 11914—89		
60	水质-微型生物 P.F.U 测定方法	GB/T 12990—91		
61	水质-总有机碳(TOC)的测定	GB 13193—91		
62	水质-硝基苯、硝基甲苯、硝基氯苯、二硝基甲苯的测定	GB 13194—91		
63	水质-水温的测定	GB 13195—91		
64	水质-六种特定多环芳烃的测定	GB 13198—91		
65	水质-阴离子洗涤剂的测定	GB 13199—91		
66	水质-浊度的测定	GB 13200—91		
67	水质-烷基汞的测定方法			待定
68	水质-石油类的测定方法			待定

续表

序号	标准名称	标准编号	采用的或相等的国际标准	备注
69	水质-动植物油的测定方法			待定
70	水质-硫酸盐的测定方法	GB 13196—91		
71	水质-磷酸盐的测定方法			待定
72	水质-甲醛的测定方法	GB 13197—91		
73	水质-硝基苯类的测定方法			待定
74	水质-有机磷农药的测定方法	GB 13192—91		
75	水质-铍的测定方法			待定
76	水质-(PAHs)多环芳烃的测定方法			待定
77	水质-AOX的测定方法			待定
78	水质-酞酸酯类的测定方法			待定
79	水质-多氯联苯的测定方法			待定
80	水质-氯苯类的测定方法			待定
81	水质-2,4-D的测定方法			待定
82	水质-丙烯腈的测定方法			待定
83	水质-彩色显影剂的测定方法			待定
84	水质-石棉测定方法			待定
85	水质-可挥发性有机卤化物的测定方法			待定

表5 标准样品标准

序号	标准名称	标准编号	采用的或相等的国际标准	备注
1	水质COD标准样品	CSBZ 500001—87		
2	水质BOD标准样品	CSBZ 500017—90		
3	水质酚标准样品	CSBZ 500003—87		
4	水质砷标准样品	CSBZ 500004—87		
5	水质氨氮标准样品	CSBZ 500005—87		
6	水质亚硝酸盐氮标准样品	CSBZ 500006—87		
7	水质硬度标准样品	CSBZ 500007—87		
8	水质硝酸盐氮标准样品	CSBZ 500008—87		
9	水质铜、铅、锌、镉、镍、铬混合标准样品	CSBZ 500009—87		
10	水质氟、氯、硫酸根混合标准样品	CSBZ 500010—87		
11	水质汞标准样品	CSBZ 500016—90		
12	水质pH标准样品	CSBZ 500017—90		
13	水质总氰化物标准样品	CSBZ 500018—90		
14	水质铁锰混合标准样品	CSBZ 500019—90		
15	水质钾、钠、钙、镁混合标准样品	CSBZ 500020—90		

表 6　其他有关的水质标准

序号	标准编号	标　准　名　称	主　编　单　位
1	GB 5749—85	生活饮用水卫生标准	中国预防医学科学研究院环境卫生监测所
2	GB 8537—87	饮用天然矿泉水标准	轻工部食品发酵工业科学研究所等
3	GB 8244—87	救生艇筏饮用水标准	船舶检验局广州分局
4	GB 8161—87	生活饮用水水源中铍卫生标准	湖南劳动卫生职业病防治研究所
5	GB 11729—89	水源中百菌清卫生标准	湖南医学院
6	CJ	人工游泳池水质卫生标准	电子部第十设计研究院
7	CJ 3020—93	生活饮用水水源水质标准	中国市政工程中南设计院
8	GB 1576—85	低压锅炉水质标准	锅炉压力容器安全监察局
9	GB 6682—86	实验室用水标准	化工部标准化研究所
10	CJ 3082—1999	污水排入城市下水道的水质标准	北京市政工程管理处
11	CJ 25.1—89	生活杂用水水质标准	中国市政工程中南设计院
12	CJ 3025—93	城市污水处理厂污水污泥排放标准	中国城市建设研究院

附录五　工程设计标准、规范和仪器设备标准目录

表 1　工业给水排水设计规范一览表

序号	标准编号	标准名称	主编单位
1	GBJ 109—87	工业用水软化除盐设计规范	水利电力部西北电力设计院
2	GBJ 50—83	工业循环冷却水处理设计规范	化工部
3	GBJ 102—87	工业循环水冷却设计规范	水利电力部东北电力设计院
4	GBJ 14—87	室外排水设计规范	上海市政工程设计院
5	GBJ 136—90	电镀废水治理设计规范	机电部第七设计研究院
6	JB 16—88	机械工业环境保护设计规定	机电部第七设计研究院
7	TBJ 10—85	铁路给水排水设计规范	铁道部第四勘测设计院
8	SHJ 1052—84	炼油厂给水排水系统设计规定(试行)	中国石油化工总公司沈阳设计研究院
9	MT 32—86	煤炭工业给水排水设计技术规定(试行)	煤炭工业部规划设计总院

表 2　部分排水工程设计规范

序号	标准编号	标准名称	主编单位
1	GBJ 14—87	室外排水设计规范	上海市政工程设计院
2	GBJ 15—88	建筑给水排水设计规范	上海市民用建筑设计院
3	CJJ 31—89	城镇污水处理厂附属建筑和附属设备设计标准	中国市政工程西南设计院
4	CECS07：88	医院污水处理设计规范	北京市建筑设计院
5	CECS14：89	游泳池给水排水设计规范	建设部建筑设计院
6	CECS30：91	建筑中水设计规范	中国人民解放军总后勤部建筑设计院
7	SHJ 1052—84	炼油厂给水排水系统设计技术规定(试行)	中国石油化工总公司
8	SHJ 1068—84	炼油厂雨水明沟设计技术规定(试行)	中国石油化工总公司沈阳设计研究院
9	TBJ 10—85	铁路给水排水设计规范	铁道部第四勘测设计院
10	MT 32—86	煤炭工业部给水排水设计技术规定(试行)	煤炭工业部规划设计总院

表3　给水排水工程施工和维护标准一览表

序号	标准编号	标　准　名　称	主　编　单　位
1	GBJ 25—90	湿陷性黄土地区建筑规范	陕西省建筑科学研究设计院
2	GBJ 93—86	工业自动化仪表工程施工及验收规范	化工部第九化工建设公司
3	GBJ 131—90	自动化仪表安装工程质量检验评定标准	化工部施工技术研究所
4	GBJ 141—90	给水排水构筑物施工及验收规范	北京市市政工程局
5	GBJ 201—83	土方与爆破工程施工及验收规范	四川省建筑工程总公司
6	GBJ 202—83	地基与基础工程施工及验收规范	上海市建筑工程局
7	GBJ 242—82	采暖与卫生工程施工及验收规范	沈阳市建筑工程局
8	GBJ 302—88	建筑采暖卫生与煤气工程质量检验评定标准	沈阳市建筑工程局
9	GB 4551—84	石棉水泥输水、输煤气管道铺设指南	苏州混凝土水泥制品研究所
10	GB 11057—89	离心式、混流式、轴流式水泵运行管理	上海市计划用电办公室
11	CJJ 3—90	市政排水管渠工程质量检验评定标准	北京市市政工程局
12	CJJ 6—85	排水管道维护安全技术规程	天津市市政工程局
13	CJJ 8—85	城市测量规范	北京市测绘处
14	CJJ 10—86	供水管井设计施工及验收规范	中国市政工程西南设计院
15	CJJ 13—87	供水水文地质钻探与凿井操作规程	中国市政工程中南设计院
16	CJJ 18—88	市政工程施工、养护及污水处理工人技术等级标准	建设部劳动工资局
17	CJJ 23—80	城市供水行业工人技术等级标准	建设部人事司
18	CJJ 30—89	建筑排水硬聚氯乙烯管道施工及验收规程	上海市建筑施工技术研究所
19	TJ 231(五)—78	机械设备安装工程施工及验收规范	
20	TJ 305—75	建筑安装工程质量检验评定标准——通用机械设备安装工程	建委施工管理局
21	CECS10：89	埋地给水钢管道水泥砂浆衬里技术标准	北京市市政设计研究院
22	CECS18：90	室外硬聚氯乙烯给水管道施工规程	哈尔滨建筑工程学院
23	CECS19：90	混凝土排水管道工程闭气试验标准	天津市市政工程局
24	TBJ 209—86	铁路给水排水施工规范	铁道部第四工程局
25	TBJ 409—87	铁路给水排水施工技术安全规则	铁道部第四工程局

续表

序号	标准编号	标准名称	主编单位
26	TBJ 422—87	铁路给水排水工程质量评定验收标准	铁道部第四工程局
27	SDJ 69—87	电力建设施工及验收技术规范	水电部基建司
28	YSJ 401—89	土方与爆破工程施工操作规程	兰州有色金属建筑研究所
29	SYJ 7—84	钢质管道及储罐防腐蚀工程设计规范	大庆石油管理局油田建设设计研究院
30	SYJ 28—87	埋地钢质管道环氧煤沥青防腐层技术标准	石油部规划设计总院
31	SYJ 4001—84	长输管道干线敷设工程施工及验收规范	石油部管道局工程处
32	SYJ 4003—84	长输管道机泵工程施工及验收规范	石油部管道局工程处
33	SYJ 4005—84	长输管道仪表工程施工及验收规范	石油部管道局工程处
34	SYJ 4006—84	长输管道阴极保护工程施工及验收规范	石油部管道局工程处
35	SYJ 4013—87	埋地钢质管道包覆聚乙烯防腐层施工及验收规范	华北石油管理局油建一公司
36	SYJ 4014—87	埋地钢质管道聚乙烯胶带防腐层施工及验收规范	华北石油勘察设计研究院
37	SYJ 4015—87	埋地钢质管道聚乙烯、硬质聚氨酯泡沫塑料一次成型防腐保温层施工及验收规范	胜利油田油建一公司
38	SYJ 4016—87	埋地钢质管道聚乙烯、硬质聚氨酯泡沫塑料“管中管”法成型防腐保温层施工及验收规范	石油工业部管理局
39	SYJ 4035—88	石油工程建设质量检验评定标准——给排水安装工程篇	大庆石油管理局油田建设公司

表 4 给水排水管道标准目录

序号	标准编号	标准名称	主编单位
1	GB 3421—82	砂型离心铸铁管	鞍山钢铁公司
2	GB 3422—82	连续铸铁管	鞍山钢铁公司
3	GB 8714—88	梯唇型橡胶圈接口铸铁管	首都钢铁公司
4	GB 3420—82	灰口铸铁管件	上海管件铸造厂
5	GB 4216.1～10—84	灰铸铁管法兰及垫片	机械部标准化研究所
6	GB 9876—88	给、排水管道用橡胶密封圈胶料	西北橡胶工业制品研究所
7	GB 10709—89	110℃以下热水输送管橡胶密封圈材料规范	西北橡胶工业制品研究所

续表

序号	标准编号	标 准 名 称	主 编 单 位
8	GB 8716—88	排水用灰口铸铁直管及管件	广州铸管厂
9	GB 6483—86	柔性机械接口灰口铸铁管	中国市政工程华北设计院
10	GB 8715—88	柔性机械接口铸铁管件	赤峰制造厂
11	GB 13295—91	离心铸造球墨铸铁管	国营风雷机械厂
12	GB 13294—91	球墨铸铁管件	中国市政工程华北设计院
13	GB 12380～12387—90	PN1.0～5.0MPa 凸面整体球墨铸铁管法兰法兰盖及垫片	机电部机械标准化研究所
14	GB 3091—82	低压流体输送用镀锌焊接钢管	上海钢管厂
15	GB 3092—82	低压流体输送用焊接钢管	鞍山钢铁公司
16	GB 8163—87	输送流体用无缝钢管	鞍山钢铁公司
17	GB 2270—80	不锈钢无缝钢管	鞍山钢铁公司
18	GB 3090—82	不锈钢小直径钢管	天津冶金材料研究所
19	GB 2102—80	钢管验收、包装、标志及质量证明书的一般规定	上海钢管厂
20	GB 4163—84	不锈钢管超声波探伤方法	上海第五钢铁厂
21	YB 238—63	钢制管接头	鞍山钢铁公司
22	GB 12465—90	管路松套伸缩接头	中华造船厂
23	GB 3289.1～39—82	可锻铸铁管路连接件型式尺寸	
24	GB 3287—82	可锻铸铁管路连接件技术条件	
25	GB 3288—82	可锻铸铁管路连接件验收规则	
26	GB 9112～9131—88	钢制管法兰、法兰盖及垫片	
27	GB 11618.1～8—89	铜管接头	中华造船厂
28	GB 5836—86	建筑排水用硬聚氯乙烯管材和管件	上海市建筑科学研究所
29	HGJ 515—87	玻璃钢/聚氯乙烯(FRP/PVC)复合管和管件	中国环球化学工程公司
30	GB 4219—84	化工用硬聚氯乙烯管材	山东烟台塑料工业公司
31	GB 4217—84 (ISO 161/1—1978)	热塑性塑料管材的公称外径和公称压力	山东烟台塑料工业公司
32	GB 10798—89 (ISO 4065—1978)	热塑性塑料管材通用壁厚表	武汉市塑料研究所
33	GB 6671—86	热塑性塑料管材纵向回缩率的测定	吉林省塑料研究所
34	GB 8801～8805—88	硬聚氯乙烯管材(件)试验方法	
35	GB 4670—84	排水陶管及配件	山东工业陶瓷研究所
36	GB 4671—84	化工陶管及配件	山东工业陶瓷研究所

续表

序号	标准编号	标准名称	主编单位
37	GB 5695—85	预应力混凝土输水管(震动挤压工艺)	苏州混凝土水泥制品研究院
38	GB 5696—85	预应力混凝土输水管(管芯绕丝工艺)	苏州混凝土水泥制品研究院
39	GB 4084—83	承插式自应力钢筋混凝土输水管	建材科研院水泥科研所
40	GB 3039—82	石棉水泥输水管	苏州水泥制品研究所
41	GB 3041—82	石棉水泥井管	苏州水泥制品研究所
42	GB 1187—81	输水胶管	青岛第六橡胶厂
43	GB 1188—81	吸水胶管	湖北宜昌中南橡胶厂
44	GB 1189—81	胶管外观质量	广州第十橡胶厂
45	GB 6969—86	消防吸水胶管性能要求和试验方法	上海消防科研所
46	GB 10001—88	给水用硬聚氯乙烯管材	中国建筑标准设计研究所 北京市塑料研究所
47	GB 10002—88	给水用硬聚氯乙烯管件	

表 5　泵类产品标准目录

序号	标准编号	标准名称	主编单位
1	GB 7021—86	离心泵名称术语	沈阳水泵研究所
2	GB 3214—82	水泵流量的测定方法	沈阳水泵研究所
3	GB 10889—89	泵的振动测量与评价方法	沈阳水泵研究所
4	GB 10890—89	泵的噪声测量与评价方法	沈阳水泵研究所
5	GB 3216—89	离心泵、混流泵、轴流泵和旋涡泵试验方法	沈阳水泵研究所
6	JB 3562—84	离心泵、混流泵和轴流泵汽蚀余量	沈阳水泵研究所
7	GB 5662—85	轴向吸入离心泵标记、性能和尺寸	沈阳水泵研究所
8	GB 5660—85	轴向吸入离心泵底座尺寸和安装尺寸	沈阳水泵研究所
9	JB 1049—84	一般单级悬臂离心水泵型式与基本参数	沈阳水泵研究所
10	GB 5657—85	单级单吸清水离心泵技术条件	沈阳水泵研究所
11	JB 3559—84	单级离心水泵效率	沈阳水泵研究所
12	ZB 891010—88	IB 型单级离心泵型式与基本参数	浙江省机械科研所
13	ZBB 91011—88	IB 型单级离心泵技术条件	浙江省机械科研所
14	JB 1050—84	一般单级双吸离心水泵型式与基本参数	沈阳水泵研究所
15	GB 5658—85	单级双吸离心水泵技术条件	
16	JB 1051—84	一般多级离心水泵型式与基本参数	沈阳水泵研究所
17	GB 5659—85	多级离心水泵技术条件	沈阳水泵研究所
18	JB 3788—84	微型离心泵基本参数	
19	ZBJ 71008—88	微型离心泵外形和安装尺寸	沈阳水泵研究所

续表

序号	标准编号	标 准 名 称	主 编 单 位
20	JB 3564—84	JC型长轴离心深井泵基本参数	沈阳水泵研究所
21	JB 443—85	长轴深井泵通用技术条件	沈阳水泵研究所
22	JB 3565—84	长轴深井泵效率	沈阳水泵研究所
23	GB 9477—88	小型潜水电泵型式与基本尺寸	
24	JB 3561—84	单级单吸耐腐蚀离心泵基本性能参数	沈阳水泵研究所
25	JB 3563—84	离心油泵和离心耐腐蚀泵效率	沈阳水泵研究所
26	JB 2975—81	离心式污水泵	石家庄杂质泵研究所
27	GB 10888—89	离心式渣浆泵型式与基本参数	
28	JB 2976—81	离心式泥浆泵	石家庄杂质泵研究所
29	ZBJ 71007—89	离心式污水潜水电泵型式与基本参数	
30	GB 9481—88	中小型轴流泵型式与基本参数	中国农业机械化研究院
31	ZBJ 71009—88	轴流式清水泵技术条件	上海水泵厂
32	ZBJ 71016—89	旋涡泵	
33	ZBJ 71007—88	旋涡泵技术条件	沈阳水泵研究所
34	GB 7782—87	计量泵基本参数	
35	GB 9236—88	计量泵技术条件	合肥通用机械研究所
36	ZBJ 78014—89	往复真空泵	合肥工业大学
37	ZBJ 78013—89	罗茨真空泵	沈阳真空技术研究所
38	GB 8092—87	手动泵	中国农业机械化科学院

表6 阀门产品标准目录

序号	标准编号	标 准 名 称	主 编 单 位
1	JB 308—75	阀门型号编制方法	
2	GB 12220—89	通用阀门标志	合肥通用机械研究所
3	GB/T 12252—89	通用阀门供货要求	合肥通用机械研究所
4	GB 8465—87	内螺纹连接闸阀、截止阀、球阀、止回阀基本尺寸	
5	GB 12221—89	法兰连接金属阀门结构长度	合肥通用机械研究所
6	GB 12232—89	通用阀门法兰连接铁制闸阀	合肥通用机械研究所
7	GB 12234—89	通用阀门法兰和对焊连接钢制闸阀	合肥通用机械研究所
8	GB 12235—89	通用阀门法兰连接钢制截止阀和升降式止回阀	合肥通用机械研究所
9	GB 12233—89	通用阀门铁制截止阀与升降式止回阀	瓦房店阀门厂
10	GB 12236—89	通用阀门钢制旋启式止回阀	合肥通用机械研究所
11	ZBJ 16001—86	聚三氟氯乙烯塑料衬里截止阀	化工部化工机械研究院
12	GB 12237—89	通用阀门法兰和对焊连接钢制球阀	合肥通用机械研究所

续表

序号	标准编号	标 准 名 称	主 编 单 位
13	GB 12238—89	通用阀门法兰和对夹连接蝶阀	合肥通用机械研究所
14	GB 12239—89	通用阀门隔膜阀	合肥通用机械研究所
15	GB 12240—89	通用阀门铁制旋塞阀	合肥通用机械研究所
16	ZBJ 16004—88	减压阀型式与基本参数	沈阳阀门研究所
17	GB 12244～12246—89	减压阀	沈阳阀门研究所
18	GB 12241～12243—89	安全阀	合肥通用机械研究所
19	ZBN 16002—86	工业过程控制系统用电磁阀通用技术条件	上海工业自动化仪表研究所

表 7 建筑给水排水器材标准目录

序号	标准编号	标 准 名 称	主 编 单 位
1	GB 4626—84	螺旋升降式水嘴通用技术条件	标准起草工作组
2	GB 4627—84	螺旋升降式水嘴型式和尺寸	标准起草工作组
3	GB 3809—83	陶瓷洗面器普通水嘴	北京市水暖器材一厂
4	GB 5347—85	浴盆明装水嘴	北京市水暖器材一厂
5	GB 6952—86	卫生陶瓷	咸阳陶瓷研究设计院
6	GB 6953—86	卫生陶瓷规格及连接尺寸	唐山陶瓷厂
7	GB 5346—85	高水箱提水虹吸式塑料配件	北京市水暖器材一厂
8	GB 7913—87	卫生洁具铜排水配件通用技术条件	北京市水暖器材一厂
9	GB 7914—87	卫生洁具铜排水配件结构型式和连接尺寸	北京市水暖器材一厂
10	GB 3166—82	热水锅炉参数系列	杭州锅炉厂
11	GB 6932—86	家用燃气快速热水器	北京市公用事业科研所
12	GB 12202—90	燃气沸水器	北京市公用事业科研所
13	GB 5136—85	自动喷水灭火系统产品系列型谱和型号编制方法	公安部四川消防科研所
14	GB 5135—85	自动喷水灭火系统洒水喷头的性能要求和试验方法	公安部四川消防科研所
15		隔膜式气压给水设备	北京市建筑设计研究院
16		补气式气压给水设备	核工业部第二设计研究院

表 8 药剂、材料标准目录

序号	标 准 编 号	标 准 名 称	主 编 单 位
1	GB 5138—85	工业用液氯	化工部锦西化工研究院
2	GB 4482—84	净水剂无水氯化铁	上海天原化工厂

续表

序号	标准编号	标准名称	主编单位
3	GB 4483—84	净水剂氯化铁溶液	中国市政工程西南设计院
4	GB 10531～10537—89	水处理剂	
5	ZBG 71002～71004—89	水处理剂	化工部天津化工研究院等
6	GJ 3009.1～2—92	絮凝剂聚丙烯酰胺	中国市政工程西北设计院
7	GB 12495—90	活性炭型号命名法	
8	GB 7701—87	净水用煤质活性炭	
9	HG 2—884～886—76	离子交换树脂	
10	GJ 24.1—88	水处理用石英砂滤料	中国市政工程中南设计院
11	GJ 24.2—88	水处理用无烟煤滤料	中国市政工程中南设计院
12	GJ 24.3—88	水处理用磁铁矿滤料	中国市政工程中南设计院
13	GJ 24.4—88	水处理用陶瓷配水管	
14	GJ 24.5—88	水处理用双层陶瓷滤砖	中国市政工程中南设计院
15	GJ/T 35—91	供水用斜管	

表 9　给水排水仪表产品标准目录

序号	标准编号	标准名称	主编单位
1	GB 778—84	公称口径 15～40mm 旋翼式冷水水表	上海工业自动化仪表研究所
2	JB 695—74	大口径旋翼湿式水表	上海工业自动化仪表研究所
3	ZBN 12001—87	容积式流量计通用技术条件	上海工业自动化仪表研究所
4	ZBY 138—83	玻璃转子流量计	上海工业自动化仪表研究所
5	ZBN 12007—89	电磁流量计	上海光华仪表厂
6	ZBN 12005—89	涡轮流量传感器	上海工业自动化仪表研究所
7	GB 11826—89	旋桨式流速仪	南京水利水文自动化研究所
8	GB 11827—89	旋杯式流速仪	南京水利水文自动化研究所
9	ZBN 12002—89	玻璃管液位计	
10	ZBN 12003—89	玻璃板液位计	
11	GB 11828—89	明渠水流测量浮子式水位计	南京水利水文自动化研究所
12	GB 11830—89	水文测报装置遥测水位计	南京水利水文自动化研究所
13	GB 4128—84	标准水听器	中国科学院声学所

表 10　给水排水专用设备标准目录

序号	标准编号	标准名称	主编单位
1	JB 2932—86	水处理设备制造技术条件	无锡锅炉厂
2	ZBJ 98003—87	水处理设备油漆、包装技术条件	无锡锅炉厂

续表

序号	标准编号	标 准 名 称	主 编 单 位
3	ZBJ 98004—87	水处理设备原材料入厂检验	无锡锅炉厂
4	ZBP 41001—90	平面格栅	中国市政工程华北设计院
5	CJ/T 32～33—90	机械搅拌澄清池搅拌机刮泥机	北京市政设计研究院
6	GB 12176—90	次氯酸钠发生器	中国市政工程华北设计院
7	CJ/T 3006—92	铸铁闸门	上海市政工程设计院
8	CJ/T 3007—92	螺旋提升泵	上海市政工程设计院
9	CJ/T 31—91	污泥脱水用带式压滤机	中国市政工程华北设计院
10	GB 10833—89	船用生活污水处理系统	中国船舶工业总公司 704 所
11	GB 8531—87	真空吸污车	长沙建筑机械研究所
12	JB 440—85	一般用途罗茨鼓风机型式与基本参数	机械工业部通用机械技术设计成套公司
13	ZBJ 72030—89	一般用途罗茨鼓风机技术条件	长沙鼓风机厂
14	ZBJ 72031—89	一般用途罗茨鼓风机性能试验方法	长沙鼓风机厂
15	CJ/T 3014—93	重力式污泥浓缩池悬挂式中心传动刮泥机	天津市海水淡化与综合利用研究所
16	CJ/T 3015.2—93	曝气器清水充氧性能测定	北京建筑工程学院
17	CJ/T 3015.1—93	污水处理用微孔曝气器	中国市政工程华北设计院
18	CJ/T 3028.1～2—94	臭氧发生器 臭氧发生器臭氧浓度、产量、电耗的测量	清华大学

附录六 我国的城市污水处理厂概况

一、我国最大的城市污水处理厂——北京市高碑店污水处理厂

北京市高碑店污水处理工程设计规模为日处理污水 100 万 m^3。各处理构筑物的设计参数介绍如下。

1. 进水总泵房

与处理规模相配套，按 100 万 m^3/d 抽升能力设计，总变化系数采用 1.2，泵房的最大设计能力为 120 万 m^3/d。泵型为立式混流式污水泵，每台性能：$Q=3m^3/s$，$H=15m$，功率 420kW，水泵效率 80%。一期安装 4 台，二期安装 2 台，共 6 台。

2. 曝气沉砂池

设计为四条廊道，每条长 21m，宽 6m，水深 4m，停留时间 5min。池内一侧设曝气穿孔管曝气，供气量 $40m^3/min$。

3. 初沉池

总面积为 50000m^2，每条池长 75m，宽 14m，有效水深 2.5m。共 48 条，每 12 条池为一个系列，共 4 个系列。为减少刮泥机数量，每 2 条池设一台桥式刮泥机，共 24 台刮泥机，跨度为 28m，刮泥行车速度为 1.2m/min，回车速度为 2.4m/min。

4. 曝气池

曝气池设计时采取与初沉池相对应，每 2 条初沉池对应一条曝气池，每一系列（处理量 25 万 m^3/d）的 12 条初沉池对应 6 条曝气池，其总宽度相一致，100 万 m^3/d 处理量共 24 座曝气池分为 4 组，每座曝气槽长 95m，宽 28m，水深 6m。每座池分为 3 个廊道，每个廊道宽 9.3m。

3 条廊道曝气头布置分配比例为：第一廊道 65%；第二廊道

23%；第三廊道12%。全厂曝气头总量约需9万余个。

5. 二沉池

采用辐流式圆形沉淀池，设计表面负荷为2.0$m^3/(h \cdot m^2)$，总面积为47000m^2，直径为50m，有效水深4.0m，停留时间4.5h，共24座。每池装有周边传动桥式吸泥机。

6. 污泥浓缩池

浓缩池直径为23.5m，共12座，上部采用半径式周边传动栅条式浓缩机，行车速度1.9m/min，电机功率2.2kW。

7. 污泥厌氧中温消化

浓缩后的污泥量4400m^3/d，需建直径20m，高25m的消化池16座，分成4组，其中一级消化池12座，二级消化池4座。污泥投配率按一级池4%，二级池14%；停留时间分别为21天和7天，总天数28天。加热方式采用蒸汽直接加热与池外热交换相结合，搅拌方式采用沼气压缩搅拌与机械搅拌相结合。

8. 污泥脱水

根据消化后的污泥总量，脱水机选用带式压滤机，带宽3m，单台污泥产率400kg/(h·m)，共需10台，泥饼含水率75%。出泥量约为800t/d，使用专用的污泥运输车送往远郊区、县作为农田施肥。

9. 沼气利用

沼气通过发电，余热可回收利用，作为消化池的加热热源。建3座5000m^3的湿式储气罐和1座2000m^3球罐，作为沼气发电和全厂沼气利用的调蓄。沼气发电机组选用8台500kW发电机。

10. 厂区平面布置示意图（见附图）

二、我国部分城市污水处理厂简况一览表

下表列出我国部分城市共118座污水处理厂的简单情况，供参考。

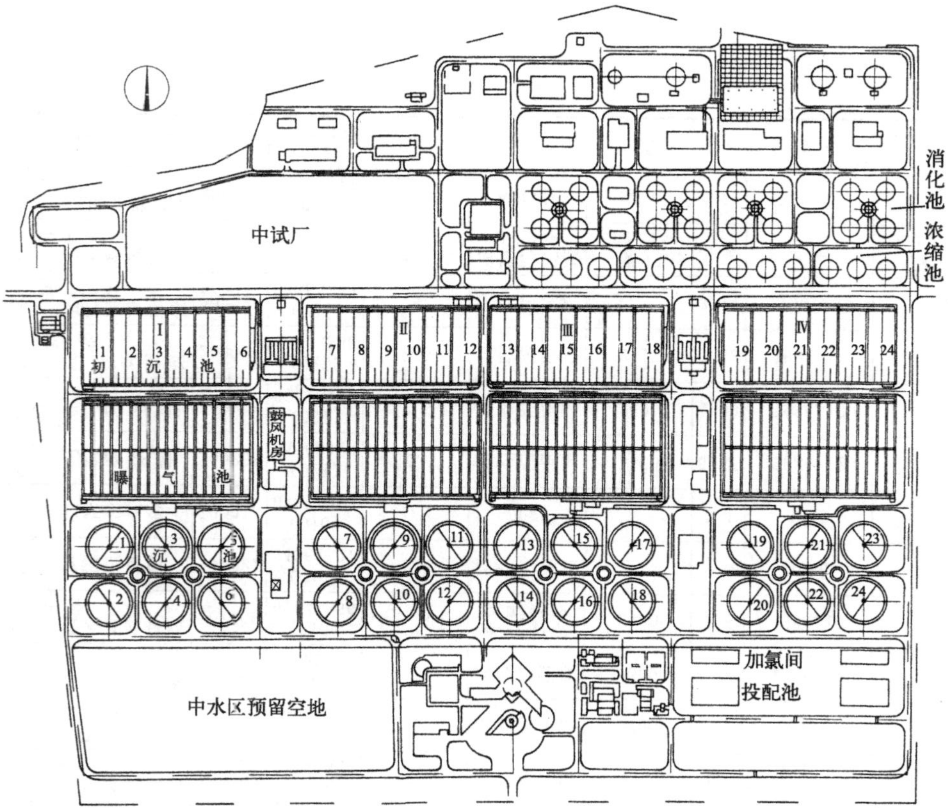

附图　北京市高碑店污水处理厂厂区平面示意图

序号	厂名	厂址	邮编	电话	处理规模/(万 m^3/d)	工艺	投资/万元	占地/公顷	投产日期	附注
1	北京市高碑店污水处理厂	朝阳区高碑店村甲号	100022	(010) 67745522	一期 50 二期 50	活性污泥法	一期 52400	68	一期 1993.12 二期 1999.9	一期国外贷款 11000 万元
2	北京北小河污水处理厂	朝阳区大屯乡辛店村甲 162 号	100012	(010) 64949312	4	活性污泥法	4700	6	1990.3	
3	北京方庄污水处理厂	丰台区分钟寺甲 224 号	100078	(010) 67632221	4	活性污泥法	9059	4.92	1995.12	
4	北京密云县污水处理厂	密云县园林路 66 号	101500	(010) 69044356	1.5	水解-好氧生物处理	2400	6.6	1991.10	
5	北京首都机场污水处理厂	首都机场内	100621	(010) 64564397	1.5	活性污泥法		3.67	1980	
6	北京酒仙桥污水处理厂	北京东北郊	100016	(010) 64371993	1.2	沉淀		1.4	1958	
7	上海市龙华水质净化厂	龙漕路 18 号	200233	(021) 64366429	10.5	活性污泥法	4100	5.57	1986.12	
8	上海市天山污水处理厂	天山路 31 号	200335	(021) 62418111	7.5	活性污泥法	2400	4.53	1985.12	
9	上海市曲阳污水处理厂	东体育会路 430 号	200083	(021) 65423545	7.5	活性污泥法	2117	3.53	1984.12	
10	上海市闵行污水处理厂	闵行区江川东路 757 号	200240	(021) 64356943	5	活性污泥法		3.14	1961.6	
11	上海市松江污水处理厂	松米路南门莫家库	201600	(021) 57830515	一期 2.7 二期 5	活性污泥法 A/O 法	一期 1700 二期 26500	3.6	1985	国外贷款 1000 万美元
12	上海市长桥水质净化厂	龙川北路 625 弄 8 号	200237	(021) 64102971	2.2	A/O 法	3400	4.25	1992	
13	上海市北郊污水处理厂	曲沃路 88 号	200435	(021) 56911454	2	活性污泥法	1170	1.6	1968	

续表

序号	厂名	厂址	邮编	电话	处理规模/(万 m^3/d)	工艺	投资/万元	占地/公顷	投产日期	附注
14	上海市泗塘污水处理厂	爱晖路 585 号	200431	(021) 56992070	2	活性污泥法	645	2.13	1990.11	
15	上海市曹杨污水处理厂	枣阳路 276 号	200062	(021) 62546541	3	活性污泥法	910	0.67	1955	
16	上海市闵行区污水处理厂	闵行区七莘路 778 号	201100	(021) 64881847	1.5	A/O 法	1773	4.7	1982.5	
17	上海市南汇县周浦水质净化厂	周浦年家浜路 485 号	201318	(021) 58112299	1.25	生物处理	1475	2.8	1988	
18	上海市奉贤县南桥污水处理厂	奉贤县南桥镇解放东路 36 号	201400	(021) 57195248	1	活性污泥法	2500	2.3	1991.11	
19	上海市青浦污水处理厂	青浦镇南门外	201700	(021) 59735985	0.75	SBR	2141	2.45	1991.7	
20	天津市东郊污水处理厂	东丽区澄州路	300300	(022) 24374377	40	活性污泥法	22000	30	1993.4	法国贷款 3457 万元
21	天津市纪庄子污水处理厂	河西区紫金山路 2 号	300381	(022) 23382761	26	活性污泥法	8672	35	1984.4	
22	天津经济技术开发区污水处理厂	南海路 188 号	300457	(022) 66200826	10	DAT-IAT	15000	6.71	1999.9	挪威贷款 450 万美元
23	重庆市唐家桥污水处理厂	江北区华新村 350 号	400020	(023) 67870787	6	活性污泥法	12000	4	1997.10	
24	沈阳市北部污水处理厂	于洪区广业路北 2 号	110141	(024) 86733313	40	活性污泥法	59700	33	1998.8	法国贷款 11200 万元
25	大连经济技术开发区污水处理厂	开发区黄海西路 6 号	116600	(0411) 7613274	8	A/O 除磷	2600	8.09	1997.12	
26	大连开发区大窑湾污水处理厂	开发区大窑湾	116600	(0411) 7303152	8	A/O, A/A/O	15680	12.48	1997.12	挪威贷款 491 万美元

续表

序号	厂名	厂址	邮编	电话	处理规模/(万 m^3/d)	工艺	投资/万元	占地/公顷	投产日期	附注
27	石家庄市桥西污水处理厂	滨河街	050091	(0311) 3836491	16	活性污泥法	15300	17	1993.9	奥地利贷款500万美元
28	保定市污水处理总厂	还清路69号、鲁岗、银定庄	071051	(0312) 3112457	8+8(两厂)	A/O，A/A/O	23700	16	1996.9	国外贷款5420万元
29	唐山市东郊污水处理厂	路南区胜利桥东	063000	(0315) 2874008	15	三沟式氧化沟	18000	6.84	1997.7	亚行贷款1200万美元
30	唐山市西郊污水处理厂	南新西道	063004	(0315) 2314175	3.6	活性污泥法	797	4.5	1985.9	
31	唐山市新区污水处理厂	丰润县老魏庄子	064000	(0315) 5122853	3.3	活性污泥法	2629.72	8.27	1992	
32	邯郸市东污水处理厂	东环路中段	056107	(0310) 8012391	10	三沟式氧化沟	5450	5.4	1991.5	丹麦赠款2394万元
33	秦皇岛市海港区东部污水处理厂	海港区建设大街5号	066000	(0335) 3011689	4	活性污泥法	1100	5.67	1987.12	
34	太原市杨家堡污水净化厂	学府街418号	030006	(0351) 7024540	16.64	活性污泥法	5580	15.33	1986.10	
35	太原市北郊污水净化厂	大同路473号	030008	(0351) 3059296	0.8	A/A/O	136+200+50	6.4	1959，1983 1990改造	
36	太原市殷家堡污水净化厂	殷家堡村东	030006	(0351) 7024326		生物接触氧化	322	2	1975，1983	
37	大同市污水处理厂	南苗洼	037034	(0352) 5022166	3	活性污泥法	560	6.43	1984.8	
38	呼和浩特市污水处理厂	辛辛板		(0471) 5972914	5 (10)	沉淀	1622 (4500)	27	1988 (1998)	
39	通辽市污水处理厂	东郊	028000	(0475) 8411161	6	沉淀	1100	8.07	1986.8	

续表

序号	厂名	厂址	邮编	电话	处理规模/(万 m^3/d)	工艺	投资/万元	占地/公顷	投产日期	附注
40	济南市污水处理厂	天桥区历山北路 19 号	250033	(0531)8967744	22	活性污泥法	30500	16.17	1998.6	奥地利贷款 1200 万美元
41	青岛市海泊河污水处理厂	杭州支路 8 号	266021	(0532)3823402	12	AB 法	13900	13	1993.11	国外贷款 3085 万元
42	青岛市麦岛污水处理厂	东海路	266071	(0532)5712134	10	ϕ1.0m，L=1016m，排海		1.7		
43	青岛市团岛污水处理厂	南区团岛三路 8 号	266002	(0532)2659901	10	A/A/O	32000	10	1998.12	德国赠款 2500 万马克
44	青岛市李村河污水处理厂	傍海路 200 号	266042	(0532)4881508	8	A/O	28250	15.5	1998.2	亚行贷款 11000 万元
45	淄博市污水处理公司	张店区柳泉路北首	255086	(0533)3580601	14	AB 法	19100	16	1992.11	国外贷款 5009 万元
46	泰安市污水处理厂	南关路南首	271000	(0538)6219135	5	A/A/O	8070	5.33	1993.5	奥地利贷款 480 万美元
47	威海市污水处理厂	青岛中路 4 号	264200	(0631)5321615	1.5	活性污泥法	1170	26	1985.7	
48	枣庄市污水处理厂	汇泉东路	277103	(0632)3261156	7	三沟式氧化沟	8012	6.72	1997	奥地利贷款 3232 万元
49	南京市江心洲污水处理厂	雨花台区江心洲	210036	(025)6420749	26	沉淀后排江	14474	13	1995.10	国外贷款 1855 万元
50	南京市锁金村污水处理厂	花园路 30 号	210042	(025)5413960	0.5	活性污泥法	262.73	2	1986.9	
51	无锡市芦村污水处理厂	清华路口	214024	(0510)5415354	一级 20 二级 10	A/A/O	17051.12	13	1992.5	国外贷款 8920 万元
52	苏州新区污水处理厂	新区运河南路	215011	(0512)8251599	4	三沟式氧化沟	5076	7.8	1996.3	

续表

序号	厂名	厂址	邮编	电话	处理规模/(万 m^3/d)	工艺	投资/万元	占地/公顷	投产日期	附注
53	苏州市城西污水处理厂	三香路155—1号	215004	(0512)8262904	1.25	活性污泥法	1300.90	2.2	1983.6	
54	南通市污水处理厂	跃龙南路148号	226006	(0513)5585361	5	五沟式氧化沟	6633	6.7	1994.4	
55	南通市开发区污水处理厂	开发区石化路东	226009	(0513)3596130	2.5	活性污泥法	5300	3	1993.1	奥地利贷款450万美元
56	徐州市污水处理厂	南郊姚庄	221008	(0516)3888203-3210	10	活性污泥法	14954.59	14.4	1994.12	奥地利贷款800余万美元
57	淮阴市四季青污水处理厂	延安西路3号	223002	(0517)3692551	3.5	沉淀	1200	4.5	1993.8	计划扩建为6.5万 m^3/d，AB法，国外贷款400万美元
58	常州市城北污水处理厂	城北开发区长江东路何家桥	213022	(0519)5106684	5	活性污泥法	5310	5	1997.6	国外贷款1800万元
59	常州市丽华污水处理厂	常锡路103号	213014	(0519)8815950	1	活性污泥法	1005	3.06	1990.6	
60	常州市清潭污水处理厂	西环路6号	213016	(0519)6960406	1.5	活性污泥法	1606	2	1983.3	
61	昆山市污水处理公司	九华路38号	215300	(0520)7314242	5	A/O	9987.7	3.06	1995.10	
62	常熟市城北污水处理厂	兴隆镇私营城东	215516	(0520)2346151	3	三沟式氧化沟	15000	5.3	1998.8	
63	杭州市四堡污水处理厂	杭海路333号	310016	(0571)6045786	40	一期沉淀 二期活性污泥法	8100 37000	38	1988 1999	

续表

序号	厂名	厂址	邮编	电话	处理规模/(万 m^3/d)	工艺	投资/万元	占地/公顷	投产日期	附注
64	杭州市大关污水处理厂	大关小区东4苑15幢	310014	(0571)8035770	0.45	合建式氧化沟	620	0.59	1995.5	
65	慈溪市污水处理厂	慈溪教场山北	315300	(0574)3810644	1	氧化沟	2620	2.67	1993.3	
66	奉化市污水处理厂	大桥镇	315500	(0574)8523679	0.4	活性污泥法	180	1.2	1983.12	1991年改建
67	合肥市王小郢污水处理厂	铜陵南路	230051	(0551)4653007	15	氧化沟	18342.13	15	1998.5	澳大利亚贷款600万美元
68	合肥市琥珀山庄污水处理厂	琥珀山庄东村	230011	(0551)2820692	0.4	氧化沟	400	0.73	1994.3	
69	福州市祥坂污水处理厂	台江区上浦路212号	350002	(0591)3718844	5	A/O	22500	3.4	1997.1	国外贷款4306万元
70	福州市开发区市政处污水处理厂	马尾区	350015	(0591)3681429	3	氧化沟	6070	4.6	1998.5	
71	厦门市污水处理厂	湖滨南路1—17号	361004	(0592)2038301	3.7	活性污泥法	4000	6.9	1989.2	国外贷款165万元
72	厦门市污水处理二厂	西堤西侧	361004	(0592)2024389	10	沉淀排海	13148	6.25	1996.9	西班牙贷款120万美元
73	厦门市杏林污水处理厂	杏林区杏南路南端	361022	(0592)6252070	3	A/A/O	7000	7.2	1995.9	
74	西安市北石桥污水净化中心	昆明路西段	710086	(029)4267977	15	DE氧化沟	17856.61	19	1998.1	国外贷款546万美元
75	西安市污水处理厂	大兴西路35号	710077	(029)4416027	12	活性污泥法	2700	10.39	1958	二次扩建
76	兰州市七里河污水厂	七里河区吴家园西街121号	730050	(0931)2333997	2.2	沉淀	450	3.8	1958.1	

续表

序号	厂名	厂址	邮编	电话	处理规模/(万 m^3/d)	工艺	投资/万元	占地/公顷	投产日期	附注
77	安阳市东区污水处理厂	聂村东南角	455000	(0372)2964503	一级 5.5 二级 3.6	生物接触氧化	1792	5	1990.3	
78	安阳市豆腐营污水处理厂	轻工路 14 号	455000	(0372)2925407	2.2	水解-接触氧化-氧化沟	982	1.89	1994.9	
79	武汉市水质净化厂	武昌中路 391 号	430077	(027)87306045	5	活性污泥法	5430	1.09	1990.10	芬兰贷款 250 万美元
80	黄石市污水净化厂	黄石港	435002	(0714)6514710	2	活性污泥法	779	4.82	1984.12	
81	长沙市第一污水处理厂	新河路 281 号	410008	(0731)4491552	6	活性污泥法	1700	4.2	1985.3	
82	长沙市第二污水净化中心	车站北路 20 号	410001	(0731)2280529	14	氧化沟	4980	2.97	1994.8	
83	广州市大坦沙污水处理厂	珠江桥坦尾大街 3 号	510163	(020)81761054,81761273	30	A/A/O	38200	15.3	1989.9	
84	广州市开发区污水处理厂	开发区志诚大道 22 号	510730	(020)82210469	3	活性污泥法	4694	7.86	1994.8	
85	广州市从化水质净化厂	青云路	510900	(020)87960421	0.6	A/O	957	1.5	1991.7	
86	深圳市南山水质净化厂	南山区月亮湾大道 16 号	518052	(0755)6407872	73.2	沉淀排海	5000	6.84	1989.11	国外贷款 4500 万元

续表

序号	厂　名	厂　址	邮编	电　话	处理规模/(万 m^3/d)	工　艺	投资/万元	占地/公顷	投产日期	附　注
87	深圳市滨河污水处理厂	滨河大道 2 号大院	518031	(0755)2247592	30	一、二期活性污泥法三期 AB 法	33300	13.8	1984.6	比利时贷款270 万美元
88	深圳市罗芳污水处理厂	罗湖区延芳路	518002	(0755)5199971	10 (35)	AB 法	(63000)	15	1998.6 (2000.12)	国外贷款8000 万元
89	深圳市蛇口工业区污水处理厂	蛇口工业区	518067	(0755)6691801	3	氧化沟	5000	3	1999.5	国外贷款5000 万元
90	珠海市香洲水质净化厂	华子石东鸡公山加油站南侧	519000	(0756)2216744	3	氧化沟	7253	3.6	1994.1	比利时贷款
91	珠海市拱北水质净化厂	侨光西路	519020	(0756)8888674	2.8	活性污泥法	5500	2.7	1992.5	
92	珠海市吉大水质净化厂	吉大海景路 3 号	519015	(0756)3332858	1.8	活性污泥法	1572	2.25	1987.11	
93	佛山市镇安净水厂	镇安管理区东侧	528000	(0757)3379824	10	A/O	23552.67	19.53	1995.12	奥地利贷款400 万美元
94	花都市新华净水厂	新华镇大陵村	510800	(020)86819123	4	氧化塘	4600	18.67	1997.10	
95	南海市桂城区污水处理厂	桂成区海二路 1 号	528200	(0757)6339258	2.5	氧化沟	3500	2	1989.2	
96	中山市污水处理公司	沙溪镇秀山村	528471	(0760)7318657	10	A/A/O 型氧化沟	32000	10	1998.5	国外贷款15120 万元

续表

序号	厂名	厂址	邮编	电话	处理规模/(万 m^3/d)	工艺	投资/万元	占地/公顷	投产日期	附注
97	南宁市琅东污水处理厂	滨湖路 80 号	530028	(0771) 5865031	10	活性污泥法	18200	14	1999.9	法国贷款 2850 万法郎
98	桂林市第四污水净化厂	窑头村	541003	(0773) 3604986	10	A/A/O	8400	2.88	1996.1	奥地利贷款 3450 万元
99	桂林市七里店污水处理厂	环城南一路 7 号	541004	(0773) 5812576	4	A/O	2653	5.7	1989.9	
100	成都市污水处理厂	市外东三瓦窑	610063	(028) 5350063	10	活性污泥法	10130	10.2	1991.12	
101	绵阳市中国工程物理研究院水质净化厂	绵山路 14 号	621900	(0816) 2484003	1.05	A/O	2200	3.3	1989	
102	昆明市第一污水处理厂	滇池路 2 公里处	650034	(0871) 4613132	5.5	氧化沟	3300	9	1991.3	
103	昆明市第二污水处理厂	官渡区六甲乡	650200	(0871) 7161719	10	A/A/O	13881.69	11.73	1996.3	瑞典贷款 2672 万元
104	昆明市第三污水处理厂	西郊明波	650100	(0871) 8190429	15	ICEAS	18870	12.33	1997.11	国外贷款 4133 万元
105	东莞市塘厦镇水质净化厂	广东省东莞市塘厦镇			1.5	双沟式氧化沟			1996.4	
106	北京航天城污水处理厂				0.72	CASS			1998.7	

续表

序号	厂名	厂址	邮编	电话	处理规模/(万 m^3/d)	工艺	投资/万元	占地/公顷	投产日期	附注
107	兰州陈管营污水处理厂				5	活性污泥法				
108	兰州城关污水处理厂				16	活性污泥法				
109	兰州燕儿湾污水处理厂				15.8	活性污泥法				
110	长春市污水处理厂				3.4	沉淀				
111	大连春柳河污水处理厂				6	活性污泥法				
112	鞍山市南郊污水处理厂				2	沉淀			1965	
113	鞍山市北郊污水处理厂				2	沉淀			1966	
114	上海石化总厂污水处理厂				13.4	活性污泥法			1992	
115	河南开封市污水处理厂				3.17	沉淀				
116	河南新乡市污水处理厂				5	活性污泥法				
117	上海东区污水处理厂				4.16	活性污泥法			1926	
118	上海西区污水处理厂				2	活性污泥法			1926	

附录七　世界银行贷款[1]项目国内竞争性招标采购指南

前言

1.1　本指南旨在确定使用世界银行贷款的项目通过国内竞争性招标采购货物、工程和服务的原则和程序。执行世界银行贷款项目的各有关机构，均须遵循本文所规定的程序。

1.2　世界银行和中国政府及其机构之间的法律关系由贷款（信贷）协定和项目协定确定。本指南适用于在上述协定的范围内通过国内竞争性招标方式进行的货物、工程和服务的采购。

目的（略）

合格条件（略）

国内和地区优惠（略）

通告和广告（略）

投标人的资格预审

6.1　对于大型复杂的工程、专门设备和服务，应对投标人进行资格预审，以确保投标邀请只发送给那些具有足够能力和经验履行合同的投标人。对投标人的资格预审，应该完全以其能否按要求履行该合同为基础，考虑的因素包括：(1) 是否有政府部门颁发的生产许可证（适用于国内投标人）；(2) 经验和过去履行类似合同的情况；(3) 人员、设备、工厂和生产方面的能力；(4) 建议的施工方法；(5) 现在承担的任务；(6) 财务状况。资格预审的邀请应按上述 5.1 段的规定刊登广告。对于那些以书面形式表示有兴趣申请资格预审的所有公司，均应发出通知，明确说明合同范围和资格合格的条件。一俟资格

---

[1] "世界银行贷款"包括国际复兴开发银行贷款和国际开发协会信贷，本指南提及的"世界银行"，指国际复兴开发银行和国际开发协会。

预审完毕，并且其结果经有关省、自治区、直辖市人民政府或国务院主管部委批准、世界银行认可（如果要求的话），招标文件将发送给合格的投标人。

6.2　资格预审文件由项目执行单位负责编制。也可以请中方或外方机构（公司）或咨询人帮助编制文件。参与编制及评审资格预审的机构（公司）或咨询人不得参加投标。文件应清楚地说明对投标人经验、能力、规模、财务状况及任何其他方面的最低要求。评审的标准及方法应在文件中说明。项目执行单位应在发送资格预审文件之前得到世界银行的同意（如果要求的话）。

招标文件

7.1　招标文件应提供所有必需的资料，以使投标人能编制提供货物、工程及服务的投标。招标文件的细节及复杂程度将根据拟招标的分标和合同的大小及特点而定，一般应包括：（1）投标人须知；（2）投标使用的各种格式，如各种保证金的格式；（3）合同格式；（4）通用和专用合同条款；（5）技术规格（规范）；（6）货物清单或工程量清单；（7）图纸；（8）附件。资格预审文件和招标文件的收费只能根据文件编制和出版的实际成本而定。此费用以人民币支付，允许外国投标人支付外币。

7.2　招标文件可以由项目执行单位自行编制，也可与一家选定的采购机构合作，或由本国或外国咨询公司协助或指定设计院来编制。参与招标文件编制的机构不得参加投标。招标文件在省、自治区、直辖市人民政府或国务院主管部委批准及世界银行同意前（如果需要的话），不能公开发行。

招标文件的澄清

7.3　招标文件的条文应有利于鼓励竞争，并且清楚准确地说明工程的范围和地点，提供的货物及其技术规格，交货或安装的地点，交货或完工的时间表，维修保修的要求，技术服务和培训的要求（如果需要的话）及付款、运输、保险、仲裁的条件和条款。如有必要，招标文件中还应规定所采用的考核验收的方法与标准。

7.4　招标文件应明确规定在评标时要考虑的除价格以外的其他

能够量化的因素，以及评价这些因素的方法。

7.5　对原招标文件的任何补充、澄清、勘误或内容改变，都必须在投标截止期前送给所有招标文件购买者，并留给足够的时间，使其能采取适当的行动。

技术规格（规范）

7.6　技术规格（规范）应明确定义。不能用某一制造厂家的技术规格（规范）作为招标文件的技术规格（规范）。技术规格（规范）的规定必须能最大限度地引起竞争。技术规格（规范）应包括明确规定的特性、标准编号、运行参数。应避免使用产品的商标、目录号或类似的分类号。如果确需引用某一制造厂家的某一商标或目录号才能完整清楚地表示该产品的技术规格（规范）时，应在这一提名后加上“实质上等同的产品也可”这样的词句。如果兼容性的要求是有利的，技术规格（规范）应清楚地说明与已有的设施或设备兼容的要求。技术规格（规范）方面应允许接受在实质上特性相似，在性能与质量上至少与规定要求相等的货物。

7.7　如果对设备、材料或工艺确定了特定的标准和规则，在招标文件的适当段落中应说明，哪些与其他标准相符的设备、材料或工艺也可以接受，只要这些标准与规则能保证产品质量和运用等同或优于招标文件中规定的标准与规则的要求。

土建工程合同中的投入（略）

投标有效期和投标保证金

7.9　投标有效期应使项目执行单位有足够的时间完成比较与评标工作，获得授予合同的内部批准及获得世界银行的认可（如果需要的话），在规定期限内完成授予合同的工作。

7.10　投标人应用人民币向项目执行单位或指定的采购机构提交投标保证金。保证金可以是现金、支票或银行保函、汇票，或由投标人开户银行出具的信用证。提交投标保证金的最后期限应是投标截止时间。项目执行单位应拒绝接受投标截止日期和时间以后提交保证金的投标。投标保证金的数额和形式在招标文件中具体确定，但金额不宜定得过高，以免影响投标人的投标积极性。投标保证金的有效期应持续到投标有效期或延长期结束后 30 天。不能得到合同授予的投标人一经决定，就应退还其已交的投标保证金。

货币的规定（略）

支付

7.12　支付条件应与将要采购的货物、工程和有关服务所适用的商务和金融惯例相一致。支付的详细方法和条件在招标文件中应明确规定。对于货物、工程和服务合同可根据项目的情况，在合同签订后支付适当的预付款。预付款的金额应以进点动员费和有关开支的估算数为依据。如果有其他预付款，其金额和预付时间，包括预付款银行保函，也应在招标文件中明确规定。

价格调整

7.13　除非合同条款另有规定，招标文件应规定投标价格固定不变。但对于那些施工时间在 12～18 个月以上的土木工程合同应该规定价格调整条款。货物和设备合同通常不需要价格调整条款。在物价剧烈变动期或高通货膨胀阶段，含有货物受价格剧烈波动影响的合同可以有价格调整条款。

7.14　价格调整规定的说明和方法应简单明了。合同价可以采用事先规定的公式进行调整，也可以证据为依据调整，但是证据应由中央或省、自治区、直辖市政府有关机构出具。所采用的合同价格调整方法、计算公式和基础数据应在招标文件内明确规定。同一规定对于所有投标人都适用。

履约保证金

7.15　招标文件应要求提供履约保证金，其金额应足以补偿项目执行单位在供货人或承包人违约时所受的损失。履约保证金形式可以是银行保函、信用证或履约担保，由中外银行、中外保险公司、中外证券公司出具。履约保证金的金额应在招标文件内加以规定，其有效期应至少持续到预计的工程完工交接日期或交货或接受货物日期或保证期（缺陷责任期）后 30 天。

运输与保险

7.16　对供货的投标应以指定的地点或仓库交货为基础进行报

价。投标价应包括成本、保险费和运费（所有运输费用）。允许投标人安排任何合格机构进行运输和保险。确定最低评标价应以在指定地点或仓库交货的价格为基础，包括保险费和运费、关税、进口税等。

7.17　保险赔偿支付的货币应与合同所列货币相同，以保证损失或损坏的货物能够及时置换。

7.18　招标文件应明确投标人将提供的保险的险别和条件。对于土建工程，需要承包人提供一切险的保险单，包括但不限于第三方险、劳工险等（如果适用的话）。合同条款还应要求承包人开始进点实施合同之前向项目执行单位提供各种保险单副本。

违约损失赔偿

7.19　招标文件中应有适当金额的违约损失赔偿条款，用于补偿因工程完工和货物交付的拖延或因工程及货物不符合运行要求，而对项目执行单位造成的额外支出或收入损失，或对项目执行单位其他利益的影响，违约损失赔偿的比率和总金额应在招标条件中明确规定。根据货物和工程的重要性以及货物交货和工程完工的关键性要求，每个合同规定的违约损失赔偿金额可以不同，但应保持在合理的限度内。

不可抗力（略）

争端的解决

7.21　合同条款中应规定在解释合同条款时使用中华人民共和国的法律。争端可以在中国法院或按照中国仲裁程序解决。但是，在争端付诸于法律解决之前，合同各方应将争端提交到有关省、自治区、直辖市人民政府或国务院主管部委解决，如果在 60 天之内尚不能解决，合同各方可以提请仲裁或向法院起诉。

语言（略）

投标书的修改和撤回

7.23　招标文件应规定招标人在投标之后，可以更改或者撤回其投标，条件是项目执行单位或招标机构应在规定的截止日之前接到投标人要求更改或撤回的书面通知。投标人更改或撤回投标的通知应按投标规定书写、标记和发送。撤回投标的通知也可用电传、传真、电报发送，但随后须寄出签字的确认件，邮戳日期不得晚于投标截止日期。投标截止日之后不允许改变投标。

7.24 投标人不能在投标截止日期与投标有效期终止期之间撤回投标。如果投标人在此期间撤回投标，项目执行单位或指定的采购机构将没收投标人的保证金。

开标

8.1 从招标到递交投标书应给予足够的时间。从招标日算起给予的时间一般应不少于 30 天，对于大型工程或复杂设备的招标可给予更长的时间。在招标通告中应规定投标的截止日期、时间和地点。

开标程序

8.2 开标时间应为递交投标的截止时间或紧接于截止时间之后。开标应按招标通告中规定的时间、地点公开进行，允许所有的投标人或其代表参加。投标人名称、每一投标的总报价和是否提供投标保证金，应在启封后高声朗读，予以记录。这些记录将由有关的机构保存。在截止日期之后收到的投标将不予考虑，并原封不动地退回投标人。

投标的澄清

8.3 出于评标需要，项目执行单位可以要求任何投标人澄清其投标书，但在开标后，不得要求或允许任何投标人对其投标书的实质内容或价格进行修改。

程序的保密

8.4 在公开开标后到宣布授予合同之前，有关审标、澄清、评标及合同授予建议等情况，均不得向投标人或其他与该程序无正式关系的人员泄露。

审标

8.5 项目执行单位应根据所采购的设备或工程的特点建立评标小组。小组成员应包括技术、经济、财务及法律等部门的专家。评标小组的人员名单及其职务应记录在案。

8.6 项目执行单位应审查投标书并确定其：（1）是否符合招标文件中所规定的合格条件的要求；（2）是否已经由为本合同供货、承包工程、服务的受权当事人正确签字；（3）是否在实质上响应了招标文件；（4）是否在计算上存在实质性的错误；（5）其他部分是否一般无差错。未能在实质上响应的投标，将不予进一步考虑。

评标

8.7　评标的目的是为了在评标价格基础上对各标进行比较，以确定合同的中标者。合同应授予最低评标价的投标，但不一定是报价最低的投标。

8.8　招标文件中应规定在评标时除价格因素以外尚需考虑的其他有关因素，以及应用这些因素来确定最低评标价的方法。需要考虑的因素包括运输条件、支付时间、完工或交货日期、经营费用、技术服务、设备的效率与兼容性、服务和备件的供应。除价格外，用以确定最低评标价的其他因素应根据可能折算成货币数量来表示，用来量化这些因素的方法应明确地写在招标文件中。

8.9　评标时不考虑适用于合同执行期间的价格调整条款。

8.10　在工程合同中承包人应负担所有关税、税金及政府征收的其他费用。投标人应在编制投标书时将上述因素考虑在内。对投标的评价和比较应在此基础上进行。

资格后审

8.11　如果对投标人未经资格预审，项目执行单位应确定被评为最低评标价的投标人是否有必要的生产许可证（适用于国内投标人），是否有足够的能力、规模、经验和资源有效地履行合同，采取的施工方法是否可靠。要求达到的标准应在招标文件中列明。如果最低评标价的投标人没有达到规定的标准，其投标将被拒绝。在这种情况下，项目执行机构应挑选下一个评标价最低的投标人。

8.12　项目执行单位应准备一份详细的评标报告，说明其建议授予合同的具体理由。在授予合同之前，该报告应报送有关项目主管单位审查批准，同时抄送财政部审核。但对于金额小于五百万元的土建合同，评标报告不必抄送财政部。如果项目执行单位将评标报告挂号寄出后三星期或派人送到财政部两星期后，财政部没有提出意见，则视为财政部无异议。在完成内部审批程序后，评标报告将送世界银行认可（如果需要的话）。

8.13　项目执行单位不得要求投标人降低其投标报价，改变供货、工程和服务的范围，或在评标过程中假借澄清的名义降低标价，也不允许项目执行单位或指定的采购机构同投标人谈判合同价格。如果由于某种正当理由出现原投标价与合同价明显不一致时，项目执行单位应在评标报告中详细说明。

合同的授予

9.1 项目执行机构应在投标有效期内，将合同授予被确定和批准的评标价最低的，并且其能力、经验和财力均合格的投标人。不应要求投标人承担招标文件中没有规定的工程或供货责任，或要求修改投标内容作为合同授予的条件。

投标有效期延长

10.1 如确有特殊原因，投标有效期需要延长，必须在投标有效期到期之前，书面要求所有的投标人延期。在要求延长投标有效期时，不得要求或允许投标人改变报价或其他投标条件。投标人有权拒绝延长投标有效期的要求，所交的投标保证金不应被没收，但对于同意延长投标有效期的投标人，则应相应延长其投标保证金的有效期。

重新招标和拒绝所有投标

11.1 由于缺乏有效的竞争或其他正当理由，项目执行机构可以重新招标，但应取得有关项目主管单位和世界银行的同意（如果需要的话），而且不应过分延期。不允许单纯为了获得更低的价格，以同样的规格条件废除已有的投标而另行招标。当所有的投标的主要项目均未达到招标文件要求时，允许拒绝所有投标。拒绝所有投标须经有关省、自治区、直辖市人民政府或国务院主管部委批准及世界银行认可。一旦拒绝所有投标，项目执行单位应研究废标的原因，考虑是否对技术规格（规范）或项目本身或二者进行修改，然后再重新招标。

附录八　世界银行贷款项目土建工程国际竞争性招标文件范本

A　总　　则

1　工程说明（略）

2　资金来源（略）

3　合格条件与资格要求

3.1　本招标面向所有符合世界银行《采购指南》规定的合格成员国的投标人，或在要求资格预审的情况下通过资格预审的投标人。投标人还应符合3.6条的规定。

3.2　根据本合同所提供的全部货物和服务必须来源于世界银行《采购指南》规定合格的国家，本合同下的所有开支也仅限于这些货物和服务。

3.3　在本款中，“原产地”一词是指开采、种植、生产货物的地点以及提供服务的地点。货物是指经过工厂制造、加工或对其零件进行实质性的重大组装而生产的，其产品在基本特征或使用目的及应用方面与其元件有实质性的区别，且得到商业上的承认。

3.4　货物及服务的产地与投标人的国籍无关。

3.5　为具有签订合同的资格，投标人应提供令业主满意的证据，证明其具有本须知第3.1款中规定的资格和具有足够的资产及能力来有效地履行合同。为此，所有提交的标书应包括下列资料：

(a) 公司、商行、股份公司或联营体各成员的机构组成或法律地位、注册地点、主要营业地点的原始文件的副本；

(b) 投标者（或联营体各方）在过去五年和现在正在进行的与本合同工程相似的经验和合同履行情况；

(c) 按第Ⅲ卷表四的格式提供完成合同所需的主要机具、设备；

（d）按第Ⅲ卷表五的格式提供拟在现场或不在现场进行管理，或实施合同的主要人员资格和经历；

（e）按第Ⅲ卷表六的格式提供拟定的分包金额超过投标价格10％的分包商名单；

（f）投标人（或联营体各方）的财务状况，包括最近五年的损益表，资金平衡表和审计人员的报告，以及今后两年内预计投资项目的款项和投标人（或联营体的授权代表）给予其开户行的、由该行提供财务证明的授权书；

（g）有关目前涉及投标人的诉讼案的资料。

3.6　为本合同的目的，投标人必须最低限度地满足前附表第4行所列的“资格标准”或通过资格预审。

3.7　两个或多个厂商联合投标时，应符合下列要求：

（a）投标书以及中标后的联营体协议书中，应有使所有联营体成员受到法律约束的条文；

（b）应推荐一家联营体成员作为主办人，且应提交一份授权证书，证明其主办人资格。授权证书须有所有联营体成员的合法代表签署；

（c）联营体主办人授权代表任何或全部联营体成员承担责任和接受指示。合同的整个实施（包括支付）应全部由联营体主办人负责；

（d）所有联营体成员应对按合同条件实施合同共同或分别承担责任。在（b）款的授权书中，以及在标书和协议书（如果中标的话）中应对此作相应的声明；

（e）联营体成员之间签订的协议书副本应随标书提交。对于标价明显偏低的投标人，将可能要求提供更为详细的协议书副本。

3.8　欲申请在评标中得到7.5％优惠的国内投标人或中外联营的投标人，应提供全部资料来说明其满足本须知29款中所述的资格条件。

3.9　若按照本须知3.6款的要求，投标前应进行资格预审，则资审合格的投标人应主动更新和补充资格预审时的资料，特别是应该说明投标时（以投标截止日28日以前为限）投标人正在进行的工程细节。

4　投标费用

4.1　投标人应承担其标书准备与递交所涉及的一切费用。不管投标结果如何，业主对上述费用不负任何责任。

5　现场考察

5.1　投标人应对工程现场和周围环境进行现场考察，以获取那些需自己负责的有关投标准备和签署合同所需的所有资料。考察现场的费用由投标人自己承担。

5.2　经业主允许和事先安排，投标人及其代表方能进入考察的现场。但明确规定：投标人及其代表不得让业主在考察中负任何责任。投标人及其代表必须承担那些进入现场后，由于他们的行为所造成的人身伤害（不管是否致命）、财产损失或破坏，以及其他任何原因造成的损失、损坏或费用。

B　招 标 文 件

6　招标文件的内容

6.1　用于招标目的而发售的本合同的招标文件包括下列文件及所有按本须知第 8 款和 16 款发出的修改书和任何标前会议纪要。

第 1 章　0　投标邀请书

　　　　1　投标人须知

　　　　2　合同一般条款

　　　　3　合同特殊条款

　　　　4　合同格式

　　　　　·合同协议书

　　　　　·履约担保书及动员预付款银行保证书

第 2 章　5　技术规范

第 3 章　6　投标书及投标担保书

　　　　7　工程量清单

　　　　8　辅助资料表

第 4 章　9　图纸

6.2　投标人应认真审阅招标文件中所有的须知、条件、格式、项目、规范和图纸。如果投标人的标书不能满足本须知的要求，责任由投标人自负。根据第 25 款的规定，不符合招标文件要求的标书将被拒绝。

6.3 凡获得招标文件者，无论投标与否，均应对招标文件保密。

7 招标文件的澄清

7.1 要求澄清招标文件的投标人应不晚于投标截止时间 35 天以前按投标邀请中的地址以书面、电传 、传真或电报的方式通知业主。业主将以书面、电传、传真或电报的方式答复（包括对询问的解释，但不说明询问的来源）所有获得招标文件的投标人。

8 招标文件的修改（略）

C 投 标 准 备

9 投标书的语言（略）

9.1 投标书及投标人与业主之间的与标书有关的来往函电和文件均应使用英文。投标人随标书提供的证明文件和印刷品可以使用另一种语言，但其中有关段落须配有适当的英文翻译。标书的解释应以英文为准。

10 组成投标书的文件

10.1 投标人准备的文件应包括下列各项：投标书及其附录，授权书，投标保证金，标价的工程量清单，辅助资料表，证明合格条件和资格的资料，选择报价和按本须知规定提交的其他所有的资料。

必须毫无例外地使用招标文件第 3 章提供的标书格式、工程量清单和辅助资料表（但表可以按同样格式扩展，投标保证金的方式按 14.2 款的规定可以选择）。

11 投标价格

11.1 除非招标文件中另有规定，投标是指本须知第 1 节第 1 款中说明的合同全部工作，并且此投标是以投标人提交的费率和金额为基础的。

11.2 投标人应填写工程量清单所述的所有工程项目的费率和金额（不管数量是否标明）。投标人没有填入费率与金额的项目，将不予支付，并认为此项目费用已包括在工程量清单的其他费率和金额之中。

11.3 所有根据合同或其他原因，截止到投标截止日前28天由投标人支付的关税、税收和其他征税，都要列入投标人呈报的标书中的金额及总报价金额中。业主将据此对标书进行评价和比较。

11.4 价格调整。据合同条款第70款的规定，投标人填写的费率和价格在合同实施期间可以予以调整。投标人应完成辅助资料表Ⅲ，并随投标书提交合同条款第70款所要求的辅助资料表。

11.5 若本招标被划分为几个"合同包"，则投标人将被允许对其中的一个或全部"合同包"投标。

(a) 每一个合同包将根据其自身的特点进行评审并可能分别地签署合同。因此，投标人应针对不同的合同包分别报价。

(b) 投标人对一个以上的合同包投标时，可提供一个特定的价格下降额（折扣），如果对一个以上的投标中标的话，此种投标折扣将在评标时予以考虑，以决定是单个地还是几个包合在一起授予。

12 投标货币与支付货币（略）

13 投标书的有效期（略）

14 投标保证金

14.1 投标人应提供一笔不少于如前附表第7行所述的人民币金额或相当于该金额的可自由兑换的外币，作为投标保证金。

14.2 根据投标人的选择，投标保证金可以是保兑支票、银行汇票、中国政府发行的证券、不可撤销的信用证或由下列银行出具的保证书：

(a) 中国银行；

(b) 中国银行在海外的往来银行，通过中国银行转开；

(c) 其他在中国开业的中国的或外国的银行；

(d) 在递交标书前，经业主及其代理人认可的其他外国银行。

也可以是中国人民保险公司或与中国有业务往来的外国的保险公司或担保公司出具的担保书。银行保证书或担保书的格式，应符合投标文件的格式范本；也可采用其他格式，但须事先得到业主的批准。信用证、银行保证书和担保书的有效期应超出投标书的有效期28天。

14.3　按本须知第13款，如果投标人同意适当延长投标书有效期的话，投标人应将投标保证金的有效期按14.2款规定相应地延长。

14.4　对于未能按要求提交保证金的投标书，业主可以视为不响应投标而予以拒绝。

14.5　未中标的投标人的保证金将尽快清退，最迟不超过规定的标书有效期期满后的28天。

14.6　中标人的投标保证金，在签约并按要求提供了履约保证金后，予以退还。

14.7　如有下列情况，将没收投标保证金；

a. 投标人在标书有效期内撤回其投标书；或

b. 中标人未能在规定期限内：

（1）签署协议；或

（2）提供所要的履约保证金。

15　投标条件的变动（略）

16　标前会议

16.1　投标人或其正式代表应于前附表第12行所述日期和时间，按第12行所述的地点出席标前会议。

16.2　会议的目的是澄清疑问，解答该阶段可能提出的任何方面的问题，并允许投标人考察现场，了解情况。

16.3　投标人须在标前会召开一星期前，以书面、电传的形式提交问题。

16.4　会议纪要，包括所有问题和答复的副本，将迅速提供给所有出席会议的人员，并随后提供给所有获得招标文件的投标人。由于标前会议而产生的对本须知第6.1款中列的投标文件的任何修改，只能由业主按照本须知第8款的规定，以发放修改书或补充通知的方式进行，不在会议纪要中给出。

17　投标书的形式和签署

17.1　投标人按本须知第10.1款的规定，准备一份投标正本和前附表第13行所述份数的副本，并明确写明“投标书正本”和“投标书副本”。正本和副本如有不一致之处，以正本为准。

17.2　投标书的正本与副本均应使用擦不掉的墨水打印或书写，并由投标人正式授权的一个人或几个人签署。投权书应以书面委托的方式出具，并附在标书中。有增加或修正的各项，都应由一位或几位投标书签字人小签。此项要求只有当原件（正本）被小签并且副本据此完成时，才被认为是符合要求的。

17.3　全套投标书应无涂改、行间插字或删除，除非这些删改是根据已发出的修改书的指示进行的，或者是投标人造成的必须修改的错误。在后一种情况下，修改处应由一个或几个投标书签字人小签。

17.4　每位投标人对每个合同只能提交一份标书（按第 15 款提供的选择性报价除外）。任何投标人都不允许以任何方式参与同一合同的其他投标人的投标。如果已作为一个联营体的成员参加了投标，就不能独立地或者再参加另一联营体对同一个合同的投标。

D　投标书的提交

18　投标书的密封与标志

18.1　投标人应将投标书正本和副本分别密封在内层信封和外层信封中，并在信封上正确标明“正本”或“副本”。

18.2　在内层和外层信封上都应：

(a) 写明如前附表第 14 行所述的负责开标的单位和地址。

(b) 具有下列识别标志：

(i) 投标建设______合同（填入前附表第 2 行所述合同名称）

(ii) ________（填入招标编号）

(iii) ____________________项目（填入工程的名称）

(iv) ________前不得开封（填入前附表第 14 行所述时间及日期）

在内层信封上应注明投标人的名称与地址，以便投标被宣布迟到时能原封退回。

18.3　如果外层信封上没有按上述规定密封并加写标志，业主将不承担标书错放或提前开封的责任，由此造成的过早开封的投标书，业主将予以拒绝并退还给投标人。

19 投标截止日期

19.1 投标人应按前附表第14行所述的地点，在第15行所述的或在据第8款规定所延长的日期和时间之前将投标书交给标书接受单位。

20 迟到的投标书

20.1 业主在第19款规定的投标截止日期以后收到的任何投标书，将原封退给投标人。

21 投标书的修改与撤回

21.1 投标人可以在递交标书以后，修改或撤回其标书。但这种修改与撤回通知，须在第19款规定的递交标书截止日期前，并得到业主的书面形式的确认。

21.2 除在第21.3款情况下，投标人的修改或撤回通知应按第18条关于标书递交的规定备制、密封、标志和递交，另还应在内层信封上标明“修改”或“撤回”字样。

21.3 撤标通知书也可以采用传真的方式，只要此传真在投标截止日以前收到并满足下列条件：

(a) 传真件应按第3.7条采用上端印有投标人名称、地址、电话或标志的信笺。对联营体，则应采用上端印有主办人名称、地址、电话或标志的信笺。

(b) 传真件列出了所有本须知18.2款所要求的信息。

(c) 非常清楚地标明“撤回”字样。

(d) 传真由投标的签字人签字，签字人的签字方式及职务应与投标书上的一致。

(e) 同时给出一份相同内容的电传，此电传应有确认的标志（例如电传的电传号），作为对上述传真的辅助证明。但此电传也应在招标截止日期前收到。

在正式承认撤标书以前，关于此类传真的来源，业主可以但并非必须在开标时进一步确认。而且业主不承担因承认撤标书而引起的责任。

21.4 按照本须知24款的规定，在递交标书截止时间后，不能更改标书。

21.5 根据本须知第 14 款的规定，在投标截止期与标书中规定的有效期终止日之间的这段时期内，投标人不能撤回标书，否则其投标保证金将被没收。

E 开标与评标

22 开标

22.1 在有投标人委派来参加开标的投标人代表在场的情况下，业主将于前附表第 16 行规定的时间和地点开标，参加开标的投标人代表应签名报到以证明其出席。

22.2 除了对按照须知第 21 款的规定提交了合格的撤回通知书的标书将不予开封之外，业主将检查标书，以便确定它们是否完整，是否按要求提供了投标保证金，是否正确地签署了文件，以及标书是否按顺序编制。

22.3 投标人的名称、投标总额、标价修改书和投标撤回书以及要求的投标保证金的提供和业主认为适当的其他细节均将在开标时宣布。

22.4 业主将准备开标纪录，包括 22.3 款规定的公开宣布的内容。

23 过程保密

23.1 公开开标后，直到宣布授予中标人合同为止，凡属于审查、澄清、评价和比较投标的有关资料且与授予合同有关的信息，都不应向投标人或与该过程无关的其他人员泄露。

23.2 投标人在标书的审查、澄清、评价和比较以及授予合同决定的过程中，对业主施加影响的任何企图和行为，都可以导致取消投标。

24 投标书的澄清

24.1 为了有助于标书的审查、评价和比较，业主可以个别地要求投标人澄清其标书，包括单价分析表。有关澄清的要求与答复，应以书面、电传、传真或电报的形式进行，但不应寻求、提出或允许更改标书中的价格或实质性内容。但是按照本须知第 26 款规定，凡属业主评标时发现的算术错误则不在此列。

25 标书合格性的确定

25.1 在详细评标之前，业主将首先审定每份标书是否在实质上符合招标文件的要求。

25.2 就本条款而言，实质上符合要求的标书，应该与招标文件的全部条款、条件和规范相符，无重大差异和保留。所谓重大差异或保留是指对工程的范围、质量、工程的实施产生重大的影响；或者对合同中规定业主的权利及投标人的义务方面造成重大的限制；而且纠正这种差异或保留，将会对其他按合理价格提交了实质上符合要求的标书的投标人的竞争地位产生不公正的影响。

25.3 如果投标书实质上不符合招标文件的要求，业主将予以拒绝，并且不允许投标人通过修正或撤消其重大差异或保留使之符合要求。

26 错误的修正

26.1 业主应对确定为符合要求的投标书进行校核，看其是否有计算上或累计上的算术错误，业主修正错误的原则如下：

a. 如果用数字表示的数额与用文字表示的数额不一致时，以文字数额为准。

b. 当单价同数量和单价的乘积的总额之间不一致时，以标出的单价为准，除非业主认为单价有明显的小数点错位，此时应以标出的总额为准，并修改单价。

26.2 业主将按上述修改错误的方法，调整标书的金额。在投标人的同意下，调整后的金额对投标人起约束作用。如果投标人不接受修正后的金额，则其投标将被拒绝并且其投标保证金也将被没收。

27 换算为单一的货币（略）

28 投标书的评价与比较

28.1 业主将仅对按照本须知 25 款确定为实质上符合招标文件要求的投标书进行评价与比较。

28.2 在评价与比较时，业主将通过调整投标价格，确定每一份投标书的评标价格：

(a) 按照 26 款的规定修改错误；

(b) 在工程量清单汇总表中扣除暂定金额和应急费（如果有的话），但应包括具有竞争性标价的计日工；

(c) 按 27 款的规定将（b）中提及的金额换算为一种货币额；

(d) 加入根据本须知第 28.3 款确定的，由于动员预付款数量的变化而引起的可用人民币表示的费用；

(e) 根据本须知第 28.4 款的规定而确定的，由于提前完工而给业主带来的超前收益；

(f) 对于所提交的优越于标书要求的技术标准的技术选择报价，在评标时不将任何因其引起的附加收益考虑进评估价中。

28.3 由于投标人按本须知 15.1 款提交的动员预付款数量的变化和由于投标人按本须知 15.2 款提交的数量变化，而使业主增加或减少的货币费用应按月计算成现行净值，并以前附表第 18 行所述的贴现率，按本须知 27.1 款规定的日期贴现成现值，然后加到投标人的投标价格中，仅用做评标时的比较。

28.4 为了比较不同的投标人提交的不同完工期，因投标人先期完成工程而给业主带来的超前收益应予以考虑。为此应给出一个按月的百分比，并据此百分比确定不同的完工期所带来的不同的超前收益，此超前收益百分比在前附表第 19 行中列出，计算时应以此百分比乘以不同投标人的投标价（应为修正过的）。由此得出的先期完工效益将按上述 28.3 款的规定贴现为现值，然后加到投标价格中，仅做评标的比较用。

28.5 业主保留接受或拒绝任何变化、偏离或选择性报价的权力。凡超出招标文件规定的，或给业主带来未曾要求的效益的变化、偏离、选择性报价或其他因素在评标时将不予考虑。

28.6 适用于合同执行期间的价格调整条款，在评标时不予考虑。不同投标人提交的外汇需求在评标时也不应作为评标的因素之一计入评标价中。

28.7 如果中标人的投标价格与工程师对合同拟实施工程的实际

费用的估算严重不平衡，业主可要求中标人将本须知第 34 款规定的履约保证金金额增加到前附表第 20 行要求的数额。

28.8　其他附加的评标准则，如果有的话，将在前附表第 21 行指明。

28.9　所有据 15.3 款规定提交的技术选择报价将与按标书基本设计要求提交的报价在同等基础上进行评估。

29　国内投标人的优惠

29.1　满足下列条件并提交了有关证明的国内投标人，在其投标与那些不符合优惠条件的投标比较时，可享受 7.5%的优惠；

(a) 在中华人民共和国境内注册；

(b) 大部分所有权为中国公民所有；

(c) 分包给外国承包人的合同工程不应超过 50%，以价值计算。

29.2　由国内和国外公司组成的联营体如符合下列条件，也有资格获得优惠；

(a) 国内的一个或几个合伙人分别满足上述优惠条件；或

(b) 国内的一个或几个合伙人按所提方案，至少应完成 50%的合同工程量，以价值计算。

29.3　实行优惠时，应采用下列步骤：

(a) 按本须知第 28 款之规定充分评价标书后，将符合条件的投标书分成下列两组：

(i) A 组：符合本须知第 29.1 款规定的国内投标人提交的投标和具备上述 29.2 款规定条件的中外联营体提交的投标。

(ii) B 组：其他投标人提交的投标。

(b) 为了进一步评价和比较投标，相当于 7.5%的投标价格（按本须知第 28.2 款（a）（b）（c）的规定调整）的金额将被加到 B 组投标评估标价中。

F　合同授予

30　合同授予标准

30.1　据本须知第 31 款之规定，业主将把合同授予其投标书在实质上符合招标文件要求，按本须知第28款和第29.3款（b）（如果适用）的规定经评价为最低评估标价的投标人。同时也规定：该投标人必须具有有效实施合同的能力和财力（参见第3.5款和第3.6款）。

31　业主接受任何投标和拒绝任何投标和所有投标的权力

31.1　尽管有本须知第30款的规定，业主在签约前任何时候均有权接受或拒绝任何投标，宣布投标程序无效，或拒绝所有投标，并对由此引起的对投标人的影响不承担任何责任，也无须将这样做的理由通知受影响的投标人。

32　中标通知书

32.1　在投标有效期截止前，业主将以电传、传真或电报的形式通知中标人并以挂号信的形式确认其投标被接受。在该信中（以下和在合同条件中称为“中标通知书”）应给出业主对承包人按合同实施、完成和修复工程的支付总额（以下和在合同条件中称为“合同价格”）。

32.2　中标通知书将成为合同的组成部分。

32.3　中标人按本须知34款的规定，提供了履约保证金后，业主将及时通知其他未中标的投标人。

33　合同协议书的签署

33.1　在中标的投标人被通知中标的同时，业主将：

（a）将招标文件提供的合同协议书格式，连带其他双方达成的协议签字后寄给中标人，在此情形下，中标人应在收到上述协议书的21天之内签字并退还给业主，或者

（b）邀请中标人在收到中标通知书28天内，派代表前来签约，签约的时间及地点将在此邀请信中指明。

33.2　协议书业经承包人签字后立即生效。

34　履约保证金

34.1　在接到中标通知书28天内，中标投标人应按合同规定向业主提交履约保证金。投标人可使用招标文件中提供的履约保证金的格式，也可使用其他业主可以接受的格式。

34.2　如果中标人的履约保证是以银行保证函的形式提供，则该银行保证函应由：

(a) 中国银行或其他在中国开业的中国或国外的银行开具，或者由中国银行在国外的往来银行通过中国银行出具，或

(b) 由业主接受的中标人确定的外国银行通过中国银行转开。

34.3 如果中标人的履约保证金是以担保书的形式提供，该担保书应由中国人民保险公司出具；或者由外国担保或保险公司通过中国人民保险公司出具。

34.4 如果中标人不遵守本须知33款或34款的规定，业主将有充分的理由废除协议，并没收投标保证金。

说　　明

1. 本工程量清单应与投标须知、合同的通用条款、专用条款、技术规范和图纸一起使用。

2. 本工程量清单所列的工程量系估算的和临时的，作为投标的共同基础。付款以实际完成的工程量为依据。由承包人计量，工程师核实的实际完成工程量，按具有标价的工程量清单中所报的单价和合价（如果使用的话）或者按工程师根据合同条件确定的单价和合价确定其金额。

3. 除非合同另有规定，具有标价的工程量清单中所报的单价和合价应包括施工设备、劳务、管理、材料、安装、维护、保险、利润、税款及合同包含的所有风险、责任等所应有的费用。

4. 无论工程量是否列明，具有标价的工程量清单中的每一单项均需填写单价或合价，对承包人没有填写单价或合价的项目的费用、应视为已包含在工程量清单的其他单价或合价之中。

5. 本合同项下的全部费用都应包含在具有标价的工程量清单的各个单项中，没有列出项目的费用应视为已分配到有关的项目的单价和合价中。

6. 工程量清单不再重复或概列工程及材料的一般说明，在填写工程量清单的每一项的单价和合价时应参考合同文件的有关章节。

7. 工程量清单中的预备费由工程师根据合同通用条款第37条的规定，全部或部分予以支付。

8. 雇主修正计算中的算术错误的原则下：

(a) 如用数字表示的数额与用文字表示的数额不一致，以文字表示的数额为准。

(b) 如单价与工程量的乘积与总价不一致，以所报的单价为准，除非在工程师看来单价中有明显的小数点错误，在这种情况下则以所报的总价为准，并修改单价。

附录九　中华人民共和国水污染防治法实施细则

（2000 年 3 月 20 日发布施行）

第一章　总　　则

第一条　根据《中华人民共和国水污染防治法》（以下简称水污染防治法），制定本实施细则。

第二章　水污染防治的监督管理

第二条　依照水污染防治法第十条规定编制的流域水污染防治规划，应当包括下列内容：

（一）水体的环境功能要求；

（二）分阶段达到的水质目标及时限；

（三）水污染防治的重点控制区域和重点污染源，以及具体实施措施；

（四）流域城市排水与污水处理设施建设规划。

第三条　县级以上人民政府水行政主管部门在确定大、中型水库坝下最小泄流量时，应当维护下游水体的自然净化能力，并征求同级人民政府环境保护部门的意见。

第四条　向水体排放污染物的企业事业单位，必须向所在地的县级以上地方人民政府环境保护部门提交《排污申报登记表》。

企业事业单位超过国家规定的或者地方规定的污染物排放标准排放污染物的，在提交《排污申报登记表》时，还应当写明超过污染物排放标准的原因及限期治理措施。

第五条　企业事业单位需要拆除或者闲置污染物处理设施的，必须事先向所在地的县级以上地方人民政府环境保护部门申报，并写明理由。环境保护部门应当自收到申报之日起 1 个月内作出同意或者不同意的决定，并予以批复；逾期不批复的，视为同意。

第六条 对实现水污染物达标排放仍不能达到国家规定的水环境质量标准的水体，可以实施重点污染物排放总量控制制度。

国家确定的重要江河流域的总量控制计划，由国务院环境保护部门会同国务院有关部门商有关省、自治区、直辖市人民政府编制，报国务院批准。其他水体的总量控制计划，由省、自治区、直辖市人民政府环境保护部门会同同级有关部门商有关地方人民政府编制，报省、自治区、直辖市人民政府批准；其中，跨省、自治区、直辖市的水体的总量控制计划，由有关省、自治区、直辖市人民政府协商确定。

第七条 总量控制计划应当包括总量控制区域、重点污染物的种类及排放总量、需要削减的排污量及削减时限。

第八条 对依法实施重点污染物排放总量控制的水体，县级以上地方人民政府应当依据总量控制计划分配的排放总量控制指标，组织制定本行政区域内该水体的总量控制实施方案。

总量控制实施方案应当确定需要削减排污量的单位、每一排污单位重点污染物的种类及排放总量控制指标、需要削减的排污量以及削减时限要求。

第九条 分配重点污染物排放总量控制指标，应当遵循公开、公平、公正的原则，并按照科学、统一的标准执行。总量控制指标分配办法由国务院环境保护部门商国务院有关部门制定。

第十条 县级以上地方人民政府环境保护部门根据总量控制实施方案，审核本行政区域内向该水体排污的单位的重点污染物排放量，对不超过排放总量控制指标的，发给排污许可证；对超过排放总量控制指标的，限期治理，限期治理期间，发给临时排污许可证。具体办法由国务院环境保护部门制定。

第十一条 总量控制实施方案确定的削减污染物排放量的单位，必须按照国务院环境保护部门的规定设置排污口，并安装总量控制的监测设备。

第十二条 国家确定的重要江河流域所在地的省、自治区、直辖市人民政府，应当执行国务院批准的省界水体适用的水环境质量标准。

第十三条 国家确定的重要江河流域的省界水体的水环境质量状况监测，必须按照国务院环境保护部门制定的水环境质量监测规范执行。

第十四条 城市建设管理部门应当根据城市总体规划，组织编制城市排水和污水处理专业规划，并按照规划的要求组织建设城市污水集中处理设施。

第十五条 城市污水集中处理设施出水水质，按照国家规定的或者地方规定的污染物排放标准执行。

城市污水集中处理的营运单位，应当对城市污水集中处理设施的出水水质负责。

环境保护部门应当对城市污水集中处理设施的出水水质和水量进行抽测检查。

第十六条 被责令限期治理的排污单位，应当向作出限期治理决定的人民政府的环境保护部门提交治理计划，并定期报告治理进度。

作出限期治理决定的人民政府的环境保护部门，应当检查被责令限期治理的排污单位的治理情况，对完成限期治理的项目进行验收。

被责令限期治理的排污单位，必须按期完成治理任务；因不可抗力不能在规定的期限内完成治理任务的，必须在不可抗力情形发生后1个月内，向作出限期治理决定的人民政府的环境保护部门提出延长治理期限申请，由作出限期治理决定的人民政府审查决定。

第十七条 环境保护部门和海事、渔政管理机构对管辖范围内向水体排放污染物的单位进行现场检查时，应当出示行政执法证件或者佩戴行政执法标志。

第十八条 环境保护部门和海事、渔政管理机构进行现场检查时，根据需要，可以要求被检查单位提供下列情况和资料：

（一）污染物排放情况；

（二）污染物治理设施及其运行、操作和管理情况；

（三）监测仪器、仪表、设备的型号和规格以及检定、校验情况；

（四）采用的监测分析方法和监测记录；

（五）限期治理进展情况；

（六）事故情况及有关记录；

（七）与污染有关的生产工艺、原材料使用的资料；

（八）与水污染防治有关的其他情况和资料。

第十九条 企业事业单位造成水污染事故时，必须立即采取措施，停止或者减少排污，并在事故发生后48小时内，向当地环境保护部门作出事故发生的时间、地点、类型和排放污染物的种类、数量、经济损失、人员受害及应急措施等情况的初步报告；事故查清后，应当向当地环境保护部门作出事故发生的原因、过程、危害、采取的措施、处理结果以及事故潜在危害或者间接危害、社会影响、遗留问题和防范措施等情况的书面报告，并附有关证明文件。

环境保护部门收到水污染事故的初步报告后，应当立即向本级人民政府和上一级人民政府环境保护部门报告，有关地方人民政府应当组织有关部门对事故发生的原因进行调查，并采取有效措施，减轻或者消除污染。县级以上人民政府环境保护部门应当组织对事故可能影响的水域进行监测，并对事故进行调查处理。

船舶造成水污染事故时，必须立即向就近的海事管理机构报告。造成渔业水体污染事故的，必须立即向事故发生地的渔政管理机构报告。海事或者渔政管理机构接到报告后，应当立即向本级人民政府的环境保护部门通报情况，并及时开展调查处理工作。

水污染事故发生或者可能发生跨行政区域危害或者损害的，事故发生地的县级以上地方人民政府应当及时向受到或者可能受到事故危害或者损害的有关地方人民政府通报事故发生的时间、地点、类型和排放污染物的种类、数量以及需要采取的防范措施等情况。

第三章 防止地表水污染

第二十条 跨省、自治区、直辖市的生活饮用水地表水源保护区，由有关省、自治区、直辖市人民政府协商划定；协调不成的，由国务院环境保护部门会同国务院水利、国土资源、卫生、建设等有关部门提出划定方案，报国务院批准。

其他生活饮用水地表水源保护区的划定，由有关市、县人民政府协商提出划定方案，报省、自治区 直辖市人民政府批准；协商不成的，由省、自治区、直辖市人民政府环境保护部门会同同级水利、国土资源、卫生、建设等有关部门提出划定方案，报省、自治区、直辖市人民政府批准。

生活饮用水地表水源保护区分为一级保护区和二级保护区。

第二十一条 生活饮用水地表水源一级保护区内的水质，适用国家《地面水环境质量标准》Ⅱ类标准；二级保护区内的水质，适用国家《地面水环境质量标准》Ⅲ类标准。

第二十二条 生活饮用水地表水源一级保护区的保护，依照水污染防治法第二十条的规定执行。

第二十三条 禁止在生活饮用水地表水源二级保护区内新建、扩建向水体排放污染物的建设项目。在生活饮用水地表水源二级保护区内改建项目，必须削减污染物排放量。

禁止在生活饮用水地表水源二级保护区内超过国家规定的或者地方规定的污染物排放标准排放污染物。

禁止在生活饮用水地表水源二级保护区内设立装卸垃圾、油类及其他有毒有害物品的码头。

第二十四条 利用工业废水和城市污水进行灌溉的，县级以上地方人民政府农业行政主管部门应当组织对用于灌溉的水质及灌溉后的土壤、农产品进行定期监测，并采取相应措施，防止污染土壤、地下水和农产品。

第二十五条 在内河航行的船舶，应当配置符合国家规定的防污设备，并持有船舶检验部门签发的合格证书。

船舶无防污设备或者防污设备不符合国家规定的，应当限期达到规定的标准。

第二十六条 在内河航行的船舶，必须持有海事管理机构规定的防污文书或者记录文书。在内河航行的150总吨以上的油轮和400总吨以上的非油轮，必须持有油类记录本。

第二十七条 港口或者码头应当配备含油污水和垃圾的接收与处理设施。接收与处理设施由港口经营单位负责建设、管理和维护。

在内河航行的船舶不得向水体排放废油、残油和垃圾。在内河航行的客运、旅游船舶，必须建立垃圾管理制度。

第二十八条 在港口的船舶进行下列作业，必须事先向海事管理机构提出申请，经批准后，在指定的区域内进行：

（一）冲洗载运有毒货物、有粉尘的散装货物的船舶甲板和舱室；

（二）排放压舱、洗舱和机舱污水以及其他残余物质；

（三）使用化学消油剂。

第二十九条 船舶在港口或者码头装卸油类及其他有毒有害、腐蚀性、放射性货物时，船方和作业单位必须采取预防措施，防止污染水体。

第三十条 船舶发生事故，造成或者可能造成水体污染的，海事管理机构应当组织强制打捞清除或者强制拖航，由此支付的费用由肇事船方承担。

第三十一条 造船、修船、拆船、打捞船舶的单位，必须配备防污设备和器材；进行作业时，应当采取预防措施，防止油类、油性混合物和其他废弃物污染水体。

第四章　防止地下水污染

第三十二条 生活饮用水地下水源保护区，由县级以上地方人民政府环境保护部门会同同级水利、国土资源、卫生、建设等有关行政主管部门，根据饮用水水源地所处的地理位置、水文地质条件、供水量、开采方式和污染源的分布提出划定方案，报本级人民政府批准。

生活饮用水地下水源保护区的水质，适用国家《地下水质标准》Ⅱ类标准。

第三十三条 禁止在生活饮用水地下水源保护区内从事下列活动：

（一）利用污水灌溉；

（二）利用含有毒污染物的污泥作肥料；

（三）使用剧毒和高残留农药；

（四）利用储水层孔隙、裂隙、溶洞及废弃矿坑储存石油、放射性物质、有毒化学品、农药等。

第三十四条 开采多层地下水时，对下列含水层应当分层开采，不得混合开采：

（一）半咸水、咸水、卤水层；

（二）已受到污染的含水层；

（三）含有毒有害元素并超过生活饮用水卫生标准的水层；

（四）有医疗价值和特殊经济价值的地下热水、温泉水和矿泉水。

第三十五条 揭露和穿透含水层的勘探工程，必须按照有关规范要求，严格做好分层止水和封孔工作。

第三十六条 矿井、矿坑排放有毒有害废水，应当在矿床外围设置集水工程，并采取有效措施，防止污染地下水。

第三十七条 人工回灌补给地下饮用水的水质，应当符合生活饮用水水源的水质标准，并经县级以上地方人民政府卫生行政主管部门批准。

第五章 法律责任

第三十八条 依照水污染防治法第四十六条第一款第（一）项、第（二）项、第（四）项规定处以罚款的，按照下列规定执行：

（一）拒报或者谎报国务院环境保护部门规定的有关污染物排放申报登记事项的，可以处1万元以下的罚款；

（二）拒绝环境保护部门或者海事、渔政管理机构现场检查，或者弄虚作假的，可以处1万元以下的罚款；

（三）不按照国家规定缴纳排污费或者超标排污费的，除追缴排污费或者超标排污费及滞纳金外，可以处应缴数额50%以下的罚款。

第三十九条 依照水污染防治法第四十六条第一款第（三）项规定处以罚款的，按照下列规定执行：

（一）向水体排放剧毒废液，或者将含有汞、镉、砷、铬、氰化物、黄磷等可溶性剧毒废渣向水体排放、倾倒或者直接埋入地下的，可以处10万元以下的罚款；

（二）向水体排放、倾倒放射性固体废弃物、油类、酸液、碱液或者含有高、中放射性物质的废水的，可以处 5 万元以下的罚款；

（三）向水体排放船舶的残油、废油，或者在水体清洗装贮过油类、有毒污染物的车辆和容器的，可以处 1 万元以下的罚款；

（四）向水体排放、倾倒工业废渣、城市生活垃圾，或者在江河、湖泊、运河、渠道、水库最高水位线以下的滩地和岸坡存贮固体废弃物的，可以处 1 万元以下的罚款；

（五）向水体倾倒船舶垃圾的，可以处 2000 元以下的罚款；

（六）企业事业单位利用溶洞排放、倾倒含病原体的污水或者其他废弃物的，可以处 2 万元以下的罚款；利用渗井、渗坑、裂隙排放含有毒污染物的废水的，可以处 5 万元以下的罚款；

（七）企业事业单位使用无防止渗漏措施的沟渠、坑塘等输送或者存贮含病原体的污水或者其他废弃物的，可以处 1 万元以下的罚款；使用无防止渗漏措施的沟渠、坑塘等输送或者存贮含有毒污染物的废水的，可以处 2 万元以下的罚款。

第四十条 依照水污染防治法第四十七条规定处以罚款的，可以处 10 万元以下的罚款。

第四十一条 依照水污染防治法第四十八条规定处以罚款的，可以处 10 万元以下的罚款。

第四十二条 依照水污染防治法第五十二条第一款处以罚款的，可以处 20 万元以下的罚款。

第四十三条 依照水污染防治法第五十三条规定处以罚款的，按照下列规定执行：

（一）对造成水污染事故的企业事业单位，按照直接损失的 20％计算罚款，但是最高不得超过 20 万元；

（二）对造成重大经济损失的，按照直接损失的 30％计算罚款，但是最高不得超过 100 万元。

第四十四条 不按照排污许可证或者临时排污许可证的规定排放污染物的，由颁发许可证的环境保护部门责令限期改正，可以处 5 万元以下的罚款；情节严重的，并可以吊销排污许可证或者临时排污许可证。

第四十五条 违反本细则第十一条的规定，未按照规定设置排污口、安装总量控制监测设备的，由环境保护部门责令限期改正，可以处 1 万元以下的罚款。

第四十六条 违反本细则第二十三条第一款的规定，在生活饮用水地表水源二级保护区内新建、扩建向水体排放污染物的建设项目的，或者改建项目未削减污染物排放量的，由县级以上人民政府按照规定的权限责令停业或者关闭。

违反本细则第二十三条第二款的规定，在生活饮用水地表水源二级保护区内，超过国家规定的或者地方规定的污染物排放标准排放污染物的，由县级以上人民政府责令限期治理，可以处 10 万元以下的罚款；逾期未完成治理任务的，由县级以上人民政府按照规定的权限责令停业或者关闭。

违反本细则第二十三条第三款的规定，在生活饮用水地表水源二级保护区内，设立装卸垃圾、油类及其他有毒有害物品码头的，由县级以上人民政府环境保护部门责令限期拆除，可以处 10 万元以下的罚款。

第四十七条 违反本细则第三十三条第（四）款的规定，利用储水层孔隙、裂隙、溶洞及废弃矿坑储存石油、放射性物质、有毒化学品、农药的，由县级以上地方人民政府环境保护部门责令改正，可以处 10 万元以下的罚款。

第四十八条 缴纳排污费、超标排污费或者被处以警告、罚款的单位，不免除其消除污染、排除危害和赔偿损失的责任。

第六章 附 则

第四十九条 本细则自发布之日起施行。1989 年 7 月 12 日国务院批准、国家环境保护局发布的《中华人民共和国水污染防治法实施细则》同时废止。

参 考 文 献

1 周国成. 我国城市污水处理工程中引进技术和设备的现状与几点看法. 给水排水，1996(6)

2 全国市政工程投资估算指标 HGZ 47—102—96

3 邵林广. 圆形涡流式沉砂池除效率的探讨. 给水排水，1998(12)

4 张自杰等. 环境工程手册水污染防治卷. 北京：高等教育出版社，1996

5 任洁，王闯，邵志刚. 上海合流污水物化法强化一级处理的中试研究. 给水排水，1999(9)

6 李远义，常憬. 高碑店污水处理厂设计. 见：中国土木工程学会给水排水学会排水委员会第二届第二次年会论文集. 1993

7 邱宝莲. AB污水处理工艺在青岛市海泊河污水处理厂的应用. 见：中国土木工程学会给水排水学会排水委员会第二届第一次年会论文集. 1991

8 张恩荣. 天津市纪庄子污水处理厂. 中国给水排水，1986(2)

9 王秀朵. 天津市经济技术开发区污水处理厂简介. 天津市政设计，1999(1)

10 赵丽君. 天津纪庄子污水处理厂运行回顾. 给水排水，1995(1,2)

11 陈庆星等. 昆明市第三污水处理厂（ICEAS）工艺简介. 给水排水，1994(8)

12 胡彬启，王社平. 西安市北石桥污水处理厂设计. 给水排水，1995(9)

13 罗万申. 新型污水处理工艺——MSBR. 中国给水排水，1999(6)

14 孙慧修. 排水工程（上册）. 北京：中国建筑工业出版社，1996

15 张自杰. 排水工程（下册）. 北京：中国建筑工业出版社，1996

16 于尔捷，张杰. 给水排水工程快速设计手册（排水工程）. 北京：中国建筑工业出版社，1996

17 冯生华，沈云法. 沼气发电机组与市电网并网成功. 给水排水，1998(12)

18 冯生华. 泵站拍门长时间拍击的原因与对策. 给水排水，1998(10)

19 刘延华，冯生华. 用先进的除磷脱氮技术治理富营养化. 中国环保产业，1998(6)

20 冯生华. 对建设中小型污水处理厂的几点意见. 见：中国水污染防治论文集. 1998

21 冯生华. 工程总承包项目开工会议内容探讨. 中国市政工程，1998(1)

22 刘延华，冯生华等. 微生物细胞糖类物质含量的变化对生物除磷的影响. 中国给水排水，1997(6)

23 刘延华，冯生华等. 生物除磷影响污泥糖类物质含量的因素. 中国给水排水，1998(1)

24 刘延华，冯生华. 厌氧-好氧活性污泥法快速低耗氧去除COD的机理初探. 给水排水，1997(6)

25 刘延华，冯生华. 对活性污泥过剩摄磷发生条件的新认识. 给水排水，1997(10)

26 刘延华，冯生华. 影响A/O工艺耗氧量计算的几个生化反应. 天津建设科技，1998(2)

27 冯生华，刘延华．活性污泥糖类物质代谢对其除磷能力的影响．天津城市建设学院学报，1998(4)
28 冯生华．改进设计降低造价节省能源建设东郊污水处理厂．天津建设科技，1992(4)
29 冯生华．纪庄子污水处理厂曝气系统改造设计．见：全国给排水技术引进文集．1992
30 冯生华．单级高速离心鼓风机的控制设计．中国给水排水，1992(4)
31 冯生华．关于格栅设计的探讨．中国给水排水，1992(1)
32 冯生华．谈污泥加热设计的几个问题．中国给水排水，1992(6)
33 冯生华．微孔曝气布气管的排水管设计．给水排水，1992(3)
34 冯生华．建设中的天津东郊污水处理厂．给水排水，1992(5)
35 冯生华．法国带式压滤机的性能．中国给水排水，1991(4)
36 刘冠南，冯生华等．风眼莲净化城市污水二级出水的研究．城市环境与城市生态，1991(1)
37 胡大卫，姚念民，冯生华．除磷脱氮新工艺在昆明第二污水处理厂中的应用．给水排水，1996(12)
38 冯生华．澳大利亚 IDEA 工艺污水处理厂简介．给水排水，1996(11)
39 冯生华．虹吸式滗水器的设计与研究．给水排水，1996(9)
40 冯生华．一种廉价的污水处理方案．给水排水，1996(8)
41 冯生华．关于转刷曝气机的一点浅见．给水排水，1996(7)
42 冯生华．介绍一种索式刮泥机．给水排水，1996(3)
43 冯生华．介绍一种排泥捏阀．给水排水，1996(2)
44 纪政国，冯生华．天津开发区大型泵站深基坑环形支护结构设计．特种结构，1996(1)
45 冯生华．高速离心风机的基础设计．特种结构，1994(4)
46 纪政国，冯生华，姜子斌．天津东郊污水处理厂预应力混凝土消化池设计．特种结构，1994(1)
47 冯生华．对发展我国水工业的几点看法．中国给水排水，1995(增刊)
48 冯生华．污水再生与排水规划．中国给水排水，1995(5)
49 冯生华．建在岩石中的地下污水处理厂．给水排水，1995(11)
50 冯生华．英国城市污水处理技术见闻．中国给水排水，1986(4)
51 冯生华．按多点进水设计曝气池的容积计算．中国给水排水，1985(2)
52 冯生华执笔．污泥湿式造粒脱水试验总结．见：市政工程通讯．1984
53 冯生华．英国两座污水处理厂简介．市政科技文摘，总 84 期
54 冯生华执笔．天津东郊污水处理厂设计技术措施．中国给水排水，1988(3)
55 冯生华．西德的微孔曝气．中国给水排水，1988(3)
56 冯生华．关于鼓风机设计容量合理性的探讨．供水排水，1990(1)
57 冯生华．关于沼气发电问题的探讨．中国给水排水，1990(2)
58 Feng Shenghua. Selection of Centrifugal Blower For Bubble Aeration in Wastewater

Treatment Plant. 见：北京国际给水排水学术会议论文集. 1989

59 冯生华. 香港沙田污水处理厂简介. 供水排水，1989(4)

60 冯生华，姚念民. 生物除磷脱氮工艺的探讨. 给水排水，1994(2)

61 冯生华. 关于机械格栅的选型. 给水排水，1993(1)

62 冯生华. 毛里塔尼亚供排水工程设计简介. 给排水技术动态，1993(2)

63 冯生华. 污水处理厂引进高速风机的探讨. 中国给水排水，1994(2)

64 李惠杰，宋启元，冯生华. 软土地区排水工程深槽施工事故和对策. 中国市政工程，1994(1)

65 冯生华. 努瓦克肖特市供排水工程投标体会. 给水排水，1994(3)

66 冯生华. 论污水处理厂鼓风机的运行工况及设计容量的确定. 给水排水，1988(5)

67 冯生华. 微孔曝气的空气除尘. 给水排水，1988(1)

68 冯生华. 荷兰的合流制下水道. 给水排水，1988(1)

69 冯生华. 论污水处理厂的鼓风机类型. 给水排水，1987(5)

70 冯生华. 潜水泵在市政排水中的应用. 中国给水排水，1987(3)

71 冯生华. 论污泥消化池的加热方法. 天津市政工程，1991(1)

72 冯生华. 东郊污水处理厂设计介绍. 天津市政工程，1991(3)

73 冯生华，姚念民. 天津市东郊污水处理厂生物脱氮工艺设计. 城市环境与城市生态，1994(2)

74 Feng Shenghua，Zhou Bao. The New Sewage Treatment Plant in The Eastern Suburb of Tianjin. 见：'94 北京国际给水排水学术会议论文集. 1994

75 Feng Shenghua. The Discussion on the Design of Sludge Heating. 见：'94 北京国际给水排水学术会议论文集. 1994

76 Liu Guannan，Feng Shenghua. The Research on Water Hyacinth Removal of N And P from the Effluent of A Secondary Sewage Treatment Plant. 见：'94 北京国际给水排水学术会议论文集. 1994

77 冯生华，陈敏. 城市污水处理技术装备的应用评述. 天津建设科技，1998(2)

78 Joseph E Bowles. Foundation analysis and design. McGraw-Hill Inc.，1982

79 Matsuo Y. Effect of the anaerobic SRT on enhanced biological phosphorus removal. Water Sci，Tech，1994，30(6)：193～202

80 Liu Y-H. Low sludge carbohydrate content：a prerequisite for enhanced biological phosphorus removal. Water Environ Res，1997，69(7)：1～7

81 Mino T，et al. Effect of phosphorus accumulation on acetate metabolism in the biological phosphorus removal process. In：Advances In Water Pollution Control：Biological Phosphorus Removal from Wastewater. Rome Oxford Rergamon Press（Edited by R Ramadori)，1987：27～28

82 Satoh H，et al. Deterioration of enhanced biological phosphate removal by the domina-

tion of microorganisms without poly-Paeeumulation. Water Sci Tech，1994，30(6)：203～211

83 Liu Y-H，Feng S-H. Inspection and prospect of EBPR—the effect of sludge carbohydrate content proceedings for the 2nd IAWQ special conference on microorganisms of activated sludge and biofilm. Berkeley：1997

84 Liu Y-H. Relation between sludge carbohydrate content and biological phosphate removal. Water Research，1998，23(5)：1635～1641

85 冯生华. 污水生物除磷的糖控制（CHC）工艺. 中国给水排水，1999(3)

86 冯生华. 垃圾焚烧与二噁英. 给水排水，1999(11)

87 冯生华，胡大卫. 昆明市第二污水处理厂设计. 中国给水排水，2000(4)

88 冯生华. 把好城市污水处理厂建设前期工作质量关. 中国市政工程，1999(2)

89 李汉印. 消化池控制室工艺设计. 天津市政工程，1992(2)

90 中华人民共和国财政部编. 世界银行贷款项目招标采购文件范本. 北京：中国财政经济出版社，1992